高等学校专业教材

中国轻工业"十四五"规划立项教材

上海市高等学校一流本科课程配套教材

食品安全与卫生学

（第二版）

黄 玥 白 晨 主编

司晓晶 陆文蔚 冯华峰 参编

中国轻工业出版社

图书在版编目(CIP)数据

食品安全与卫生学/黄玥,白晨主编. —2版. —北京:
中国轻工业出版社,2022.8

高等学校专业教材　上海市高等学校一流本科课程配
套教材

ISBN 978-7-5184-3883-9

Ⅰ.①食…　Ⅱ.①黄…②白…　Ⅲ.①食品安全—食
品卫生—高等学校—教材　Ⅳ.①TS201.6

中国版本图书馆 CIP 数据核字(2022)第 025753 号

责任编辑:伊双双

策划编辑:伊双双　　　责任终审:李建华　　　封面设计:锋尚设计
版式设计:锋尚设计　　　责任校对:吴大朋　　　责任监印:张　可

出版发行:中国轻工业出版社(北京东长安街 6 号,邮编:100740)
印　　刷:三河市国英印务有限公司
经　　销:各地新华书店
版　　次:2022 年 8 月第 2 版第 1 次印刷
开　　本:787×1092　1/16　印张:21
字　　数:479 千字
书　　号:ISBN 978-7-5184-3883-9　定价:52.00 元
邮购电话:010-65241695
发行电话:010-85119835　传真:85113293
网　　址:http://www.chlip.com.cn
Email:club@ chlip.com.cn
如发现图书残缺请与我社邮购联系调换
210311J1X201ZBW

第二版前言 | Preface

安全与卫生是食品品质的最基本条件,作为食品质量与安全、食品科学与工程等食品相关专业的学生,必须了解和掌握食品生产链中如何通过预防和控制有效减少食源性疾病的发生,确保食品的质量与安全。本教材第一版自2014年7月出版以来,被国内多所高校师生采用,反响良好,已多次印刷,在食品相关本科专业的教学实践中作出了积极贡献。近年来,食品科技不断进步,混合式教学等创新教学方法的应用越来越广泛,为贯彻教育部的教改精神,符合新形势下教育现代化的方向和目标,进一步提高教材质量,本书编委会对原教材进行了全面修订。

首先,"政以民为本,民以食为天,食以安为先"。食品安全不仅关系到人民群众的生命健康,还关系到经济、社会的稳定和发展,关系到中国制造的声誉,关系到党和政府的形象。为适合我国现阶段食品科学人才培养的目标,并结合国家对课程思政的工作推进,本次修订将课程思政相关内容融入教材,并在每章节之后引入案例分析题,以案例中党和政府的食品安全政策、监管实务、食品行业中不同角色的职业道德和工作要求等为载体,体现党和政府"以人民利益为出发点的执政理念",培养学生的爱国情怀,教育学生"爱国、诚信、遵纪",增强学生将来作为"食品人"应具有的奉献精神、职业精神和责任意识。

其次,食品安全与卫生学是一门应用性很强的学科。自上一版教材出版以来,我国在食品安全监督管理政策方面发生了一些重大变化,如对食用农产品质量安全标准、食品卫生标准、食品质量标准和有关食品的行业标准中强制执行的标准予以整合,统一公布为食品安全国家标准;致病菌不再是一律不得检出,而是制定限量等。此次教材修订时,力求在相应章节及时引入我国最新的食品安全监督管理体制及《中华人民共和国食品安全法》的内容,在标准引用方面均采用现行的食品安全标准。

再次,食品安全与卫生学是食品质量与安全专业的主干课程,也是食品科学与工程、食品卫生与营养等专业的必修课程。同时,从学科性质上划分,食品卫生学属于预防医学的分支学科。因此本书的编写和修订过程中在确保科学性、系统性和逻辑性的前提下,将"预防为主"的预防医学基本理念融入各章内容中。

最后,本次修订工作中,结合教育部教学指导委员会"食品质量与安全专业教学质量国家标准"对本课程专业核心知识单元的要求,对第一版的教材内容进行了适当调整。将"食源性疾病"单列成为一章,并增加"食物过敏"相关内容;在"生物性危害"一章中,增加"细菌性食源性传染病"相关内容;在"化学性危害"一章中,增加"有毒金属"相关内容;增加一章内容介绍"物理性危害";对"食品安全监督管理"一章的内容进行更新;在"食品安全性评价"一章中,增加"食品安全风险分析"相关内容;删除"第二篇 食品安全卫生与食品加工",相关内容穿插在"各类食品的卫生及管理"和"食品安全监督管理"等章节中。

　　本次修订后，全书主要内容包括绪论、食源性疾病、生物性危害、化学性危害、物理性危害、各类食品的卫生及管理、食品安全监督管理、食品安全性评价八章。编写的具体分工如下：绪论、第一章、第二章、第五章、第八章由黄玥编写；第三章由陆文蔚编写；第四章由白晨编写；第六章由司晓晶编写；第七章由冯华峰编写。全书由黄玥、白晨统稿。

　　本教材适合食品质量与安全、食品科学与工程、食品卫生与营养等专业本科学生使用。

　　由于编写水平有限，书中难免有不当之处，衷心希望所有的读者能够指出不足并提出宝贵建议，以便进一步改进。

　　感谢中国轻工业出版社的支持及责任编辑为本书的出版所付出的辛勤劳动，并对所有本教材引用文献的原著者们表示感谢！

编者

2022 年 5 月

第一版前言 | Preface

食品安全与卫生是关系到人民健康和国计民生的重大问题。食品的原料生产、初加工、深加工、运输、储藏、销售、消费等环节都存在着许多不安全卫生因素,例如,工农业生产带来的各种污染,不科学的生产技术,不规范的生产方式,不良的饮食习惯,不道德、不守法的商业行为,对食品的安全性认识缺乏等。

2009 年我国第一部食品安全法出台,相比使用多年的《中华人民共和国食品卫生法》,更加重视食品的安全评估,法规内容更加与世界接轨。因此,针对国家经济的发展,政府法规的更新,在食品相关专业的高等教育中进行教学内容、教材的改革势在必行。

本教材结合多年食品质量与安全专业的教学经验,由高校教师与企业专家共同完成编写。全书共分四部分。结论:阐述了基本概念,食品安全与卫生学的主要内容,食品安全与卫生学的形成与发展,食品安全的重要性及国内外食品安全现状、展望等;第一篇:食品安全危害因素及食物中毒;第二篇:食品安全卫生与食品加工;第三篇:食品安全管理与控制。本教材力求对影响食品安全与卫生的各种因素、污染途径、对人体的危害、防护措施、法律、法规等进行详细阐述,每章最后都附有思考题,归纳一章内容的重点和难点。

本教材适宜食品质量与安全、食品科学与工程、食品经济管理等专业本科学生使用。

由于本教材涉及的学科跨度较大,难免有不足之处,衷心希望所有的读者能够指出不足并提出宝贵建议,在本书再版时将充分考虑这些建议。

本书在撰写过程中引用了国内外公开发表的文献,在此向文献原著者表示感谢。并感谢中国轻工业出版社的支持及责任编辑为本书的出版所付出的辛勤劳动。

编者

2014 年 5 月

目录 |Contents|

第一章

CHAPTER

1

绪　论

第一节　食品安全与卫生的基本概念

"国以民为本，民以食为天，食以安为先"，这十五个字可以从治国安民的古训中寻找或提炼出来，它道出了食品安全与卫生的极端重要性。有史以来，人们一直在寻找和追求安全且富有营养的美味佳肴，然而，自然界一直存在着有毒有害物质，时刻都有可能混入食品中，危及人们的健康与生命安全，特别是近代工农业发展对环境的破坏和污染，使这种情形变得更加严峻，同时，随着食品生产和人们生活的现代化，食品的生产规模日益扩大，人们对食品的消费方式逐渐向社会化转变，从而使食品安全事件的影响范围急剧扩大。

无论在国外还是在国内，消费者对食品的安全都忧心忡忡。然而，食品安全问题不像一般的急性传染病那样，会随着国家经济的发展、人民生活水平的提高、卫生条件的改善以及计划免疫工作的持久开展而得到有效的控制。相反，随着新技术和化学品的广泛使用，食品安全问题将日益严峻。不论发达国家还是发展中国家，不论食品安全监管制度完善与否，都普遍面临食品安全问题。因此，食品安全已成为当今世界各国关注的焦点。

一、食 品 安 全

根据《中华人民共和国食品安全法》（以下简称《食品安全法》），食品安全（food safety）指食品无毒、无害，符合应当有的营养要求，对人体健康不造成任何急性、亚急性或者慢性危害。从以上概念可以看出，食品安全在要求食品不得含有影响人体健康问题的有毒有害物质的同时，还应符合应当有的营养要求。

根据 1996 年世界卫生组织（World Health Organization，WHO）的定义，食品安全是对食品按其原定用途进行制作和食用时不会使消费者受害的一种担保，它主要是指在食品的生产和消费过程中没有达到危害程度的一定剂量的有毒、有害物质或因素的加入，从而保证人体按正常剂量和以正确方式摄入这样的食品时不会受到急性或慢性的危害，这种危害包括对摄入者本身及其后代的不良影响。基于以上定义，食品安全的概念可以表述为：食品（食物）的种植、养殖、加工、包装、贮藏、运输、销售、消费等活动符合国家强制标准和要求，不存在可能损害或威胁人体健康的有毒有害物质以导致消费者病亡或者危及消费者及其后代的隐患。

有学者将上述定义称为狭义的"食品安全"，相对而言，广义的食品安全除包括狭义食品安全所有的内涵以外，还包括由于食品中某种人体必需营养成分的缺乏或营养成分的相互比例失调，人们长期摄入这类食品后所出现的健康损伤。

二、食 品 卫 生

根据 1996 年 WHO 的定义，食品卫生（food sanitation）是指"为确保食品安全性和适合性在食物链的所有阶段必须采取的一切条件和措施"。卫生的英文 Sanitation 一词来源于拉丁文"*sanitas*"，意为健康。对食品而言，食品卫生旨在创造和维持一个清洁并且有利健康的环境，使食品生产和消费在其中进行有效的卫生操作。

过去曾将食品安全这一概念同食品中的化学危害物联系在一起，而将食品卫生同食源性致病微生物联系在一起，这一种区分方式已被学术界抛弃。目前学术界对于食品安全和食品卫生两个概念的内涵与外延还没有一个统一的认识，常常出现混淆，事实上，按照 1996 年 WHO 在《加强国家级食品安全性计划指南》一文中对它们定义的分别表达，也很难将它们严格区分，因此，这有待于相关行业专家对此做进一步的讨论和规范。

三、食 品 质 量

食品是人类食用的物品，包括天然食品和加工食品。天然食品是指在大自然中生长的、未经加工制作、可供人类食用的物品，如水果、蔬菜、谷物等；加工食品是指经过一定的工艺进行加工后生产出来的以供人们食用或者饮用为目的的制成品，如大米、小麦粉、果汁饮料等，但不包括以治疗为目的的药品。

食品质量是由各种要素组成的。这些要素被称为食品所具有的特性，不同的食品特性各异。因此，食品所具有的各种特性的总和，便构成了食品质量的内涵。按照国家标准（GB/T 19000—2016）《质量管理体系　基础和术语》对质量的定义，可以将食品质量规定为：食品的一组固有特性满足要求的程度。"要求"可以包括安全性、营养性、可食用性、经济性等几个方面。食品的安全性是指食品在消费者食用、储运、销售等过程中，保障人体健康和安全的能力。食品的营养性是指食品对人体所必需的各种营养物质、矿物质元素的保障能力。食品的可食用性是指食品可供消费者食用的能力。任何食品都具有其特定的可食用性。食品的经济性指食品在生产、加工等各方面所付出或所消耗成本的程度。

四、 食品安全概念的内涵

从目前的研究情况看，在食品安全概念的理解上，国际社会已经基本形成如下共识。

1. 食品安全是个综合概念

作为种概念，食品安全包括食品卫生、食品质量、食品营养等相关方面的内容和食品（食物）种植、养殖、加工、包装、贮藏、运输、销售、消费等环节。而作为属概念的食品卫生、食品质量、食品营养等（通常被理解为部门概念或者行业概念）均无法涵盖上述全部内容和全部环节。

此外，作为一个综合概念，食品安全包括食品质的安全和食品量的安全两个方面。质的安全反映了在保证人体正常生命活动和生理功能的前提下，食物摄入以后对身体不产生危害；量的安全即粮食安全（food security），指所有人在任何时候都能在物质上和经济上获得足够、安全和富有营养的食物，以满足其健康而积极生活的膳食需要，反映了人类对食品总量的一个依赖性。

2. 食品安全是个社会概念

与卫生学、营养学、质量学等学科概念不同，食品安全是个社会治理概念。不同国家以及不同时期，食品安全所面临的突出问题和治理要求有所不同。在发达国家，食品安全所关注的主要是因科学技术发展所引发的问题，如转基因食品对人类健康的影响；而在发展中国家，食品安全所侧重的则是市场经济发育不成熟所引发的问题，如假冒伪劣、有毒有害食品的非法生产经营。

3. 食品安全是个政治概念

无论是发达国家，还是发展中国家，食品安全都是企业和政府对社会最基本的责任和必须做出的承诺。食品安全与生存权紧密相连，具有唯一性和强制性，通常属于政府保障或者政府强制的范畴。而食品质量等往往与发展权有关，具有层次性和选择性，通常属于商业选择或者政府倡导的范畴。近年来，国际社会逐步以食品安全的概念替代食品卫生、食品质量的概念，更加突显了食品安全的政治责任。

"民以食为天，食以安为先"。食品安全是人民群众最关心、最直接、最现实的利益问题，关系着广大人民群众的身体健康和生命安全，关系着经济的健康发展和社会的稳定。中国共产党第十八届中央委员会第五次全体会议首次提出"实施食品安全战略"，将食品安全上升到国家战略高度。中国共产党第十九次全国代表大会报告明确提出实施食品安全战略，让人民吃得放心。这是党中央着眼党和国家事业全局，对食品安全工作作出的重大部署，是决胜全面建成小康社会、全面建设社会主义现代化国家的重大任务。

4. 食品安全是个法律概念

20世纪80年代以来，一些国家以及有关国际组织从社会系统工程建设的角度出发，逐步以食品安全的综合立法替代卫生、质量、营养等要素立法。1990年，英国颁布了《食品安全法》；2000年，欧盟发表了具有指导意义的《食品安全白皮书》；2003年，日本制定了《食品安全基本法》。部分发展中国家也制定了《食品安全法》。综合型的《食品安全法》逐步替代要素型的《食品卫生法》《食品质量法》《食品营养法》等，反映了时代发展的要求。我国现行的《食品安全法》被称为"史上最严"的食品安全法，自2019年12月1日起施行的《中华人民共和国食品安全法实施条例》全面贯彻新时期党中央、国务院有关加强食品安全工作的新思想、新论断和新要求，严格落实"四个最严"，坚持问题导向，制度创新，全面落实食品安全法的各项规定，明晰食品生产经营者法律义务和责任，强化食品安全监督管理，细化自由裁量权，进一步增强了法律的可操作性，突显了食品安全的法律概念。

第二节　食品安全与卫生学的形成与发展

一、　古代的食品安全与卫生学

食品安全与卫生学的发展经历了漫长的历史过程，食品安全与卫生知识源于对食品与自身健康关系的观察与思考。人类在远古时期学会了使用火对食物进行加热制备的方法，古代发明了食物干燥方法，几千年前发明了酿造等方法，这些方法除了有利于改善食品风味或延长食品贮藏期以外，还是有效的保障食品安全的方法，这些标志着古代食品安全与卫生学的建立与发展。

中国早在 3000 年前的周朝，人们就知道通过控制一定的卫生条件可酿造出酒、醋、酱油等发酵产品，而且设置了"凌人"，专司食品的冷藏防腐，说明当时人们已经注意到降低食品的贮藏温度可延缓食品的腐败变质。春秋时期，人们已知食物的新鲜、清洁、烹饪和食物取材是否成熟等与人体健康有关，如《论语·乡党》中有所谓"食不厌精，脍不厌细。食饐而餲，鱼馁而肉败，不食。色恶，不食。臭恶，不食。失饪，不食。不时，不食。"到了唐代，更有《唐律》规定了处理腐败变质食品的法律准则，如"脯肉有毒曾经病人，有余者速焚之，违者杖九十；若故与人食，并出卖令人病者徒一年；以故知死者，绞。"说明当时已认识到腐败变质的食品能导致人食物中毒并可能引起死亡。在古代的医学典籍中，也有不少关于食品卫生方面的论述，如孙思邈在《千金翼方》中对鱼类引起的组胺中毒就有很深刻而准确的描述："食鱼面肿烦乱，芦根水解"，不仅描述了食物中毒的症状，而且指出了治疗对策。这些均体现了预防食物中毒的原理与方法。国外也有类似的记载，如希波克拉底在《论饮食》一书中提及的中世纪罗马设置的专管食品卫生的"市吏"，就是当时食品卫生管理的例证。

二、　现代的食品安全与卫生学

古代的食品安全与卫生学只停留在感官认识和个别现象总结阶段，未能构成一门系统学科，直到 19 世纪初，自然科学迅速发展，给现代食品安全与卫生学的诞生与发展奠定了科学基础。

施旺（Schwamn，1810—1882 年，德国生理学家，细胞理论的创立者）与巴斯德（Pasteur，1822—1895 年，法国化学家，生物学家，微生物学奠基人之一）分别于 1837 年和 1863 年提出了食品腐败是微生物作用所致的论点；1855—1888 年，沙尔门（Salmon，美国细菌学家）与加特纳（Gaertner）等发现了沙门氏菌（*Salmonella*）。这些都是现代食品安全与卫生学早期发展的里程碑，并由此结束了长达 100 多年的食物中毒妥美毒（Ptomaine）学说。

此外，英国、美国、法国、日本等是最早建立有关食品安全与卫生法律法规的国家。如1860 年英国的《防止饮食品掺假法》、1906 年美国的《食品、药品、化妆品法》、1851 年法国的《取缔食品伪造法》、1947 年日本的《食品卫生法》等。这些发达国家的食品安全与卫生管理已逐步实现了法制化管理，有关食品安全与卫生的法律法规十分周密细致。这些都值得我国学习和借鉴。

在第二次世界大战后的相对和平时期，科学技术发展带动工农业生产并以前所未有的速度发展。一方面基础学科与关联学科的进步直接促进了食品安全与卫生学向高、精、尖方向发展，如引入新概念、新理论，应用新技术、新方法等。为加强食品安全与卫生学的科学性、法制性和以国际合作为主要特点的食品卫生监督管理，1962年联合国粮食及农业组织（Food and Agriculture Organization of the United Nations，FAO）和 WHO 成立了食品法典委员会（Codex Alimentary Committee，CAC），主要负责制定推荐的食品卫生标准及食品加工规范，协调各国的食品卫生标准并指导各国和全球食品安全体系的建立。另一方面又因当时工农业生产的盲目发展，曾一度使公害泛滥而带来来源不同、种类各异的环境污染因素，食品卫生学在生物性、化学性、放射性三大类污染物、食物中毒、食品毒理方法学以及卫生科学管理等各方面都取得了引人注目的进展。

为保证食品安全，人类在食品污染方面进行了大量研究，包括食品污染物的种类来源、性质、危害风险调查、含量水平的检测、预防措施以及监督管理措施等。这一时期，由于现代食品的出现和环境污染的日趋严重，发生或发现了各种来源不同、种类各异的食品污染因素，如黄曲霉毒素、单端孢霉烯族化合物、椰毒假单胞菌酵米面亚种（*Pseudomonas Cocorenenans* subsp. *Parinofermentans*）等几种食物中毒病原物；化学农药广泛应用所造成的污染、残留；多环芳烃化合物、N-亚硝基化合物、蛋白质热聚产物等多种污染食品的诱变物和致癌物；食品容器包装材料塑料、橡胶、涂料等高分子物质的单体及加工中所用的助剂；食品添加剂在使用过程中也陆续发现一些毒性可疑及有害禁用的品种。另一类食品污染因素是食品的放射性污染。通过对这些污染因素性质和作用的认识以及它们在食品中含量水平的检测，制订有害化学物质在食品中的残留限量、食品添加剂的人体每日容许摄入量、人群可接受危险水平（Acceptable Risk Level）、食品安全性毒理学评价程度和食品卫生标准等一系列食品卫生技术规范，使食品安全与卫生学的理论与方法得到了进一步发展。

随着对食品卫生基础理论的研究和对食品卫生认识的不断深入，食品安全卫生质量的控制技术也得到了不断的完善和进步，食品的良好操作规范（Good Manufacture Practice，GMP）、卫生标准操作程序（Sanitation Standard Operation Procedure，SSOP）、食品危害分析和关键控制点（Hazard Analysis and Critical Control Point，HACCP），特别是 HACCP 成为食品安全生产中有利的控制手段。

三、 我国现代食品安全与卫生学的发展

在我国，新中国成立前由于食品匮乏，食品卫生很难得到保证。直到新中国成立后，在中国共产党的领导下，实行粮食的统购统销，并大力开展爱国卫生运动，才使食品卫生得以实现。

我国科学工作者对一些重要食品安全问题进行了研究与解决，如酵米面和变质银耳中毒、变质甘蔗中毒及肉毒毒素中毒的研究与控制、有机氯农药残留的研究、辐照食品的研究与标准制定、工业废水灌溉农田的安全性评价、主要酒类中氨基甲酸乙酯的风险评估、我国居民即食食品中单核细胞增生李斯特菌（*Listeria monocytogenes*）的定量风险评估、食品安全突发事件的应急处理等相关研究工作，为保障我国人民的健康与食品安全发挥了良好的作用。

我国对食品的管理经历了从道德管理、行政管理到法制管理，从食品卫生监督管理到食品

安全监督管理的过程，食品安全的管理和法制化不断完善。新中国成立 70 多年来，先后颁布了食品卫生管理办法、规范、程序、规程、条例、规定等单项法规 100 多个，食品卫生标准近 500个，以及一系列与之配套的地方法规。特别是 1995 年我国正式制定并颁布了《中华人民共和国食品卫生法》，2009 年正式制定了《食品安全法》，2015 年实施修订后的《食品安全法》，进一步形成了较完善的食品安全法律体系和食品安全监督体系，之后再经 2018 年和 2021 年两次修订，使我国的食品安全与卫生监督管理工作进入了一个依法行政的新的历史时期。

近年来，我国对食品卫生标准和检验方法不断更新、修订和完善，逐步形成了我国的食品安全标准体系；参照全球环境、食品污染监测与评估计划，建立了食品安全监测体系，并采用食品安全控制技术（如 HACCP 管理体系、食品安全风险评估等）；努力参与国际事务，与国际接轨。

面对食品安全存在的严峻形势，科技界在食品安全控制理论、检测与评价方法、监控与管理体系的建立与完善等方面进行着不断的探索和研究。从原料生产到加工、贮运和销售的食品安全全程控制体系，以毒理学为基础的食品安全性评价方法，以分子生物学、免疫学、化学仪器分析等学科为支撑的食品安全检测技术构成了现代食品安全与卫生学的立体框架。

随着科学技术的进步、社会的发展和人们生活水平的不断提高和生活方式不断丰富多彩，食品的安全与卫生显得越来越重要。由于政府监督管理部门、食品企业和学术界的共同努力，食品安全与卫生学作为一门应用科学在近 20 年内有了长足发展，从而在保障消费者的健康、促进国际食品贸易以及发展国民经济方面发挥了重要作用。

第三节　食品安全与卫生学的主要内容

食品安全与卫生学是研究食品中存在或从环境可能进入食品、能威胁人体健康的有害物质和因素及其评价方法、预防与控制措施，以提高食品卫生质量，保证食用者安全的科学。它的研究内容主要有食品原料的生产、加工、贮运和产品销售与消费整个过程中可能存在的主要有害物质和因素的种类、来源、性质、作用、含量水平、监督管理以及预防与控制措施，各类食品的主要安全与卫生问题，特别是食物中毒及其预防、控制和管理等。

一、　食品的污染问题和食物中毒等食源性疾病及其预防

食品的污染问题和食物中毒等食源性疾病及其预防主要阐明食品中可能存在的有害因素的种类、来源、性质、数量和污染食品的程度，对人体健康的影响与机制，以及这些影响的发生、发展和控制规律，为制定防止食品受到有害因素污染的预防措施提供依据。食源性疾病是由摄食进入人体的各种致病因素引起、通常具有感染性质或中毒性质的一类疾病，食物中毒是最常见的食源性疾病，根据病原物的不同可将食物中毒分成细菌性食物中毒、真菌及其毒素食物中毒、动物性食物中毒、有毒植物中毒及化学性食物中毒。食品安全与卫生学重点阐明各种食物中毒发生的病因、流行病学特点、发病机制、中毒表现及预防措施等。

食品中的有害因素大多数并非食品的正常成分，而是通过一定的途径进入食品，因此又称食品污染物。食品污染（food contamination）是指食品被外来的、有害人体健康的物质所污染。

食品污染的主要原因：一是由于人的生产或生活活动使人类赖以生存的环境介质，即水体、大气、土壤等受到不同程度和不同状况的污染，各种有害污染物被动物或植物吸收、富集、转移，造成食物或食品的污染；二是食物在生产、种植、包装、运输、储存、销售和加工烹调过程中造成的污染。按性质不同可将食品的危害因素分为生物性、化学性及物理性三类。

生物性危害包括微生物、寄生虫及其虫卵、昆虫和生物制剂等。其中以微生物危害因素范围最广，危害也最大。微生物是自然界中一大群结构简单、体形微小、需要借助光学或电子显微镜放大数百倍、数千倍甚至数万倍才能观察到的微小生物，主要有细菌、真菌以及病毒等。寄生虫和虫卵主要有囊虫、蛔虫、绦虫、中华支睾吸虫等。昆虫污染主要有甲虫类、螨类、谷蛾、蝇、蛆等。有害昆虫主要损坏食品质量，使食品感官性状恶化，降低食品营养价值。战时生物武器的使用可造成生物制剂对食品的污染。

化学性危害种类繁多，来源复杂，主要是食品受到各种有害的无机或有机化合物或人工合成物的污染，包括环境污染和生产加工中产生的污染物，如农药或兽药使用不当，残留于食物；工业三废（废气、废水、废渣）不合理排放，致使汞、镉、砷、铬、酚等有害物质对食物的污染；食品容器包装材料质量低劣或使用不当，致使其中的有害金属或有害塑料单体等溶入食品；N-亚硝基化合物、多环芳烃化合物、二噁英等污染食品；滥用食品添加剂和化学试剂的污染；此外，还包括动植物中含有的天然有毒物质，如河豚毒素、组胺、皂苷等。

物理性危害主要为各种异物，如玻璃、碎石、铁丝和头发等；还包括放射性污染，主要来自放射性物质的开采、冶炼、生产及其在生活中的应用与排放；以及核爆炸、核废物的污染。

食品危害造成的食品污染是影响食品安全的主要问题，也是一个全球性问题，一般具有以下特点。

（1）被污染的食品除了少数会表现出感官性状的改变外，多数情况下一般无明显的外观改变，不易鉴别。比如常见的一些导致食物中毒的被致病性细菌或病毒污染的食品，从感官特征上看，很难察觉到其中含有致病性细菌和病毒等微生物；再如一些烘焙和烧烤食品，在加工过程中经过高温烘焙及炭烤，可能使其中的碳水化合物、蛋白质及脂肪等营养物质发生变化，产生丙烯酰胺、杂环胺和多环芳烃等化学物质，而这些物质很难通过感官去识别。

（2）有些危害物质性质较为稳定，在食品中不易被消除，尤其是一些有毒化学物质。因此，被污染的食品采用常规烹饪冷热处理，不能达到绝对无害。例如，常见的环境污染物二噁英，一般要在800℃高温下才会被裂解。所以一旦食品被二噁英污染，是无法在常规的烹饪加工过程中将其去除的。

（3）有些食品危害除可以直接污染食品的原料和制品外，多数情况下也可通过食物链逐级发生富集导致食品污染加重。比如在种植和养殖环节，食品原料很容易受到污染，常见的污染物如农药残留、兽药残留、有毒金属等。在多数情况下，这些污染物会通过食物链逐步发生富集或者浓缩。也就是说食品原料一旦受到污染，污染物的浓度会通过食物链逐级发生积累，最终在食品中的浓度远高于其在环境中的浓度。

（4）食品危害除可引起急性疾患外，更可蓄积或残留在体内，造成机体的慢性损害和潜在威胁。因此，一旦食品中含有污染物，这些食品被摄入后，除了可以导致出现急性的损伤（如食物中毒）以外，多数情况下污染物可以在人体内逐渐积累而增加，最终会产生慢性中毒，甚至致癌、致畸、致突变等危害。

由以上可知，食品中的危害因素具有污染途径复杂多样、涉及范围广、易对健康造成多方面损害的特点，是影响食品安全的重要因素。

二、 各类食品的安全卫生问题

根据食物的来源及其理化特性可将食品分成植物性、动物性及加工食品，各类食品在生产、运输、贮存及销售等各环节可能会受到有毒有害物质的污染，研究不同食品易出现的特有卫生问题，有利于采取针对性的预防措施和进行卫生监督管理，从而保证食用者的安全。除上述三类主要食品外，随着科技发展及人们保健意识的增强，一些新型食品，如转基因食品、保健食品、辐照食品等大量涌向市场，对这些食品存在的卫生问题及食用安全性的评价亦是食品安全与卫生学研究的新问题。

三、 食品安全监督管理

食品安全监督管理是保证食品安全的重要手段，即运用科学技术、道德规范、法律规范等手段来保证食品的安全与卫生。为了防止、控制和消除食品污染及食品中有毒有害因素对人体的危害，预防和减少食品安全事故的发生，必须加强对食品供应链的各个环节，包括农业初级生产环节（食用农产品种植和养殖）、食品生产环节（生产和加工）、食品经营环节（销售和餐饮服务）、食品物流环节（贮存和运输），以及包括食用农产品在内的食品、食品添加剂、食品相关产品、农业投入品的食品安全监督管理。而食品安全法律法规的建立与完善、食品安全监督管理部门依法对食品生产经营活动实施严格的监督管理、食品生产经营企业的主要负责人落实企业食品安全管理制度及对本企业的食品安全工作全面负责等法律规定是保证食品安全的关键。

四、 食品安全性评价

食品安全性评价包括食品安全毒理学评价和食品安全风险分析。其中，食品安全毒理学评价主要阐述食品安全毒理学评价程序的组成及内容，以及如何通过构建完善的食品安全评价体系保障食品的安全性，评价对象包括食品和食品添加剂、转基因食品、保健食品、辐照食品等。食品安全风险分析主要阐述风险分析的框架，构成框架的各部分，即风险评估、风险管理及风险交流的内容及目标。风险分析将通过风险评估决定食源性危害风险允许水平，促进风险管理政策和风险交流战略的建立和完善。

第四节　食品安全面临的主要问题及挑战

食品安全问题不仅危害人类的身体健康和生命安全，造成医药费用增加和劳动力损失等直接经济损失，而且对社会、政治和经济造成重大危害和影响。一些由食品安全问题引发的食品恐慌事件导致了所在国家或地区的动荡不安，如二噁英事件导致当时的比利时政府集体辞职，是食品安全事件对政治产生深刻影响的典型例子。食品安全问题对经济的影响，不仅表现在危害人体健康而需要支付疾病治疗与控制所需费用、不合格产品销毁等所造成的直接经济损失上，而且表现在相关的间接经济损失上。食品安全事件对消费者信心的打击可导致一个产业的崩溃；

食品安全事件对一个企业、一个国家形象的伤害可造成其产品贸易（特别是国际贸易）机会的减少或丧失。这些间接经济损失往往比上述直接经济损失更大。

目前，食品安全问题在发达国家和发展中国家表现得同样突出和严峻。在发达国家出现了不少因现代技术应用所伴随的副作用和生态平衡遭到严重破坏所导致的食品安全问题，如二噁英事件和疯牛病事件，其特点是事件发生规模大、影响范围广；在发展中国家，由于经济发展水平低、卫生条件差以及法制不健全、监管不力、违法违章生产与经营导致的食品安全问题时有发生，如食源性细菌和病毒引起的食物中毒，农药、兽药残留超标和假冒伪劣食品引起的化学性食品中毒，其特点是事件发生具有偶然性和散发性，出现频率高，部分具有流行性和群发性。

21世纪是信息化的时代，网络、电视、报纸上充满了各种各样食品安全事件的报道。随着全球经济的一体化，食品安全供应的影响因素就更为复杂，食品安全已变得没有国界，世界上某一地区的食品安全问题很可能会波及全球，乃至引发双边或多边的国际食品贸易争端，全球食品安全问题受到空前的关注。因此，近年来世界各国都加强了食品安全工作，包括机构设置、强化或调整政策法规、监督管理和科技投入等。2000年，WHO第53届世界卫生大会首次通过了有关加强食品安全的决议，将食品安全列为WHO的工作重点和最优先解决的领域，同时各国政府纷纷采取措施，建立和完善食品管理体系和有关法律、法规等。尽管如此，近年来国际上重大食品安全事件仍层出不穷，其中一些事件对社会、政治、经济和人们的健康等都产生了巨大影响，如英国的疯牛病、比利时的二噁英事件、美国毒菠菜事件、日本大肠埃希菌（*Escherichia coli*）O_{157}：H_7食物中毒、欧洲毒黄瓜事件、马肉丑闻等。

食品安全问题是全球面临的共同挑战，从目前资料来看，微生物性食源性疾病仍居全球食品安全问题之首。例如，全球每年约有5.5亿腹泻病例，导致23万人死亡，其中70%是由于微生物污染的食品所致。我国食源性疾病的发生也主要是由微生物危害造成的。微生物危害引起食源性疾病发生率增加的原因有很多，而且不同地区有不同的疾病谱。现代社会的发展为食源性疾病的传播提供了更适宜的条件，这些条件包括食品生产、加工方式的变化，国际旅行和食品贸易的全球化趋势，居民生活方式的改变以及与食物有关的微生物自身的耐药性、适应性及基因变异等。近年来，新的致病微生物如肠出血性大肠埃希菌O_{157}：H_7、空肠弯曲菌（*Campylobacter jejuni*）、单核细胞增生李斯特菌、幽门螺杆菌（*Helicobacter pylori*）、诺如病毒、新型肝炎病毒等引起的食源性疾病已经开始涌现。这些事实表明，食品中的微生物危害在很长的一段时间内仍然是一个重要的公共卫生问题。世界卫生大会和CAC充分认识到食品中这些微生物危害的重要性。第二十二届CAC大会和第四十五届国际食品法典执行委员会要求成立FAO/WHO联合微生物危险性评估专家会议（JEMRA），开展微生物危险性评估以保证微生物方面的食品安全。在此基础上通过定量微生物危险性评价（Microbiological Risk Assessment，MRA）和HACCP体系的建立，以实现降低微生物性危害的最终目标。

此外，化学物质对食品的污染以及非食用物质在食品中的违法添加亦不容忽视，以及一些新技术（如转基因）引起的潜在危害和生物恐怖主义的威胁等也引起了人们的关注。

近年来，我国食品产业快速发展，食品安全标准体系逐步健全，检验检测能力不断提高，全过程监管体系基本建立，重大食品安全风险得到控制，人民群众饮食安全得到保障，食品安全形势不断好转。但是，我国食品安全工作仍面临不少困难和挑战，形势依然复杂严峻。例如，微生物和重金属污染、农药兽药残留超标、添加剂使用不规范、制假售假等问题时有发生，环境污染对食品安全的影响逐渐显现；违法成本低，维权成本高，法制不够健全，一些生产经营者唯利是图、主体责任意识不强；新业态、新资源潜在风险增多，国际贸易带来的食品安全问题加深；食品安全标准与最严谨标准要求尚有一定差距，风险监测评估预警等基础工作薄弱，基层监管力量和技术手段跟不上；一些地方对食品安全重视不够，责任落实不到位，安全与发展的矛盾仍然突出。

人类食品的安全性正面临着严峻的挑战，解决目前十分复杂而又严重的食品问题需要全社会的共同努力。同时，这些问题的解决将极大地丰富食品安全与卫生学的内容，并推动它向新的高度发展。

人民群众日益增长的美好生活需要对加强食品安全工作提出了新的更高的要求；推进国家治理体系和治理能力现代化，推动高质量发展，实施健康中国战略和乡村振兴战略，为解决食品安全问题提供了前所未有的历史机遇。中共中央国务院于 2019 年 5 月 9 日发布的《关于深化改革加强食品安全工作的意见》中指出，必须深化改革创新，用最严谨的标准、最严格的监管、最严厉的处罚、最严肃的问责，进一步加强食品安全工作，确保人民群众"舌尖上的安全"。

我国食品安全工作在坚持安全第一、问题导向、预防为主、依法监管、改革创新、共治共享等原则指引下，2020 年基于风险分析和供应链管理的食品安全监管体系初步建立。农产品和食品抽检量达到 4 批次/千人，主要农产品质量安全监测总体合格率稳定在 97%以上，食品抽检合格率稳定在 98%以上，区域性、系统性重大食品安全风险基本得到控制，公众对食品安全的安全感、满意度进一步提高，食品安全整体水平与全面建成小康社会目标基本相适应。预期到 2035 年，要基本实现食品安全领域国家治理体系和治理能力现代化：食品安全标准水平进入世界前列，产地环境污染得到有效治理，生产经营者责任意识、诚信意识和食品质量安全管理水平明显提高，经济利益驱动型食品安全违法犯罪明显减少；食品安全风险管控能力达到国际先进水平，从农田到餐桌全过程监管体系运行有效，食品安全状况实现根本好转，人民群众吃得健康、吃得放心。

🔍 思考题

1. 简述食品安全的概念。
2. 食品危害造成的食品污染的特点有哪些？
3. 查阅相关资料，了解近年来发生的食品安全事件，谈谈中国食品安全的现状。

 知识链接

从"十四五"规划看中国食品安全监管

2021 年 3 月 13 日，新华社公布了《中华人民共和国国民经济和社会发展第十四个五年规划和 2035 年远景目标纲要》（以下简称《规划纲要》）。《规划纲要》提出，严格食品药品安全监管，加强和改进食品药品安全监管制度，完善食品药品安全法律法规和标准体系，探索建立食品安全民事公益诉讼惩罚性赔偿制度。深入实施食品安全战略，加强食品全链条质量安全监管，推进食品安全放心工程建设攻坚行动，加大重点领域食品安全问题联合整治力度。加强食品药品安全风险监测、抽检和监管执法，强化快速通报和快速反应等。

食源性疾病

[学习目标]

1. 掌握食源性疾病基本概念。
2. 熟悉食物中毒的分类和特点。
3. 熟悉食物中毒的判定和现场调查处理程序和方法。
4. 熟悉食品过敏相关概念和防治措施。

第一节 食源性疾病的概念和流行情况

一、 食源性疾病的概念

人类每天都要摄取食物并从中获取营养。食物本身一般不含有毒物质，或者含量极微，当外界环境中的有毒有害物质通过各种途径进入食物，并随食物进入人体时就可能引起具有急性短期效应的食源性疾病或具有慢性长期效应的食源性危害。WHO 的调查数据表明，与其他任何一类疾病相比，由致病微生物和其他有毒有害因素引起的食源性疾病（foodborne disease）是危害极大的一类。因此，食源性疾病的预防与控制是一个世界范围的问题。

食源性疾病这一词是由人们所熟知的"食物中毒"（food poisoning）衍变而来的。由于生物性、化学性或物理性等致病因子从食品生产加工到人体摄入这一过程的任何阶段均可进入食物和饮水中，就导致了食源性疾病的频繁发病，且由致病微生物或有毒、有害因素引起的食源性疾病的危害极大，对人体健康和社会经济的影响极严重。1984 年，WHO 将"食源性疾病"一词作为正式的专业术语，以代替历史上使用的"食物中毒"一词，并将食源性疾病定义为"通过摄食方式进入人体内的各种致病因子引起的通常具有感染或中毒性质的一类疾病"，即指通过食物传播的方式和途径致使病原物质进入人体引发的中毒或感染性疾病。我国《食品安全法》中对食源性疾病的定义为：食品中致病因素进入人体而引起的感染性、中毒性等疾病，包括食物中毒。根据定义，食源性疾病包括三个基本要素，即传播疾病的媒介——食物；食源性疾病的致病因子——食物中的病原体；临床特征——急性中毒性或感染性表现。

食源性疾病源于传统的食物中毒，但随着人们对疾病认识的深入和发展，其范畴在不断扩大，它既包括传统的由致病微生物引起的食物中毒，还包括经食物而感染的肠道传染病、食源性寄生虫病以及由食物中其他有毒、有害污染物所引起的中毒性疾病。

此外，从食源性疾病的概念出发应该不包括一些与饮食有关的慢性病、代谢病，如糖尿病、高血压等，然而，国际上有人将这类疾病也归为食源性疾患的范畴，认为凡与摄食有关的一切疾病（包括传染性和非传染性疾病）均属食源性疾病。因此，由食物营养不平衡所造成的某些慢性退行性疾病（心脑血管疾病、肿瘤、糖尿病等）、食源性变态反应性疾病、食物中某些污染物引起的慢性中毒性疾病等也属此范畴。

二、　食源性疾病的流行情况

在全世界范围内，食源性疾病都是最突出的公共卫生问题之一。在过去 20 多年中，由于人口迅猛增长、环境污染加剧、人类生活方式及饮食行为改变等原因造成食源性疾病的发病率不断上升，新的食源性疾病不断出现。2015 年，WHO 首次估算了细菌、真菌毒素、病毒、寄生虫和化学品等 31 种病原体造成的食源性疾病负担，并指出全球每年有多达 6 亿人或近十分之一的人因食用受到污染的食品而患病，造成 42 万人死亡，其中 5 岁以下儿童 12.5 万人，几乎占食源性疾病死亡人数的 30%。该报告指出，腹泻病占食源性疾病的 50% 以上，每年有 5.5 亿人患病和 23 万人死亡。儿童是患食源性腹泻病危险性极高的人群，每年有 2.2 亿儿童患病和 9.6 万儿童死亡。

腹泻病通常是因为食用受到诸如病毒、空肠弯曲菌、沙门菌和致病性大肠埃希菌污染的未煮熟的肉、蛋、新鲜农产品和乳制品所致。导致食源性疾病的其他因素还有伤寒、甲肝、猪带绦虫（绦虫）和黄曲霉毒素等。非伤寒沙门氏菌引起的疾病，是全世界所有地区的公共卫生问题；其他疾病如伤寒、食源性霍乱以及由致病性大肠埃希菌引起的疾病在低收入国家更为常见；而弯曲杆菌是高收入国家的重要病原菌。

从世界范围来看，非洲和东南亚的食源性疾病发病率和死亡率均最高，我国食源性疾病的发病亦呈上升趋势。2010 年曾有报道，我国平均每年发生食源性疾病暴发事件约数十万起，发病人数逾千万人次。据《北京科技报》2015 年 4 月 20 日报道，在我国平均每 6.5 人中就有 1 人因摄入食源性致病菌污染食品而罹患疾病。大部分食源性疾病的症状表现为日常生活中常见的急性肠胃炎，但引起急性肠胃炎的食源性病原有很多，不同病原引起的食源性疾病严重程度也不同。如 1988 年上海因食用毛蚶暴发的甲型肝炎大流行和 2008 年乳品业的三聚氰胺事件，不仅大范围危及公众健康，造成了巨大的健康和经济负担，更引发了公共信任危机，影响社会稳定。

目前世界上只有少数几个发达国家建立了食源性疾病年度报告制度。虽然这些国家建立了食源性疾病年度报告制度，但是疾病的漏报率也很高，可高达 90%，发展中国家的漏报率在 95% 以上。

三、　食源性疾病的监测情况

无论在发达国家还是在发展中国家，食源性疾病都是重要的公共卫生问题。不仅影响到人类的健康，而且对经济、贸易甚至社会安定产生极大的影响。世界各国纷纷建立起食源性疾病监测系统，以保障全球食品安全战略的实施。

1. 国际食源性疾病监测情况

国际组织和世界各国建立了多个食源性疾病监测网络，如 WHO 建立的全球沙门氏菌监测系统（WHO Global Salm-Surv，WHO GSS）、美国食源性疾病主动监测网（FoodNet）、美国 PulseNet 实验室网络、美国国家食源性疾病病原菌耐药性监测系统（National Antimicrobial Resistance Monitoring System，NARMS）、欧盟沙门菌实验室监测报告网（EnterNet）、丹麦综合耐药性监测和研究项目（DANMAP）等。

2. 我国食源性疾病监测情况

我国自 2000 年起建立国家食源性致病菌监测网，对食品中的沙门氏菌、肠出血性大肠埃希菌 O_{157}∶H_7、单核细胞增生李斯特菌和空肠弯曲菌进行连续主动监测。2002 年，我国建立了食源性疾病监测网，覆盖区域为 9 个省（自治区、直辖市）。2005 年，我国制订了与 5 种肠道传染病［痢疾、伤寒/副伤寒、霍乱、小肠结肠炎耶尔森菌（Yersinia enterocolitica）肠炎、大肠埃希菌 O_{157}∶H_7 感染性腹泻］相关的监测方案，在全国对暴发疫情、病原学、细菌耐药性和流行因素进行监测，2008 年扩展到 16 个监测地区。2009 年《食品安全法》实施后，食源性疾病报告系统覆盖全国 31 个省（自治区、直辖市）。监测点分县（区）、地（市）、省和国家四级，各监测点通过网络直报的方式上传报告数据。

2010 年，我国开始建立全国食源性疾病（包括食物中毒）报告系统和疑似食源性异常病例/异常健康事件报告系统。食物中毒报告系统的报告对象是县级以上食品安全监管部门组织调查处置完毕的所有发病人数在 2 人及以上，或死亡人数为 1 人及以上的食源性疾病事件。异常病例报告系统所针对的是一组用目前的知识难以解释的可能与食品有关的疾病或事件。在我国的监测系统中，食源性疾病发病人数在 2 人以下的情况未纳入上报范畴，同时食源性慢性损害也不在上报之列，所以，我国食源性疾病的漏报率仍不容忽视。

四、 食源性疾病防控展望

随着食品工业现代化、食品科技高新化及食品供应全球化，已被认识的疾病流行性不断扩大，未被认识的新型病原体不断增加，加之致病菌耐药性的持续增强，现有认知的食源性疾病或仅为冰山一角。

为此，各国学者对食源性疾病防控展开了积极研究，不仅包括食源性疾病发展现状的描述性研究，还包括影响其流行的危险因素的分析性研究，以及疾病的干预性研究。目前我国的食源性疾病防控研究与防控工作明显滞后于发达国家。虽然我国专家已呼吁食源性疾病是最主要的食品安全问题，也是最突出的公共卫生问题之一，且已展开了相应研究，但我国食源性疾病的监测、病原传播机制以及疾病干预研究尚存在很大缺陷。且随着社会进步，食源性疾病的疾病种类、病原种别、传播途径和风险因素等也将变得更加复杂，食源性疾病防控工作将面临更大的挑战。因此，我国学者应加快对食源性疾病的防控研究，理清病原传播机制与风险因素，评估最佳干预措施，为有效防控食源性疾病提供必要的理论基础。

第二节　食 物 中 毒

食源性疾病一直是威胁我国公共卫生的一大重要问题，而食物中毒是食源性疾病中最常见、最典型的一类，我国每年因食物中毒导致的死亡人数有上百人。

一、　食物中毒的概念

食物中毒是指摄入含有生物性、化学性有毒有害物质的食品或把有毒有害物质当作食品摄入后所出现的非传染性（不同于传染病）的急性、亚急性疾病。食物中毒既不包括因暴饮暴食引起的急性胃肠炎、食源性肠道传染病（如伤寒）和寄生虫病（如旋毛虫），也不包括因一次大量或长期少量多次摄入某些有毒、有害物质而引起的以慢性毒害为主要特征（如致癌、致畸、致突变）的疾病。

二、　食物中毒的分类

一般按病原物质将食物中毒分为以下五类。

1. 细菌性食物中毒

细菌性食物中毒指摄入含有细菌或细菌毒素的食品而引起的食物中毒。细菌性食物中毒是食物中毒中最多见的一类，发病率通常较高，但病死率较低。发病有明显的季节性，5—10月最多。

2. 真菌及其毒素食物中毒

真菌及其毒素食物中毒指食用被真菌及其毒素污染的食物而引起的食物中毒。中毒发生主要因摄入被真菌污染的食品引起，因为用一般烹调方法加热处理不能破坏食品中的真菌毒素，所以发病率较高，死亡率也较高，发病的季节性及地区性均较明显，如霉变甘蔗中毒常见于初春的北方。

3. 动物性食物中毒

动物性食物中毒指食用动物性有毒食品而引起的食物中毒。发病率及病死率较高。引起动物性食物中毒的食品主要有两种：①将天然含有有毒成分的动物当作食品；②在一定条件下产生大量有毒成分的动物性食品。我国发生的动物性食物中毒主要是河豚鱼中毒，近年来其发病有上升趋势。

4. 有毒植物中毒

有毒植物中毒指食用植物性有毒食品引起的食物中毒，如食用含氰苷果仁、木薯、菜豆、毒蕈等引起的食物中毒。发病特点因引起中毒的食品种类而异，如毒蕈中毒多见于春、秋暖湿季节及丘陵地区，多数病死率较高。

5. 化学性食物中毒

化学性食物中毒指食用化学性有毒食品引起的食物中毒。发病的季节性、地区性均不明显，但发病率和病死率均较高，如食用有机磷农药、鼠药、某些金属或类金属化合物、亚硝酸盐等引起的食物中毒。

三、 食物中毒的流行病学特点

食物中毒发生的原因各不相同，可由病原生物感染或毒素污染等引起，但发病具有以下一般共同特点，据此可与其他食源性疾病相区别，尤其是与食源性传染病相区别。

1. 发病潜伏期短

来势急剧，呈暴发性，短时间内可能有多数人发病，发病曲线呈突然上升趋势。

2. 发病均与某种食品或共同的进餐史有关

中毒患者在同一时间内进食了一种或几种共同的食品，而且可疑食品往往来源于同一地区、同一单位、同一食堂、同一家庭或同一销售链，未进食该食品者即便同桌共餐也不发病，即中毒患者有食用同一污染食物史；流行波及范围与污染食物供应范围相一致；停止污染食物供应后，流行即告终止。

3. 中毒患者临床表现基本相似，症状基本一致

不论男女老弱、年龄大小和进食量多少，在同一起食物中毒中所出现的中毒症状及其潜伏期基本一致（食物中毒的潜伏期不以算术平均值计算，而以大多数人的潜伏期为准）。以恶心、呕吐、腹痛、腹泻等胃肠道症状为主。

4. 食物中毒患者对健康人不具有传染性

人与人之间无直接传染。由于引起细菌性食物中毒的病原菌不引起传染性疾病，故患者的分泌物、排泄物无传染性，护理、接触食物中毒患者不会被传染而成为第二代患者。

5. 有些种类的食物中毒具有明显的季节性、地区性、发生场所分布及原因分布特点

（1）季节性特点 食物中毒虽然随时可能发生，但也有一个相对的高发期。食物中毒发生的季节性与食物中毒的种类有关，细菌性食物中毒主要发生在5—10月（特别是7—9月），化学性食物中毒全年均可发生。

根据我国原卫生部及原卫生和计划生育委员会（简称卫计委）通过网络直报系统收到的全国食物中毒类突发公共卫生事件（以下简称食物中毒事件）的数据，在2008—2015年，几乎每年的第三季度（7—9月）都是食物中毒事件报告数最多的时段，如表2-1所示，2008—2015年合计食物中毒报告数为1766起，其中第三季度报告数为728起，占总报告数的41.2%，第三季度食物中毒人数和死亡人数也是最多的，分别为25063人（占总中毒人数的39.8%）和496人（占总死亡人数的43.4%）。

表 2-1   2008—2015 年全国食物中毒事件各季度分布

季度	报告数/起	中毒人数	死亡人数
第一季度	225	6688	168
第二季度	466	17835	280
第三季度	728	25063	496
第四季度	347	13403	198
合计	1766	62989	1142

（2）地区性特点 绝大多数食物中毒的发生有明显的地区性，如我国东南沿海地区多发生副溶血性弧菌（*Vibrio Parahemolyticus*）食物中毒，肉毒中毒主要发生在新疆等地区，霉变甘蔗

中毒多见于北方地区等。

（3）食物中毒发生场所分布特点　根据我国原卫生部和原卫计委的统计数据，从食物中毒事件发生的场所来看，2008—2015 年的食物中毒事件报告中，发生在家庭的食物中毒事件报告数最多，为 821 起，占总数的 46.5%；其次是集体食堂，为 450 起，占总数的 25.5%；再次是餐饮经营场所，为 263 起，占总数的 14.9%，如图 2-1 所示。

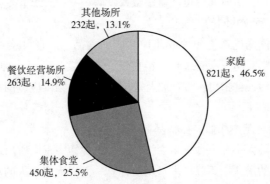

图 2-1　2008—2015 年全国食物中毒事件场所分布

家庭食物中毒多发生在农村，与部分农村群众缺乏基本的食品安全知识和良好的饮食卫生习惯有关。同时，由于基层医疗机构的救治水平和条件有限，而且部分偏远地区交通不便，不能及时就医和转诊，容易发生死亡。集体食堂食物中毒事件主要是由于食品贮存、加工不当导致食品变质或受到污染。餐饮经营场所发生食物中毒的主要原因在于饮食服务单位食品安全措施落实不到位，在食品采购、餐具消毒、加工贮存等关键环节存在问题。

（4）食物中毒原因分布特点　从中毒原因来看（表 2-2），2008—2015 年的食物中毒事件报告中，微生物性食物中毒事件的报告数最多，为 679 起，占总数的 38.4%；其中，沙门氏菌、金黄色葡萄球菌（*Staphylococcus aureus*）肠毒素、副溶血性弧菌等是最主要的致病因素，近年来由椰毒假单胞菌引起的食物中毒（如"酸汤子"中毒事件）也屡见报道。这些微生物性食物中毒主要由于食品储存、加工不当导致食品变质或受污染引起，比如未经灭菌的生牛乳、未煮熟的生肉等，还与食品加工、销售环节卫生条件差，公众的食品安全意识薄弱、食品安全知识缺乏等密切相关。

表 2-2　　　　　　　　　　　2008—2015 年全国食物中毒事件原因分类

中毒原因	报告数/起	致死率（死亡人数/中毒人数）/%
微生物性（如沙门氏菌、金黄色葡萄球菌肠毒素、副溶血性弧菌、椰毒假单胞菌等）	679	0.23
化学性（如亚硝酸盐、有机磷农药、甲醇、毒鼠强等）	598	5.90
有毒动植物及毒蘑菇（如毒蘑菇、河豚鱼、未煮熟的四季豆、发芽土豆、野生蜂蜜和草药等）	281	6.60
不明原因	208	0.69
合计	1766	

其次常见的是化学性中毒，有 598 起，占总数的 33.9%。这里涉及的通常是非微生物类的有毒有害化学物质，如蔬果上未洗净的农药残留，以及自制的腌菜、剩菜中含有的亚硝酸盐，都属于此类。还有因各种偶发事件使得有毒有害化学物质如甲醇、剧毒鼠药等被人误食而引起的食物中毒。如果有毒有害化学物质摄入过量不及时医治，往往会导致死亡，致死率（死亡人数占中毒人数比例）较高，为 5.90%，中毒因素包括亚硝酸盐、有机磷农药、剧毒鼠药及甲醇等，其中以亚硝酸盐为主。

再次是有毒动植物及毒蘑菇引起的食物中毒，报告数为 281 起，占总数的 15.9%。值得注意的是，由这一类食物中毒事件造成的死亡人数最多，致死率最高，为 6.6%，中毒因素包括毒蘑菇、河豚鱼、未煮熟的四季豆、发芽土豆、野生蜂蜜和草药等，其中以毒蘑菇为主。毒蘑菇中毒多为农村群众自行采摘野蘑菇食用，又缺乏鉴别毒蘑菇的知识和能力，从而误食引起食物中毒。

另外，食物中毒漏报现象普遍存在，据 WHO 有关专家估计，发展中国家报告的食物中毒仅占实际发生的食物中毒的 5% 或更低，而在漏报的食物中毒中以细菌性食物中毒居多，这也可能是近年来化学性食物中毒发生的起数和中毒人数超过细菌性食物中毒的一个原因。不断完善现有的食物中毒报告体系和制度，建立食物中毒监控体系和利用行政干预减少漏报，使政府部门准确地掌握食物中毒发生的实际情况，有助于食物中毒的预防和控制。

针对上述食物中毒季节、地区、发生场所及原因分布特点，安排食品安全管理工作计划和制定针对性预防措施，对控制食物中毒有重要意义。

6. 采取措施后控制快

食物中毒只要诊断准确、发现及时、可疑食品控制迅速，则局势就能迅速得到控制，不会有新患者出现，无流行病学余波。除肉毒毒素中毒和椰毒假单胞菌食物中毒外，患者一旦接受治疗，则病情很快好转，痊愈较快，后遗症很少。这些特点在暴发性食物中毒时较明显，而在散发中就不太明显，需要深入细致的调查分析乃至做同源性、相关性分析，才能找出原因，采取有效措施。

四、 食物中毒的判定及处理总则

食物中毒的诊断是依据流行病学和卫生学调查、临床和实验室检验的资料，在综合分析的基础上对中毒病例或事件进行的技术判定或诊断。

（一）食物中毒判定总则

1. 暴发事件的判定

符合因摄入相同食物而出现两例或两例以上症状相似病例的事件，未共同进餐、未食用同类食物者不发病，停止食用可疑食物后无新的病例出现，可判定为一起食物中毒暴发事件。

2. 病例的判定

（1）患者发病情况符合某种食物中毒流行病学特点和临床表现，实验室检验结果明确病因物质的病例，可判定为食物中毒的确证病例。

（2）在食物中毒暴发事件中，患者发病情况符合某种食物中毒的流行病学特点和临床表现，有共同进餐或同期食用同类食物史的病例，可判定为食物中毒事件的原发病例。

3. 致病食物的判定

（1）符合某种食物中毒的判定标准，从可疑食物中检出致病物质，可判定为食物中毒致病食物。

（2）未获得可疑食物样品，或未从可疑食物样品中检出致病物质，可依据流行病学和临床表现的主要特点，综合判定食物中毒的致病食物。

4. 病因的确定

（1）发病情况符合某种食物中毒的流行病学、卫生学及临床诊断的特点，实验室检验检出致病物质的事件，可明确食物中毒的病因。

（2）因报告、采样不及时，或患者已用药，或其他技术和学术上的原因，而未能取得明确的实验室检验资料时，可判定为原因不明食物中毒。

公共卫生与相关技术专家可依据流行病学、卫生学和临床的主要特点，以及处理同类事件的国内外经验，综合判定食物中毒的暴发事件、病例及病因。

（二）食物中毒处理总则

1. 对患者的处理

（1）停止食用可疑食物。

（2）采取紧急救治措施，并及时报告当地卫生行政部门及食品药品监督管理部门。

（3）采集患者的生物标本，尽快送检。

（4）对患者的急救治疗主要包括排除体内有毒有害物质（如催吐、洗胃、清肠）、对症治疗和特殊治疗。

2. 对食物的处理

（1）采集可疑食物样品，尽快送检。

（2）保护现场，停止销售并封存尚未出售的可疑食物。

（3）追回已售出的可疑食物或致病食物。

（4）对致病食物进行无害化处理或依法销毁。

3. 对事件场所的处理

（1）根据事件的规模、污染可疑食物的毒性物质的性质，对事件场所采取必要的卫生处理。

（2）对已感染并造成食物污染的食品加工人员，或发现携带可经食品传播某种病原体的食品加工人员，应依据有关的法律法规，限制其从事食品加工活动。

五、 食物中毒的现场调查处理

食物中毒的调查处理应按照《食品安全法》《中华人民共和国突发事件应对法》《国家食品安全事故应急预案》《食品安全事故流行病学调查工作规范》《食品安全事故流行病学调查技术指南（2012版）》和相关的地方性规章及规范性文件等法律法规实施。

按《食品安全事件调查处理办法（征求意见稿）》的要求，食品安全事件调查应当成立调查组，由食品安全监督管理部门主要负责人或者主管食品安全应急管理工作的负责人担任组长，根据需要，由应急管理、食品生产监管、食品经营监管、稽查执法等有关机构的人员参加。食品安全监督管理部门可以根据食品安全事件实际情况，组织卫生行政、质量监督、农业行政等有关部门和食品检验、疾病预防控制等有关机构参加调查工作。

发生食物中毒或疑似食物中毒事故时，卫生行政部门应按照《食品安全事件调查处理办法（征求意见稿）》《食品安全事故流行病学调查工作规范》等的要求，及时组织县级以上疾病预防控制机构开展现场流行病学调查，并参与对可疑食品的控制、处理等工作，同时注意收集与食物中毒事故有关的证据。

县级以上疾病预防控制机构应当按照规定及时向调查组提交流行病学调查报告，明确事件范围、发病人数、死亡人数、事件原因、致病因素、污染食品及污染原因等。

（一）食物中毒现场调查处理的主要目的

（1）查明食物中毒暴发事件发病原因，确定是否为食物中毒及中毒性质；确定食物中毒病例；查明中毒食品；确定食物中毒致病因子；查明致病因子的致病途径。

（2）查清食物中毒发生的原因和条件，并采取相应的控制措施防止蔓延。

（3）为患者的急救治疗提供依据，并对已采取的急救措施给予补充或纠正。

（4）积累食物中毒资料，分析中毒发生的特点、规律，制定有效措施以减少和控制类似食物中毒发生。

（5）收集对违法者实施处罚的证据。

（二）报告登记

食物中毒或疑似食物中毒事故的流行病学调查应使用统一的调查登记表，登记食物中毒事故的有关内容，尽可能包括发生食物中毒的单位、地点、时间、可疑及中毒患者的人数、进食人数、可疑中毒食品、临床症状及体征、患者就诊地点、诊断及抢救和治疗情况等。同时应通知报告人采取保护现场、留存患者呕吐物及可疑中毒食物等措施，以备后续的取样和送检。

（三）食物中毒的调查

接到食物中毒报告后，应立即指派两名以上相关专业人员赴现场调查，对涉及面广、事故等级较高的食物中毒，应成立由3名以上调查员组成的流行病学调查组。调查员应携带采样工具、无菌容器、生理盐水和试管、棉拭子等，卫生监督笔录、采样记录、卫生监督意见书、卫生行政控制书等法律文书，取证工具、录音机、摄像机、照相机等，食物中毒快速检测箱，各类食物中毒的特效解毒药，记号笔、白大衣、帽及口罩等。

1. 现场卫生学和流行病学调查

现场卫生学和流行病学调查包括对患者、同餐进食者的调查，以及对可疑食品加工现场的卫生学调查。应尽可能采样进行现场快速检验，根据初步调查结果提出可能的发病原因、防控及救治措施。

（1）对患者和进食者进行调查，以了解发病情况　调查内容包括各种临床症状、体征及诊治情况，应详细记录其主诉症状、发病经过、呕吐和排泄物的性状、可疑餐次（无可疑餐次应调查发病前72h的进食情况）的时间和食用量等信息。

通过对患者的调查，应确定发病人数、共同进食的食品、可疑食物的进食者人数范围及其去向、临床表现及其共同点（包括潜伏期、临床症状、体征），掌握用药情况和治疗效果，并提出进一步的救治和控制措施建议。

对患者的调查应注意：①调查人员首先要积极参与组织抢救患者，切忌不顾患者病情而只顾向患者询问；②应重视首发病例，并详细记录第一次发病的症状和发病时间；③尽可能调查到所发生的全部病例的发病情况，如人数较多，可先随机选择部分人员进行调查；④中毒患者临床症状调查应按规范的《食物中毒病人临床表现调查表》进行逐项询问调查和填写，并须经调查对象签字认可，对住院患者应抄录病历有关症状、体征及化验结果；⑤进餐情况应按统一制定的《食物中毒病人进餐情况调查表》调查患者发病前 24~48h 进餐食谱，进行逐项询问和填写，以便确定可疑中毒食物，中毒餐次不清时，需对发病前 72h 内的进餐情况进行调查，调查结果亦须经调查对象签字认可；⑥调查时应注意了解是否存在食物之外的其他可能的发病因子，以确定是否为食物中毒，对可疑刑事中毒案件应及时通报公安部门。

（2）可疑中毒食物及其加工过程调查　在上述调查的基础上追踪可疑中毒食物的来源、食物制作单位或个人。对可疑中毒食物的原料及其质量、加工烹调方法、加热温度和时间、用具和容器的清洁度、食品贮存条件和时间、加工过程是否存在直接或间接的交叉污染、进食前是否再加热等进行详细调查。在现场调查过程中发现的食品污染或违反食品安全法规的情况，应进行详细记录，必要时进行照相、录像、录音等取证。

（3）食品从业人员健康状况调查　疑为细菌性食物中毒时，应对可疑中毒食物的制作人员进行健康状况调查，了解其近期有无感染性疾病或化脓性炎症等，并进行采便及咽部、皮肤涂抹采样等。

2. 样品的采集和检验

（1）样品的采集　样品采集包括以下六个方面。

①食物样品采集：尽量采集剩余可疑食物。无剩余食物时可采集用灭菌生理盐水洗刷可疑食物的包装材料或容器后的洗液，必要时还应采集可疑食物的半成品或原料。

②可疑中毒食物制、售环节的采样：应对可疑中毒食品生产过程中所用的容器、工（用）具如刀、墩、矿板、筐、盆、桶、餐具、冰箱等进行棉拭子采样。

③患者呕吐物和粪便的采集：采集患者吐泻物应在患者服药前进行。无吐泻物时，可取洗胃液或涂抹被吐泻物污染的物品。

④血、尿样采集：疑似细菌性食物中毒或发热患者，应采集患者急性期（3 天内）和恢复期（2 周左右）静脉血各 3mL，同时采集正常人血样作对照。对疑似化学性食物中毒者，还需采集其血液和尿液样品。

⑤从业人员可能带菌样品的采集：使用采便管采集从业人员大便（不宜留便）。对患有呼吸道感染或化脓性皮肤病的从业人员，应对其咽部或皮肤病灶处进行涂抹采样。

⑥采样数量：对发病规模较大的中毒事件，一般至少应采集 10~20 名具有典型症状患者的相关样品，同时采集部分具有相同进食史但未发病者的同类样品作为对照。

（2）样品的检验

①采集样品时应注意避免污染并在采样后尽快送检，不能及时送样时应将样品进行冷藏保存。

②结合患者临床表现和流行病学特征，推断导致食物中毒发生的可能原因和致病因子的性质，从而选择针对性的检验项目。

③对疑似化学性食物中毒，应将所采集的样品尽可能地用快速检验方法进行定性检验，以协助诊断和指导救治。

④实验室在收到有关样品后应在最短的时间内开始检验。若实验室检验条件不足，应请求上级机构或其他有条件的部门予以协助。

3. 取证

调查人员在食物中毒调查的整个过程中必须注意取证的科学性、客观性和法律性，可充分利用录音机、照相机、录像机等手段，客观地记录下与当事人的谈话及现场的卫生状况。在对有关人员进行询问和交谈时，必须做好个案调查笔录并经被调查者复阅签字认可。

（四）调查资料的技术分析

1. 确定病例

病例的确定主要根据患者发病的潜伏期和各种症状（包括主诉症状和伴随症状）与体征的发生特点；并同时确定患者病情的轻重分级和诊断分级；确定流行病学相关因素。提出中毒病例的共同性，确定相应的诊断或鉴定标准，对已发现或报告的可疑中毒病例进行鉴别。

2. 对病例进行初步的流行病学分析

绘制发病时间分布图，可有助于确定中毒餐次；绘制发病的地点分布地图，可有助于确定中毒食物被污染的原因。

3. 分析病例发生的可能病因

根据确定的病例和流行病学资料，提出是否属于食物中毒的意见，并根据病例的时间和地点分布特征、可疑中毒食品、可能的传播途径等，形成初步的病因假设，以采取进一步的救治和控制措施。

4. 对食物中毒的性质作出综合判断

根据现场流行病学调查、实验室检验、临床症状和体征、可疑食品的加工工艺和储存情况等进行综合分析，按各类食物中毒的判定标准、依据和原则作出综合分析和判断。

（五）食物中毒事件的控制和处理要求

1. 现场处理

食品安全事件发生单位应当妥善保护可能造成事件的食品及其原料、工具、用具、设施设备和现场。任何单位和个人不得隐匿、伪造、毁灭相关证据。调查组成立后应当立即赶赴现场，按照监督执法的要求开展调查。根据实际情况，可以采取以下措施：①通过取样、拍照、录像、制作现场检查笔录等方法记录现场情况，提取相关证据材料；②责令食品生产经营者暂停涉事食品、食品添加剂及食品相关产品的生产经营和使用，责令食品生产经营者开展全面自查，及时发现和消除潜在的食品安全风险；③封存可能导致食品安全事件的食品、食品添加剂及食品相关产品，必要时立即进行检验，确属食品质量安全问题的，责令相关食品生产经营者将问题产品予以下架、退市，依法召回；④查封可能导致食品安全事件的生产经营活动场所；⑤根据调查需要，对发生食品安全事件的有关单位和人员进行询问，并制作询问调查笔录。

2. 对救治方案进行必要的纠正和补充

通过以上调查结果和对中毒性质的判断，对原救治方案提出必要的纠正和补充，尤其应注意对有毒动植物中毒和化学性食物中毒是否采取有针对性的特效治疗方案提出建议。

3. 处罚

调查过程中发现相关单位涉及食品违法行为的，调查组应当及时向相关食品药品监督管理部门移交证据，提出处罚建议。相关食品药品监督管理部门应当依法对事发单位及责任人予以行政处罚；涉嫌构成犯罪的，依法移送司法机关追究刑事责任。发现其他违法行为的，食品药品监督管理部门应当及时向有关部门移送。

4. 信息发布

依法对食物中毒事件及其处理情况进行发布，并对可能产生的危害加以解释和说明。

5. 撰写调查报告

调查工作结束后，应及时撰写食物中毒调查总结报告，按规定上报有关部门，同时作为档案留存和备查。调查报告的内容应包括发病经过、临床和流行病学特点、患者救治和预后情况、控制和预防措施、处理结果和效果评估等。

第三节　食物过敏

有关人类对食物不良反应的记载已有 2000 多年的历史。早在 1 世纪时，古希腊的希波克拉底就描述了人们对牛乳的不良反应。16—17 世纪，针对鸡蛋和鱼引起的食物过敏也有非常详细的记载。到 20 世纪，已有较多的关于食物过敏的文献，而且人们已经认识到部分人群在食用某些食物后会产生严重的过敏反应甚至丧命。据流行病学调查表明，在近 10~15 年内，免疫球蛋白 E（IgE）介导的食物过敏在人群中的发生率为 2%~4%，在婴幼儿中的发生率为 5%~8%，而且呈明显上升趋势。食物过敏不再单纯是某个人的健康问题，WHO 已认定它是一个严重的公共卫生问题。食物过敏尚无特殊治疗方法，避免接触过敏食物是最有效的途径。尽管在许多发达国家，食物过敏原的标示已立法，但过敏患者避免过敏食物的选择仍然非常困难。另外，在国际贸易大量的食品召回事件中，占比最大的就是因为过敏原标识不正确而引起的召回，食物过敏也成为人们生活中越来越关注的食品安全问题。

一、　食物过敏的相关概念

1. 食物过敏的免疫学概念

食物是人类赖以生存的物质基础，但某些食物被摄入后会在某些人群中引起一定的不良反应。食物过敏是某些食物在部分人群中产生的食物不良反应，在临床医学上属变态反应。变态反应是机体受同一抗原再次刺激后所发生的一种表现为组织损伤或生理功能紊乱的特异性免疫反应。也可以说，变态反应是异常的、有害的、病理性的免疫反应。食物过敏又称食物变态反应，属于食物不良反应中的一种，但又区别于其他的食物不良反应。

食物过敏（food allergy）是由于摄入体内的食物或食物中某些组成成分作为抗原诱导机体产生免疫应答而发生的一种变态反应性疾病，在免疫学上属于超敏反应（hypersensitivity），故又称为食物的超敏反应，即食物过敏是人体对食物中抗原物质产生的由免疫机制介导的不良反应。在过敏个体中，食物中的某些物质进入体内，与体内免疫系统中的抗体分子和淋巴细胞反应，诱发释放组胺、血小板活化因子等介质，引起局部或全身性的致敏效应。过敏通常发生在呼吸道、消化道和皮肤，临床表现为恶心、呕吐、哮喘、腹泻、消化性溃疡、荨麻疹、过敏性皮炎等，严重时可导致过敏性休克，甚至危及生命。

过敏症状是过敏个体对食物产生的独特反应，不是食物本身所致。除非食物本身有毒或含外来毒素，如病原微生物，食物本身不会像病毒、细菌和癌细胞那样导致人体发生疾病。一种食物可引发某些人过敏，令某些个体出现痛苦不堪的症状，而对其他个体而言这种食物却是舒适和营养的来源。此外，值得关注的是，食物过敏过程中，会有很多不同因素诱导人体免疫系统发生应答，从而出现各种各样不同的症状，不仅存在人与人之间的差异，即使同一患者，不同时间的表现也有差异。过敏程度较轻时，摄入问题食物后可能只会引发皮疹；程度严重时，即便是极少量的致敏食物都可能导致严重的过敏反应——过敏性休克的发生，过敏性休克足以威胁患者的生命。因此，可能发生此危险的人必须随身携带肾上腺素以备紧急救治。近年来，各大媒体对食物过敏的报道已经让公众越来越清楚地认识到有关过敏性休克防范的实际问题。同时，包括生产商和零售商在内的食品饮料行业相关人员也在产品制造和标签等方面进行积极变革，力图降低易感人群意外摄入致敏食物的风险。

2. 食物不良反应与食物过敏

欧洲变态反应及临床免疫学会（European Allergy and Clinical Immunology, EAACI）于1995年建议根据发病机制对食物不良反应进行分类。食物不良反应（adverse reaction to food）是指由食物成分或食品添加剂引起的一切不良反应，意指人体对食物产生的不正常反应，分为毒性反应（toxic reaction）和非毒性反应（nontoxic reaction）。毒性反应指只要摄入足够的剂量，任何人都会出现毒性反应，而非毒性反应的发生则与个体的易感性有关。非毒性反应根据发病机制又分为由免疫机制介导和非免疫机制介导两种。其中，由免疫机制介导的非毒性反应称为食物过敏（food allergy 或 hypersensitivity），由非免疫机制介导的非毒性反应称为食物不耐受（food intolerance）。由此可见，食物不耐受是不涉及免疫系统的对食物的不良反应，通常由消化酶缺乏所致，或者由于消化、吸收等能力低下导致的对正常食物的不耐受现象，如有些人体内缺乏乳糖酶，不能分解牛乳中的乳糖，表现为对牛乳不耐受，会出现腹疼、腹泻和肠蠕动增加等症状；再如蚕豆病是由于患者体内缺乏6-葡萄糖脱氢酶，食入蚕豆后可发生溶血性贫血，而这类反应不属于变态反应，多与某些遗传缺陷有关。食物过敏和食物不耐受容易混淆，应注意区分。

二、　食物过敏的发病机制

根据食物过敏的发病机制和临床症状可将食物过敏反应分为Ⅰ、Ⅱ、Ⅲ、Ⅳ4种类型（表2-3），即Ⅰ型过敏反应，由IgE介导；Ⅱ型过敏反应也称细胞毒型，由免疫球蛋白G（IgG）、免疫球蛋白M（IgM）介导；Ⅲ型过敏反应是免疫复合型；Ⅳ型过敏反应又被称为迟发型或T细胞介导型。其中，前三个类型均由抗体介导，共同特点是反应发生快，故称为速发型变态反应；Ⅳ型则是由细胞介导，反应较慢，至少12h以后发生，即为迟发型变态反应。食物过敏反应一般是Ⅰ型变态反应，属于速发型反应。目前从广义的角度，食物过敏可分为IgE介导（Ⅰ型）和非IgE介导（Ⅱ、Ⅲ、Ⅳ型）两大类。

表2-3　　　　　　　　　　　　　　食物过敏反应的分类

类型	反应机制	临床症状
Ⅰ型	IgE、肥大细胞和嗜碱性粒细胞介导的血管和平滑肌反应	皮肤、消化道、呼吸道过敏反应，过敏性休克等
Ⅱ型	①补体介导的细胞毒作用；②IgG或IgM抗体介导的细胞功能损伤	新生儿溶血症、自身免疫性溶血性贫血、特发性血小板减少性紫癜等
Ⅲ型	免疫复合物、补体介导的组织炎症	血清病、支气管炎、类风湿性关节炎、全身性红斑狼疮等
Ⅳ型	特异性致敏T细胞介导的以单个核细胞浸润为主的炎症和组织坏死	传染性过敏反应、接触性皮炎

1. IgE 介导的食物过敏反应

IgE 介导的食物过敏反应又称 I 型过敏反应，是由过敏原和肥大细胞、嗜碱性粒细胞上的 IgE Fc 受体（FcεR）特异结合产生过敏介质所引起的。IgE 介导的过敏的发生主要涉及两方面的因素，一是抗原物质的刺激，二是机体的反应性。其发生可分为两个阶段，即致敏阶段和发敏阶段。食物过敏原进入机体后，可选择性地与肥大细胞表面相应的 FcεR 结合，使机体处于对该抗原的致敏状态，当相同抗原再次进入机体时，通过与已致敏肥大细胞表面的两个或两个以上相邻 IgE 抗体的 Fab 段特异性结合，即介导"桥联反应"，使机体处于发敏阶段。

2. 非 IgE 介导的食物过敏

食物过敏的临床表现中，一系列胃肠道紊乱症状，包括食物蛋白过敏性直肠结肠炎、过敏性嗜酸性粒细胞性胃肠炎、乳糜泻等主要是非 IgE 介导的。在这类过敏反应中，释放 Th2 细胞因子及缺乏调节 T 细胞的细胞因子是导致食物过敏的重要因素。目前，非 IgE 介导的食物过敏反应机制尚不十分清楚。

三、常见的致敏食物

食物的种类成千上万，其中只有一部分容易引起过敏。1999 年 CAC 公布了 8 大类 160 种常见致敏食品清单。这 8 大类食品为牛乳及乳制品，蛋及蛋制品，花生及其制品，豆类及其制品，小麦、大麦、燕麦等谷物及其制品，鱼类及其制品，甲壳类及其制品，坚果类及其制品。90% 以上的过敏反应是由这 8 大类常见食品引起的。

对婴幼儿而言，最常见的致敏食物是乳制品、坚果、鸡蛋、小麦、花生、大豆及豆制品等。随着年龄的增长，儿童对乳制品、鸡蛋和大豆的过敏有些会消除，而对花生往往会伴随终生。

各国家、各地区的饮食习惯不同，机体对食物的适应性也就有相应的差异，因而致敏的食物也不同。比如，西方人认为羊肉极少引起过敏，但在中国羊肉比猪肉的致敏性高；西方人对巧克力、草莓、无花果等过敏较常见，在中国则极少见到。

在我国最常见的致儿童过敏食物包括鸡蛋、牛乳、鱼类、大豆、花生、某些新鲜水果或蔬菜、小麦、坚果等。根据调查研究，我国婴幼儿对鸡蛋、牛乳过敏的占比最大，随着年龄的增长，儿童的饮食结构发生变化，对李子等水果、鱼、虾、花生的过敏情况逐渐增多。

四、食物过敏原

有些食物能引起过敏反应，是因为这类食物中含有致人过敏的物质成分。这些能引起机体免疫系统异常反应的物质成分被称为食物过敏原。过敏原即变应原，几乎所有食物的过敏原都是蛋白质，大多数是水溶性糖蛋白，分子质量在 10~70ku。食物中的过敏原可以分为主要和次要过敏原。一般来说，某种食物蛋白质的致敏性强弱与其对特异 IgE 的结合能力及其在食物蛋白质中的浓度有关。如果某种过敏原能结合至少 50% 的来自患者血清的 IgE 抗体，则该过敏原就被认为是主要过敏原，即最重要的过敏原。

食物过敏原具有以下特点。

1. 大多数过敏反应由少数食物引起

虽然很多食物都可引起过敏反应，但约 90% 的过敏反应是由少数食物引起的，如牛乳、鸡蛋、花生和小麦等。此外，还存在着对食物的中间代谢产物过敏的情况。致敏食物也因各地区饮食习惯的不同而有所差异。

2. 食物中仅部分成分具致敏性

以牛乳和鸡蛋为例，牛乳中约有 5 种具有致敏性的蛋白质，其中以酪蛋白、乙种乳球蛋白致敏性最强。鸡蛋蛋黄中含有较少的过敏原；在蛋清中含有 23 种不同的糖蛋白，但只有卵清蛋白（ovalbumin）、卵类黏蛋白（ovomucoid）、卵转铁蛋白（ovotransferrin）等几种主要过敏原。常见致敏食物中的主要过敏原如表 2-4 所示。

表 2-4　　　　　　　　　　　　　　常见致敏食物中的主要过敏原

常见致敏食物	主要过敏原
鸡蛋	卵清蛋白，卵类黏蛋白，卵转铁蛋白，溶菌酶
牛乳	酪蛋白，β-乳球蛋白，α-乳白蛋白，牛血清蛋白
鲟鱼	钙离子螯合蛋白
贝类	原肌球蛋白
大豆	大豆球蛋白，α-伴大豆球蛋白，大豆植物凝集素
花生	Arah1、Arah2、Arah3、Arah5、Arah6、Arah7、Arah8、花生凝集素

3. 食物间存在交叉反应性

不同的蛋白质可有共同的抗原决定簇，使过敏原具有交叉反应性。如至少 50% 的牛乳过敏者也对山羊乳过敏。对鸡蛋过敏者可能对其他鸟类的蛋也过敏。交叉反应不存在于牛乳和牛肉之间，也不存在于鸡蛋和鸡肉之间。植物的交叉反应性比动物明显，如对大豆过敏者也可能对豆科植物的其他成员如扁豆、苜蓿等过敏。患者对花粉过敏也会对水果和蔬菜有反应，如对桦树花粉过敏者也对苹果、榛子、桃、杏、樱桃、胡萝卜等有反应，对艾蒿过敏者也对伞形酮类蔬菜如芹菜、茴香和胡萝卜有反应。

4. 食物致敏性具有可变性

例如，加热可使大多数食物的致敏性减低。再如，胃酸和消化酶的存在可减少食物的致敏性。

五、 加工处理对食物过敏原致敏性的影响

目前，人们对食品加工与食物过敏原过敏性的关系做了一些探索。通过选择合适的食品加工方式控制食物过敏原，在不改变食物营养价值的条件下，获得脱敏性食物，满足食物易敏人群的正常饮食需求，为消费者提供安全食品，是现代食品工业的重要任务之一。

不同加工处理对食物过敏原的致敏性有一定影响，在加工过程中，食物的致敏性会随着加工参数变化而改变，过敏原可能增加、减少或者不变。这种变化可能是由于过敏原表位结构的降解、失活，使得新的表位形成或者原来隐蔽表位的暴露。食品安全领域的研究者逐渐开始重视对过敏原二级结构、三级结构、基团微环境等结构方面的研究，努力探索其致敏机制。加工虽不能完全消除过敏原的致敏潜力，但只要选择适合的加工方法和参数，依然有望在工业层面上，从食品加工处理入手，通过食品加工生产出无过敏或低过敏的食物，这可能是保护食物过敏患者的有效途径。

现有的研究结果可以归纳为热加工和非热加工对食物过敏原的影响。

　　热加工中的干热加工（如焙烤、油炸、远红外加热等）对不同食物影响不一致。如与生花生相比，焙烤花生提取物与过敏患者IgE的结合能力要高90倍；而核桃仁经焙烤后其过敏原致敏性降低。湿热加工（包括煮、微波加热、挤压、蒸以及沸水烫漂等）一般会降低过敏原的致敏性，如牛乳煮沸10min后，致敏性降低；大部分蔬菜经烹饪后，其致敏性会消失；有些人对生/冷冻鸡蛋过敏，而对烹饪好的鸡蛋不过敏。

　　非热加工中，很多种子在发芽过程中，可以使储藏蛋白和碳水化合物发生变化，使其失去致敏性，如花生芽、大豆芽等。牛乳发酵后致敏性大大降低；与之不同的是，酱油是豆制品和小麦发酵的典型产品，其致敏性保留。另外，通过酶解可降低食物致敏性但酶解食品的风味以及质构均有变化。此外，在粮食、果蔬贮藏过程中，储藏蛋白和碳水化合物会发生变化，一些过敏原表位可能会消失，但也可能会形成新的过敏原表位。

六、食物过敏的诊断和防治

　　近年来，随着人们生活方式的改变及环境污染的加重，变态反应性疾病的发病率日趋增加，目前已经成为严重影响人类健康的全球性疾病，其中由食物引发的过敏症发病率也呈上升趋势。食物过敏可发生于人的各个年龄阶段，高危人群主要是婴幼儿和儿童，食物过敏严重影响儿童的生长发育和生活质量。而目前食物过敏的诊断尚未完全明确，多以进行皮肤点刺试验、激发试验和特异IgE的综合结果来评判。食物过敏的治疗方法在国际上亦尚未达成一致，大多都处于探索阶段。此处主要介绍目前所采取的诊断和防治方法。

（一）食物过敏的诊断

　　当医生评估食物过敏时，需充分考虑病史、流行病学、病理生理和检测结果以及诱发食物的识别等相关信息，可参考图2-2的诊断程序图进行检查。其中详细地询问病史是非常重要的，病史、体检、皮肤点刺试验、食物激发试验、食物结构和食物特异性IgE检测可提供有价值的参考资料。

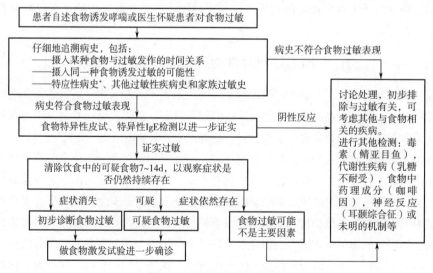

图2-2　食物过敏诊断程序

　　*特应性病史指某些个体具有对环境过敏原容易产生特异性IgE抗体并发生过敏性疾病的现象。特应性疾病有明显的家族遗传倾向。

（二）食物过敏的防治措施

迄今为止，食物过敏尚无特效疗法，在实际生活中，通常可采用以下方法加以防治。

1. 避免食物致敏原

对于食物过敏患者，严格避免食用含有致敏原的食物是预防过敏的最佳选择。一旦确定了致敏原应严格避免再进食，从食物中排除该食物致敏原，即不会发生过敏反应。

对含有麸质蛋白的谷物过敏的患者，要终身禁食全谷类食物，应食用去除谷类蛋白的谷类。对花生、坚果类、鱼和甲壳类海产品过敏的患者往往需要终生禁食这些产品。在日常生活中，食物过敏患者可选择一种营养相宜的食物替代品以代替饮食中剔除的食物，如牛乳过敏的患者可采用豆乳或羊乳代替，但羊乳和豆乳有时也可诱发过敏，这时可采用米汁和油脂的混合物或鸡汤来代替。在外就餐时应问清楚食物的成分，如对花生或芝麻过敏的患者应注意涮羊肉调料或凉拌菜中是否含有花生酱或芝麻酱，进食时应注意。此外，生食物都比熟食物更易致敏，烹调或加热会使大多数食物抗原失去致敏性。比如，对牛乳、鸡蛋、香蕉等过敏者，可采用加热的方法降低过敏的发生。

2. 食物免疫耐受治疗

食物免疫耐受治疗也称口服脱敏治疗，是食物过敏的重要治疗方法之一。由于食物免疫耐受治疗有时可诱发过敏症状，所以应从食用极少量过敏食物开始进行治疗，通常以克计量或采用稀释的浓度来逐渐增加食物的数量，使患者对过敏食物逐渐产生耐受性，如牛乳可以从稀释1000~10000倍的浓度开始定量口服，根据有无发生过敏反应逐步增加浓度。目前还没有资料证实口服或肠道外的免疫耐受治疗可以诱发呼吸道症状。在耐受治疗过程中可每隔3~5年进行一次食物特异性皮肤试验或食物激发试验，以判断患者是否对过敏食物产生耐受性。

3. 药物治疗

食物过敏的药物治疗应当按过敏症状而定，常用药物包括以下几种：抗组胺药物，如西替利嗪和氯雷他定（一旦发生食物过敏，需对症处理对 IgE 介导的过敏反应，可适当给予抗组胺类药物）；抗胆碱药物，如阿托品或普鲁本辛；糖皮质激素；色甘酸钠等。另外，还有中医治疗。

4. 致敏食物标签标识

食物致敏原的标识已经成为许多国家法规的强制性要求。美国食品与药物管理局（FDA）自 2000 年已经开始提供食物致敏原的信息，并提出了对食物过敏原进行标签标识的要求，这项举措有利于食物过敏者避免食用。

5. 加强对食物过敏患者和患儿家长的宣教

在我国，儿童食物过敏受多种因素影响并严重威胁儿童健康。食物过敏患儿家长应该在日常生活中尽量避免患儿接触一些常见的致敏食物并做好饮食记录，降低儿童食物过敏的风险。母乳是婴儿最理想的营养源，重度食物过敏婴儿可以食用低敏配方乳粉作为替代食物，此外医院儿童保健门诊等相关单位应正确指导家长如何规范添加辅食，做好应对过敏反应发生的急救培训等。应让患者和患儿家长养成阅读食物成分表的习惯并能识别常见过敏原名称，以避免患者误食含有过敏原的食物。此外，还要通过多种途径让食物过敏患者学习食物过敏的基本知识、学会正确阅读食品标签从而选择安全的食物。另外，食物过敏与遗传因素关系非常密切。对于那些父母双亲或单亲是食物过敏患者的婴幼儿，其患病的概率要比其他婴幼儿高，因此，对这些高危婴幼儿应更加重视。

思考题

1. 什么是食源性疾病？食源性疾病的基本要素有哪些？
2. 简述食物中毒的发病特点及流行病学特点。
3. 当发生食物中毒事件时，应如何组织调查和处理？

案例讨论

对我国广东省12个城市24个幼儿园进行的一项调查结果显示：在2540份有效调查问卷中，食物过敏的报告率为4%。引起幼儿过敏的食物主要为虾（4.4%）、蟹（3.2%）、芒果（2.3%）、牛乳和乳制品（1.9%）及鸡蛋（1.4%）。经Logistic回归分析得出，父母的食物过敏史和过敏性鼻炎疾病史是儿童食物过敏的主要危险因素。

另一项针对14岁以下的7393名香港儿童的调查显示，食物过敏报告率为4.8%。主要的引发过敏的食物依次为：贝类、鸡蛋、牛乳及其制品、花生。352人报告曾出现严重过敏反应，主要临床表现为荨麻疹和（或）水肿、湿疹、胃肠道症状和呼吸困难。

结合所学知识，请分析和判断：

（1）什么是食物过敏？引起食物过敏的危险因素有哪些？

（2）哪些食物易引起食物过敏？

（3）食物过敏的主要临床表现有哪几方面？

（4）如何预防食物过敏？

第三章

生物性危害

1. 熟悉常见细菌性污染的菌属及其危害。

2. 掌握细菌性食物中毒的特点,各种常见细菌性食物中毒的流行病学特点、诊断和预防措施。

3. 了解常见感染性细菌所致疾病的预防和控制措施。

4. 熟悉真菌及真菌毒素对食品的污染和产毒真菌的种类;掌握真菌性食物中毒的概念及其预防和控制措施。

5. 熟悉常见致病性病毒的危害,掌握其所致疾病的预防和控制措施。

6. 熟悉常见食源性寄生虫病的诊断和防治。

　　食品是人类生存的基本要素,但食品中却可能含有或被污染危害人体健康的物质。"危害"是指可能对人体健康产生不良后果的因素或状态,食品中具有的危害通常被称为食源性危害。

　　生物性危害主要是指生物(包括微生物、寄生虫及昆虫等,尤其是各种微生物)本身及其代谢过程、代谢产物(如毒素)等。生物性危害会对食品原料、加工过程和产品造成污染,这种污染不仅降低食品卫生质量,而且有可能造成疾病的大范围或是大跨度的暴发,会对人的健康造成损害。

　　生物性危害造成食品污染或腐败的方式繁多,性质各异,污染的程度和途径也多种多样,各不相同。污染食品的生物因素种类和数量不同,对人体所造成的直接或间接的危害差别也较大,如急性中毒和慢性蓄积性中毒、直接危害和间接危害、致突变作用、致畸作用和致癌作用等。生物性危害因素造成的健康影响主要有细菌造成食品腐败变质、细菌性食物中毒、感染性细菌性传染病、真菌性食物中毒、病毒性传染病、食源性寄生虫病等。

　　在生物性危害中,微生物尤其应受到关注。细菌、真菌、病毒等微生物广泛存在于自然界中,如土壤、水、空气以及人/畜粪便等中。在食品生产、加工、贮藏、运输及销售过程中,微生物会通过多种途径污染食品造成食品安全危害，包括：①原料污染，即各种植物性和动物性食品原料在种植或养殖、采集、贮藏过程中的生物污染；②产、贮、运、销过程中的污染，指不卫生的操作和管理使食品被环境、设备、器具和包装等材料中的微生物污染；③从业人员的污染，主要是指从业人员不良的卫生习惯和不严格执行卫生操作过程引发的污染。

并非所有的微生物都会使人致病，只有部分种类才会导致食物中毒等食源性疾病，这些微生物通常被称为致病微生物。有些细菌会使食品腐败变质（称为腐败菌），但很少使人得病；而一些致病微生物（如副溶血性弧菌、甲肝病毒、痢疾杆菌）并不会引起食品的感官变化。因此，食品的感官没有变化不等于没有受到致病微生物的污染。污染了致病微生物的食品是导致食物中毒和食源性疾病的主要原因之一，其中以细菌污染食品影响最大、问题最多、涉及面最广。

第一节　食品细菌危害与腐败变质

食品的周围环境中，到处都有微生物的活动，食品在生产、加工、贮藏、运输、销售及消费过程中，随时都有被微生物污染的可能。其中，细菌对食品的污染是最常见的生物性污染，是食品最主要的卫生问题。引起食品污染的细菌有多种，主要分为两类：一类为致病菌和条件致病菌，它们在一定条件下可以以食品为媒介引起人类感染性疾病或食物中毒；另一类虽为非致病菌，但它们可以在食品中生长繁殖致使食品的色、香、味、形发生改变，甚至导致食品腐败变质。

一、常见细菌性污染的菌属及其危害

细菌是目前最受关注和人类对其了解较为深入的一类微生物。细菌可以在食品中存活和繁殖。通常将致病性细菌称为病原菌或致病菌，是导致大多数食物中毒的罪魁祸首。经过加工处理的直接入口食品中带有病原菌，可能是由于加工时未彻底去除，但更多的是由于受到污染所致。污染通常可来自：生的食物，尤其是畜禽肉、禽蛋、水产和蔬菜；泥土、灰尘、废弃物及其他污染物；受污染的操作环境，如台面、容器、设施等；人，如携带病原菌污染食品，或不清洁的手污染食品等；动物，如宠物、害虫等。

1. 致病菌

致病菌对食品的污染，一是动物生前感染，如乳、肉在禽畜生前即潜存着致病菌。主要有引起食物中毒的肠炎沙门菌（*Salmonella Enteritidis*）、猪霍乱沙门菌（*Salmonella Suipestifer*）等沙门菌，能引起人畜共患结核病的结核杆菌（*Bacillus Tuberculosis*）、引起布氏病（波状热）的布鲁杆菌（*Brucella*）和引起炭疽病的炭疽杆菌（*Bacillus Anthracis*）。二是外界污染，致病菌来自外环境，与动物本身的生前感染无关。主要有痢疾杆菌（*Bacillus Dysenteriae*）、副溶血性弧菌（*Vibrio Parahemolyticus*）、致病性大肠杆菌（*Pathogenic B. coli*）、伤寒杆菌（*Bacillus Tyhosus*）、肉毒梭菌（*Clostridium Botulinum*）等。这些致病菌通过带菌者的粪便、病灶分泌物、苍蝇、工（用）具、容器、水、工作人员的手等途径传播，造成食品的污染。

2. 条件致病菌

条件致病菌是通常情况下不致病，但在一定的特殊条件下才有致病力的细菌。常见的有葡萄球菌（*Staphylococcus*）、链球菌（*Streptococcus*）、变形杆菌（*Proteus*）、韦氏梭菌（*Clostridium Welchii*）、蜡样芽孢杆菌（*Bacillus Cereus*）等，能在一定条件下引起食物中毒。

3. 非致病菌

非致病菌在自然界分布极为广泛，在土壤、水体、食物中更为多见。食物中的细菌绝大多数都是非致病菌。在这些非致病菌中，有许多都与食品腐败变质有关。能引起食品腐败变质的细菌称为腐败菌，是非致病菌中最多的一类。

二、 细菌生长繁殖的条件

了解细菌生长繁殖的规律及影响因素，将有助于控制致病菌所引起的食物中毒。细菌生长繁殖的条件包括如下几点。

1. 营养

细菌的生长需要营养物质，大多数细菌喜欢蛋白质或碳水化合物含量高的食物，如畜禽肉、水产、禽蛋、乳类、米饭、豆类等。

2. 温度

每种细菌都是在某一温度范围内生长最好。大多数细菌在 5~60℃（危险温度带，图 3-1）能够很好地生长繁殖。个别致病菌可在低于 5℃的条件下生长（如李斯特菌），但生长速度十分缓慢。

3. 时间

细菌在合适的条件下繁殖非常迅速。由于细菌使人致病需要有一定数量，因此控制时间可防止细菌繁殖，对于预防细菌性食物中毒具有重要意义。

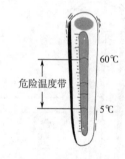

图 3-1 适合细菌生长的危险温度带

4. 湿度

水是细菌生长所需的基本物质之一，在潮湿的地方细菌容易存活。食物中细菌能够利用的水分被称为水分活度（A_w），取值范围是 0~1，致病菌只能在 $A_w \geq 0.85$ 的食品中生长。

5. 酸度

细菌在 pH≤4.6（如柠檬、醋）或 pH≥9.0（如苏打饼干）的食品中较难繁殖，在 pH 4.6~7.0 的弱酸性或中性食品中很容易生长繁殖，大部分食品的 pH 都在此范围内，如乳类、畜禽肉、水产品、禽蛋、大部分果蔬等。

6. 氧气

有些细菌需要氧气才能生长繁殖（需氧菌），有些则不需要（厌氧菌），还有一些在有氧和无氧条件下都能生长（兼性厌氧菌），大部分食物中毒的致病菌属兼性厌氧菌。厌氧菌在罐头等真空包装的食品中生长良好，大块食品（如大块烤肉、烤土豆）及一些发酵酱类的中间部分也存在缺氧条件，适合厌氧菌生长繁殖。

细菌通过 1 个分裂成 2 个的方式快速增殖，这个过程称为二分裂。由于在适合的条件下，细菌只需要 10~20min 就可以分裂一次，因此，一个细菌经过 4~5h 就能繁殖到数以百万计的数量，足以使人发生食物中毒（图 3-2）。

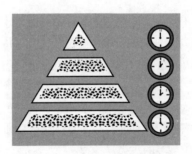

图 3-2 细菌分裂增殖方式

三、 细菌的芽孢和毒素

1. 芽孢

某些细菌在缺乏营养物质和不利的环境条件下，可形成芽孢。芽孢对高温、紫外线、干燥、电离辐射和很多有毒的化学物质都有很强的抵抗力。

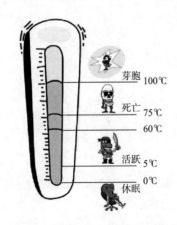

图 3-3 芽孢在不同温度下的活性

芽孢不能生长繁殖，没有明显的代谢作用，通常不会对人体产生危害，但一旦环境条件合适，如经热触发后在营养充分的条件下，长时间处于危险温度带（图 3-3），便可以重新萌发成可对人体产生危害的细菌（称为繁殖体）。可产生芽孢的细菌在食物中毒方面具有特殊意义，因为这类细菌通常能够在烹饪温度下存活下来。常见的能产生芽孢的致病菌有肉毒梭状芽孢杆菌、蜡样芽孢杆菌、产气荚膜梭状芽孢杆菌等。

芽孢在适合条件下，可萌发为致病的繁殖体。防止细菌芽孢转变为繁殖体的措施包括：将食品保存温度控制在危险温度带之外；食品加热或冷却时以最短的时间通过危险温度带。

2. 毒素

许多病原菌可产生使人致病的毒素，大多数毒素在通常的烹饪温度条件下即被分解，但有些毒素（如金黄色葡萄球菌产生的肠毒素）具有耐热性，一般的烹饪方法不能将其破坏，因此污染了此类毒素的食品危险性极大。细菌产生毒素需要一定的温度条件，温度越适宜，毒素产生的速度越快。

四、 控制细菌的生长繁殖

上述提到的营养、温度、时间、湿度、酸度、氧气等都是细菌生长繁殖的要素，其中的任一项得到控制，细菌就不再生长。由于改变食品中的营养成分是不现实的，在实际情况下通常采取的措施有以下五点。

（1）加入酸性物质使食品酸度增加。

（2）加入糖、盐、酒精等使食品的水分活度降低。

（3）使食品干燥以降低水分活度。

（4）低温或高温保存食品（在危险温度带之外）。

（5）使食品在危险温度带滞留的时间尽可能短。

五、 食品腐败变质

食品的腐败变质（food spoilage）是指食品在一定环境因素影响下，由微生物的作用而引起食品成分和感官性状发生改变，并失去食用价值的一种变化。

（一）食品腐败变质的原因

1. 食品本身的组成和性质

动植物食品本身含有各种酶类。在适宜温度下酶类活动增强，使食品发生各种改变，如新鲜的肉和鱼的后熟，粮食、蔬菜、水果的呼吸作用，这些作用可引起食品组成成分分解，加速食品的腐败变质。

2. 环境因素

环境因素主要有温度、湿度、紫外线和氧等。环境温度不仅可加速食品内的一切化学反应过程，而且有利于微生物的生长繁殖。水分含量高的食品易腐败变质。紫外线和空气中的氧均有加速食品组成物质氧化分解的作用，特别是对油脂的作用尤为显著。

3. 微生物的作用

在食品腐败变质中起主要作用的是微生物，除一般食品细菌外还包括酵母与霉菌，但在一般情况下细菌常比酵母占优势。微生物本身具有能分解食品中特定成分的酶，一种是细胞外酶，可将食物中的多糖、蛋白质水解为简单的物质；另一种是细胞内酶，能将已吸收到细胞内的简单物质进行分解，产生的代谢产物使食品具有不良的气味和味道。

（二）食品腐败变质的化学过程与鉴定指标

食品腐败变质实质上是食品中营养成分的分解过程，其程度常因食品种类、微生物的种类和数量以及其他条件的影响而异。

1. 食品中蛋白质的分解

肉、鱼、禽、蛋和大豆制品等富含蛋白质的食品，主要是以蛋白质分解为其腐败变质的特性。蛋白质在微生物酶的作用下，分解为氨基酸，氨基酸再在细菌酶的作用下通过脱羧基、脱氨基和脱硫作用形成多种腐败产物。在细菌脱羧酶的作用下，组氨酸、酪氨酸、赖氨酸和鸟氨酸脱羧分别生成组胺、酪胺、尸胺和腐胺，后两者均具有恶臭。在细菌脱氨基酶的作用下氨基酸脱去氨基而生成氨，脱下的氨基与甲基构成一甲胺、二甲胺和三甲胺。色氨酸可同时脱羧基、脱氨基形成吲哚及甲基吲哚，两者均具有粪臭。含硫氨基酸在脱硫酶的作用下脱硫产生恶臭的硫化氢。氨与一甲胺、二甲胺、三甲胺均具有挥发性和碱性，因此称为挥发性碱基总氮（total volatile basic nitrogen，TVBN）。所谓挥发性碱基总氮是指食品水浸液在碱性条件下能与水蒸气一起蒸馏出来的总氮量。据研究，挥发性碱基总氮与食品腐败变质程度之间有明确的对应关系。此项指标也适用于大豆制品的腐败鉴定。

食品腐败变质的鉴定，一般是从感官、物理、化学和微生物四个方面进行评价。由于蛋白质分解，食品的硬度和弹性下降，组织失去原有的坚韧度，以致各种食品产生外形和结构的特有变化或发生颜色异常，蛋白质分解产物所特有的气味更明显。对蛋白质含量丰富的食品的鉴定，目前仍以感官指标最为敏感可靠，特别是通过嗅觉可以判定食品是否有极轻微的腐败变质。人的嗅觉刺激阈，在空气中的浓度（mol/L）：氨为 2.14×10^{-8}、三甲胺 5.01×10^{-9}、硫化氢 1.91×10^{-10}、粪臭素 1.29×10^{-11}。有关物理指标，主要是根据蛋白质分解时低分子物质增多的现象，可采用食品浸出物量、浸出液电导率、折射率、冰点（下降）、黏度（上升）及 pH 等指标。化学指标通常有三项，一是挥发性碱基总氮，目前已列入我国食品安全国家标准；二是二甲胺与三甲胺，主要用于鱼虾等水产品；三是 K 值 [K value，指 ATP 分解的低级产物肌苷（HxR）和次黄嘌呤（Hx）占 ATP 系列分解产物 ATP+ADP+AMP+IMP+HxR+Hx 的百分比]，主要适用于鉴定鱼类早期腐败，若 $K \leqslant 20\%$ 说明鱼体绝对新鲜，$K \geqslant 40\%$ 鱼体开始有腐败迹象。微生物学的常用指标是菌落总数和大肠菌群。

2. 食品中脂肪的酸败

食用油脂与食品脂肪的酸败受脂肪酸饱和程度、紫外线、氧、水分、天然抗氧化物质以及食品中微生物的解脂酶等多种因素的影响。食品中的中性脂肪分解为甘油和脂肪酸，脂肪酸可进一步断链形成酮和酮酸，多不饱和脂肪酸可形成过氧化物，进一步分解为醛和酮酸，这些产物都有特殊的臭味。过氧化值和酸价是脂肪酸败的常用指标。脂肪分解早期酸败时，首先是过氧化值上升，其后由于生成各种脂酸，以致油脂酸度（酸价）增高。脂肪分解时，其固有碘价（值）、凝固点（熔点）、相对密度、折射率、皂化价等也发生明显改变。醛、酮等羰基化合物能使酸败油脂带有"哈喇味"。这些都是油脂酸败较为敏感和实用的指标。

3. 食品中碳水化合物的分解

含碳水化合物较多的食品主要是粮食、蔬菜、水果、糖类及其制品。这类食品在细菌、霉菌和酵母所产生的相应酶作用下发酵或酵解，生成双糖、单糖、有机酸、醇、羧酸、醛、酮、二氧化碳和水。当食品发生以上变化时，食品的酸度升高，并带有甜味、醇类气味等。

（三）食品腐败变质的卫生学意义

食品腐败变质时，首先使感官性状发生改变，如产生刺激气味、异常颜色、酸臭味以及组织溃烂、黏液污染等。其次食品成分分解，营养价值严重降低，不仅蛋白质、脂肪、碳水化合物，而且维生素、无机盐等也有大量破坏和流失。再者，腐败变质的食品一般都有微生物的严重污染，菌相复杂、菌量增多，增加了致病菌和产毒霉菌存在的机会，极易造成肠源性疾病和食物中毒。

至于食品腐败后的分解产物对人体的直接毒害，迄今仍不够明确。但食用腐败食品后中毒的报告却越来越多，如某些鱼类腐败产物中的组胺与酪胺引起的过敏反应、血压升高，脂质过氧化分解产物刺激胃肠道而引起胃肠炎，食用酸败的油脂引起食物中毒等。腐败的食品还可为亚硝胺类化合物的形成提供大量的胺类（如二甲胺）。有机酸类和硫化氢等一些产物虽然在体内可以进行代谢转化，但如果在短时间内大量摄入，也会对机体产生不良影响。

（四）食品腐败变质的预防和控制措施

1. 低温

低温可以抑制微生物的繁殖，降低酶的活性和食品内化学反应的速度，使组织自溶和营养素的分解变慢，但并不能杀灭微生物，也不能将酶破坏，食品质量变化并未完全停止，因此保藏时间应有一定的期限。一般情况下，肉类在 4℃ 可存放数日，0℃ 可存放 7~10d，-10℃ 以下可存放数月，-20℃ 可长期保存。但鱼类如需长期保存，则需在 -30~-25℃ 为宜。

2. 高温灭菌

食品经高温处理，可杀灭其中绝大部分微生物，并可破坏食品中的酶类。如结合密闭、真空、迅速冷却等处理，可明显地控制食品腐败变质，延长保存时间。高温灭菌防腐主要有高温灭菌法和巴氏消毒法两类。高温灭菌法的目的在于杀灭微生物，如将食品温度停留 115℃ 左右，约 20min，可杀灭繁殖型和芽孢型细菌，同时可破坏酶类，获得接近无菌的食品，如罐头的高温灭菌常用 100~120℃。巴氏消毒法是将食品在 62~65℃ 加热 30min，可杀灭一般致病性微生物，亦有用 75~90℃ 加热 15~16s 的巴氏消毒法。巴氏消毒法多用于牛乳和酱油、果汁、啤酒及其他饮料，其优点是能最大限度地保持食品原有的性质。

3. 脱水与干燥

将食品水分含量降至一定限度以下（如细菌为 10% 以下，霉菌为 13%~16%，酵母为 20% 以下），微生物则不易生长繁殖，酶的活性也受到抑制，从而可以防止食品腐败变质。这是一种保藏食品较常用的方法。脱水是指借助各种技术手段减少食品水分，如日晒、加热蒸发，减压蒸发、冰冻干燥等。日晒法虽然简单方便，但会使食品中的维生素几乎全部损失。冰冻干燥（又称真空冷冻干燥、冷冻升华干燥、分子干燥）是将食物先低温速冻，使水分变为固态，然后在较高的真空度下使固态变为气态而挥发。冰冻干燥可使大多数食品在既保持原有的物理、化学、生物学性质不变，又保持食品原有感官性状的情况下长期保藏。食用时，加水复原后即可使经冰冻干燥处理的食品恢复原有的形状和结构。

4. 提高渗透压

常用的提高渗透压的方法有盐腌法和糖渍法。盐腌法可提高渗透压，使微生物处于高渗状态的介质中，令菌体原生质脱水收缩并与细胞膜脱离而死亡。食盐浓度为 80~100g/L 时，可停止大部分微生物的繁殖，但不能杀灭微生物。杀灭微生物需要食盐的浓度达到 150~200g/L。糖渍是利用高浓度（600~650g/L）糖液作为高渗溶液来抑制微生物繁殖。不过糖渍食品还应在密封和防湿条件下保存，否则容易吸水，会降低防腐作用。常见的糖渍食品有甜炼乳、果脯、蜜饯、果酱等。

5. 提高氢离子浓度

大多数细菌一般不能在 pH 4.5 以下正常生长繁殖，故可利用提高氢离子浓度的办法进行防腐。提高氢离子浓度的方法有醋渍和酸发酵等，多用于各种蔬菜。醋渍法是向食品内加醋酸，酸发酵法是利用乳酸菌和醋酸菌等发酵产酸来防止食品腐败。

6. 添加化学防腐剂

化学防腐剂属于食品添加剂，其作用是抑制或杀灭食品中引起腐败变质的微生物。由于化学防腐剂中某些成分对人体有害，因此在使用过程中应限于我国规定允许使用的几种防腐剂，如苯甲酸及其钠盐、山梨酸及其钠盐、亚硫酸及其盐类以及对羟基苯甲酸酯类等。

7. 辐照保藏

食品辐照（food irradiation）保藏是 20 世纪 40 年代开始发展起来的一种新的保藏技术，主要利用 ^{60}Co、^{137}Cs 产生的 γ 射线及电子加速器产生的电子束作用于食品进行灭菌、杀虫、抑制发芽，从而达到食品保鲜并延长食品的保存期限的目的。

六、　食品细菌污染指标及其卫生学意义

评价食品卫生质量常用的细菌污染指标有细菌菌相、菌落总数、大肠菌群及致病菌等。

（一）细菌菌相

1. 概念

共存于食品中的细菌种类及其相对数量的构成，统称为食品细菌菌相，其中相对数量较大的细菌称为优势菌。

2. 卫生学意义

（1）根据食品的性质及所处的环境条件，可预测细菌菌相及优势菌，从而有目的地采取措施：由于在不同性质的食品中或在不同的外界环境条件下，食品的细菌菌相有所不同，因此通过对食品理化性质和所处的环境条件的测定可以预测食品的细菌菌相。例如，罐头食品中的细菌菌相依其 pH 的变化而变化，pH>5.3 时，主要是嗜热平酸菌和厌氧的腐败菌；pH 在 5.3~4.5 时，主要是嗜热厌氧菌；pH 为 4.5~3.7 时，主要是耐酸嗜热菌；pH<3.7 时，只存在乳酸杆菌。在常温下放置的肉类，早期常以需氧的芽孢杆菌（*Bacillus*）、微球菌（*Micrococcus*）和假单胞菌（*Pseudomonas*）为主；随着其腐败进程的发展，肠杆菌科（*Enterobacteriaceae*）各属数量陆续增多；到腐败的中后期，变形杆菌属（*Proteus vulgaris*）可能占到较大的比例。冷冻食品在解冻早期，多为假单胞菌、黄杆菌（*Flarobacterium*）和嗜冷微球菌（*Micrococcus*）等嗜冷菌；随着时间的推移，肠杆菌科各属和葡萄球菌等数量逐渐增殖。

（2）根据细菌菌相和优势菌可以判断食品发生腐败变质的类型 由于细菌菌相及其优势菌不同，食品腐败变质具有相应的特征，故通过检测细菌菌相和优势菌可以了解食品腐败变质的程度和特征，如分解蛋白质的细菌主要有需氧的芽孢杆菌属、变形杆菌属和厌氧的梭菌属（*Clostridium*）、微球菌属等；分解脂肪的细菌主要有产碱杆菌属（*Alcaligenes*）等；分解淀粉和纤维素的细菌主要有芽孢杆菌属、梭菌属八叠球菌属（*Sarcina*）等。另外，有些细菌能够产生色素，使受污染的食品带有一定的颜色，如粉红微球菌（*Micrococcus pinkus*）和黏质沙雷菌（*Serratia Marcescens*）产生红色；微球菌属、黄杆菌属（*Plarobacterium*）和葡萄球菌属等产生黄色与黄绿色；产黑梭菌、变形杆菌、假单胞菌产生黑色等。

（二）菌落总数

1. 概念

菌落是由单个微生物细胞或一堆同种细胞在适宜固体培养基表面或内部生长繁殖到一定程度后形成的肉眼可见的子细胞群落。菌落特征与微生物的菌体形态结构特征密切相关。

菌落总数是指食品检样经过处理，在一定条件下（如培养基、培养温度和培养时间等）培养后，所得每克（毫升）检样中形成的微生物菌落总数。可用肉眼观察，必要时用放大镜或菌落计数器，记录稀释倍数和相应的菌落数量。菌落计数以菌落形成单位（colony-forming units, CFU）表示。

2. 测定方法

《食品安全国家标准 食品微生物学检验 菌落总数测定》（GB 4789.2—2016）规定了食品中菌落总数的测定方法，包括检验程序和操作步骤。按照该测定方法规定的培养条件进行培养所得的结果，只包括在平板计数琼脂培养基上生长繁殖的嗜中温性需氧或兼性厌氧的微生物的菌落总数。因厌氧的、有特殊营养要求的及非嗜中温的微生物难以生长，所以菌落总数并不表示食品中实际存在的所有微生物总数，菌落总数也不能区分其中微生物的种类，故有时又被称为杂菌数、需氧菌数等。

3. 卫生学意义

菌落总数是反映食品卫生质量的微生物指标。菌落总数代表食品中微生物污染的数量，虽然不一定能够说明对人体健康的危害程度，但却能反映食品的卫生质量，以及食品在产、运、销、储过程中的卫生措施和管理情况。菌落总数具有 3 个方面的卫生学意义。

（1）作为食品清洁状态的指标 反映食品被污染的程度。我国许多食品产品的食品安全标准、尚未被食品安全标准替代的现行有效的食品卫生标准、食品产品质量标准中都规定了菌落总数限量，以其作为产品合格与否的判断标准。

（2）作为预测食品耐储存期限的指标 食品中菌落总数越高，表明其被微生物污染越严重，耐储存期限越短。

（3）作为判断食品新鲜程度的指标 食品中菌落总数越高，表明微生物污染情况越严重，新鲜程度越差。

（三）大肠菌群

1. 概念

大肠菌群是指在一定培养条件下能发酵乳糖、产酸产气的需氧和兼性厌氧革兰阴性无芽孢杆菌。大肠菌群包括肠杆菌科的埃希菌属、枸橼酸杆菌属、肠杆菌属和克雷伯菌属，主要来源于人畜粪便。大肠菌群已被许多国家用作食品生产质量鉴定指标。我国许多食品产品的食品安全标准、尚未被食品安全标准替代的现行有效的食品卫生标准、质量标准都对大肠菌群的容许限量作了规定。

2. 测定方法

《食品安全国家标准 食品微生物学检验 大肠菌群计数》（GB 4789.3—2016）规定了食品中大肠菌群的计数方法，包括第一法大肠菌群 MPN（most probable number）计数法和第二法大肠菌群平板计数法。第一法通过检索 MPN 表，报告每克（毫升）样品中大肠菌群的 MPN。MPN 即最可能数，是一种基于泊松分布的间接计数方法。第二法报告每克（毫升）样品中大肠菌群数，单位为 CFU/g 或 CFU/mL。

3. 卫生学意义

检测食品中的大肠菌群主要有下述两个方面的卫生学意义。

（1）作为粪便污染食品的指示菌 大肠菌群一般直接或间接来源于人或温血动物的粪便，所以可以作为粪便污染食品的指示菌。食品中检出大肠菌群，说明食品受到了人或温血动物粪便的污染，若检出典型大肠杆菌（埃希菌属），说明食品近期被粪便污染；检出非典型大肠杆菌，则说明可能是陈旧性污染。

（2）作为肠道致病菌污染食品的指示菌 鉴于大肠菌群与肠道致病菌来源相同，而且在一般条件下大肠菌群在外界生存的时间与主要肠道致病菌一致，所以大肠菌群另一方面的卫生学意义是作为肠道致病菌污染食品的指示菌，即一旦在某种食品中检出大肠菌群，标志着该食品也可能同时受到了肠道致病菌的污染。

（四）致病菌

致病菌是常见的致病性微生物，能够引起人或动物的疾病。《食品安全国家标准 食品中致病菌限量》（GB 29921—2013）属于通用标准，规定了 11 类预包装食品的致病菌指标、限量要求和检验方法，规定了肉制品、水产制品、即食蛋制品、粮食制品、即食豆类制品、巧克力类及可可制品、即食果蔬制品、饮料、冷冻饮品、即食调味品、坚果籽实制品等类食品中沙门菌、单核细胞增生李斯特菌、大肠埃希菌 O_{157}：H_7、金黄色葡萄球菌、副溶血性弧菌 5 种致病菌的限量。该标准的应用原则为：无论是否规定致病菌限量，食品生产、加工、经营者均应采取控制措施，尽可能降低食品中的致病菌含量水平及导致风险的可能性。食品生产经营者应当严格执行食品生产经营规范标准或采取相应控制措施，严格生产经营过程的微生物控制，确保产品符合 GB 29921 的规定。

非预包装食品的生产经营者应当严格生产经营过程卫生管理，尽可能降低致病菌污染风险。罐头食品应达到商业无菌要求，不适用于该标准。乳与乳制品、包装饮用水按照现行食品安全国家标准执行，蜂蜜、果冻、糖果、碳酸饮料、酒类等食品暂不设置致病菌限量。

第二节　细菌性食物中毒

一、概　述

细菌性食物中毒（bacterial food poisoning）是指因摄入被致病性细菌或其毒素污染的食物而引起的非传染性的急性、亚急性疾病。细菌性食物中毒是最常见的食物中毒。近几年来统计资料表明，我国发生的细菌性食物中毒以沙门菌、变形杆菌和金黄色葡萄球菌食物中毒较为常见，其次为副溶血性弧菌、蜡样芽孢杆菌等食物中毒。

（一）流行病学特点

1. 发病率高，病死率各异

细菌性食物中毒在国内外都是最常见的一类食物中毒。常见的细菌性食物中毒（如沙门菌、变形杆菌、金黄色葡萄球菌等细菌性食物中毒）的发病特点是病程短、恢复快、预后好、病死率低，但李斯特菌、小肠结肠炎耶尔森菌、肉毒梭菌和椰毒假单胞菌食物中毒的病死率分别为 20%～50%、34%～50%、60% 和 50%～100%，且病程长、病情重、恢复慢。

2. 发病季节性明显

细菌性食物中毒虽全年皆可发生，但以 5—10 月较多，7—9 月尤易发生，这与夏季气温高、细菌易大量繁殖密切相关。常因食物采购疏忽（食物不新鲜或病死牲畜、禽肉）、保存不好（各类食品混杂存放或贮藏条件差）、烹调不当（肉块过大、加热不够或凉拌菜）、交叉污染或剩余食物处理不当引起。节日会餐或食品卫生监督不严时，易发生食物中毒事件。此外，细菌性食物中毒也与机体防御功能降低、易感性增高有关。

3. 动物性食物为主要中毒食品

动物性食物为引起细菌性食物中毒的主要食品，其中畜肉类及其制品居首位，禽肉、鱼、乳、蛋类也占一定比例。植物性食物，如剩饭、米糕、米粉等易导致由金黄色葡萄球菌、蜡样芽孢杆菌等引起的食物中毒事件。

（二）细菌性食物中毒发生的原因及条件

一般来讲，细菌性食物中毒的发生都是由 3 个条件作用引起的。

1. 食物被细菌污染

食物被细菌污染是指食品在生产、加工、贮存、运输及销售过程中受到细菌污染。污染的途径主要有以下四个方面。

（1）用具等污染　各种工具、容器及包装材料等不符合卫生要求，带有各种微生物，可造成食品的细菌污染（图3-4）。

（2）生熟食品的交叉污染　①加工食品用的刀案、揩布、盛器、容器等生熟不分，如加工或盛放生食品的工具未彻底清洗消毒即加工或盛放直接入口的熟食品，致使工具、容器上的细菌污染直接入口的食品，引起中毒；②生熟食品混放或混装造成二者之间的交叉污染（图3-5）。

图3-4　餐具、容器、用具不洁

图3-5　生熟盛器混用

（3）从业人员卫生习惯差或本身带菌　从业人员卫生习惯差，接触食品时不注意操作卫生，会使食品重新受到污染，引起食品变质而引起食物中毒（图3-6）。如果从业人员本身是病原携带者，则危害性更大，随时都有可能污染食品，引起消费者食物中毒或传染病的传播、流行。从业人员带菌污染食品往往有多种情况：①从业者患有某种传染病（呼吸道及消化道传染病等），通过口腔、鼻腔或肠道等自然腔道向体外排菌污染食品；②从业者为细菌的健康携带者，自己本身不出现疾病症状，但也可向体外排菌污染食品；③从业者患有各种皮肤病，如皮肤渗出性、化脓性疾病及各种体癣等。

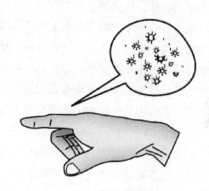

图3-6　加工人员带菌污染

（4）食品生产及贮存环境不卫生　该情况下食品容易受苍蝇、老鼠、蟑螂等害虫叮爬和尘埃污染，从而造成食品细菌污染。

2. 食品水分含量高且贮存方式不当

水分是微生物生长繁殖的必要条件。一般含水量高的食品受细菌污染后易发生腐败变质。被细菌污染的食品，若在较高的温度下存放，尤其放置时间过长，会为细菌的大量繁殖及产毒创造良好的条件。通常情况下，熟食被污染后，在室温下放置3~4h，有的细菌就能繁殖到中毒量。

3. 食品在食用前未被彻底加热

被细菌污染的食品，食用前未经加热或加热时间短或加热温度不够，则不能将食品中的细菌全部杀灭及将毒素破坏，可导致食物中毒事件的发生（图3-7）。

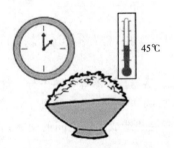

图3-7　食品贮存温度和时间
控制不当

（三）细菌性食物中毒的发病机制

病原菌致病的强弱程度称为毒力，构成细菌毒力的要素是侵袭力和毒素。侵袭力是指病原菌突破宿主机体的某些防御功能并在体内定居、繁殖和扩散的能力。决定病原菌侵袭力的因素主要有菌体的表面结构（如纤毛、荚膜、黏液等）和侵袭性酶类（如透明质酸酶、蛋白水解酶等）。细菌毒素是病原菌致病的重要物质基础，按其来源、性质和作用等的不同，可将其分为外毒素和内毒素两种。

产生外毒素的细菌主要是革兰阳性菌，大多数外毒素在菌体细胞内合成后分泌于胞外；也有少数外毒素存在于菌体细胞内，只有当菌体细胞破裂后才释放至胞外。外毒素的毒性作用强，以纯化的肉毒毒素为最强。不同种类细菌产生的外毒素对机体的组织器官有选择性作用，引起的病症也各不相同。例如，肉毒毒素能阻碍神经末梢释放乙酰胆碱，使眼及咽肌等麻痹，引起复视、斜视、吞咽困难等，严重者可因呼吸麻痹而致死。

内毒素是革兰阴性菌细胞壁中的脂多糖成分，只有当菌体死亡或用人工方法裂解细菌后才释放。内毒素耐热，加热100℃、1h不被破坏，必须加热160℃、2~4h，或用强碱、强酸或强氧化剂加温煮沸30min才灭活。内毒素具有多种生物学活性，可引发发热反应、白细胞反应、内毒素毒血症、休克等。

细菌性食物中毒的发病机制可分为感染型、毒素型、混合型和过敏型四种。不同中毒机制的食物引发中毒的临床表现通常不同，感染型食物中毒通常伴有发热，中毒潜伏期较长；而毒素型食物中毒很少有发热，以恶心、呕吐为突出症状，中毒潜伏期的长短与毒素类型有关，如金黄色葡萄球菌等多数细菌毒素引起的食物中毒潜伏期较短，而肉毒梭菌、椰毒假单胞菌酵米面亚种等毒素引起的食物中毒潜伏期相对较长。

1. 感染型

病原菌随食物进入肠道，在肠道内继续生长繁殖，靠其侵袭力附着肠黏膜或侵入黏膜及黏膜下层，引起肠黏膜的充血、白细胞浸润、水肿、渗出等炎性病理变化。某些病原菌，如沙门菌进入黏膜固有层后可被吞噬细胞吞噬或杀灭，病原菌菌体裂解后释放出内毒素，内毒素可作为致热源刺激体温调节中枢，引起体温升高，亦可协同致病菌作用于肠黏膜而引起腹泻等胃肠道症状。

2. 毒素型

大多数细菌能产生外毒素，尽管其分子质量、结构和生物学性状不尽相同，但致病作用基本相似。由于外毒素刺激肠壁上皮细胞，激活其腺苷酸环化酶（adenylate cyclase），在活性腺苷酸环化酶的催化下，使细胞液中的三磷酸腺苷脱去两分子磷酸，而成为环磷酸腺苷（cAMP），cAMP浓度增高可促进细胞液内蛋白质磷酸化并激活细胞内相关酶系统，改变细胞分泌功能，使Cl^-的分泌亢进，并抑制肠壁上皮细胞对Na^+和水的吸收，导致腹泻。耐热肠毒素可通过激活肠黏膜细胞的鸟苷酸环化酶（guanylate cyclase），提高环磷酸鸟苷（cGMP）水平，引起肠隐窝细胞分泌增强和绒毛顶部细胞吸收能力降低，从而引起腹泻。

3. 混合型

副溶血性弧菌等病原菌进入肠道，除侵入黏膜引起肠黏膜的炎性反应外，还可以产生肠毒素引起急性胃肠道症状。这类病原菌引起的食物中毒是致病菌对肠道的侵入及其产生的肠毒素的协同作用，因此，其发病机制为混合型。

4. 过敏型

具有脱羧酶的莫根变形杆菌（*Proteus morganli*）和普通变形杆菌（*Proteus vulgaris*）可使新鲜鱼肉的组氨酸脱羧形成组胺，组胺可引起过敏型食物中毒，其潜伏期在 30min 左右，症状表现为面部、胸部及全身皮肤潮红和有热感，眼结膜充血并伴有头痛、头晕、恶心、腹痛、腹泻、心跳过速、胸闷等全身不适似醉酒的症状，有时可出现荨麻疹、咽喉烧灼感，个别患者可出现哮喘，严重者可能会出现血压下降、心律失常，甚至心脏骤停。一般体温正常，大多在 1~2d 内恢复健康。

（四）细菌性食物中毒的临床表现

细菌性食物中毒的潜伏期的长短与食物中毒的类型有关。金黄色葡萄球菌食物中毒由积蓄在食物中的肠毒素引起，潜伏期为 1~6h。产气荚膜杆菌进入人体后产生不耐热的肠毒素，潜伏期为 8~16h。侵袭性细菌，如沙门菌、副溶血性弧菌、变形杆菌等引起的食物中毒，潜伏期一般为 16~48h。

细菌性食物中毒的临床表现以急性胃肠炎为主，如恶心、呕吐、腹痛、腹泻等。葡萄球菌导致的食物中毒呕吐较明显，呕吐物含胆汁，有时带血和黏液，腹痛以上腹部及脐周疼痛多见，腹泻频繁，多为黄色稀便和水样便。侵袭性细菌引起的食物中毒可出现发热、腹部阵发性绞痛和排黏液脓血便的症状。副溶血性弧菌食物中毒的部分病例的粪便呈血水样。产气荚膜杆菌 A 型菌食物中毒的病情较轻，少数 C 型和 F 型可引起出血性坏死性肠炎。莫根变形杆菌食物中毒还可发生颜面潮红、头痛、荨麻疹等过敏症状。腹泻严重者可导致脱水、酸中毒，甚至休克。

（五）细菌性食物中毒的诊断

1. 诊断

细菌性食物中毒的诊断主要根据流行病学调查资料、患者的临床表现和实验室诊断资料。

（1）流行病学调查资料　根据中毒者发病急、短时间内同时发病及发病范围局限在食用同一种有毒食物的人等特点，确定引起中毒的食品并查明引起中毒的具体病原体。

（2）患者的临床表现（潜伏期和特有的中毒表现）符合食物中毒的临床特征。

（3）实验室诊断资料　实验室诊断资料是指对中毒食品或与中毒食品有关的物品或患者的样品进行检验的资料。细菌学及血清学检查包括对可疑食物、患者呕吐物及粪便进行细菌学培养、分离鉴定菌型，做血清凝集试验。有条件时，应取患者吐泻物及可疑的残存食物进行细菌培养，对重症患者应进行血液培养等。留取中毒患者早期及病后两周的双份血清与培养分离所得可疑细菌进行血清凝集试验，双份血清凝集效价递增者有诊断价值。若结果可疑，尤其是怀疑为细菌毒素中毒时，可做动物试验检测细菌毒素的存在。

（4）判定原则　根据上述三种资料，可判定为由某种细菌引起的食物中毒。对于因各种原因无法进行细菌学检验的食物中毒，则由 3 名副主任医师以上的食品安全专家进行评定，得出结论。

2. 鉴别诊断

（1）非细菌性食物中毒　食用有毒动植物（发芽马铃薯、苍耳子、苦杏仁、河豚鱼）或毒蕈等引起的食物中毒，临床特征是潜伏期很短，仅数分钟至数小时，一般不发热，症状以多次呕吐为主，腹痛、腹泻较少，但神经症状较明显，病死率较高。汞、砷中毒者有咽痛、充血、吐泻物中含血等临床症状，经化学分析可确定病因。

（2）霍乱　霍乱的潜伏期最短，为6~8h，也可长至2~3d不等，主要表现为剧烈的上吐下泻，大便呈米泔水样，有时会发生肌肉痉挛。由于过量排出水分，常导致患者严重脱水，当体液得不到补充时，患者便会死亡。通过粪便培养或涂片后经荧光抗体染色镜检找到霍乱弧菌，即可确定诊断。常伴有二代病例的出现。

（3）急性菌痢　一般呕吐较少，常有发热、里急后重，粪便多混有脓血，下腹部及左下腹部压痛明显，镜检发现粪便中有红细胞、脓细胞及巨噬细胞，粪便培养约半数有痢疾杆菌生长。

（4）病毒性胃肠炎　可由多种病毒引起，临床上以急性小肠炎为特征，潜伏期为24~72h，主要表现为发热、恶心、呕吐、腹胀、腹痛及腹泻，排水样便或稀便，吐泻严重者可发生水、电解质及酸碱平衡紊乱。

（六）细菌性食物中毒的预防和处理原则

1. 预防措施

（1）加强卫生宣传教育　改变生食等不良的饮食习惯；严格遵守牲畜宰前、宰中和宰后的卫生要求，防止污染；食品加工、贮存和销售过程要严格遵守卫生制度，搞好食具、容器和工具的消毒，避免生熟交叉污染；食品在食用前应加热充分，以杀灭病原体和破坏毒素；在低温或通风阴凉处存放食品，以控制细菌的繁殖和毒素的形成；食品加工人员、医院、托幼机构人员和炊事员应认真执行就业前体检和录用后定期体检的制度，经常接受食品卫生教育，养成良好的个人卫生习惯。

（2）加强食品卫生质量检查和监督管理　应加强对食堂、食品餐饮点、食品加工厂、屠宰场等相关处所的卫生检验检疫工作。

（3）建立快速可靠的病原菌检测技术　根据致病菌的生物遗传学特征和分子遗传特征，结合现代分子生物学等检测手段和流行病学方法，分析病原菌的变化、扩散范围和趋势等，为大范围食物中毒暴发的快速诊断和处理提供相关资料，防止更大范围的传播和流行。

2. 处理原则

（1）现场处理　将患者进行分类，轻者在原地集中治疗，重症者送往医院或卫生机构治疗；及时收集资料，进行流行病学调查及病原学的检验工作，以明确病因。

（2）对症治疗　常用催吐、洗胃、导泻的方法迅速排出毒物。对肉毒毒素中毒，早期可用1∶4000高锰酸钾溶液洗胃。同时治疗腹痛、腹泻，纠正酸中毒和电解质紊乱，抢救呼吸衰竭。

（3）特殊治疗　对细菌性食物中毒通常无须应用抗菌药物，可以经对症疗法治愈。对症状较重、考虑为感染性食物中毒或侵袭性腹泻者，应及时选用抗菌药物，但对金黄色葡萄球菌肠毒素引起的中毒，一般不用抗生素，以补液、调节饮食为主。对肉毒毒素中毒，应及早使用单价或多价抗毒素血清治疗。

二、沙门菌食物中毒

（一）病原学特点

沙门菌属于肠杆菌科，广泛存在于自然界中，包括各类家畜、家禽、野生动物、鼠类以及人类的体表、肠道以及被动物粪便污染的水和土壤环境中。沙门菌种类繁多，目前已发现2500多种血清型，我国已发现200多种，它们在形态结构、培养特性、生化特性和抗原构造等方面都非常相似。依据菌体 O 抗原结构的不同，将沙门菌分为 A、B、C_1、C_2、C_3、D、E_1、E_4、F 等血清型。对人类致病的沙门菌型别仅占少数。沙门菌既可感染动物也可感染人类，极易引起人类的食物中毒。

沙门菌为革兰阴性杆菌，需氧或兼性厌氧，两端钝圆（比大肠埃希菌细），除鸡白痢沙门菌（*S. pullorum*）、鸡伤寒沙门菌（*S. gallinarum*）外，都具有周生鞭毛，能运动（图 3-8）。沙门菌在外界的生命力较强，生长繁殖的最适温度为 20 ~ 37℃。沙门菌无芽孢，对热的抵抗力不强，55℃加热 1h，60℃加热 15 ~ 30min 或 100℃数分钟即被杀灭；水经氯化物处理 5min 也可杀灭其中的沙门菌。此外，由于沙门菌不分解蛋白质、不产生靛基质，食物被污染后无感官性状的变化，易被忽视。故即使动物性食物没有发现腐败变质，也应该彻底加热灭菌，以防引起食物中毒。

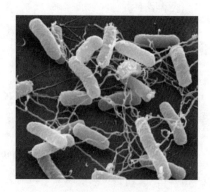

图 3-8 沙门菌

（二）流行病学特点

1. 发病率及影响因素

沙门菌食物中毒的发病率较高，占食物中毒的总数的 40% ~ 60%。发病率的高低受活菌数量、菌型和个体易感性等因素的影响。通常情况下，食物中沙门菌的含量达到 $2×10^5$ CFU/g 即可引发食物中毒；沙门菌致病力的强弱与菌型有关，致病力越强的菌型越易引起食物中毒。致病性最强的是猪霍乱沙门菌（*S. choleraesuis*），其次是鼠伤寒沙门菌（*S. typhimurium*）和肠炎沙门菌（*S. enteritidis*）。鸭沙门菌的致病力较弱；对于幼儿、体弱老人及其他疾病患者等易感性较高的人群，即使是菌量较少或致病力较弱的菌型，仍可引起食物中毒，甚至出现较重的临床症状。

2. 季节性及易感性

沙门菌食物中毒虽然全年皆可发生，但季节性较强，多见于夏、秋两季，5—10 月的发病起数和中毒人数可达全年发病起数和中毒人数的 80%。发病点多面广，暴发与散发并存。青壮年多发，且以农民、工人群体为主。

3. 中毒食物种类

引起沙门菌食物中毒的食物主要为动物性食物，特别是畜肉类及其制品，其次为禽肉、蛋类、乳类及其制品。由植物性食物引起的沙门菌食物中毒很少。

4. 食物中沙门菌的来源

由于沙门菌广泛分布于自然界，在人和动物中有广泛的宿主，因此沙门菌污染动物的概率很高，特别是家畜中的猪、牛、马、羊，家禽中的鸡、鸭、鹅等。健康家畜、家禽肠道沙门菌的检出率为 2% ~ 15%，病猪肠道沙门菌的检出率可高达 70%。沙门菌在外界的生活力较强，在水中可生存 2 ~ 3 周，在患者的粪便中可生存 1 ~ 2 月，在土壤中可过冬，在咸肉、鸡和鸭肉及蛋类中也可存活很久。食品中的沙门菌可能源自家畜、家禽的生前感染和宰后污染；患沙门菌病乳牛的乳中可能带菌；蛋类及其制品被沙门菌污染的机会也较多；烹调后的熟制品可再次受到带菌容器、烹调工具等污染或被食品从业人员带菌者污染等。

（三）中毒机制

大多数沙门菌食物中毒是沙门菌活菌对肠黏膜侵袭而导致的感染型中毒。某些沙门菌，如肠炎沙门菌、鼠伤寒沙门菌所产生的肠毒素在发病过程中也起重要作用。

1. 感染型中毒

大量的沙门菌随食物进入人体后，在肠道内进一步繁殖，经淋巴系统进入血液，引起全身感染。

2. 毒素型中毒

肠炎沙门菌、鼠伤寒沙门菌可产生肠毒素，激活小肠黏膜细胞膜上的腺苷酸环化酶，从而改变小肠黏膜细胞对水及电解质的吸收，导致腹泻。

3. 混合型中毒

部分沙门菌在小肠淋巴结和网状内皮系统中裂解从而释放出内毒素，活菌和内毒素共同作用于胃肠道，使黏膜发炎、水肿、充血或出血，因胃肠道蠕动增强而引发吐泻。内毒素不仅毒力较强，还是一种致热源，可以使体温升高。

（四）临床表现

沙门菌食物中毒的潜伏期短，一般为 4~48h，长者可达 72h。潜伏期越短，病情越重。临床表现依症状的不同分为 5 个类型：胃肠炎型、类霍乱型、类伤寒型、类感冒型和类败血症型。临床上以胃肠炎型最为多见，主要表现为：中毒开始时表现为头痛、恶心、食欲不振，后出现呕吐、腹泻、腹痛，腹痛多在上腹部，伴有压痛；腹泻一日可数次至 10 余次，主要为水样便，有恶臭，内有未消化的食物残渣，少数带有黏液或血；体温可达 38~40℃。轻者 3~5d 即可恢复，预后良好。重者可出现神经系统症状，还可出现少尿、无尿、呼吸困难等症状，同时可出现周围循环衰竭症状，甚至休克，如不及时抢救，可导致死亡，病死率在 1% 左右，主要是儿童、老人或体弱者。

（五）诊断和治疗

1. 诊断

根据流行病学特点与临床表现，结合实验室检验可作出诊断。

（1）流行病学特点　中毒食物多为动物性食物，中毒患者均食用过某些可疑食物，同一人群在短期发病，临床表现基本相同，潜伏期多为 4~48h。

（2）临床表现　除恶心、呕吐、腹泻、腹胀、腹痛等消化道症状外，常伴有高热等全身症状。

（3）实验室检验　由可疑食物、患者呕吐物或腹泻物中检出血清学型别相同的沙门菌。如无可疑食物，从几个患者呕吐物或腹泻物中检出血清学型别相同的沙门菌也可作出诊断；必要时可观察分离出的沙门菌与患者血清的凝集效价。沙门菌检验方法按《食品安全国家标准　食品微生物学检验　沙门氏菌检验》（GB 4789.4—2016）和《食品安全国家标准　食品微生物学检验　沙门氏菌、志贺氏菌和致泻大肠埃希氏菌的肠杆菌科噬菌体诊断检验》（GB 4789.31—2013）进行，前者适用于食物中沙门菌的检验；后者适用于各类食物、各类食源性疾病事件样品中沙门菌的检验，还适用于食品行业从业人员肠道带菌检验。除传统的细菌学诊断技术和血清学诊断技术外，还有很多快速诊断方法，如酶联免疫检测技术、胶体金检测技术、特异的基因探针和 PCR 检测技术等。细菌学检验结果阳性是确诊的最有力依据。

（4）判定原则　符合流行病学特点和临床表现；由可疑食物、患者呕吐物或腹泻物中检出血清学型别相同的沙门菌，若无可疑食物，从几个患者呕吐物或腹泻物中检出血清学型别相同的沙门菌，或分离出的沙门菌与患者血清的凝集效价在恢复期升高约 4 倍。对于因各种原因无法进行细菌学检验的食物中毒，则由 3 名副主任医师以上的食品卫生专家进行评定，得出结论。

2. 治疗

轻症者以采用紧急处理、补充水分和电解质对症处理为主，对重症、发热和有并发症患者需采用抗生素治疗。

（六）预防措施

针对细菌性食物中毒发生的 3 个环节，采取相应的预防措施。

1. 防止沙门菌污染动物性食物

（1）加强对肉类食品生产企业的监督管理及家畜、家禽屠宰的检疫和肉品品质检验，并按有关规定处理。

（2）加强对家畜、家禽屠宰后的屠体及胴体和内脏的检验，防止被沙门菌污染的畜、禽肉进入市场。

（3）加强对肉类食品储存、运输、加工、销售或烹调等各个环节的监督管理。熟肉制品必须与生食食物分开加工、储存，特别是要防止熟肉制品被带菌的生食食物、带菌者、带菌容器及烹调用工用具污染。

（4）处理生鸡蛋后应洗手，蛋壳应清洗消毒。

2. 控制食品中沙门菌的繁殖

低温储存食品是控制沙门菌繁殖的重要措施。食品生产加工企业、副食品商店、集体食堂、食品销售网点均应配置冷藏冷冻设备，低温储存肉类食品。低温冷藏食品应控制在 5℃ 以下，避光、断氧效果更佳。此外，加工后的熟肉制品应尽快食用，或低温储存并尽可能缩短储存时间。

3. 彻底加热以杀灭病原菌和破坏毒素

加热杀灭病原菌是防止食物中毒的关键措施，但必须达到有效温度才能杀灭病原菌。为彻底杀灭肉类食品中可能存在的沙门菌并灭活其产生的毒素，肉块加热时，质量应不超过 1kg，持续煮沸 2.5~3h；或使肉块的深部温度至少达到 80℃，并持续 12min，使肉中心呈灰色无血水。蛋类应煮沸 8~10min。加工后的熟肉制品应在 10℃ 以下（最好 5℃ 以下）低温储存，长时间放置后，特别是在室温下放置超过 2h 以上，应再次加热后食用。

三、 副溶血性弧菌食物中毒

（一）病原学特点

副溶血性弧菌为革兰阴性杆菌，呈弧状、杆状、丝状等多种形态，无芽孢（图3-9），主要存在于近岸海水、海底沉积物和鱼、贝类等海产品中。副溶血性弧菌引起的食物中毒是我国沿海地区最常见的一种食物中毒。副溶血性弧菌在 30~37℃、pH 7.4~8.2、含盐 3%~5%（质量分数）的培养基上和食物中生长良好，而在无盐的条件下不生长，故也被称为嗜盐菌。该菌对热和酸敏感，60℃ 加热 5min，或 90℃ 加热 1min 可将其杀灭；当 pH<6 时即不能生长，用稀释 1 倍的食醋处理 1min 可将其杀灭。该菌在淡水中的生存期短，在海水中可生存 47d 以上。该菌繁殖速度快，约 10min 便可繁殖一代。

副溶血性弧菌有 13 种耐热的菌体抗原（O 抗原），可用于血清学鉴定；有 7 种不耐热的包

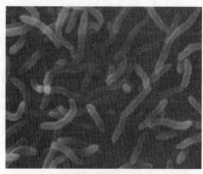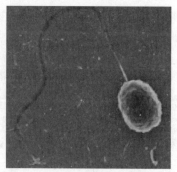

（1）放大倍数：30000倍　　　　（2）放大倍数：50000倍

图3-9　副溶血性弧菌

膜抗原（K抗原），可用于辅助血清学鉴定。大多数致病性副溶血性弧菌能使人或家兔的红细胞发生溶血，使血琼脂培养基上出现β溶血带，称为"神奈川（Kanagawa）试验"阳性。引起食物中毒的副溶血性弧菌90%为神奈川试验阳性菌。神奈川试验阳性菌的感染能力强，通常在感染人体后12h内会使人体出现中毒症状。

（二）流行病学特点

1. 地区分布

沿海地区为副溶血性弧菌食物中毒发生的高发区。我国沿海水域、海产品中副溶血性弧菌的检出率较高，尤其是在气温较高的夏秋季节。海产鱼虾副溶血性弧菌的带菌率平均为45%～48%，夏季高达90%。但近年来随着海产食品流往内陆地区，内陆地区也有副溶血性弧菌食物中毒的散在发生。

2. 季节性及易感性

副溶血性弧菌食物中毒大多发生在5—11月，发病高峰期为7—9月。男女老幼均可患病，但以青壮年为多，病后免疫力不强，可重复感染。

3. 中毒食物种类

引起副溶血性弧菌中毒的食物主要是海产食品，其中以墨鱼、带鱼、黄花鱼、虾、蟹、贝、海蜇最为多见，如墨鱼的带菌率达93%、梭子蟹为79.8%、带鱼为41.2%、熟盐水虾为35%。其次为盐渍食品，如咸菜、腌制畜禽类食品等，咸菜的带菌率为15.8%。食物的带菌率在冬季很低，在夏季可高达94.8%。

4. 食物中副溶血性弧菌的来源

海水及沉积物中含有副溶血性弧菌，海产品容易受到污染而带菌率高。沿海地区的饮食从业人员、健康人群及渔民副溶血性弧菌的带菌率为11.7%左右，有肠道病史者带菌率可达31.6%～88.8%。沿海地区炊具副溶血性弧菌的带菌率为61.9%。此外，熟制品还可受到带菌者、带菌的生食品、容器及工具等的污染。被副溶血性弧菌污染的食物在较高温度下存放，食用前加热不彻底或生吃，可引发食物中毒。

（三）中毒机制

副溶血性弧菌食物中毒属于混合型细菌性食物中毒，由大量的活菌及其产生的耐热性溶血毒素共同作用于肠道所致。摄入一定数量的致病性副溶血性弧菌数小时后，即可引起肠黏膜细胞及黏膜下组织病变。该菌被人体的吞噬细胞破坏后，可释放肠毒素和耐热性溶血素，致使患者出现肠壁炎症、水肿、充血等急性胃肠道症状。溶血素具有心脏毒性，对其他组织亦有毒，可引起黏液血便、腹泻。

（四）临床表现

副溶血性弧菌食物中毒的潜伏期为 2~40h，多为 14~20h。发病初期主要为腹部不适，尤其是上腹部剧烈疼痛或胃痉挛；继之出现恶心、呕吐、腹泻，体温一般为 37.5~39.5℃；发病 5~6h 后，腹痛加剧，以脐部阵发性绞痛为主。粪便多为水样、血水样、黏液或黏血样便；重症患者可出现脱水、意识障碍、血压下降等；病程 3~4d，恢复期较短，预后好。近年来，国内报道的副溶血性弧菌食物中毒临床表现不一，除典型的外，还有胃肠炎型、菌痢型、中毒性休克型和少见的慢性肠炎型。

（五）诊断和治疗

1. 诊断

根据流行病学特点与临床表现，结合实验室检验可作出诊断。

（1）流行病学特点　主要引起中毒的食品为海产品（鱼、虾、蟹、贝类等及其制品）、直接或间接被副溶血性弧菌污染的其他食品；中毒多发生在夏、秋季节（6~9月）。

（2）临床表现　发病急，潜伏期短。其主要症状为腹痛、腹泻，上腹部呈阵发性绞痛，腹泻后出现恶心、呕吐；往往是先有发冷或寒战，后有发热；尚有头痛、发汗、口渴等症状。

（3）实验室检验

①细菌学检验：按《食品安全国家标准　食品微生物检验　副溶血性弧菌检验》（GB 4789.7—2013）操作。由中毒食物、食品工具、患者腹泻物或呕吐物中检出有病原学特点或血清型别一致的副溶血性弧菌。

②血清学检验：患者发病后 1~2d 的血清与分离的菌株或已知菌株的凝集价通常增高至 1：40~1：320，一周后显著下降或消失。健康人的血清凝集价通常在 1：20 以下。

③动物试验：用分离的副溶血性弧菌给小鼠腹腔注射，观察毒性反应。动物试验具有毒性。

④快速检测：采用 PCR 等快速诊断技术，24h 内即可直接确定可疑食物、呕吐物或腹泻物标本中副溶血性弧菌的存在。

（4）判定原则　符合流行病学特点和临床表现，由中毒食物、食品工具、患者腹泻便或呕吐物中检出病原学特点或血清型别一致的副溶血性弧菌。

2. 治疗

以补充水分和纠正电解质紊乱等对症治疗为主，除重症患者外一般不用抗生素。

（六）预防措施

与沙门菌食物中毒的预防基本相同，预防副溶血性弧菌也要抓住防止污染、控制繁殖和杀灭病原菌三个主要环节，其中控制繁殖和杀灭病原菌尤为重要。各种食品，尤其是海产食品及各种熟制品应低温储藏，制作好的食品尽快食用。副溶血性弧菌对酸和热敏感，鱼、虾、蟹、贝类等海产品应煮透，蒸煮时需加热至100℃，并持续 30min；凉拌食物清洗干净后在食醋中浸泡 10min 或在 100℃ 沸水中漂烫数分钟即可杀灭副溶血性弧菌。此外，海产品加工前应用淡水充分冲洗干净；接触过海产品的工用具、容器等，均应洗刷干净，避免污染其他食物；盛装生、熟食品的器具要分开并注意消毒，防止交叉污染。

四、 金黄色葡萄球菌食物中毒

（一）病原学特点

葡萄球菌属于微球菌科（Micrococcaceae），有 19 个菌种，人体内可检出 12 个菌种。该菌为革兰阳性兼性厌氧菌，细胞形态呈球形或卵圆形，无芽孢、无鞭毛（图 3-10），生长繁殖的最适 pH 为 7.4，耐酸性较强，pH 为 4.5 仍能生长；最适温度为 30~37℃，可以耐受较低的水分活度（0.86），因此能在 10%~15%（质量分数）的氯化钠培养基或高糖浓度的食品中繁殖。葡萄球菌的抵抗能力较强，在干燥的环境中可生存数月，对热有较强的抵抗力，70℃需 1h 方可灭活。

能引起中毒的葡萄球菌主要是能够产生肠毒素的葡萄球菌——金黄色葡萄球菌和表皮葡萄球菌（*Staphylococcus epidermidis*），其中金黄色葡萄球菌的致病力最强，是极为重要的食物中毒病原菌之一。50%以上的金黄色葡萄球菌可产生两种以上的肠毒素。引起食物中毒的肠毒素是一组对热稳定的单纯蛋白质，按其抗原性分为 A、B、C_1、C_2、C_3、D、E、F 共 8 个血清型，其中 F 型为引起毒性休克综合征的肠毒素，又被称为毒性休克综合征毒素-1

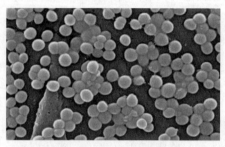

图 3-10　金黄色葡萄球菌

（toxic shock syndrome toxin 1，TSST1），是一种由金黄色葡萄球菌分泌的细菌性超抗原，可激活 CD_4（辅助性 T 细胞）产生大量细胞因子，引起全身性毒性反应（毒素休克综合征）；其余各型肠毒素均能引起食物中毒，以 A、D 型较多见，B、C 型次之，也有两种肠毒素混合引起的中毒。各型肠毒素的毒力不同，A 型毒力较强，B 型毒力较弱。多数肠毒素在 100℃下加热 30min 不被破坏，并能抵抗胃肠道中蛋白酶的水解作用。食物一旦被金黄色葡萄球菌污染并产生肠毒素后，需在 100℃加热 2h 方能破坏肠毒素，故一般的烹调加热方法不能破坏金黄色葡萄球菌产生的肠毒素，易引起食物中毒。

（二）流行病学特点

1. 季节性及易感性

金黄色葡萄球菌食物中毒全年皆可发生，但多见于夏秋季；人体对肠毒素的易感性高，发病率可达 90%以上。

2. 中毒食物种类

引起中毒的食物种类很多，主要是营养丰富且含水分较多的食品，如乳类及乳制品、肉类、剩饭等，其次为熟肉类，偶见鱼类及其制品、蛋制品等。近年来，由熟鸡鸭等禽类制品引起的食物中毒事件增多。

3. 食物被污染的原因

（1）食物中金黄色葡萄球菌的来源　金黄色葡萄球菌广泛分布于自然界，人和动物的鼻腔、咽、消化道的带菌率均较高。上呼吸道被金黄色葡萄球菌感染者，鼻腔的带菌率为 83.3%，健康人的带菌率也达 20%~30%。人和动物的化脓性感染部位常成为污染源，如乳牛患化脓性乳腺炎时，乳汁中就可能带有金黄色葡萄球菌；畜、禽局部患化脓性感染时，感染部位的金黄色葡萄球菌可对其他部位造成污染；带菌从业人员常对各种食物造成污染。

（2）肠毒素的形成 与食品受污染的程度、食品的种类及性状、环境温度和通风状况等有密切的关系。食品被葡萄球菌污染后，如果没有形成肠毒素的合适条件（如在较高的温度下保存较长的时间），就不会引起中毒。食物受污染的程度越严重，葡萄球菌繁殖越快，也越易形成毒素。此外，含蛋白质丰富、含水分较多，同时又含一定量淀粉的食物，如奶油糕点、冰淇淋、冰棒等，或含油脂较多的食品，如油煎荷包蛋，受金黄色葡萄球菌污染后更易产生毒素。一般说来，在37℃以下，温度越高，产生肠毒素需要的时间越短；在20~37℃时，经4~8h即可产生毒素；而在5~6℃时，则需经18d方可产生毒素。若食物的存放环境通风不良，肠毒素易形成。

（三）中毒机制

金黄色葡萄球菌食物中毒属毒素型食物中毒。摄入含金黄色葡萄球菌活菌而无肠毒素的食物不会引起食物中毒，摄入达到中毒剂量的肠毒素才会中毒。肠毒素作用于胃肠黏膜，引起充血、水肿甚至糜烂等炎症变化及水与电解质代谢紊乱，出现腹泻，同时刺激迷走神经的内脏分支而引起反射性呕吐。

（四）临床表现

金黄色葡萄球菌食物中毒发病急骤，潜伏期短，一般为2~5h，极少超过6h。主要表现为明显的胃肠道症状，如恶心、呕吐、中上腹部疼痛、腹泻等，以呕吐最为显著。呕吐物常含胆汁，或含血及黏液。剧烈吐泻可导致虚脱、肌痉挛及严重失水。体温大多正常或略高。病程较短，一般在数小时至1~2d内迅速恢复，很少死亡。发病率为30%左右。儿童对肠毒素比成年人更为敏感，故其发病率较成年人高，病情也较成年人重。

（五）诊断和治疗

1. 诊断

根据流行病学特点与临床表现，结合实验室检验可作出诊断。

（1）流行病学特点及临床表现 符合金黄色葡萄球菌食物中毒的流行病学特点及临床表现。

（2）实验室检验 以毒素鉴定为主，细菌学检验意义不大。分离培养出葡萄球菌并不能确定肠毒素的存在；反之，有肠毒素存在而细菌学分离培养呈阴性时也不能否定诊断，因为葡萄球菌在食物中繁殖后可能因环境不适宜而死亡，但肠毒素依然存在，而且不易通过加热破坏。因此，应进行肠毒素检测。

常规的诊断包括：①从中毒食品中直接提取肠毒素，用双向琼脂扩散（微玻片）法、动物（幼猫）试验法检测肠毒素，并确定其型别；②按《食品安全国家标准 食品微生物学检验 金黄色葡萄球菌检验》（GB 4789.10—2016）操作；③从不同患者呕吐物中检测出金黄色葡萄球菌，肠毒素为同一型别。凡符合上述三项中一项者即可诊断为金黄色葡萄球菌食物中毒。

2. 治疗

按照一般急救处理的原则，以补水和维持电解质平衡等对症治疗为主，一般不需用抗生素。对重症者或出现明显菌血症者，除对症治疗外，还应根据药物敏感性试验结果采用有效的抗生素，不可滥用广谱抗生素。

（六）预防措施

1. 防止金黄色葡萄球菌污染食物

（1）避免带菌人群对各种食物的污染 要定期对食品加工人员、饮食从业人员、保育员进行健康检查，有手指化脓、化脓性咽炎、口腔疾病时应暂时调换工作。

（2）避免葡萄球菌对畜产品的污染　应经常对乳牛进行兽医卫生检查，对患有乳腺炎、皮肤化脓性感染的乳牛应及时治疗。乳牛患化脓性乳腺炎时，其乳不能食用。在挤乳的过程中要严格按照卫生要求操作，避免污染。健康乳牛的乳在挤出后，除应防止金黄色葡萄球菌污染外，还应迅速冷却至10℃以下，以防止该菌在较高的温度下繁殖和产生毒素。此外，乳制品应以消毒乳为原料。

（3）加强质量安全管理，防止交叉污染　科学设计生产工艺，防止生产过程中生熟交叉污染；对食品工用具及生产车间定期消毒；防止食品在包装、运输和销售过程中被金黄色葡萄球菌污染。

2. 防止肠毒素的形成

低温、通风良好的条件不仅可防止金黄色葡萄球菌的生长繁殖，也是防止肠毒素形成的重要条件，故食物应冷藏或放置于阴凉通风的地方，放置时间不应超过6h，尤其是气温较高的夏、秋季节；控制水分（$A_w<0.83$）可以抑制葡萄球菌的生长繁殖；食用前还应彻底加热。

五、 蜡样芽孢杆菌食物中毒

（一）病原学特点

蜡样芽孢杆菌（*Bacillus cereus*）为需氧或兼性厌氧、革兰阳性芽孢杆菌，有鞭毛，无荚膜（图3-11），生长6h后即可形成芽孢，是条件致病菌。适宜的生长温度范围为25~37℃，10℃以下不能繁殖；生长的适宜pH为5~9.3，pH 5以下对该菌的生长繁殖有明显的抑制作用；繁殖体不耐热，100℃经加热20min可被杀死。

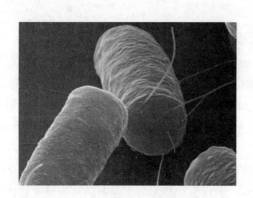

图3-11　蜡样芽孢杆菌电镜照片

蜡样芽孢杆菌有产生肠毒素和不产生肠毒素菌株之分，产生肠毒素的菌株又分为产生腹泻毒素的菌株和呕吐毒素的菌株。腹泻毒素是不耐热肠毒素，几乎所有的蜡样芽孢杆菌均可在多种食品中产生腹泻毒素。腹泻毒素对胰蛋白酶敏感，45℃加热30min或56℃加热5min均可使其失去活性。相反，呕吐毒素是低分子耐热肠毒素，对酸、碱、胃蛋白酶、胰蛋白酶均不敏感，耐热，126℃加热90min仍有活性。呕吐毒素常在米饭类食品中形成。

（二）流行病学特点

1. 季节性

蜡样芽孢杆菌食物中毒的季节性明显，与其他细菌性食物中毒一样，多发于夏、秋季，尤其是6—10月。

2. 中毒食物种类

引起中毒的食物种类繁多，包括乳及乳制品、肉类制品、凉拌菜、甜点、米粉、米饭等，国内以米饭、米粉最为常见。蜡样芽孢杆菌广泛分布于土壤、灰尘、腐草、污水及空气中，食物容易受到污染，如肉及其制品的带菌率为13%~26%，乳及其制品的带菌率为23%~77%，米饭为 10%，豆腐为 4%。

3. 食物中蜡样芽孢杆菌的来源

蜡样芽孢杆菌主要通过泥土、尘埃、空气，其次通过昆虫、苍蝇、不洁的工用具和容器等污染食物。受该菌污染的食物在通风不良及较高的温度下存放，其芽孢便可发芽、繁殖并产生毒素，若食用前不加热或加热不彻底，即可引起食物中毒。发生该菌引起的食物中毒时，中毒食品大多无腐败变质现象，除米饭有时会发黏、稍带异味或入口不爽外，大多数食品无感官性状的改变。

（三）临床表现

蜡样芽孢杆菌食物中毒的发生为该菌产生的肠毒素所致，临床表现因毒素不同而分为腹泻型和呕吐型两种。呕吐毒素为低分子耐热毒素，中毒潜伏期为 0.5~5h，以恶心、呕吐为主，腹泻较少见，体温正常，并有头晕、口干、四肢无力、寒战等症状。国内报道的蜡样芽孢杆菌中毒多为此型。病程均较短，极少超过 24h。腹泻毒素是大分子不耐热肠毒素，中毒潜伏期为 8~16h，以腹痛、腹泻为主，主要是水泻，体温升高较少，可有轻度恶心，呕吐罕见；病程稍长，一般为 16~36h。蜡样芽孢杆菌食物中毒一般预后良好，无死亡。

（四）诊断和治疗

1. 诊断

根据流行病学特点与临床表现，结合实验室检验可作出诊断。

（1）流行病学特点 中毒多发生在夏秋季；引起中毒的食品常因食前保存温度较高（20℃以上）和放置时间较长，使食品中的蜡样芽孢杆菌得到繁殖；中毒食品多为剩余米饭做成的泡饭、隔夜冷面做成的炒面及受污染的米饭。

（2）临床表现 以恶心、呕吐、腹泻症状为主。

（3）实验室检验 按《食品安全国家标准 食品微生物学检验 蜡样芽孢杆菌检验》（GB 4789.14—2014）操作。从可疑食物中检测出蜡样芽孢杆菌 >10000CFU/g，如果同时从呕吐物和粪便中检测到与中毒食物检出的菌株有相同生化性状和血清型的蜡样芽孢杆菌，判断为蜡样芽孢菌食物中毒就更有价值。

2. 治疗

一般以对症治疗为主。对重症者除对症治疗外，必要时可采用抗生素治疗。

（五）预防

食品加工过程中必须严格执行良好操作规范（GMP），以降低该菌的污染量和污染率。剩饭等熟食宜低温短时储存，食用前彻底加热，一般 100℃加热 20min 可杀死蜡样芽孢杆菌的芽孢。

六、 空肠弯曲菌食物中毒

（一）病原学特点

空肠弯曲菌（*Campylobacter jejuni*）属弯曲菌科（Campylobacter），革兰染色阴性，菌体轻度弯曲似逗点状，在细胞的一端或两端着生有单极鞭毛（图 3-12）。弯曲菌属包括约 17 个菌种，与人类感染有关的菌种有胎儿弯曲菌胎儿亚种（*C.fetus* subsp *fetus*）、空肠弯曲菌、结肠弯曲菌（*C.coli*），其中与食物中毒最密切相关的是空肠弯曲菌。

空肠弯曲菌是氧化酶和触酶阳性菌，在 25℃、含 NaCl 3.5%的培养基中不能生长。它是微好氧菌，需要少量的 O_2（3%~6%），在含氧量达21%的情况下生长实际上被抑制，而在 CO_2 含量约为10%时才能良好地生长。当将空肠弯曲菌接种到真空包装的加工火鸡肉中时，在4℃储存28d后菌数有所减少，但仍有相当多的细菌存活。空肠弯曲菌在水中可存活5周，在人或动物排出的粪便中可存活4周。它在所有肉食动物的粪便中出现的比例都很高，如在鸡粪中的检出率为39%~83%，猪粪中为66%~87%。

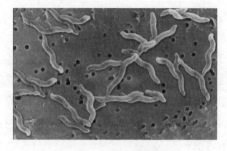

图3-12　空肠弯曲菌

（二）流行病学特点

1. 季节性

多发生在5—10月，尤以夏季为最多。

2. 中毒食物种类

引发中毒的食物主要为牛乳及肉制品等。

3. 食物中空肠弯曲菌的来源

空肠弯曲菌在猪、牛、羊、狗、猫、鸡、火鸡和野禽的肠道中广泛存在。此外，健康人的带菌率为1.3%，腹泻患者的检出率为5%~10.4%。食品中的空肠弯曲菌主要来自动物粪便，其次是健康带菌者。处理受空肠弯曲菌污染的肉类的工具、容器等未经彻底洗刷消毒，也可对熟食品造成交叉污染。当进食被空肠弯曲菌污染的食品，且食用前又未彻底消毒时，就会发生空肠弯曲菌食物中毒。

（三）中毒机制

空肠弯曲菌食物中毒部分是大量活菌侵入肠道引起的感染型食物中毒，部分与热敏型肠毒素有关。

（四）临床表现

空肠弯曲菌食物中毒的潜伏期一般为3~5d，短者1d，长者10d。临床表现以胃肠道症状为主，主要表现为突然腹痛和腹泻。腹痛可呈绞痛，腹泻物一般为水样便或黏液便，重症患者可出现血便，腹泻次数可达10余次，腹泻物带有腐臭味。体温可达38~40℃，特别是当有菌血症时，常出现发热，但也有仅腹泻而无发热者。此外，还可伴有头痛、倦怠、呕吐等，重者可致死亡。暴发集体中毒事件时，各年龄组均可发病，而在散发的病例中，儿童比成年人多。

（五）诊断和治疗

1. 诊断

根据流行病学调查资料，确定发病与食物的关系，再依据临床表现进行初步诊断。接着依据实验室检验资料进行病因诊断，包括：①细菌学检验，按《食品安全国家标准　食品微生物学检验　空肠弯曲菌检验》（GB 4789.9—2014）操作；②血清学试验，采集患者急性期和恢复期血清，同时采集健康人血清作对照，进行血清学试验。空肠弯曲菌食物中毒患者恢复期血清的凝集效价明显升高，较健康者高4倍以上。

2. 治疗

临床上一般可用抗生素治疗，空肠弯曲菌对红霉素、庆大霉素、四环霉素敏感。此外，还需对症和支持治疗。

（六）预防措施

空肠弯曲菌不耐热，乳品中的空肠弯曲菌可在巴氏灭菌的条件下被杀死。预防空肠弯曲菌食物中毒要注意避免食用未煮透或灭菌不充分的食品，尤其是乳品。

七、 李斯特菌食物中毒

（一）病原学特点

李斯特菌属（*Listeria*）是革兰阳性、短小的无芽孢杆菌（图3-13），包括格氏李斯特菌（*L. grayi*）、单核细胞增生李斯特菌、默氏李斯特菌（*L. monocytogenes*）等8个种。引起食物中毒的主要是单核细胞增生李斯特菌，这种细菌本身可致病，并可在血液琼脂上产生被称为李斯特菌溶血素O的β-溶血素。

李斯特菌分布广泛，从土壤、健康带菌者和动物的粪便、江河水、污水、蔬菜、青贮饲料及多种食品中均可分离出该菌，而且该菌在土壤、污水、粪便、牛乳中存活的时间比沙门菌长。在稻田、牧场、淤泥、动物粪便、野生动物饲养场和有关地带的样品中，单核细胞增生李斯特菌的检出率为8.4%~44%。

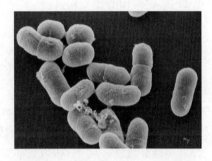

图3-13 单核细胞增生李斯特菌

单核细胞增生李斯特菌是一种腐生菌，以死亡的和正在腐烂的有机物为食，是某些食物（主要是鲜乳类产品）中的污染物，是最致命的食源性病原体之一。单核细胞增生李斯特菌对外界的抵抗力较强，在土壤、牛乳、饲料和人畜粪便中可存活数年。该菌嗜冷不嗜热，在5~45℃均可生长，在5℃的低温条件下仍能生长是该菌的特征；在-20℃可存活1年；在58~59℃时10min可被杀死。该菌耐碱不耐酸，适宜的pH为6~8，在pH 9.6的条件下仍能生长；在100g/L NaCl溶液中也可生长，在4℃的200g/L NaCl溶液中可存活8周。该菌可以在潮湿的土壤中存活295d或更长时间。

（二）流行病学特点

1. 季节性

李斯特菌食物中毒春季可发生，在夏、秋季发病率呈季节性增高。

2. 中毒食物种类

能引发李斯特菌食物中毒的食物主要有乳及乳制品、肉类制品、水产品、蔬菜及水果。尤以在冰箱中保存时间过长的乳制品、肉制品最为多见。

3. 食物中李斯特菌的来源

牛乳中的李斯特菌主要来自粪便，人类、哺乳动物、鸟类的粪便均可携带李斯特菌，如人粪便的带菌率为0.6%~6%。此外，由于肉尸在屠宰的过程易被污染，在销售过程中，食品从业人员的手也可造成污染，以致在生的和直接入口的肉制品中该菌的污染率高达30%。经过热处理的香肠也可再污染该菌。因该菌能在低温条件下生长繁殖，故用冰箱冷藏食品不能抑制其繁殖。

（三）中毒机制

李斯特菌食物中毒主要是大量活菌侵入肠道所致。此外，细菌被吞噬后，溶血素 O 在细胞内释放，引起机体反应。健康人对李斯特菌有较强的抵抗力，免疫低下的人群易患病，如孕妇、婴儿、50 岁以上的人群、因患其他疾病而身体虚弱者和处于免疫功能低下状态的人，且病死率高。

（四）临床表现

李斯特菌食物中毒的临床表现有两种类型：侵袭型和腹泻型。侵袭型的潜伏期为 2~6 周，患者开始常有胃肠炎症状，如腹痛、腹泻、恶心、呕吐等，最明显的表现是败血症、脑膜炎、脑脊膜炎，有时有心内膜炎；对于孕妇可导致流产、死胎等后果，对于幸存的婴儿则可能因患脑膜炎而导致智力缺陷；少数轻症患者仅有流感样表现；病死率高达 20%~50%。腹泻型的潜伏期一般为 8~24h，主要症状为腹泻、腹痛和发热。

（五）诊断和治疗

1. 诊断

根据流行病学特点与临床特有表现，结合实验室细菌学检验可作出诊断。

（1）流行病学特点　符合李斯特菌食物中毒的流行病学特点，在进食同一可疑食物的人群内短期发病。

（2）临床特有表现　侵袭型李斯特菌食物中毒的表现与常见的其他细菌性食物中毒的表现有着明显的差别，多会引发脑膜炎、败血症、孕妇流产或死胎等。

（3）实验室细菌学检验　按《食品安全国家标准　食品微生物学检验　单核细胞增生李斯特菌检验》（GB 4789.30—2016）操作。

2. 治疗

进行对症和支持治疗，用抗生素治疗时一般选用的药物为氨苄西林（首选）、红霉素、四环素和氯霉素。除了合理恰当应用抗生素外，早期诊断也是治疗成功的关键。

（六）预防措施

由于李斯特菌在自然界中广泛存在，且对杀菌剂有较强的抵抗力，因此从食品中消灭李斯特菌不切实际。食品生产者和加工者应该将注意力集中在减少李斯特菌对食品的污染方面。冰箱要经常清洁；冰箱内保存的食物，要尽快食用，存放时间不宜超过 1 周。在冰箱冷藏的熟肉制品及直接入口的方便食品、牛乳等，食用前要彻底加热。重视乳的巴氏消毒，防止消毒后的再污染。生、熟食品分开存放，对熟的食品要加以遮盖；处理生、熟食品的用具要分开；处理未煮熟食物后，要将手、刀和砧板洗干净。应从食品加工原料开始控制李斯特菌在食物中出现，必须按照 HACCP 原理来建立监控系统，全过程监控。

八、变形杆菌食物中毒

（一）病原学特点

变形杆菌（Proteus）属肠杆菌科（Enterobacteriaceae），为革兰阴性杆菌，有周身鞭毛，无荚膜，有菌毛（图 3-14）。变形杆菌食物中毒是我国常见的食物中毒之一，引起食物中毒的变形杆菌主要是普通变形杆菌（*P. vulgaris*）、奇异变形杆菌（*P. mirabilis*）和莫根变形杆菌（*P. morganli*）。变形杆菌属腐败菌，一般不致病，需氧或兼性厌氧，生长繁殖对营养的要求不高，在 4~7℃ 即可繁殖，属低温菌。因此，该菌可以在低温储存的食品中繁殖。变形杆菌对热的抵抗力不强，加热 55℃ 持续 1h 即可将其杀灭。变形杆菌在自然界中分布广泛，在土壤、污水和垃圾中均可检测出该菌。据报道，健康人肠道的带菌率为 1.3%~10.4%，其中以奇异变形杆菌为最高，可达半数以上，其次为普通变形杆菌和莫根变形杆菌。腹泻患者肠道的带菌率可达 13.3%~52.0%。人和食品中变形杆菌的带菌率因季节而异，夏秋季较高，冬春季下降。

图 3-14 变形杆菌

（二）流行病学特点

1. 季节性

变形杆菌食物中毒全年均可发生，大多数发生在 5—10 月，7—9 月最多。

2. 中毒食物种类

引发变形杆菌食物中毒的食物主要是动物性食物，特别是熟肉以及内脏的熟制品。变形杆菌常与其他腐败菌同时污染生食品，使生食品发生感官上的改变，但熟制品被变形杆菌污染后通常无感官性状的变化，极易被忽视而引发人体中毒。

3. 食物中变形杆菌的来源

变形杆菌广泛分布于自然界，也可寄生于人和动物的肠道，食品受其污染的机会很多。生的肉类食品，尤其是动物内脏变形杆菌的带菌率较高。在食品的烹调加工过程中，由于处理生、熟食品的工具、容器未严格分开，被污染的食品工具、容器可污染熟制品。受污染的食品在较高温度下存放较长的时间，变形杆菌便会在其中大量繁殖，食用前未加热或加热不彻底，食用后即可引起食物中毒。

（三）中毒机制

变形杆菌食物中毒主要是随食物摄入的大量活菌侵入肠道引起的感染型食物中毒，表现为急性胃肠炎型。其次，某些变形杆菌可形成肠毒素，是一种具有抗原性的蛋白质与碳水化合物的复合物，能引起毒素型急性胃肠炎。此外，莫根变形杆菌等组氨酸脱羧酶活跃，可引起组胺过敏样中毒。

（四）临床表现

变形杆菌食物中毒的潜伏期一般为 12~16h，短者 1~3h，长者 60h。主要表现为恶心、呕吐、发冷、发热、头晕、头痛、乏力、脐周阵发性剧烈绞痛。腹泻物为水样便，常伴有黏液，恶臭，一日数次。体温一般在 37.8~40℃，但多在 39℃ 以下。发病率较高，一般为 50%~80%。病程较短，为 1~3d，多数在 24h 内恢复，一般预后良好。

（五）诊断和治疗

1. 诊断

根据流行病学特点与临床特有表现，结合实验室检验可作出诊断。

（1）流行病学特点　除具有一般食物中毒的流行病学特点外，变形杆菌食物中毒的来势比沙门菌食物中毒更迅猛，患者更集中，但病程短，恢复快。

（2）临床表现　符合变形杆菌食物中毒的临床表现，以上腹部似刀绞样疼痛和急性腹泻为主。

（3）实验室检验

①细菌学检验：由于普通变形杆菌、雷氏普罗威登斯菌和摩氏摩根菌在自然界中分布较为广泛，一般条件下无致病性，故在可疑中毒食品或患者的吐泻物中检出这些细菌时，也不能肯定是由这些细菌引起的食物中毒，需进一步通过血清学试验验证。

②血清学凝集分型试验：通过血清学凝集分型试验可以确定从可疑中毒食品中或患者吐泻物中检出的变形杆菌是否为同一血清型。

③患者血清凝集效价测定：取患者早期（2~3d）及恢复期（12~15d）血清，与从可疑食物中分离的变形杆菌进行抗原抗体反应，观察血清凝集效价的变化。恢复期凝集价升高 4 倍有诊断意义。

④动物试验：通过动物毒力试验可进一步确定分离菌株的致病性。通常用检出菌株的 24h 肉汤培养物给小白鼠进行皮下或腹腔注射，通过观察死亡情况，检测肝、脾、血液中有无注射的变形杆菌菌株以及脏器有无器质性病变来判断。

2. 治疗

立即停止进食一切可疑食物，根据患者症状及时抢救和对症治疗。一般不必用抗生素，仅需补液等对症处理。慎用抗生素，抗生素的使用应根据药物敏感试验结果进行。阿米卡星、庆大霉素、头孢噻肟可作为临床经验用药。

（六）预防措施

对变形杆菌食物中毒的预防措施同沙门菌食物中毒，尤其要控制人类带菌者对熟食品的污染和生熟食品的交叉污染。

九、 大肠埃希菌食物中毒

（一）病原学特点

大肠埃希菌（*E. coli*）俗称大肠杆菌，为革兰阴性杆菌，需氧或兼性厌氧，无芽孢，多数菌株周生鞭毛（图 3-15）。该菌存在于人和动物的肠道，能发酵乳糖及多种糖类，产酸产气，通常不致病，属于肠道的正常菌群。在大肠埃希菌中，也有少数菌株能致病。大肠埃希菌的适宜生长温度为 10~50℃，最适温度为 40℃；能适应生长的 pH 为 4.3~9.5，最适 pH 为 6~8；在自然界生命力强，在土壤、水中可存活数月；对热的抵抗能力较其他肠道杆菌强，60℃加热 15min 仍有部分活菌；但对氯敏感，在含氯量为 0.5~1.0mg/L 的水中很快死亡；其繁殖的最小水分活度（A_w）为 0.94~0.96。

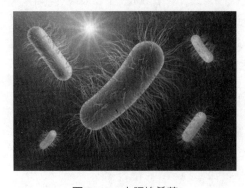

图 3-15   大肠埃希菌

当人体的抵抗力减弱或食入被大量活菌污染的食品时，会导致发生食物中毒。大肠埃希菌的抗原结构较为复杂，主要包括菌体 O 抗原、鞭毛 H 抗原及被膜 K 抗原。根据 K 抗原对热的敏感性，分为 A 抗原、B 抗原和 L 抗原 3 类。致病性大肠埃希菌主要为 B 抗原，少数为 L 抗原。引起食物中毒的致病性大肠埃希菌的血清型主要有 $O_{157}:H_7$、$O_{111}:B_4$、$O_{55}:B_5$、$O_{26}:B_6$、$O_{86}:B_7$、$O_{124}:B_{17}$ 等。根据其致病机制的不同，致病性大肠埃希菌主要包括如下 5 个类型。

1. 肠产毒性大肠埃希菌（Enterotoxigenic $E. coli.$，ETEC）

肠产毒性大肠埃希菌是 5 岁以下婴幼儿和旅游者腹泻的重要病原菌。致病物质主要是菌毛和肠毒素。肠毒素有不耐热和耐热两种，其中不耐热肠毒素（heat labile enterotoxin，LT）对热不稳定，65℃加热 30min 可被破坏；耐热肠毒素（heat stable enterotoxin，ST）对热稳定，100℃加热 20min 仍不失活性。菌毛是 ETEC 致病的另一重要因素。能形成肠毒素而无菌毛的菌株，一般不会引起腹泻；只有菌毛而不产毒素的细菌，可以在肠道定居，引起轻度腹泻。

2. 肠侵袭性大肠埃希菌（Enteroinvasive $E. coli.$，EIEC）

肠侵袭性大肠埃希菌较少见，主要感染儿童和成年人，具有类似于志贺氏菌和伤寒沙门菌侵入肠黏膜上皮细胞的能力，发病特点很像细菌性痢疾，因此，又称为志贺样大肠埃希氏菌。不同的是，EIEC 不具有痢疾志贺氏菌（$Shigella\ dysenteriae$）Ⅰ型所具有的产生肠毒素的能力。EIEC 的主要特征是能侵入小肠黏膜上皮细胞，并在其中生长繁殖，导致炎症、溃疡和腹泻。

3. 肠致病性大肠埃希菌（Enteropathogenic $E. coli.$，EPEC）

肠致病性大肠埃希菌是引起流行性婴儿腹泻（持续性重度腹泻）的常见病原菌。EPEC 不产生肠毒素，不具有与致病性有关的 K88、CFA Ⅰ 样菌毛，但可通过表达黏附素（如成束菌毛、EspA 菌丝、紧密黏附素等）黏附于肠黏膜上皮细胞，并产生痢疾志贺样毒素，侵袭部位是十二指肠、空肠和回肠上段，引起黏膜刷状缘破坏、微绒毛萎缩、上皮细胞排列紊乱及功能受损，导致严重腹泻，发病特点很像细菌性痢疾，因此容易误诊。

4. 肠出血性大肠埃希菌（Enterohemorrhagic $E. coli.$，EHEC）

肠出血性大肠埃希菌是 1982 年首次在美国被发现的引起出血性肠炎的病原菌，主要血清型是 $O_{157}:H_2$、$O_{26}:H_{11}$。EHEC 不产生肠毒素，不具有 K88、K99 等黏附因子，不具有侵入细胞的能力，但可产生志贺样 Vero 毒素，有极强的致病性，引起上皮细胞脱落、肠道出血、肾远曲小管和集合管变性、内皮细胞损伤和血小板聚集。人群普遍易感，但以老人和儿童为主，并且老人和儿童感染后往往症状较重。临床特征是出血性结肠炎，临床表现有剧烈的腹痛和便血，严重者可出现溶血性尿毒症。

5. 肠黏附（集聚）性大肠埃希菌（Enteroaggregative $E. coli.$，EAEC）

肠黏附（集聚）性大肠埃希菌引起婴儿持续性腹泻、脱水，偶有血便；不侵袭细胞，可产生毒素和黏附素。毒素为肠集聚耐热毒素，可导致大量液体分泌；另一毒素是大肠埃希菌的 α 溶血素。有 4 种不同形态的菌毛，细菌通过菌毛黏附于肠黏膜上皮细胞，在细胞表面聚集，形成砖状排列，阻止液体吸收，并产生毒素。

（二）流行病学特点

1. 季节性

大肠埃希菌食物中毒多发生在夏秋季。

2. 中毒食物种类

引起大肠埃希菌食物中毒的食物种类与沙门菌相同，主要是动物性食物。

3. 食物中大肠埃希菌的来源

大肠埃希菌存在于人和动物的肠道中，随粪便排出后会污染水源和土壤，进而直接或间接污染食物。健康人肠道致病性大肠埃希菌的带菌率为 2%～8%，带菌率高者达 44%。成年人患肠炎、婴儿患腹泻时，致病性大肠埃希菌带菌率较健康人高，可达 29%～52%。食品中致病性大肠埃希菌的检出率高低不一，高者达 18.4%。饮食行业的餐具易被大肠埃希菌污染，大肠埃希菌检出率高达 50%，致病性大肠埃希菌的检出率为 0.5%~1.6%。

（三）中毒机制

大肠埃希菌食物中毒的发病机制与致病性大肠埃希菌的类型有关。肠致病性大肠埃希菌和肠侵袭性大肠埃希菌引起感染型中毒；肠产毒性大肠埃希菌、肠出血性大肠埃希菌、肠集聚性大肠杆菌引起毒素型中毒。

（四）临床表现

大肠埃希菌食物中毒的临床表现因致病性埃希菌的类型不同而有所不同，主要有以下三种类型。

1. 急性胃肠炎型

急性胃肠炎主要由肠产毒性大肠埃希菌引起，易感人群主要是婴幼儿和旅游者。潜伏期一般为 10~15h，短者 6h，长者 72h。临床症状为水样腹泻、腹痛、恶心，体温可达 38~40℃。

2. 急性菌痢型

急性菌痢主要由肠侵袭性大肠埃希菌和肠致病性大肠埃希菌引起。潜伏期一般为 48~72h，主要表现为血便或脓黏液血便、里急后重、腹痛、发热。病程 1~2 周。

3. 出血性肠炎型

出血性肠炎主要由肠出血性大肠埃希菌引起。潜伏期一般为 3~4d，主要表现为突发性剧烈腹痛、腹泻，先水便后血便，严重者出现溶血性尿毒综合征、血栓性血小板性紫癜。病程 10d 左右，病死率为 3%~5%，老人、儿童多见。

（五）诊断和治疗

1. 诊断

根据流行病学特点与临床表现，结合实验室检验可作出诊断。

（1）流行病学特点　引起中毒的常见食品为各类熟肉制品，其次为蛋及蛋制品，中毒多发生在 3—9 个月，潜伏期为 4~48h。

（2）临床表现　因病原的不同而不同。主要分为急性胃肠炎型、急性菌痢型及出血性肠炎型。

（3）实验室检验

①细菌学检验：按《食品安全国家标准　食品微生物学检验　致泻大肠埃希氏菌检验》（GB 4789.6—2016）及《食品安全国家标准　食品微生物学检验　大肠埃希氏菌计数》（GB 4789.38—2012）、《食品安全国家标准　食品微生物学检验　大肠菌群计数》（GB 4789.3—2016）等对可疑食物和患者吐泻物进行检测。$O_{157}：H_2$ 与 $O_{157}：NM$ 的检验可参照《食品安全国家标准　食品微生物学检验　大肠埃希氏菌 $O_{157}：H/NM$ 检验》（GB 4789.36—2016）进行。

②对肠产毒性大肠埃希菌应进行肠毒素测定，而对侵袭性大肠埃希菌则应进行豚鼠角膜试验。

③血清学鉴定：取经生化试验证实为大肠埃希菌的琼脂培养物，与致病性大肠埃希菌、侵袭性大肠埃希菌和肠产毒性大肠埃希菌多价 O 血清和出血性大肠埃希氏菌 O_{157} 血清进行凝集试验，凝集价明显升高者，再进行血清分型鉴定。

④产毒大肠埃希菌基因探针检验：从大肠菌 C600 的质粒 pEWD299 中分离出 850bp 片段用

于鉴别不耐热肠毒素的存在。用这个探针对污染食品进行检测时发现，样品如不经浓缩，探针的敏感程度可达 100 个菌/g 样品。

2. 治疗

对大肠埃希菌引起的食物中毒主要采取对症和支持治疗，其基本方针是补液和对症处理，老年人和婴幼儿患者及有基础疾患和重症者应使用抗生素。

（六）预防措施

对大肠埃希菌食物中毒的预防措施同沙门菌食物中毒，应注意以下几个方面：①患者立即送往医院治疗；②切断传播途径，搞好饮水卫生；③加强食品加工各个环节的管理，防止大肠埃希菌污染食物；④低温储存食物，控制食物中大肠埃希菌的繁殖及产生毒素；⑤彻底加热以杀灭病原菌及破坏毒素。

十、　肉毒梭菌食物中毒

（一）病原学特点

肉毒梭状芽孢杆菌简称肉毒梭菌（*Clostridium botulinum*），为革兰阳性、厌氧、产芽孢的短粗杆菌（图 3-16），广泛分布于自然界，特别是土壤中。所产的孢子为卵形或圆筒形，着生于菌体的端部或亚端部，在 20~25℃可形成椭圆形的芽孢。当 pH 低于 4.5 或大于 9.0 时，或当环境温度低于 15℃或高于 55℃时，芽孢不能繁殖，也不能产生毒素。食盐能抑制芽孢的形成和毒素的产生，但不能破坏已形成的毒素。提高食品的酸度也能抑制肉毒梭菌的生长和毒素的形成。芽孢的抵抗力强，需在 180℃干热加热 5~15min，或在 121℃高压蒸汽加热 30min，或在 100℃湿热加热 5h 方可致死。

肉毒梭菌食物中毒是由肉毒梭菌产生的毒素即肉毒毒素所引起的。肉毒毒素是一种毒性很强的神经毒素，对人的致死量为 10^{-9}mg/kg 体重。肉毒毒素对消化酶（胃蛋白酶、胰蛋白酶）、酸和低温稳定，但对碱和热敏感。在正常的胃液中，24h 不能将其破坏，故可被胃肠道吸收。根据血清反应特异性的不同，可将肉毒毒素分为 A、B、C_α、C_β、D、E、F、G 共 8 型，其中 A、B、E、F 四个型别可引起人类中毒，A 型比 B 型或 E 型的致死能力更强；C型、D 型对人不致病，仅引起禽、畜中毒。我国报道的肉毒梭菌食物中毒多为 A 型，B 型、E 型次之，F 型较为少见。

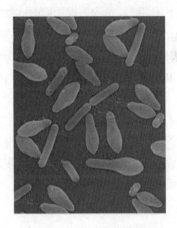

图 3-16　肉毒梭菌

（二）流行病学特点

1. 季节性

肉毒梭菌食物中毒一年四季均可发生，主要发生在 4—5 月。

2. 地区分布

肉毒梭菌广泛分布于土壤、水及海洋中，且不同的菌型分布存在差异。A 型主要分布于山区和未开垦的荒地，如新疆察布查尔地区是我国肉毒梭菌中毒多发地区，未开垦荒地中该菌的检出率为 28.3%，土壤中为 22.2%；B 型多分布于草原区耕地；E 型多存在土壤、湖海淤泥和鱼类肠道中，我国青海省发生的肉毒梭菌中毒主要为 E 型；F 型分布于欧、亚、美洲海洋沿岸及鱼体。

3. 中毒食物种类

引起中毒的食物种类因地区和饮食习惯的不同而异。国内以家庭自制植物性发酵品引起中毒为多见，如臭豆腐、豆酱、面酱等，罐头瓶装食品、腊肉、酱菜和凉拌菜等引起的中毒也有报道。在新疆察布查尔地区，引起中毒的食品多为家庭自制谷类或豆类发酵食品；在青海，引起中毒的食品主要为越冬密封保存的肉制品。在日本，90%以上的肉毒梭菌食物中毒由家庭自制的鱼和鱼类制品引起。欧洲各国的中毒食物多为火腿、腊肠及其他肉类制品。美国引起中毒的食品主要为家庭自制的蔬菜、水果罐头、水产品及肉、乳制品。

4. 食物中肉毒梭菌的来源

食物中的肉毒梭菌主要来源于带菌的土壤、尘埃及粪便，尤其是带菌的土壤，对各类食品原料造成污染。在家庭自制发酵食品和罐头食品的生产过程中，加热的温度或压力尚不足以杀死存在于食品原料中的肉毒梭菌芽孢，却为芽孢的形成与萌发及其毒素的产生提供了条件。如果食品制成后不经加热而食用，更容易引起中毒。

（三）中毒机制

肉毒毒素经消化道吸收进入血液后，主要作用于中枢神经系统的脑神经核、神经肌肉的连接部和自主神经末梢，抑制神经末梢乙酰胆碱的释放，导致肌肉麻痹和神经功能障碍。

（四）临床表现

肉毒梭菌食物中毒以运动神经麻痹的症状为主，而胃肠道症状少见。潜伏期为数小时至数天，一般为12~48h，短者6h，长者达8~10d，潜伏期越短，病死率越高。临床特征表现为对称性脑神经受损的症状。早期表现为头痛、头晕、乏力、走路不稳，以后逐渐出现视力模糊、眼睑下垂、瞳孔散大等神经麻痹症状。重症患者则首先表现为对光反射迟钝，逐渐发展为语言不清、吞咽困难、声音嘶哑等，严重时出现呼吸困难，常因呼吸衰竭而死亡。病死率为30%~70%，多发生在中毒后的4~8d。国内由于广泛采用多价抗肉毒毒素血清治疗本病，病死率已降至10%以下。患者经治疗可于4~10d恢复，一般无后遗症。

婴儿肉毒梭菌食物中毒最先于1976年在美国加利福尼亚被报道。在成年人的中毒事件中，摄入的是有活性的毒素；而婴儿中毒往往是由于摄入了肉毒梭菌的活性芽孢，芽孢在肠道中发芽并产生毒素导致中毒。含有芽孢的食品可能是未经严格加热的食品，最常见的就是糖浆和蜂蜜。婴儿肉毒中毒的主要症状为便秘、头颈部肌肉软弱、吮吸无力、吞咽困难、眼睑下垂、全身肌张力减退，可持续8周以上。大多数在1~3个月自然恢复；重症者可因呼吸麻痹猝死。

（五）诊断和治疗

1. 诊断

主要根据流行病学调查、特有的中毒表现以及毒素检验和菌株分离进行诊断。为了及时救治，在食物中毒现场主要根据流行病学资料和临床表现进行诊断，不需等待毒素检测和菌株分离的结果。

（1）流行病学特点　多发生在冬春季；导致中毒的食品多为家庭自制的发酵豆、谷类制品，其次为肉类和罐头食品。

（2）临床表现　具有特有的对称性脑神经受损的症状，如眼部症状、延髓麻痹和分泌障碍等。

（3）实验室检验 按《食品安全国家标准 食品微生物学检验 肉毒梭菌及肉毒毒素检验》（GB 4789.12—2016）操作，从可疑食品中检出肉毒毒素并确定其类别。

2. 治疗

早期使用多价抗肉毒毒素血清，并及时采用支持疗法及进行有效的护理，以预防呼吸肌麻痹和窒息。

（六）预防措施

（1）加强卫生宣教，建议牧民改变肉类的储藏方式及生吃牛肉的饮食习惯。

（2）对食品原料进行彻底的清洁处理，以除去泥土和粪便。家庭制作发酵食品时应彻底蒸煮原料，加热温度为100℃，并持续10~20min，以破坏各型肉毒毒素。

（3）加工后的食品应迅速冷却并在低温环境中储存，避免再污染和在较高温度或缺氧条件下存放，以防止毒素产生。

（4）食用前对可疑食物进行彻底加热是破坏毒素、预防中毒发生的可靠措施。

（5）生产罐头食品时，要严格执行卫生规范，特别应注意杀菌条件，以彻底灭菌。

（6）婴幼儿所用的物品应保持清洁，建议12个月以内的婴儿不要食用灌装蜂蜜食品，尤其是野生蜂蜜。

十一、 志贺菌食物中毒

（一）病原学特点

志贺菌属（*Shigella*）通称为痢疾杆菌，依据O抗原的性质分为4个血清群：A群，即痢疾志贺菌（*Sh. dysenteriae*）；B群，也称福氏志贺菌（*Sh. flexneri*）群；C群，亦称鲍氏志贺菌群（*Sh. bogdii*）；D群，又称宋内志贺氏菌群（*Sh. sonnei*）。痢疾志贺菌是导致典型细菌性痢疾的病原菌，对敏感人群很少数量就可以致病，属于肠道传染病。而福氏志贺菌群、鲍氏志贺菌群和宋内志贺菌群既是肠道传染病的病原菌，也被认为是食物中毒的病原菌（以宋内志贺菌群为主，其次是福氏志贺菌群），引起中毒的菌量在200~10000CFU/g。食物中毒和肠道传染病均可由食物传播，区别的关键是人与人之间是否具有传染性。

志贺菌属为革兰阴性短小杆菌（图3-17），需氧或兼性厌氧，在人体外的生活力弱，在10~37℃的水中可生存20d，在牛乳、水果、蔬菜中也可生存1~2周，在粪便中（15~25℃）可生存10d，但在日光照射下30min可被杀死，58~60℃加热10~30min即死亡。志贺菌耐寒，在冰块中能生存3个月。志贺菌食物中毒主要由宋内志贺菌和福氏志贺菌引起，因它们在体外的生存力相对较强。

图3-17 志贺菌属

（二）流行病学特点

1. 季节性

志贺菌食物中毒全年均有发生，但多发生于夏、秋两季，又以7—10月多见。

2. 中毒食物种类

引起志贺菌中毒的食物主要是冷盘、凉拌菜。

3. 食物中志贺菌的来源

在食品生产加工企业、集体食堂、饮食行业的从业人员中，痢疾患者或带菌者的手是造成食品污染的主要因素。熟食品被污染后，存放在较高的温度下，经过较长的时间，志贺氏菌就会大量繁殖，食用后就会引起中毒。

（三）中毒机制

人们对痢疾志贺菌的毒性性质了解得较多，而对其他三种志贺氏菌中毒机制的了解甚少。一般认为，志贺菌食物中毒以大量活菌侵入肠道引起的感染型食物中毒为主，部分志贺菌还可分泌外毒素（如细胞毒素、肠毒素和神经毒素）引起混合型食物中毒，使临床表现更为复杂和严重。

（四）临床表现

志贺菌食物中毒的潜伏期一般为 10~20h，短者 6h，长者 24h。患者常突然出现剧烈的腹痛、呕吐及频繁的腹泻，并伴有水样便，便中混有血液和黏液，有里急后重、恶寒、发热，体温高者可达 40℃以上，有的患者可出现痉挛。

（五）诊断和治疗

1. 诊断

根据志贺菌食物中毒流行病学特点、临床特有表现及实验室检验资料进行诊断。

（1）流行病学特点　符合志贺氏菌食物中毒的流行病学特点，有进食被志贺菌污染食物的历史，进食同一可疑食物的人群，在短期内出现相同的患病症状。

（2）临床表现　患者有类似菌痢样的症状，粪便中有血液和黏液。

（3）实验室检验

①细菌学检验　按《食品安全国家标准　食品微生物学检验　志贺氏菌检验》（GB/T 4789.5—2012）和《食品安全国家标准　食品微生物学检验　沙门菌、志贺氏菌和致泻大肠埃希氏菌的肠杆菌科噬菌体诊断检验》（GB 4789.31—2013）操作，从剩余食物、患者吐泻物分离志贺菌，进行血清型检验。

②血清凝集试验　宋内志贺菌的凝集效价在 1∶50 以上有诊断意义。

2. 治疗

一般情况下采取对症和支持治疗的方法。

（六）预防措施

志贺菌食物中毒的预防措施同沙门菌食物中毒，应从防止污染、控制繁殖、食用前彻底杀菌三个方面进行预防。

十二、　其他细菌引起的食物中毒

（一）产气荚膜梭菌食物中毒

产气荚膜梭菌（*Clostridium Perfringens*）为革兰阳性的粗大芽孢杆菌，无鞭毛，不运动，厌氧但不严格；在烹调后的食品中很少产生芽孢，而在肠道中却容易形成芽孢。产气荚膜梭菌食物中毒由该菌产生的肠毒素引起，该毒素抵抗力弱，加热至 60℃、45min 后丧失生物活性，而100℃瞬时可被破坏，但对胰蛋白酶和木瓜蛋白酶有抗性。该菌除了能够产生外毒素外，还产生多种侵袭酶，其荚膜也构成强大的侵袭力，是气性坏疽的主要病原菌。

产气荚膜梭菌在自然界分布较广，从污水、垃圾、土壤、人和动物的粪便、昆虫及食物中均可检出。发生产气荚膜梭菌食物中毒有明显的季节性，以夏、秋气温较高的季节为多见。引起中毒的食物主要是鱼、肉、禽等动物性食物。中毒的主要原因是冷食或食物加热不彻底。

产气荚膜梭菌肠毒素食物中毒的潜伏期多为 10~20h，短者 3~5h，长者可达 24h。发病急，多呈急性胃肠炎症状，以腹泻、腹痛为多见，每日腹泻达 10 余次，一般为稀便和水样便，很少有恶心、呕吐，预后良好。

根据流行病学特点、特有的临床表现及实验室检验资料进行诊断。检验按《食品安全国家标准 食品微生物学检验 产气荚膜梭菌检验》（GB 4789.13—2016）操作。治疗一般以对症和支持治疗为主。预防措施同沙门菌食物中毒。

（二）椰毒假单胞菌酵米面亚种食物中毒

椰毒假单胞菌酵米面亚种（*Pseudomonas Cocovenenans* subsp. *Farinofermentans*）食物中毒传统上称为臭（酵）米面食物中毒，是由椰毒假单胞菌酵米面亚种所产生的外毒素引起的。椰毒假单胞菌为革兰阴性菌，在自然界分布广泛，产毒的椰毒假单胞菌检出率为 1.1%，在玉米、臭米面、银耳中都能检出。

椰毒假单胞菌酵米面亚种食物中毒主要发生在东北三省，以 7、8 月最多。这类食物中毒的发生与当地居民特殊的饮食习惯有关，引起中毒的食品主要是谷类发酵制品，为米酵菌酸和毒黄素所致的毒素型食物中毒。米酵菌酸对人和动物有强烈的毒性作用，是引起食物中毒和致死的主要毒素。毒黄素是一种水溶性黄色毒素，耐热，不为一般烹调方法所破坏。临床上胃肠道症状和神经症候群的出现较早，继出现消化道症状后也可能出现肝肿大、肝功能异常等以中毒型肝炎为主的临床表现，重症者出现肝性昏迷，甚至死亡。对肾脏的损害一般出现较晚，轻者出现血尿、蛋白尿等，重者出现血中尿素氮含量增加、少尿、无尿等症状，严重时可出现肾衰竭而死亡。因椰毒假单胞菌毒素的毒性较强，目前尚缺乏特效的解毒药，故椰毒假单胞菌酵米面亚种食物中毒的病死率高达 30%~50%。

由于该类食物中毒发病急、多种脏器受损、病情复杂、进展快、病死率高，应及早作出诊断。中毒发生后应进行急救和对症治疗。

（三）小肠结肠炎耶尔森菌食物中毒

小肠结肠炎耶尔森菌（*Yersinia Enterocolitica*）属于肠杆菌科耶尔森菌属（*Yersinia*），是引起人类食物中毒和小肠结肠炎的主要病原菌。该菌革兰染色阴性，需氧或兼性厌氧，因鞭毛在 30℃以下培养才能形成，温度较高时鞭毛即脱落，因此在 30℃以下可运动，而在 37℃时不运动。该菌耐低温，0~5℃也可生长繁殖，是一种独特的嗜冷病原菌，故应特别注意冷藏食品不要被该菌污染。

小肠结肠炎耶尔森菌广泛分布于陆地、湖水、井水和溪流水源中，这些环境也是温血动物体内这种菌的来源。引起的食物中毒多发生在秋冬、冬春季节，引起中毒的食物主要是动物性食物，如猪肉、牛肉、羊肉等，其次为生牛乳，尤其是经 0~5℃低温运输或储存的乳类或乳制品。

小肠结肠炎耶尔森菌食物中毒的发生是由该菌的侵袭性和产生的肠毒素共同作用的结果，侵袭的靶组织是小肠和结肠。该菌引起的食物中毒潜伏期较长，为 3~7d，多见于 1~5 岁幼儿和学龄前儿童，以腹痛、腹泻和发热为主要表现，体温 38~39.5℃，病程 1~2d。此外，该菌也可引起结肠炎、阑尾炎、肠系膜淋巴结炎、关节炎及败血症。多采用对症治疗，重症病例可用抗生素治疗。

第三节　细菌性食源性传染病

一、细菌性痢疾

（一）病原学特点

细菌性痢疾，主要是由志贺菌属中的 A 群即痢疾志贺菌感染肠道引起的常见肠道传染病。痢疾志贺菌可分为 12 个血清型，除能产生内毒素、细胞毒素、肠毒素（外毒素）外，还可产生神经毒素。

（二）流行病学特点

细菌性痢疾是由于生活或饮食卫生条件差而引起的常见消化系统性疾病，此类病症大多数发生于不发达和发展中国家。1~4 岁儿童更容易患上此类疾病，尤其是在卫生条件差的地区或疾病暴发的地区。我国细菌性痢疾的发病率已呈现明显下降的趋势。该病常年散发，但大多数细菌性痢疾病例发生在每年 6—9 月，病发高峰值出现在 8 月。

细菌性痢疾的传染特征如下。

1. 传染源

传染源包括患者和带菌者。患者中以急性非急性典型细菌性痢疾与慢性隐匿型细菌性痢疾为重要传染源。

2. 传播途径

痢疾志贺菌随患者或带菌者的粪便排出，通过污染的手、食品、水源或日常生活接触，或苍蝇、蟑螂等间接方式传播，最终经口进入消化道使易感者感染。

3. 人群易感性

人群对痢疾志贺菌普遍易感，此病高发于婴幼儿、学龄前儿童等免疫系统功能发育不全者，多与不良卫生习惯有关；成年人生活状况不佳会增加发病风险，如疲劳、营养不足、空间拥挤、环境污染等，发病与患者机体抵抗力降低、接触感染机会多有关，加之患同型细菌性痢疾后无巩固免疫力，不同菌群间以及不同血清型痢疾杆菌之间无交叉免疫，故可造成重复感染或再感染而反复多次发病。青壮年也是细菌性痢疾的高发人群。

（三）致病机制

痢疾志贺菌对结肠黏膜上皮细胞有吸附和侵袭作用，会引起肠黏膜的炎症反应，肠道上皮细胞固有层呈现毛细血管及小静脉充血，并有细胞及血浆的渗出与浸润，甚至可致固有层小血管循环衰竭，从而引起上皮细胞变性甚至坏死，坏死的上皮细胞脱落后可形成小而浅表的溃疡，因而产生腹痛、腹泻、脓血便，直肠括约肌受刺激而有里急后重感。

中毒型细菌性痢疾的全身中毒症状与肠道病变程度不一致，虽有毒血症症状，但肠道炎症反应极轻，除内毒素作用外，还可能与某些人群具有特异性体质有关，该类人群会对细菌毒素呈现强烈反应，引致微血管痉挛、缺血和缺氧，进而导致弥散性血管内凝血、重要脏器功能衰竭、脑水肿和脑疝。

（四）临床表现

细菌性痢疾的潜伏期通常为 1~3d，一般不会超过 7d。病发期间主要临床表现包括发热、乏力、恶心、呕吐、腹痛、腹泻、粪便稀薄等。实际症状表现与患者体质状况、所感染的细菌数量、菌属类型等情况相关。临床上将细菌性痢疾分为以下三大类。

1. 普通型细菌痢疾

普通型急性痢疾以起病急快、持续高热、腹泻不止、恶心、呕吐等典型临床表现为主，多伴有里急后重。患者以排便次数高度频繁，腹部鸣音亢进，并且粪便形态基本呈现水样便状为主要症状。随着病程发展，粪便会携带血丝、脓液状物质。

此外，还存在一些非典型细菌性痢疾患者，临床表现较为轻微。大多表现为低热消疲、里急后重、腹部压痛等。病程发展进度更为缓慢，无血便、脓便等现象。

2. 中毒型细菌性痢疾

中毒型细菌性痢疾除了会表现出病情急骤、高热惊厥、畏冷等症状外，还会出现明显中毒性症状，尤其以意识障碍、面容青灰、呼吸不畅、晕厥、休克等为主要特征。常见于 2~7 岁体质虚弱的幼童患者。

中毒型细菌性痢疾是传染病领域中来势最猛、变化最快的疾病之一，病程应以小时计。其病理基础是急性微循环障碍，组织细胞缺血缺氧，导致机体水电解质及酸碱失衡，弥漫性血管内凝血，脑、肺、心、肾、肝主要脏器骤然衰竭，组织细胞内环磷腺苷与环磷鸟苷比例失调，三大代谢改变，迅速发生抽搐、呼吸循环衰竭而死亡。从发病至出现中毒症状半数在 12h 内，95%发生在 24h 内，4%可发生在 24~48h。最短可在发病后 4h 内死亡。

3. 慢性痢疾

慢性痢疾常发生在菌痢反复性发作或迁延性腹泻超八周未治愈的患者身上。此类病症患者多表现为长期腹泻、腹疼、脓便、血便等。部分患者甚至会伴随有结肠、直肠等肠道溃疡或炎症病变情况。

（五）诊断和治疗

对于细菌性痢疾，需要做到早发现、早诊断、早治疗，这对控制疾病、改善症状、预防并发症极其重要。当患者出现发热、反复腹痛、腹泻、大便中带有脓血的症状时，应及时前往医院就诊，通过血常规、粪便常规等检查确诊疾病。

目前临床上，药物治疗是针对细菌性痢疾的主要治疗手段。药物治疗可以选用抗菌素药剂，以消除患者体内致病菌，控制炎症进一步蔓延扩散。再有可以根据患者实际病症表现，配合抗胆碱能、非甾体类抗炎药、水电解质平衡调节药剂等其他类型药物进行改善性治疗。另外，食物疗法、预防治疗等方式也能起到改善炎症表现，加速病情恢复等效果。大多数细菌性痢疾患者可通过 1~2 周治疗痊愈。但是对于中毒型或重症患者，其治疗时长需适当延长。

（六）预防措施

应从控制传染源、切断传播途径和保护易感人群三方面着手。

1. 控制传染源

早期发现患者和带菌者，及时隔离和彻底治疗是控制菌病的重要措施。从事饮食业、保育及水厂工作的人员，更需进行较长期的追查，必要时暂调离工作岗位。

2. 切断传播途径

搞好"三管一灭"，即管好水、粪和饮食以及消灭苍蝇，养成饭前便后洗手的习惯。对饮食业、儿童机构工作人员定期检查带菌状态。一旦发现带菌者，应立即予以治疗并调离工作。

3. 保护易感人群

注意饮食卫生，保证饮水卫生，注意食品必须新鲜；不吃变质、腐烂、过夜的食物；存放在冰箱的熟食和生食不能过久，食用熟食前应再次加热；生吃的食品及水果要清洗干净，最好用开水洗烫后再食用。

二、霍　乱

（一）病原学特点

霍乱是由霍乱弧菌引起的烈性肠道传染病，发病急、传播快，曾在世界上引起多次大流行，是亚洲、非洲大部分地区腹泻的重要原因，属国际检疫传染病，在我国属于甲类传染病。霍乱弧菌（*Vibrio Cholerae*）是革兰阴性菌，菌体短小，呈逗点状，有单鞭毛、菌毛，部分有荚膜，共分为 139 个血清群，其中 O_1 群和 O_{139} 群可引起霍乱。霍乱弧菌耐低温、耐碱，不耐酸，不耐热，对干燥、直射阳光敏感，在正常胃酸中仅能存活 4min，55℃湿热 15min，100℃、1~2min 可杀死。对化学消毒剂敏感，水中加 5g/L 漂白粉或 1g/L 高锰酸钾浸泡蔬菜、水果可达到消毒目的。该菌在河水、井水、海水中可存活 1~3 周，在鲜鱼、贝壳类食物上可存活 1~2 周，其产生的外毒素和内毒素为主要致病原因。

（二）流行病学特点

霍乱在人群中流行已达 2 个多世纪，自 1817 年以来霍乱发生了七次世界性大流行，目前认为第六次大流行与古典生物型霍乱弧菌有关，第七次大流行则与埃尔托生物型霍乱弧菌有关，1992 年在印度、孟加拉等地发生的霍乱暴发流行则是由新血清群 O_{139} 霍乱弧菌引起的。霍乱的流行特点主要为地区分布（我国一般多以沿海一带为主，特别是江河入海口附近的江河两岸及水网地带）、季节分布（霍乱在各地的流行季节与当地的自然地理条件如气温、雨量等密切相关，我国绝大多数地区的发病季节一般为夏、秋季，以 7—10 月为多）和人群分布（不同年龄和性别的发病率无本质差异，不同职业发病率有一定差别，如渔民、船民等发病较多）。

霍乱的传染源是患者和带菌者。传播途径比较复杂，被霍乱弧菌污染的水源和食物可引起霍乱暴发流行，日常生活接触与苍蝇也可引起间接传播，此外弧菌能通过污染鱼、虾等海产品传播。人群对霍乱弧菌普遍易感，卫生条件差者及胃酸缺乏者尤甚，病愈后可获得一定的免疫力，能产生抗菌抗体和抗肠毒素抗体，但也可再感染，极少通过接触感染的衣物间接传播。

（三）致病机制

机体发病取决于自身免疫力、弧菌的入侵数量和致病力。人体在胃酸分泌减少的情况下，食入霍乱弧菌的数量达到 10^8~10^9CFU/g 可引起发病。霍乱弧菌经胃抵达肠道后通过鞭毛运动以及弧菌产生的蛋白酶作用，可穿过肠黏膜上的黏液层，黏附于小肠上段肠黏膜上皮细胞刷状缘上，并不侵入肠黏膜下层。在小肠碱性环境中霍乱弧菌大量繁殖，并产生霍乱肠毒素。当肠毒素与肠黏膜接触后，经一系列生化反应，刺激肠黏膜隐窝细胞过度分泌水、氯化物及碳酸盐，同时抑制肠绒毛细胞对钠离子和氯离子的吸收，使水和氯化钠等在肠腔积累，从而引起严重水样腹泻。霍乱肠毒素还能促使肠黏膜杯状细胞分泌黏液增多，使水样便中含大量黏液。此外腹泻导致的失水使胆汁分泌减少，因此腹泻粪便可成"米泔水"样。

除肠毒素外，内毒素及霍乱弧菌产生的溶血素、酶类及其他代谢产物亦有一定的致病作用。

（四）临床表现

霍乱的典型病程分为三期，即泻吐期、脱水期、恢复期或反应期，主要表现为急剧腹泻和呕吐，一般无发热，多数不伴腹痛，以及因频繁泻吐引起的脱水症状，可并发急性肾衰竭、急性肺水肿等疾病。

1. 泻吐期

腹泻常为首发症状，无痛性剧烈腹泻，不伴有里急后重感，粪便性状为泥浆样或水样含粪质，见黏液，速转为米泔水样便或洗肉水样血便，无粪质，便次逐增，每日数次至10余次，重则从肛门直流而出，每次便量超过1000mL，无粪臭，稍有鱼腥味。O_{139}群霍乱的患者发热、腹痛比较常见，可并发菌血症等肠道外症状。

呕吐发生在腹泻之后，多不伴恶心，呈喷射性呕吐。呕吐物初为胃内容物，后为水样，严重者可呕吐"米泔水"样液体，与粪便性质相似。轻者可无呕吐。

2. 脱水期

频繁吐泻导致机体大量丢失水分和电解质，内环境紊乱，甚至发生循环衰竭。脱水期持续时间为数小时至2~3d，治疗是否及时和正确是缩短病程的关键。

3. 恢复期或反应期

腹泻停止，脱水纠正后多数患者症状消失，体温、脉搏、血压恢复正常，尿量增加，体力逐步恢复。有约1/3病例由于血液循环的改变，残留于肠腔的内毒素被吸收进入血液，可引起轻重不一的发热，一般患者体温可高达38~39℃，持续1~3d后自行消退，尤以儿童多见。

随着病情的发展，部分患者会出现电解质紊乱和代谢性酸中毒症状，表现为肌肉痉挛、低血钾、尿毒症等，严重者可能出现急性肾衰竭、急性肺水肿等并发症。

霍乱的预后与所感染霍乱弧菌生物型以及临床病型轻重、治疗是否及时和正确有关。此外，年老体弱或有并发症者预后差，病死率在3%~6%，死亡原因早期主要是循环衰竭，脱水期多为出现急性肾衰竭或其他感染等并发症。

（五）诊断和治疗

对于霍乱需做到早发现、早诊断、早治疗，对于控制疾病、改善症状、预防并发症极其重要。患者出现相应症状时，应立即前往医院就诊，通过血常规、粪便常规、细菌学检验等检查确诊疾病。鉴别诊断主要依靠粪便细菌学检验。

霍乱的治疗原则为严格隔离，及时补液，辅以抗菌和对症治疗。患者应按甲类传染病进行严格隔离，确诊患者和疑似病例应分别隔离；患者排泄物应彻底消毒；患者症状消失后，连续两次粪便培养阴性方可解除隔离。霍乱患者早期病理生理变化主要是水和电解质丧失，因此及时补充液体和电解质是治疗本病的关键。应用抗菌药物控制病原菌后能缩短病程，减少腹泻次数和迅速从粪便中清除病原菌，但此治疗方法仅作为补液疗法的辅助疗法。

（六）预防措施

应从控制传染源、切断传播途径和提高人群免疫力三方面着手。

1. 控制传染源

及时发现患者和疑似患者，进行隔离治疗，并做好疫源检索，这是控制霍乱流行的重要环节。通过建立腹泻肠道门诊，对密切接触者进行粪检和预防性服药。做好国境卫生检疫和国内交通检疫等对传染源进行控制。

2. 切断传播途径

加强饮水消毒和食品管理，确保用水安全，有良好的卫生设施可以明显减少霍乱传播的危险性。在霍乱还没有侵袭和形成季节性流行的地区，制定有效的控制霍乱的计划是控制霍乱流行的最好准备。长期改善水的供应和卫生设施是预防霍乱的最好方法。还应对患者和带菌者的排泄物进行彻底消毒。此外应消灭苍蝇等传播媒介。

3. 提高人群免疫力

注意饮食卫生，保证饮水卫生，注意食品必须新鲜，不吃变质、腐烂、过夜的食物。还可通过接种疫苗获得抗体。过去曾应用过全菌死菌苗或并用霍乱肠毒素的类毒素菌苗免疫人群，由于保护率低、保护时间短，且不能防止隐性感染和带菌者，现已不提倡应用。目前国内外趋向于应用基因工程技术制得疫苗，现已制成并试用的有 B 亚单位-全菌体菌苗、减毒口服活菌苗和 O_{139} 荚膜脂多糖疫苗等。

三、伤　寒

（一）病原学特点

伤寒是由伤寒杆菌（*Salmonella Typhi*）引起的急性肠道传染病。伤寒杆菌属于沙门菌属（*Salmonella*）中的 D 族，为革兰阴性杆菌，有鞭毛、能运动，不产生芽孢，无荚膜。在自然界中的生活能力较强，在水中一般可生存 2~3 周，在粪便中可维持 1~2 月，在牛乳中不仅可以生存，且可以繁殖；耐低温，在冰冻环境中可生存数月；但对光、热、干燥、消毒剂的抵抗力较弱，日光照射数小时即死，60℃经 30min 或煮沸后立即死亡，在 3%苯酚中 15min 即被杀死，消毒饮水中余氯含量达 0.2~0.4mg/L 可迅速致死。伤寒杆菌的菌体（O）抗原、鞭毛（H）抗原的抗原性较强，常用于血清凝集实验（肥达反应①）辅助诊断。伤寒杆菌菌体裂解时释放强烈的内毒素，是致病的主要因素。

（二）流行病学特点

伤寒遍布于世界各地，以热带及亚热带地区为多，在不重视饮食卫生的地区可出现流行。本病终年可见，但以夏秋季最多。患者一般以儿童及青壮年居多。散发性伤寒病例多由与轻型患者或慢性带菌者经常接触而引起。流行性暴发型伤寒多见于水型或食物型，即伤寒暴发是由于水源或食物受到伤寒杆菌污染引起。

1. 传染源

伤寒患者和带菌者为主要传染源，全病程均有传染性，患者在潜伏期末即可排菌，起病后 2~4 周内传染性最强，在恢复期内仍有部分患者继续排菌，排菌期一般为 2~6 周。少数患者带

---

①肥达反应（Widal reaction，WR）即伤寒杆菌血清凝集实验，是用伤寒杆菌菌体（O）抗原、鞭毛（H）抗原和甲型、乙型、丙型副伤寒杆菌鞭毛抗原共 5 种抗原，采用凝集法分别测定患者血清中相应抗体的凝集效价。多数患者在病程第 2 周起出现阳性，第三周阳性率大于 50%，第 4~5 周可上升至 80%，痊愈后阳性可持续几个月。一般当 O 抗体效价在 1∶80 以上，H 抗体效价在 1∶160 以上，才有辅助诊断意义。

菌时间超过 3 个月可成为慢性带菌者。所有带菌者，特别是慢性带菌者，成为伤寒不断传播或流行的传染源，在流行病学上具有重要意义，带菌者的存在是我国近年来伤寒持续散发的主要原因。

2. 传播途径

病菌随患者或带菌者的粪便排出，污染水和食物，或经手及苍蝇、蟑螂等间接污染水和食物而传播。暴发流行多因水源被污染所致，也可因集体食堂或餐饮工作人员中有伤寒带菌者或轻型病例而引起。

3. 人群易感性

人群对伤寒杆菌普遍易感。病后可获得持久免疫力，再次患病者极少。

（三）临床表现

伤寒潜伏期 3~60d，一般为 8~14d。临床表现轻重不一，典型的表现为：发病初期起病缓慢，发热是最早的症状，伴有全身不适、食欲减退、咽痛、咳嗽等。患者体温呈阶梯状上升，于发病的 5~7d 内达到 39~40℃。此后进入高峰期（极期），高热持续不退，可持续 10~14d，呈稽留热①型。食欲不振更加明显，腹部不适或腹胀，便秘或腹泻，右下腹可有压痛。发病的第 6d 可触及肿大的脾脏。患者表情淡漠，反应迟钝，重者出现谵妄、昏迷。相对缓脉②是伤寒的临床特征之一。发病 7~13d 时，部分患者的皮肤出现玫瑰疹，分布于胸、腹、背部。发病的第 3~4 周进入缓解期，体温开始下降，食欲逐渐好转，腹胀逐渐消失，脾脏开始回缩，但易出现肠出血、肠穿孔。第 4 周末进入恢复期，体温恢复正常，食欲好转，白细胞计数减少，嗜酸性细胞减少或消失，在 1 个月左右完全恢复健康。第 3~4 周肥达反应阳性率可达 90%。

上述为典型的伤寒自然发展病程，目前已较少见，因为绝大多数患者都能得到及早的治疗，大多数患者的症状较轻。

伤寒的预后与病情、年龄、有无并发症、治疗早晚、治疗方法、过去是否曾接受预防注射以及是否接触过病原菌等因素有关。老年人、婴幼儿预后较差；明显贫血、营养不良者预后也较差，并发肠穿孔、肠出血、心肌炎、严重毒血症等疾病的病死率较高。在有效抗菌药物问世以前，伤寒的病死率约为 20%，患者大都死于严重的毒血症、营养不良、肺炎、肠出血及肠穿孔等。自应用氯霉素以后病死率明显降低，在 1%~5%。但近年来因耐药株所致病例增多，病死率又有上升。曾接受预防接种者病情较轻，预后较好。

（四）诊断和治疗

对于伤寒，主要根据临床表现和实验室检查诊断，流行病学资料可供参考。患者有不明原因的发热，伴有食欲不振、腹胀、脾脏肿大、玫瑰疹、相对缓脉、白细胞减少、血培养及肥达反应阳性即可诊断。治疗上应重视一般治疗与对症治疗，并及时应用抗生素。

（五）预防措施

1. 控制传染源

应及早隔离治疗患者。隔离期应自发病之日起至症状完全消失、体温恢复正常后 15d；应

---

①稽留热（continued fever）是临床常见的一种热型。多为高热，体温上升后即恒定地维持在 39~40℃的高水平，达数天或数周，且 24h 内体温波动范围不超过 1℃。临床上常见于伤寒、副伤寒、斑疹伤寒高热期以及大叶性肺炎，也可见于急性肾盂肾炎。应及时予以药物降温，同时积极治疗原发病。

②相对缓脉：医学用语，指正在发热的患者其脉搏的加快与体温升高的程度不呈比例。相对缓脉常见于伤寒。

及早发现带菌者；对托儿所、幼儿园、食堂、饮食行业、自来水厂、牛乳厂等工作人员应进行定期检查；对密切接触者应进行医学观察，对发热可疑者应及早观察治疗。

2. 切断传播途径

加强对饮食、水源、粪便的管理；消灭苍蝇；不喝生水，不吃不洁瓜果、腐败变质食物和未经处理的剩饭剩菜；饭前便后要洗手。

3. 提高人群免疫力

对易感人群普遍接种伤寒疫苗是降低伤寒发病率的有效措施。

四、人畜共患传染病

人畜共患传染病是指人和脊椎动物之间自然感染与传播的疾病。通常以猪、牛、羊、鸡、鸭等家畜、家禽为传染源，由患病或带菌的家畜、家禽通过各种不同的传播方式传染到人。由人传染到动物则比较少见。由于饲养方式的改变、贸易全球化、气候变化等原因，近年来一些新的人畜共患传染病不断出现，病种不断增加。

该类传染病在人群中流行之前，先有动物间的流行。多数人畜共患传染病的发病有较为明显的地区性特点，有些有一定的季节性。人畜共患传染病由动物传染到人的主要传播方式有以下几种：①直接接触患病动物及其排泄物，经皮肤或黏膜传染；②食入被污染的水和食物而传染，尤其是食入未彻底加热的患病动物的肉或乳汁；③通过被污染的空气飞沫传染。

人群普遍对人畜共患传染病易感，一般无年龄和性别差异。但受感染者多数为接近受染动物或动物产品的工作人员，如屠宰者、狩猎者、管理动物者、处理兽皮兽毛者、兽医及进入自然疫源地的工作人员。人患过人畜共患传染病后，一般可获得对该病较为持久的免疫力；预防接种后可产生一定的免疫力。

各种人畜共患传染病的表现各不相同，即使是同一种人畜共患传染病，在动物和人类患者身上的表现也不一致。有些在家畜、家禽中传播，常造成严重流行和死亡，而传染到人类，则症状较轻，如口蹄疫；另有一些在动物身上虽有症状，但不如人类的症状明显和严重，如炭疽、布鲁氏菌病等。

人畜共患传染病的预防措施包括以下三方面内容。①提高自我防护、保护意识。由于职业等原因与动物接触频繁的人，要注意个人的卫生防护，特别是皮肤有破损时；定期对宠物进行预防接种；讲究饮食卫生，选用经过检疫的乳、肉、蛋等食品，不生食动物食品；厨房用具做到生熟分开。②加强家畜、家禽的管理，合理安排饲养密度，搞好环境卫生；病畜、病禽分栏隔离；加强动物疫病的预防接种，提高动物的抗病能力；科学合理地使用药物和饲料添加剂，避免病原菌产生抗药性和发生变异。③正确处理病畜、病禽及其产品。对发病或病死的畜禽，不应随便丢弃，应立即报告当地兽医部门；严禁收购、屠宰病、死畜禽。

人畜共患传染病包括由病毒引起的禽流感、口蹄疫、疯牛病等，也包括由细菌引起的炭疽、鼻疽、猪链球菌病、布鲁氏菌病、结核病等。此处介绍由细菌引起的人畜共患传染病。

（一）炭疽

炭疽是由炭疽杆菌（*Bacillus Anthracis*）所致的烈性人畜共患传染病，通常主要发生在畜间，以牛、羊、马等草食动物最为多见；人患病多是由于接触病畜或染菌皮毛等所致。

1. 病原学特点

炭疽杆菌为革兰阳性粗大杆菌，长 3~10μm，宽 1~3μm，两端平切，排列如竹节，无鞭毛，不能运动。在人及动物体内有荚膜，在体外不适宜生长繁殖的条件下形成芽孢。该菌繁殖体的抵抗力同一般细菌，在未形成芽孢前，55~58℃、10~15min 即可被杀死；但其芽孢的抵抗力很强，140℃、3min 或 100℃、5min 才能将其杀灭。消毒药物中以碘溶液、过氧乙酸、高锰酸钾及漂白粉对其芽孢的杀灭能力较强。该菌的致病力较强。

2. 流行病学特点

传染源主要为患病的食草动物，如牛、羊、马、骆驼等，其次是猪和狗，它们可因吞食染菌食物而得病。在病畜处于菌血症状态时，病菌可随粪、尿、唾液或出血排出体外，污染土壤、牧地，造成一定地区内的流行。

人群对该病普遍易感。人直接或间接接触病畜的分泌物及排泄物可被感染。人被炭疽杆菌感染后，患者的痰、粪便及病灶渗出物均具有传染性。该病除了经皮肤黏膜、呼吸道在人与人之间传播外，人也可因摄食被污染的食物或饮用水等而被感染。

炭疽的发生有一定的季节性，常在夏季放牧时期流行或暴发，秋、冬、春季少发，且以散发为主。干旱、洪涝灾害都是促使该病暴发的因素。

3. 临床表现

炭疽主要是牛、羊和马的传染病，潜伏期 1~5d，呈急型炭疽（电击型）。表现为牲畜突然发病、知觉丧失、倒卧、呼吸困难、肝脾肿大、天然孔①流血、血液呈沥青样暗黑色且不易凝固。猪被感染后多表现为慢性局部炭疽，病变部位多为颌下、咽喉与肠系膜淋巴结，病变淋巴结剖面呈砖红色、肿胀、质硬，宰前一般无症状。

传染给人的途径主要经皮肤接触或由空气吸入，因食用被污染食物引起的胃肠型炭疽较少见。临床上常依感染途径不同分为体表感染（皮肤）炭疽、经口感染（肠）炭疽和吸入感染（肺）炭疽。病程中常并发败血症、脑膜炎等，最终患者可因毒素引起机体功能衰竭而死亡。除皮肤炭疽外，肠炭疽和肺炭疽病死率较高，危害严重。

4. 病畜处理及预防措施

发现炭疽病畜必须在 6h 内立即采取措施，防止芽孢形成。病畜一律不准屠宰和解体，应整体（不放血）高温化制（无害化处理）或 2m 深坑加生石灰掩埋；同群牲畜应立即隔离，并进行炭疽芽孢疫苗和免疫血清预防注射。若屠宰中发现可疑患畜应立即停止屠宰，将可疑部位取样送检。当确证为炭疽后，患畜尸体不得再行尸解，应立即火化。屠宰人员的手和衣服需用 2%来苏液消毒并接受青霉素预防注射。饲养间、屠宰间需用含 20%有效氯的漂白粉液、2%高锰酸钾或 5%甲醛溶液消毒 45min。对牲畜普遍实施疫苗接种是预防牲畜感染最有效的方法，当接种头数达到畜群总数的 70%时，能够产生有效的保护作用。

人群炭疽的预防措施有以下几点。①严格管理传染源：隔离患者，直至伤口痊愈、痂皮脱落、分泌物或排泄物培养两次阴性为止；对患者的用具、被服、分泌物、排泄物及用过的敷料等均应严格消毒或烧毁。②切断传播途径：对可疑被污染的物品、交通工具、动物舍进行严格消毒；防止水源受到污染，加强饮食、饮水监督。③保护易感者：对易感者，如畜牧业、屠宰业工作人员及疫区的人群，可给予炭疽杆菌减毒活菌苗接种，每年接种 1 次；对与患者密切接触者，可以应用药物预防。

---

①动物的天然孔包括口、鼻、眼、肛门、生殖器等。

（二）鼻疽

鼻疽是由鼻疽假单胞菌（*Pseudomonas Mallei*）引起的烈性传染病，主要有马、骡和驴患病，羊、猫、犬、骆驼、家兔、雪貂等也可被感染，患病动物为本病的传染源。

1. 病原学特点

鼻疽假单胞菌为革兰阴性需氧杆菌，是一种不形成芽孢及荚膜、无鞭毛、不能运动、生化反应不活泼的杆菌。

2. 流行病学特点

20 世纪以前，鼻疽病在人和动物中流行很广泛，遍及世界各国。目前许多国家已基本消灭本病，在我国鼻疽病仍可见于各养马地区。人鼻疽病与职业有明显关系，多发生于兽医、饲养员、骑兵及屠宰工人中，患者多数为男性，年龄多在 20~40 岁。本病无季节性，多呈散发或地方性流行。

3. 临床表现

鼻疽的潜伏期不定，一般为数小时至 3 周，对部分携菌者可潜伏数月甚至几年。临床上常分为急性型和慢性型。急性型在病初表现为体温升高，呈不规则热（39~41℃）和颌下淋巴结肿大等全身性变化。病畜可表现为肺鼻疽、鼻腔鼻疽和皮肤鼻疽。典型的症状为鼻腔、喉头和气管内有栗粒状大小、高低不平的结节或边缘不齐的溃疡，在肺、肝、脾也有粟米至豌豆大小不等的结节。结节破溃后排出脓汁，形成边缘不整、喷火口状的溃疡，底部呈油脂样，难以愈合。

传染给人的途径主要有接触传播和呼吸道传播。临床表现主要为急性发热，呼吸道、皮肤、肌肉处出现蜂窝织炎、坏死、脓肿和肉芽肿。有些呈慢性、间歇性发作，病程迁延可达数年之久。

4. 病畜处理及预防措施

对患鼻疽病畜的处理及预防措施同炭疽。

（三）结核病

结核病是由结核杆菌（*Mycobacterium Tuberculosis*）引起的慢性传染病，牛、羊、猪和家禽均可感染。牛型和禽型结核可传染给人。

1. 病原学特点

结核分枝杆菌为长 1.5~4.0μm、宽 0.2~0.6μm 的细长、直或微弯曲的杆菌，有时菌体末端有不同的分枝，有的两端钝圆，无鞭毛、无荚膜、无芽孢，没有运动性。结核分枝杆菌由于含有大量类脂和脂质成分，对外界的抵抗力较强。它在干燥状态可存活 2~3 个月，在腐败物和水中可存活 5 个月，在土壤中可存活 7 个月到一年。但此菌对湿热抵抗力较差，60℃、30min 即失去活力。

2. 流行病学特点

结核病分布广泛，世界各国均有发生，尤其在南美及亚洲国家流行较为严重。

3. 临床表现

病畜表现为消瘦、贫血、咳嗽，呼吸音粗糙、有啰音，颌下、乳房及体表淋巴结肿大变硬。如为局部结核，有大小不一的结节，呈半透明或灰白色，也可呈干酪样钙化或化脓等。

结核病主要通过咳嗽的飞沫及痰干后形成的灰尘而传播，人还会因喝含菌牛乳而被感染。

4. 病畜处理及预防措施

全身性结核且消瘦的病畜肉全部销毁，不消瘦者则病变部分切除销毁，其余部分经高温处理后食用。个别淋巴结或脏器有结核病变时，局部废弃，肉尸不受限制。

预防结核病传播的重要措施是早发现、严隔离、彻底治疗。牛乳应煮后食用，婴儿普种卡介苗。对畜群结核病的预防通过加强检疫、隔离，防止疫病扩散；对患病动物全部扑杀；对受威胁的畜群（病畜的同群畜）实施隔离。对病死和扑杀的病畜，进行焚毁或掩埋。对病畜和阳性畜污染的场所、用具、物品进行严格消毒。

（四）布鲁氏菌病

布鲁氏菌病是由布鲁氏菌（*Brucella*）引起的慢性接触性传染病，绵羊、山羊、牛及猪易感。

1. 病原学特点

布鲁氏菌属是一类革兰阴性的短小杆菌，有荚膜，无芽孢，无鞭毛，为需氧菌。在自然界中抵抗力较强，土壤中可存活 24~40d，在病畜肉制品中可存活 40d，水中可生存 5~150d。对一般消毒剂敏感。

2. 流行病学特点

布鲁氏菌具有分布广泛、侵犯多宿主的特点，它既侵犯人群，也伤害家畜，又能感染多种野生动物。在世界上 200 多个国家和地区中有近 170 个国家和地区的人畜中存在布鲁氏菌。布鲁氏菌病一年四季均可发病，但以家畜生产季节（春末夏初）为多。发病率牧区高于农区，农区高于城市。流行的形式以多发的、分散的点状流行代替了大规模的暴发流行形式；人的发病分布与畜类发病分布一致，我国青海、内蒙古等几大牧区均为流行疫区。

3. 临床表现

布鲁氏菌一般容易在生殖器官——子宫和睾丸中繁殖，特别是在怀孕的子宫中繁殖，致使胚胎绒毛发生坏死，胎盘松动，引起胎儿死亡或流产。布鲁氏菌靠较强的内毒素致病，尤以羊布鲁氏菌（*Brucella Melitensis*）的内毒素毒力最强。家畜感染布鲁氏菌后临床症状轻微，有的几乎不表现任何症状，但能通过分泌物和排泄物不断向外排菌，成为最危险的传染源。

本病主要通过消化道感染，也可以经皮肤、黏膜和呼吸道感染。患畜症状轻微，个别表现为关节炎，雄畜多出现睾丸炎，雌畜表现为传染性流产、阴道炎、子宫炎等。

人感染布鲁氏菌后症状较家畜严重，病情复杂，表现为乏力、全身软弱、食欲缺乏、失眠、咳嗽，有白色痰，可听到肺部干鸣音，多呈波浪热[①]，也有稽留热、不规则热或不发热。盗汗或大汗，睾丸肿大，一个或多个关节发生无红肿热的疼痛、肌肉酸痛等。

4. 病畜肉处理及预防措施

预防布鲁氏菌病传播的重要措施如下。

（1）管理传染源　①控制和消灭家畜的布鲁氏菌病：在牧区定期检查，发现病畜及时隔离；无论宰杀前还是宰杀后发现布鲁氏菌病，其肉品与内脏均应经高温处理或盐腌等无害化处理后再用；如牲畜宰杀前血清学诊断为阳性，但无临床症状，宰后也未发现病变，其生殖器官与乳房必须废弃，其余不受限制；阉牛、公牛和猪的肉尸和内脏可以食用，母牛和母羊的肉尸和

---

①波浪热（undulant fever）：体温持续上升到 39℃ 或以上，数日后逐渐下降至正常水平，持续数日后又再逐渐上升，如此反复多次。

内脏均需经高温处理后方可食用。②隔离患者：急性期患者应隔离至症状消失，血、尿培养阴性；对患者的排泄物、污染物应及时消毒。

（2）切断传播途径 ①加强畜产品的管理与监督：生乳应经巴氏消毒后出售；乳类应煮沸后饮用；病畜的生殖器、乳房必须废弃；肉尸应经高温处理或盐腌后方可出售；皮毛应以环氧乙烷消毒后方可出售、使用。②环境的卫生管理：加强水、粪、畜的管理，减少人畜接触机会；对病畜污染场所及时消毒。

（3）保护易感人群 ①预防接种。②从事畜牧业（包括兽医）、屠宰及有关皮毛、乳、肉加工工作时，均应穿工作服，戴口罩、帽子、手套等；工作后及时洗手消毒；用过的防护用品也应及时消毒。

（五）猪链球菌病

猪链球菌病是人畜共患的由多种致病性链球菌（*Streptococcus*）感染引起的急性传染病。

1. 病原学特点

猪链球菌（*Streptococcus suis*）属于链球菌属中的一类，菌体呈圆形或椭圆形，直径小于 2.0μm，一般呈链状或成双排列，革兰染色呈阳性。菌落小，呈灰白色，透明。多数致病菌株具有溶血能力。猪链球菌分为 35 个血清型，即 1~34 型和 1/2 型，引起猪发病的链球菌以 2 型为主。溶菌酶释放蛋白和细胞外蛋白因子是猪链球菌 2 型两种重要的毒性因子。猪链球菌 2 型在环境中的抵抗力较强，25℃时在灰尘和粪便中分别可存活 24h 和 8d；0℃时分别可以存活 1 个月和 3 个月；在 4℃的动物尸体中能存活 6 周；在 22~25℃可存活 12d；加热 50℃、2h，60℃、10min 和 100℃可被直接杀灭。猪链球菌对一般消毒剂敏感，常用的消毒剂和清洁剂能在 1min 内杀死该菌。

2. 流行病学特点

猪链球菌病在世界上广泛分布。猪链球菌感染最早见于荷兰（1951 年）和英国（1954 年）的报道。此后，猪链球菌病在所有养猪业发达的国家都有报道。20 世纪 50~60 年代，猪链球菌病在我国养猪场开始出现，20 世纪 80 年代后猪链球菌病逐渐严重。猪链球菌病流行无明显的季节性，一年四季均可发生，尤其是重症猪链球菌 2 型感染暴发时，致病性强，传播迅速，猪病死率高。

3. 临床表现

猪链球菌病在临床上常见有猪败血症和猪淋巴结脓肿两种类型。其主要特征是急性出血性败血症、化脓性淋巴结炎、脑膜炎以及关节炎，其中以败血症的危害最大。在某些特定诱因作用下，发病猪群的死亡率可以达到 80% 以上。猪链球菌主要经呼吸道和消化道感染，也可以经损伤的皮肤、黏膜感染。病猪和带菌猪是该病的主要传染源，其排泄物和分泌物中均有病原菌。

该病可通过破损皮肤、呼吸道传给人，严重感染时可引起人的死亡。

4. 病畜处理及预防措施

预防猪链球菌病应以疫情监测、严格控制传染源、切断传播途径及保护易感人群等综合性防治措施为主。

（1）疫情监测 对已经发生动物疫情和曾经发生人感染猪链球菌病疫情的地区及周边地区，要开展对不明原因发热病例的监测。

（2）严格控制传染源 该病呈零星散发时，应对病猪采用无出血扑杀处理；对同群猪进行免疫接种或药物预防，并隔离观察 14d，必要时对同群猪进行扑杀处理。对可能被污染的物品、交通工具、用具、畜舍进行严格彻底消毒。对被扑杀的猪、病死猪及其排泄物、可能被污染的饲料及垫料等进行无害化处理。严禁屠宰、加工、贩卖病（死）家畜及其制品。

（3）切断传播途径 对直接接触（如宰杀、洗切、加工、搬运等）被感染的病（死）猪或猪肉制品的人员，进行为期1周的医学观察。做好疫点的消毒处理，对患者家庭及其畜圈等区域和患者发病前接触的病（死）猪所在家庭及其畜圈等疫点区域进行消毒处理。患者的排泄物、分泌物、呕吐物等应用消毒液消毒。

（4）保护易感人群 对动物疫情发生地的生猪屠宰、加工、销售等从业人员或其他相关人员，特别是从事动物疫情处理的工作人员应采取严格的个人防护措施；对直接接触被感染的病（死）猪或猪肉制品的人员可用阿莫西林进行预防性服药，每次 0.5g，每日 3 次，连服 3 日；采取多种形式进行健康教育，宣传传染病和人兽共患传染病防治知识，告知群众不要宰杀、加工、销售、食用病（死）家畜。

第四节 食品真菌危害与食物中毒

一、 真菌及其毒素

真菌广泛分布于自然界，种类繁多、数量庞大，与人类关系十分密切，有许多真菌对人类有益，而有些真菌对人类有害。真菌毒素是真菌产生的次级代谢产物。早在 20 世纪 20 年代，人们已注意到真菌毒素中毒的现象了。麦角中毒是发现最早的真菌中毒症，曾广泛发生于欧洲和远东地区，在 9 世纪就有文字记载。1942—1945 年第二次世界大战中，苏联奥它堡地区小麦因来不及收获而在田间雪下越冬，感染了镰刀菌（*Fusarium*）及枝孢菌（*Cladosporium cladosporioidas*）而产生剧毒物质，食用者普遍罹患致命的白细胞缺乏症。1952 年，日本因大米受到真菌的有毒代谢物的严重污染，大批人因此而中毒生病，造成了轰动一时的日本黄变米事件。1960 年，英国发生 10 万只火鸡中毒死亡事件，事后证明这种疾病是因饲料中含有从巴西进口的发霉花生饼引起的。1961 年从这批发霉花生饼粉中分离出了黄曲霉（*Aspergillus flavus*），并发现其可产生发荧光的毒素，即将该毒素命名为黄曲霉毒素（Alfatoxin，AFT）。这些事件引起人们对真菌毒素研究工作的高度重视。经过 40 多年的努力，随着检测手段和分析技术手段的提高，人们发现真菌毒素几乎存在于各种食品和饲料中，所污染的食品十分广泛，如粮食、水果、蔬菜、肉类、乳制品以及各种发酵食品。但由于真菌的病原学特点，它所污染的对象主要是潮湿的或半干燥的贮藏食品，因此对粮食的污染尤为严重。据 FAO 报告，全球每年约有 25% 的农作物遭受真菌及其毒素污染，约有 2% 的农作物因污染严重而失去营养和经济价值。另据美国食品与药物管理局（FDA）统计，仅 1981 年美国即查获价值 215 亿美元的食品因 AFT 超标而被拒绝进口或被销毁。由此估算，全球每年因真菌毒素污染而造成的直接及间接损失可能达到数百亿美元。

目前已知有 300 多种不同的真菌毒素。对人类危害严重的真菌毒素主要有十几种，包括黄曲霉毒素、赭曲霉毒素 A（OA）、展青霉素（PAT）、玉米赤霉烯酮（ZEN）、橘霉素（Citrinin）和脱氧雪腐镰刀菌烯（DON）等。

（一）真菌毒素中毒的特点

食品被产毒菌株污染，但不一定能检测出真菌毒素的现象比较常见，因为产毒菌株必须在适宜产毒的环境条件下才能产生毒素；但有时也能从食品中检测出某种毒素存在，而分离不出产毒菌株，这往往是由于食品在贮藏和加工过程中产毒菌株已死亡，而毒素不易破坏所致。真菌毒素是小分子有机化合物，不是复杂的蛋白质分子，所以它在机体中不能产生抗体。人和畜一次性摄入含有大量真菌毒素的食物，往往会发生急性中毒，长期少量摄入会发生慢性中毒。

一般来说，产毒真菌菌株主要在谷物、发酵食品及饲料上生长并产生毒素，直接在动物性食品如肉、蛋、乳上产毒的较为少见。而食入大量含毒饲料的动物同样可出现各种中毒症状，致使动物性食品带毒，被人食入后会造成真菌毒素中毒。真菌毒素中毒与人群的饮食习惯、食物种类和生活环境及条件有关，所以真菌毒素中毒常常表现出明显的地方性和季节性，甚至有些还具有地方疾病的特征。

真菌污染食品，特别是真菌毒素污染食品对人类危害极大，就全世界范围而言，不仅造成很大的经济损失，而且造成人类的严重疾病甚至大批的死亡。

（二）产毒菌株及其产毒条件

可以产生毒素的真菌种类繁多，其代谢产物也多种多样，可以产毒的真菌有黄曲霉、赭曲霉（*Asp. ochraceus*）等。真菌是否产毒，受很多因素影响，通常有以下几种。

1. 产毒真菌种类

真菌种类繁多，其代谢产物也多种多样，不同真菌可以产生相同的毒素，如黄曲霉、寄生曲霉（*Asp. parasiticus*）都产生 AFT，荨麻青霉（*Penicillium urticae*）和棒形青霉（*Peni. claviformae*）等产生展青霉素。同一菌株由于客观条件的变化、培养基的不同，其产毒能力也有很大差别。在同一份样品中，有些黄曲霉菌株产毒，有些菌株不产毒，新分离的菌株产毒能力强，经过累代培养，常常由于培养基不适而丧失产毒能力。

2. 基质的影响

真菌的营养来源主要是糖和少量的氮及矿物质，因此极易在含糖的饼干、面包等类食品上生长。不同的基质对真菌的生长和产毒有一定的影响。就同一菌株而言，在同样培养条件下以富含糖类的小麦、米为基质的食品比以油料为基质的食品 AFT 收获量高。

3. 相对湿度及基质水分对产毒的影响

影响真菌繁殖和产毒的重要因素是天然基质中的水分和所放置环境的相对湿度。食品在贮存过程中，其水分含量随围环境的湿度而变化，最终达到平衡水分。一般将食品放在≤70%相对湿度的环境中，食品所达到的平衡水分不足以满足细菌和真菌生长繁殖的条件。A_w 在 0.7以下，可阻止产毒真菌繁殖；在室温 24~30℃，含水量越高，测出黄曲霉和 AFT 的数值越高。黄曲霉繁殖与产毒适宜的 A_w 为 0.93~0.98。

4. 温度

基质含水量是最重要的，其次才是温度。一般常见的真菌，生长最适宜的温度为 25℃，低于 0℃生长几乎停止。黄曲霉生长与产毒适宜的温度范围是 12~42℃，最适产毒温度是 33℃。

（三）真菌毒素的毒性

真菌毒素可分为肝脏毒、肾脏毒、心脏毒、造血器官毒等。人或动物摄入被真菌毒素污染的农、畜产品，或通过吸入及皮肤接触真菌毒素可引发多种中毒症状，如致幻、催吐、出血症、皮炎、中枢神经受损，甚至死亡。动物试验和流行病学的调查结果还证实，许多真菌毒素在体内积累后可导致癌变、畸变、突变、类激素中毒和白细胞缺乏症等，对机体造成永久性损害。某些癌症以及克山病、大骨节病和地方性乳腺增生症等都与真菌毒素中毒有关。

几种真菌毒素共同污染粮谷类的现象非常普遍。研究表明，当几种真菌毒素进入机体后，可能会相互影响，即可能具有协同作用、拮抗作用或增效作用。

（四）霉菌及霉菌毒素的食品卫生学意义

霉菌及其毒素污染食物后，从食品卫生学角度应该考虑两个问题，即霉菌及霉菌毒素污染食物引起食品腐败变质和人畜中毒问题。

1. 霉菌污染引起食品变质

霉菌最初污染食品后，在基质和条件适宜的情况下首先引起食品腐败变质，不仅可使食品呈现异样的颜色，产生霉味或异味，使食用价值降低甚至完全不能食用，而且还可以使食品原料的加工工艺品质下降，如出粉率、出米率、黏度等降低。粮食类及其制品被霉菌污染而造成的损失最为严重。

2. 霉菌毒素引起人畜中毒

早在 19 世纪就有人类由于食用面粉而引起麦角中毒的报道。在世界许多地方都发生过赤霉病麦中毒事件。苏联的西伯利亚东部地区居民曾因食用含有 T-2 毒素的田间越冬小麦，出现过食物中毒性白细胞缺乏症（alimentary toxic aleukia，ATA）。20 世纪 50 年代，日本也发生过因食用受青霉毒素污染的大米（黄变米）而引起食用者肝脏受损的中毒事件。20 世纪 60 年代又发生过被黄曲霉污染并含有黄曲霉毒素的饲料引起的畜禽中毒事件。

一般来说，产毒菌株主要在谷类食物、发酵食品及动物饲草中生长并产生毒素，直接在动物性食品，如肉、蛋、乳中产毒的较为少见。但食入大量含毒饲料的动物，除本身可出现各种中毒症状外，还可能将毒素残留在组织器官及乳汁中，被人食入后仍会引起人体霉菌毒素中毒。

霉菌毒素中毒没有传染性，故可以与传染病相区别。因与人群的饮食习惯、食物种类和生活环境及条件有关，所以霉菌毒素中毒常常表现出明显的地方性和季节性，甚至有的还具有地方病的特征，如黄曲霉毒素中毒、黄变米中毒和赤霉病麦中毒均具有这些特征。临床表现较为复杂，可以是急性中毒，也可以是因少量长期食入含有霉菌毒素的食品而引起的慢性中毒，有的甚至诱发癌肿、造成畸形、引起遗传物质的突变。

二、黄曲霉毒素

（一）结构及物理化学性质

黄曲霉毒素是结构相近的一群衍生物，均为二呋喃香豆素的衍生物。目前已鉴定出的 AFT 有 20 多种（主要黄曲霉毒素的化学结构如图 3-18 所示），其中 AFB_1 和 AFB_2 为甲氧基、二呋喃环、香豆素、环戊烯酮的结合物，在紫外线下发紫色荧光。AFG_1 和 AFG_2 为甲氧基、二呋喃环、香豆素、环内酯的结合物，在紫外线下发黄绿色荧光。AFM_1 和 AFM_2 是 AFB_1 和 AFB_2 的羟基化衍生物。家畜摄食被 AFB_1 和 AFB_2 污染的饲料后，在乳汁和尿中可检出其代谢产物 AFM_1 和 AFM_2。在所有真菌毒素中，AFB_1 是已知毒性最强的天然物质，比氰化钾的毒性高 10 倍。AFT 含有大环共轭体系，稳定性非常好，它的分解温度为 237~299℃，故烹调中一般加热不能破坏其毒性。在有氧条件下，可通过紫外线照射去毒。

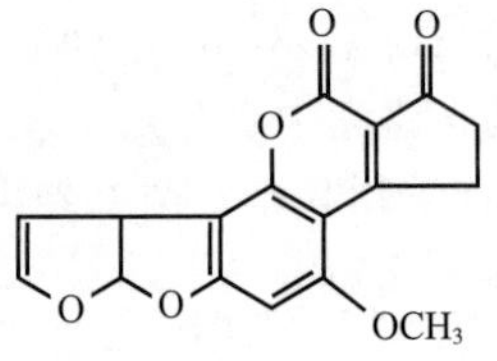

黄曲霉毒素B$_1$（AFB$_1$） 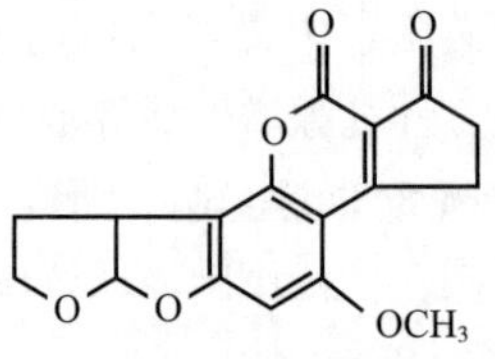　黄曲霉毒素B$_2$（AFB$_2$） 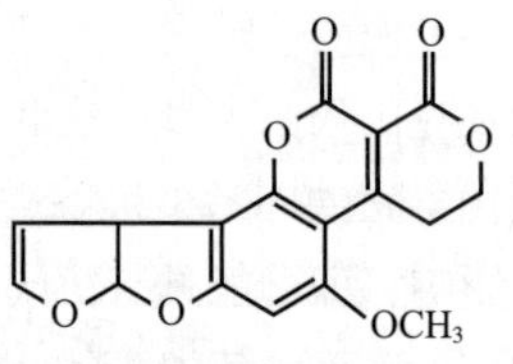　黄曲霉毒素G$_1$（AFG$_1$）

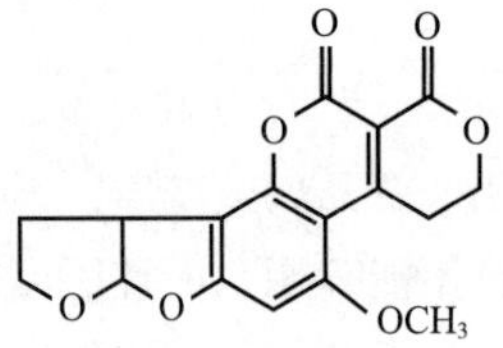

黄曲霉毒素G$_2$（AFG$_2$） 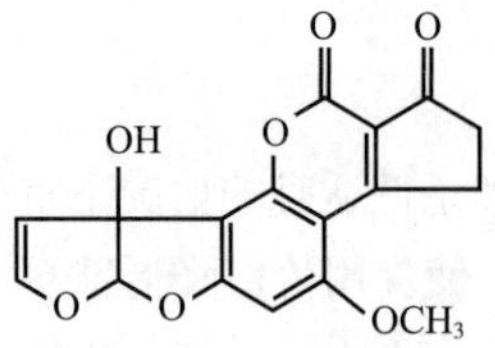　黄曲霉毒素M$_1$（AFM$_1$） 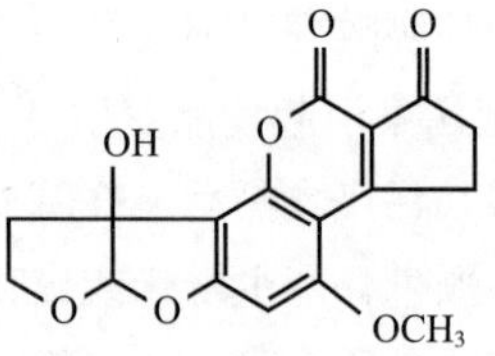　黄曲霉毒素M$_2$（AFM$_2$）

图3-18　主要黄曲霉毒素的化学结构

（二）产毒菌株及其自然分布

1. 黄曲霉毒素产毒菌株

AFT 是由黄曲霉、寄生曲霉、集蜂曲霉（*Asp. nomius*）和溜曲霉（*Asp. tamarii*）产生的具有生物活性的二次代谢产物。

黄曲霉是全世界分布最广的菌种之一，中国各省均有分布。研究表明，强产毒的黄曲霉在产毒培养基中 AFT 迅速增长，在培养第 5 天后到达高峰，之后毒素含量逐渐降低。

2. 黄曲霉毒素的自然分布

AFT 的生成有两种途径：一是由于收获后贮存条件不当造成的，如贮存温度高、湿度大、通风透气条件不良等；二是由于自然环境恶劣，在收获前在田间感染的，如病虫危害、土壤贫瘠、早霜、倒伏以及生长后期气候高温、潮湿多雨等所有一切对作物生长不利的条件。作物的生长胁迫可以提高产 AFT 的真菌的田间感染率和 AFT 的生产量，其中害虫对果穗的穗部损伤是多个感染源中最严重的一个。田间感染后的谷物在贮藏条件不当时引发菌丝体室内的生长蔓延。一般来说，室内感染可以通过贮藏条件的改善进行控制，如室内温度、湿度和通风透气性的调节等，是人力可为的；而田间感染常受变化无常的气候条件所影响，很难人为控制，往往是人力所不可为的。

AFT 感染遍布世界各地，但严重发生的地区主要在热带和亚热带地区，因为这些地区虫害严重，降雨常带来生长季节湿度过大，高温、高湿及虫害等造成黄曲霉感染几乎年年发生。

（三）毒性

AFT 是一种强烈的肝脏毒，对肝脏有特殊亲和性并有致癌作用。它主要强烈抑制肝脏细胞中 RNA 的合成，破坏 DNA 的模板作用，阻止和影响蛋白质、脂肪、线粒体、酶等的合成与代谢，干扰动物的肝功能，导致突变、癌症及肝细胞坏死。同时，饲料中的毒素可以蓄积在动物的肝脏、肾脏和肌肉组织中。人类受黄曲霉毒素的危害主要是由于食用了被黄曲霉毒素污染的食物，主要损害肝脏，引起肝炎、肝硬化、肝坏死等。临床表现有胃部不适、食欲减退、恶心、呕吐、腹胀及肝区触痛等，严重者出现水肿、昏迷，以至因抽搐而死亡。

黄曲霉毒素有很强的急性毒性，也有明显的慢性毒性与致癌性。

1. 急性和亚急性中毒

各种动物对 AFT 的敏感性不同，其敏感性依动物的种类、年龄、性别、营养状况等而有很大的差别。短时间摄入 AFT 量较大时，表现为食欲不振、体重下降、生长迟缓、繁殖能力降低、产蛋或产乳量减少。中毒病变主要在肝脏，迅速造成肝细胞变性、坏死、出血以及胆管增生等。关于 AFT 的中毒机制有待进一步的研究。

2. 慢性中毒

持续摄入一定量的 AFT，AFT 与核酸结合可引起突变而表现为慢性中毒，使肝脏出现慢性损伤，生长缓慢、体重减轻，肝功能降低，出现肝硬化。

3. 致癌性

黄曲霉毒素 B_1 是目前为止发现的最强的化学致癌物质，致受试动物发生肝癌的强度比二甲基亚硝胺大 75 倍。除诱发鱼类、禽类、大鼠、猴及家禽等多种动物的实验性肝癌外，也可引起受试动物胃、肾、乳腺、卵巢、直肠及小肠等部位的肿瘤。不仅长期慢性作用可诱发动物患肿瘤，一次大量摄入（冲击量）也可致癌。

人类肝癌与黄曲霉毒素的因果关系尚未得到流行病学验证。但国内外大量调查认为，尽管黄曲霉毒素不是诱发肝癌的唯一原因，某些地区肝癌的发生与黄曲霉毒素的摄入确实密切相关。亚洲和非洲的研究表明，食物中黄曲霉毒素与肝细胞癌的发生呈正相关。长时间食用含低浓度黄曲霉毒素的食物被认为是导致肝癌、胃癌、肠癌等疾病的主要原因。对我国肝癌高发区广西扶绥县和江苏启东市（都是以玉米为主食的地区）的调查证明，每人每日摄入的黄曲霉毒素越多，肝癌的发病率越高。

（四）预防措施

预防黄曲霉毒素危害人体健康的主要措施是防止食物受到黄曲霉毒素的污染和尽量减少其随食物被摄入体内，具体措施如下。

1. 食物防霉

食物防霉是预防食品被 AFT 污染的最根本措施。要利用良好的农业生产工艺，从田间开始防霉。首先要防虫、防倒伏；在收获时要及时排除霉变玉米棒。在粮食收获后，必须迅速将水分含量降至安全水分含量以下。不同粮粒其安全水分不同，如一般粮粒的水分含量在 13% 以下，玉米在 12.5% 以下，花生仁在 8% 以下，真菌不易繁殖。粮食入仓后，要保持粮库内干燥，注意通风。有些地区使用各种防霉剂来保存粮食，但要注意其在食品中的残留及其本身的毒性。选用和培育抗霉的粮豆新品种将是今后防霉工作的一个重要方面。

2. 去除毒素

去除黄曲霉毒素常用的方法有：①挑选霉粒法：对花生、玉米去毒效果好。②碾轧加工法：将受污染的大米加工成精米，可降低毒素含量。③加水搓洗法。④植物油加碱去毒法：碱炼本身就是油脂精炼的一种加工方法，AFT 与 NaOH 反应，其结构中的内酯环被破坏形成香豆素钠盐，后者溶于水，故加碱后再用水洗可去除毒素。但此反应具有可逆性，香豆素钠盐遇盐酸可重新生成 AFT，故应将水洗液妥善处理。⑤物理去除法：在含毒素的植物油中加入活性白陶土或活性炭等吸附剂，然后搅拌静置，毒素可被吸附而去除。⑥紫外光照射：利用 AFT 在紫外光照射下不稳定的性质，可用紫外光照射去毒。此法对液体食品（如植物油）效果较好，而对固体食品效果不明显。⑦氨气处理法：在 1.8MPa 氨气压力、72~82℃状态下，谷物和饲料中 98%~100%的 AFT 会被除去，并且使粮食中的含氮量增加，同时不会破坏赖氨酸。

3. 制定食品中 AFT 限量标准

限定各种食品中 AFT 含量是控制 AFT 对人体危害的重要措施。我国主要食品中 AFB$_1$ 限量标准如下：玉米、玉米油、花生、花生油不得超过 20μg/kg；玉米及花生制品（按原料折算）不得超过 20μg/kg；大米、其他食用油不得超过 10μg/kg；其他粮食、豆类、发酵食品不得超过 5μg/kg；特殊膳食用食品不得超过 0.5μg/kg。我国还规定乳及乳制品、特殊膳食用食品中 AFM$_1$ 含量不得超过 0.5μg/kg。

三、赤霉病麦中毒

感染赤霉病的小麦即赤霉病麦（scabby wheat, wheat infected with scab），也称昏迷麦，不仅能引起人中毒，还能引起猪、狗、马、猫、猴等动物中毒。

（一）病原学特点

赤霉病麦的病原菌属于镰刀菌属（*Fusarium*），主要有禾谷镰刀菌（*F. graminearum*）、雪腐镰刀菌（*F. nivale*）、黄色镰刀菌（*F. culmorum*）、燕麦镰刀菌（*F. avenaceum*）、串珠镰刀菌（*F. moniliforme*）等，我国主要是禾谷镰刀菌。感染赤霉病的病麦呈灰白色而无光泽，谷皮皱缩，组织松散易碎，含粉量少；受害麦粒也有呈现浅粉或深粉色的，还有红色斑点状的。禾谷镰刀菌在麦类、玉米等谷物上寄生、繁殖，在适宜的条件下产生有毒的代谢产物——镰刀菌毒素。引起食物中毒的成分便是镰刀菌毒素，已经鉴定的毒素至少有 42 种，主要是有致呕吐作用的脱氧雪腐镰刀菌烯醇（deoxynivalenol, DON），还有雪腐镰刀菌烯醇（nivalenol, NIV）、镰刀菌烯酮-X（fusarenon-X, FX）、T-2 毒素等，它们都属于单端孢霉烯族化合物。一般烹调加工方法均不能去毒，在 110℃加热 1h 才能破坏其毒素；用酸及干燥的方法处理后，其毒性不减；用碱及高压蒸汽处理后，毒性可减弱，但不能完全破坏。摄入数量越多，发病率越高，发病程度越严重。

（二）流行病学特点

麦类赤霉病在全国各地均有发生，麦收季节多见；多发于多雨、气候潮湿的地区，以淮河和长江中下游一带最为严重，东北、华北地区也有发生。我国每 3~4 年有一次麦类赤霉病大流行。食用受病害的新麦、库存的病麦、霉玉米均可引起中毒。

（三）中毒症状及处理

人误食赤霉病麦后，并非所有的进食者都发生中毒。发病者一般在食后 10~30min 内发病，长者也有 1~2h 发病的。其主要症状有恶心、呕吐、腹痛、腹泻、头昏、头痛、嗜睡、流涎、乏力，少数患者有发热、畏寒等。个别重病例有呼吸、脉搏、体温及血压波动，四肢酸软、步态不稳、颜面潮红，形似醉酒，故有的地方称为"醉谷病"。此病一般起病急、症状轻、病程短（症状一般 1d 左右自行消失），预后良好。呕吐严重者应给予补液，死亡病例尚未发现。

（四）预防措施

预防赤霉病麦中毒的关键在于防止麦类、玉米等谷物受到霉菌的侵染和产毒。其主要措施有以下几个方面。

1. 预防小麦发生赤霉病害

加强田间和储存期的防霉措施，尤其是在春季低温多雨时。选用抗霉品种或田间使用高效、低毒、低残留的杀菌剂等；收获后及时脱粒、晾晒或烘干；仓储期间注意通风，控制粮谷的含水量。

2. 去除或减少粮食中的霉变粒和毒素

（1）及时烘晒　对于已感染赤霉病的小麦，收获后应及时晾晒或烘干，降低含水量，防止霉菌继续繁殖。

（2）分离、稀释处理　由于赤霉病麦的麦粒轻，相对密度小，可用密度分离法分离病粒，或用稀释法使病粒的比例降低。

（3）加工处理　由于毒素主要存在于表皮内，可用打麦清理法、碾皮处理法、压制麦片法等去除毒素。毒素对热稳定，一般的烹调方法难以将其破坏，可用病麦发酵制成酱油或醋，达到去毒的效果。感染严重的病麦，可作为生产工业淀粉或工业乙醇的原料，但不能作为饲料使用。

3. 执行粮食中赤霉病麦毒素的限量标准

《食品安全国家标准　食品中真菌毒素限量》（GB 2761—2017）规定，谷物及其制品，如玉米、玉米面（渣、片）、大麦、小麦、麦片、小麦粉中脱氧雪腐镰刀菌烯醇的限量为1000μg/kg，应严格执行。

四、霉变甘蔗中毒

霉变甘蔗中毒是指食用了因保存不当而霉变的甘蔗引起的急性食物中毒。多发生于我国北方地区的初春季节，多见于儿童，病情常较严重甚至危及生命。霉变甘蔗质地较软，囊部外观色泽比正常甘蔗深，一般呈浅棕色，闻之有霉味，切成薄片在显微镜下可见有真菌菌丝侵染，从霉变甘蔗中分离出的产毒真菌为节菱孢霉（*Arthrinium phaeospermum*）。新鲜甘蔗中节菱孢霉的侵染率极低，仅为0.7%~1.5%，但经过3个月储藏后，其污染率可达34%~56%。长期贮藏的甘蔗是节菱孢霉发育、繁殖、产毒的良好培养基。

（一）毒素

甘蔗节菱孢霉产生的毒素为3-硝基丙酸，是一种神经毒素，主要损害中枢神经系统。

（二）中毒症状

霉变甘蔗中毒潜伏期短，最短仅十几分钟。中毒症状最初表现为一时性消化道功能紊乱，恶心、呕吐、腹痛、腹泻、黑便，随后出现神经系统症状，如头昏、头痛和复视。重者可出现阵发性抽搐；抽搐时四肢强直，屈曲内旋，手呈鸡爪状，眼球向上偏向凝视，瞳孔散大，继而进入昏迷。患者可死于呼吸衰竭，幸存者则留下严重的神经系统后遗症，可导致终生残疾。

（三）预防措施

对霉变甘蔗中毒目前尚无特殊治疗，在发生中毒后应尽快洗胃、灌肠以排除毒物，并进行对症治疗。主要在于预防，不吃霉变甘蔗。

甘蔗必须于成熟后收割，收割后注意防冻，防霉菌污染繁殖。贮存期不可过长，并定期对甘蔗进行感官检查，严禁出售变质的霉变甘蔗。

五、赭曲霉毒素 A

（一）结构及物理化学性质

赭曲霉毒素（ochratoxins）是由多种曲霉（*Aspergillus*）和青霉菌（*Penicillium*）产生的一类化合物，依其发现顺序分别称为赭曲霉毒素 A（OA）、赭曲霉毒素 B（OB）和赭曲霉素 C（OC）。OA 的化学结构如图 3-19 所示，其在谷物中的污染率和污染水平最高。它是无色结晶的化学物，从苯中结晶的熔点为 90℃，大约含 1 分子苯，于 60℃ 干燥 1h 后熔点范围为 168～170℃。OA 溶于水、稀碳酸氢钠溶液。在极性有机溶剂中 OA 是稳定的，其乙醇溶液可置冰箱中贮存 1 年以上不被破坏；但在谷物中会随时间的延长而降解。OA 的水解产物是苯基丙氨酸和异香豆素。OA 溶于苯-冰乙酸（99∶1，体积）混合溶剂中的最大吸收峰波长为 333nm，分子质量为 403u，摩尔吸收系数值为 5550。

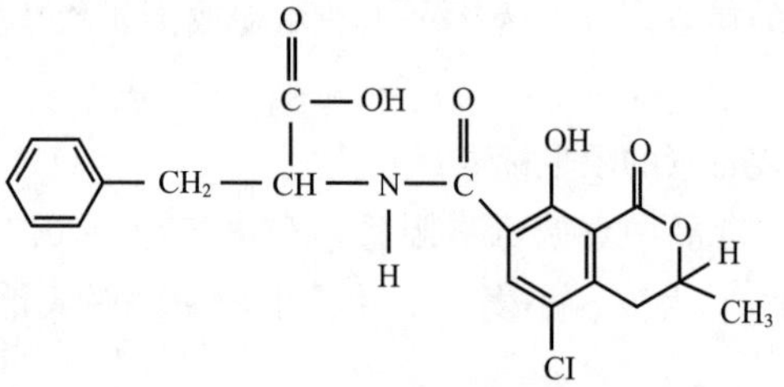

图 3-19　赭曲霉毒素 A 的化学结构

（二）产毒菌株及其自然分布

1. 赭曲霉毒素 A 的产毒菌株

自然界中产生 OA 的真菌种类繁多，但以纯绿青霉（*Penicillium viridicatum*）、赭曲霉（*Asp. ochraceus*）和炭黑曲霉（*Asp. carbonarius*）3 种菌为主。

2. 赭曲霉毒素 A 的自然分布

由于 OA 产生菌广泛分布于自然界，因此包括粮谷类、干果、葡萄及葡萄酒、咖啡、可可、巧克力、中草药、调味料、罐头食品、油、橄榄、豆制品、啤酒、茶叶等多种农作物和食品以及动物内脏均可被 OA 污染。动物饲料中 OA 的污染也非常严重，在以粮食为动物饲料主要成分的地区如欧洲，动物进食被 OA 污染的饲料后会在体内蓄积 OA，由于 OA 在动物体内非常稳定，不易被代谢降解，因此动物性食品，尤其是猪的肾脏、肝脏、肌肉、血液及乳和乳制品等中常有 OA 被检出。世界范围内对 OA 污染基质调查研究最多的是谷物（小麦、大麦、玉米、大米等）、咖啡、葡萄酒和啤酒、调味料等。人们在玉米的天然污染物中发现 OA，以后又相继从谷物和大豆中检出 OA。虽然世界各国均有从粮食中检出 OA 的报道，但其污染分布很不均匀，以欧洲国家如丹麦、比利时、芬兰等污染最重。

（三）毒性

OA 对动物的毒性主要为肾脏毒和肝脏毒，由 OA 导致的人和动物的急性中毒目前还没有报道。OA 对实验动物的半数致死剂量（LD_{50}）[①]依给药途径、实验动物种类和品系不同而异，狗

---

① 半数致死剂量（LD_{50}）是指引起一组受试实验动物半数死亡的剂量或浓度。LD_{50} 数值越小表示外源化合物的毒性越强；反之 LD_{50} 数值越大，则毒性越低。

和猪是所有受试动物中对 OA 毒性最敏感的动物，大、小鼠对 OA 毒性最不敏感。短期试验结果显示，OA 对所有单胃哺乳动物的肾脏均有毒性，可引起实验动物肾萎缩或肿大、颜色变灰白、皮质表面不平等；显微镜下可见肾小管萎缩、间质纤维化、肾小球透明变性、肾小管坏死等，并伴有尿量减少、尿频、尿蛋白和尿糖增加等肾功能受损导致的生化指标的改变。

由于 OA 对肾脏的毒害作用，给养殖业和家禽业造成了巨大的经济损失，但它对反刍动物的毒害作用报道很少。

六、展青霉素

展青霉素（patulin，PAT）是由真菌产生的一种有毒代谢产物，Glister 在 1941 年首次发现并分离纯化。

（一）结构及物理化学性质

展青霉素是一种内酯类化合物，其化学结构如图 3-20 所示。展青霉素是一种中性物质，溶于水、乙醇、丙酮、乙酸乙酯和氯仿，微溶于乙醚和苯，不溶于石油醚。展青霉素在碱性溶液中不稳定，其生物活性易被破坏。

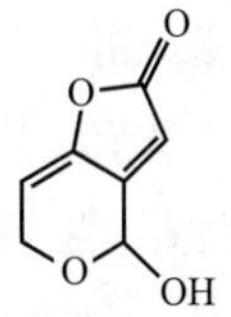

图 3-20　展青霉素的化学结构

（二）产毒菌株及其自然分布

可产生展青霉素的真菌有十几种，侵染食品和饲料的主要有青霉和曲霉，侵染水果的主要有雪白丝衣霉（*Byssochlamys nivea*）。

贺玉梅等（2001）选择了比较常见的扩展青霉（*Penicillium expansum*）、展青霉（*Penicillium patulum*）、圆弧青霉（*Penicillium cyclopium*）、产黄青霉（*Penicillium chrysogenum*）、娄地青霉（*Penicillium lucidum*）、棒曲霉（*Aspergillus clavatus*）、巨大曲霉（*Aspergillus giganteus*）、土曲霉（*Aspergillus terreus*）共 8 种 49 株进行了产展青霉素的测定，以了解它们的产毒性能。这 8 种菌的产毒能力由强到弱依次为棒曲霉>展青霉>娄地青霉>圆弧青霉>扩展青霉>土曲霉>产黄青霉>巨大曲霉，特别是前 5 种菌的产毒阳性率均在 50% 以上，产毒量也较大，棒曲霉、展青霉、娄地青霉、扩展青霉均有产毒量大于 10mg/L 的菌株。本次所测得 8 种菌其产毒能力和其分离基质有关，从土壤中分离的菌较从其他基质上分离的菌产毒阳性率和产毒量均较高，特别是从土壤中分离的扩展青霉、展青霉、棒曲霉，其产毒量均大于 10mg/L，而从食品中分离的菌则产毒阳性率和产毒量均较弱。国外有关文献也曾报道从自然基质上特别是从土壤中分离出来的菌较从食品中分离出来的菌产毒能力强。

（三）毒性

展青霉素是一种有毒内酯，雄性大鼠经口 LD_{50} 为 30.5~55mg/kg 体重，雌性大鼠为 27.8mg/kg 体重。自从在水果中发现展青霉素起，关于其毒性的研究已引起人们的高度重视。英国食品、消费品和环境中化学物质致突变委员会已将展青霉素划为致突变物质。FAO/WHO 食品添加剂专家联合委员会（JECFA）的一份研究报告表明，展青霉素没有可再生作用或致畸作用，但是对胚胎有毒性，同时伴随有母本毒性。虽然最近对大鼠的研究不能说明它有免疫毒性，但是相对高剂量的展青霉素有免疫抑制作用。为了建立人类对展青霉素的安全指南，JECFA 最近将其最大日可食入量从 1μg/kg 体重降为 0.4μg/kg 体重。

七、 脱氧雪腐镰刀菌烯醇

脱氧雪腐镰刀菌烯醇（deoxynivalenol，DON）又名致呕毒素（vomitoxin，VT），是一种单端孢霉烯族毒素，主要由某些镰刀菌产生。

（一）结构及物理化学性质

脱氧雪腐镰刀菌烯醇是雪腐镰刀菌烯醇的脱氧衍生物，其化学结构如图3-21所示。为无色针状结晶，熔点为151~153℃。可溶于水和极性溶剂，在乙酸乙酯中可长期保存；120℃时稳定，具有较强的热抵抗力；在酸性条件下不被破坏，但是加碱或高压处理可破坏部分毒素。脱氧雪腐镰刀菌烯醇可长时间保留其毒性。

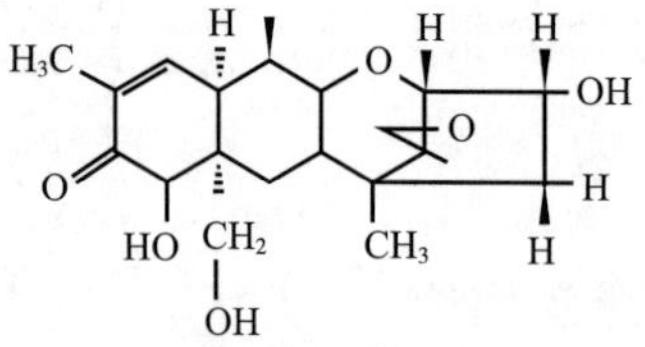

图3-21　脱氧雪腐镰刀菌烯醇的化学结构

（二）产毒菌株及其自然分布

脱氧雪腐镰刀菌烯醇主要由某些镰刀菌（*Fusarium*）产生，包括禾谷镰刀菌（*Fusarium graminearum*）、尖孢镰刀菌（*Fusarium oxysporum*）、串珠镰刀菌（*Fusarium moniliforme*）、拟枝孢镰刀菌（*Fusarium sporotrichioides*）、粉红镰刀菌（*Fusarium roseum*）、雪腐镰刀菌（*Fusarium nivale*）等。

许多谷物都可以受到 DON 污染，如小麦、大麦、燕麦、玉米等。DON 对于谷物的污染状况与产毒菌株、温度、湿度、通风、日照等因素有关。DON 污染谷物的情况非常普遍，中国、日本、美国、苏联、南非等均有报道。

（三）毒性

1. 急性毒性

DON 的急性毒性与动物的种属、年龄、性别、染毒途径有关，雄性动物对毒素比较敏感。DON 急性中毒的动物主要表现为站立不稳、反应迟钝、竖毛、食欲下降、呕吐等，严重者可造成死亡。DON 可引起雏鸭、猪、猫、狗、鸽子等动物呕吐，其中猪对 DON 最为敏感。DON 还可引起动物的拒食反应。

2. 慢性、亚慢性毒性

对于 DON 的慢性毒性国内外研究都比较少。Irerson 等用 B6C3Fl 大鼠进行了为期两年的喂养染毒试验，DON 染毒剂量分别为 0、1、5、10mg/kg，雄性、雌性大鼠各分为 4 组，试验结束后发现，各组动物均未见死亡，动物体重增加与染毒剂量呈负相关。雌性大鼠的血浆中 IgA、IgG 浓度较对照组增高，生化指标、血液学指标也可见明显异常，病理学检查还发现有肝脏肿瘤、肝脏损害。Per1usky 等以 DON 纯毒素和毒素污染的谷物喂养处于生长发育阶段的幼猪 32d，DON 染毒剂量分别为 0、1、3mg/kg。在最高剂量组中，动物的体重在进食后很快下降，但是喂饲纯毒素组的动物在几天后体重可以恢复，而喂饲毒素污染的谷物组的动物在整个试验中体重一直下降，这可能与谷物中存在着未被发现的其他有毒物质有关。Rotter 等对幼猪进行了为期 28d 的喂养观察，DON 染毒剂量分别为 0、0.75、1.50mg/kg 和 3.00mg/kg，结果发现实验动物的皮肤温度随 DON 浓度的增高而呈直线下降，同时还观察到动物拒食反应、甲状腺体积缩小、血管黏膜改变、白蛋白升高、球蛋白降低和白蛋白/球蛋白比值增高。Perlusky 等研究发现，

DON 可以改变动物脑脊液中的神经介质，如 5-羟色胺、儿茶酚胺等，这可能与动物的拒食反应有很大关系。

八、 T-2 毒素

T-2 毒素是由多种真菌，主要是三线镰刀菌（Fusarium tritinctum）产生的单端孢霉烯族化合物（trichothecenes，TS）之一。它广泛分布于自然界，是常见的污染田间作物和库存谷物的主要毒素，对人、畜危害较大。T-2 毒素为白色针状结晶，在室温条件下相当稳定，放置 6~7 年或加热至 200℃ 1~2h 毒性不减。T-2 毒素的化学结构如图 3-22 所示，其中的氧环和双键是其活性部位，氧环打开或双键还原均可使其毒性下降。T-2 毒素带有酯基，对碱敏感，用碱处理后酯基水解成相应的醇；接触氢化可还原双键；四氢钾铝或氢硼化钠可使 T-2 毒素的环氧基还原成醇。

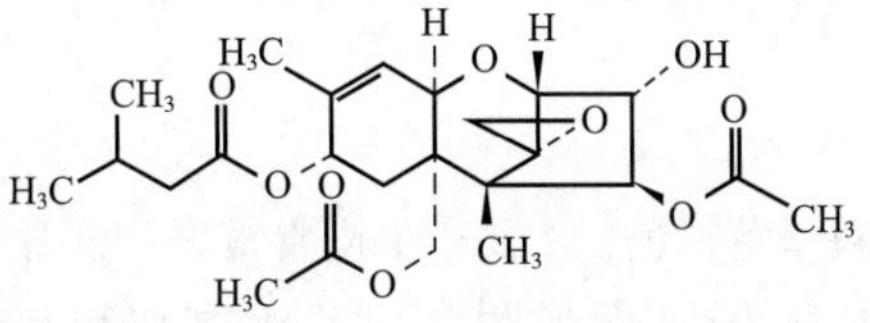

图 3-22 T-2 毒素的化学结构

（一）中毒途径

T-2 毒素经呼吸道吸入中毒报道很少（军事上多见）。主要是经口中毒 T-2 毒素，经黏膜的吸收率较高，并可直接破坏黏膜的毛细血管，使其通透性增加。

（二）毒性

细胞毒性，抑制细胞蛋白质和 DNA 合成；过氧化损伤；急性毒性、慢性毒性、致癌性。

（三）长期摄入小剂量 T-2 毒素症状

T-2 毒素中毒主要是因摄入镰刀菌污染的有毒谷物引起中毒。典型临床表现分四期。

第一期：食入有毒谷物之后数分钟到数小时，出现原发病变口腔和胃肠道局部症状，可能有发热和出汗，但体温不升高，持续 3~9d。

第二期：潜伏期（白细胞减少期），骨髓和造血系统发生障碍，进行性白细胞减少，粒细胞减少、淋巴细胞相对性增多；中枢神经系统和植物神经系统障碍；持续 3~4 周；突然转入第三期，症状发展很快。

第三期：瘀点期，躯干、两臂、两腿、面和头的皮肤上出现瘀点。瘀点从 1mm 到数厘米大小不等；凝血因子减少；淋巴结常常肿大；患者可能由于出血而死亡，由于咽喉肿胀而窒息，或者发生继发感染。

第四期：恢复期，坏死区和出血的治疗需要 3~4 周，骨髓造血功能恢复正常需要 2 个月或更长时间。

（四）T-2 毒素中毒的预防和治疗

迄今还没有对 T-2 毒素中毒的特异性防治办法。目前唯一有效的预防办法是避免接触或减少接触。唯一的治疗是对症治疗和支持疗法。

（五）T-2 毒素对关节软骨和心肌毒性研究进展

据调查，大骨节病和克山病的高发地区粮食中 T-2 毒素含量偏高 20% 左右。所以，大骨节病和克山病可能和 T-2 毒素中毒有关。

九、 其他霉菌毒素

（一）黄变米毒素

黄变米是 20 世纪 50 年代在日本发现的。这种米由于被霉菌污染而呈黄色故称黄变米。可以导致大米黄变的霉菌主要是青霉属中的一些菌种，如黄绿青霉（*Penicillium citreo-viride*）、橘青霉（*Penicillium citrinum*）和岛青霉（*Penicillium islandicum*）等。

1. 黄绿青霉黄变米

黄绿青霉污染大米后，米粒呈黄色，主要产生黄绿青霉素（citreoviridin, CIT）。该毒素是一种毒性很强、主要损害神经系统的毒素，中毒特征为中枢神经麻痹，进而心脏及全身麻痹，最后因呼吸停止而死亡。

2. 橘青霉黄变米

橘青霉污染大米后，米粒呈黄绿色，主要产生橘青霉素。该毒素的主要毒性作用是引起肾脏功能和形态的变化，可导致试验动物肾脏肿大、肾小管扩张和上皮细胞变性坏死。

3. 岛青霉黄变米

岛青霉污染大米后，米粒呈黄褐色溃疡性病斑，产生的毒素包括黄天精（luteoskyrin）、环氯素（cyclochlorotin）、岛青霉素（islanditoxin）和红天精（erythroskyrin）。前两种毒素都是肝脏毒，急性中毒可使动物发生肝萎缩，慢性中毒主要导致肝纤维化、肝硬化，并可导致大白鼠出现肝癌。

（二）杂色曲霉素

杂色曲霉毒素（sterigmatocystin, ST）是由杂色曲霉（*Asp. versicolor*）和构巢曲霉（*Asp. nidulans*）等产生的，基本结构为一个双呋喃环和一个氧杂蒽酮。该毒素可导致动物的肝癌、肾癌、皮肤癌和肺癌，其致癌性仅次于黄曲霉毒素。

（三）伏马菌素

伏马菌素（fumonisin）主要由串珠镰刀菌产生，分为伏马菌素 B_1（FB_1）和伏马菌素 B_2（FB_2）两类，食品中以 FB_1 污染为主，主要污染玉米及其制品。伏马菌素主要危害神经系统，也可引起肾脏的慢性病变，同时具有致癌和促癌作用，可引起动物原发性肝癌。

第五节　致病性病毒及其危害

病毒是非常小的微生物，大小为 15~400nm，引起植物、动物和人类的许多疾病。这些感染不是随机发生的，每类病毒有其典型的宿主范围。病毒有不同的传播途径，包括呼吸、血液、食品、接触动物等。在食源性感染中，最相关的是那些感染肠道细胞，并经粪便或呕吐物排泄出来的病毒。

　　食源性病毒感染具有以下特点：①只需较少的病毒即可引起感染；②从病毒感染者的粪便中可以排出大量病毒粒子；③需要特异活细胞才能繁殖，因此在食品和水中不进行繁殖；④食源性病毒在环境中相当稳定，对酸普遍有耐受性。

　　根据病毒引起食源性疾病性质的不同可将病毒分为 3 类：①引起胃肠炎的病毒；②通过肠道传播的肝炎病毒；③在人的肠道中繁殖但转移到其他器官引起疾病的病毒，如转移到中枢神经系统和肝脏。

一、急性胃肠炎病毒

（一）轮状病毒

　　轮状病毒是人类、哺乳动物和鸟类腹泻的重要病原体，是病毒性胃肠炎的主要病原，也是导致婴幼儿死亡的主要原因之一。

　　1. 病原学特点

　　轮状病毒形态呈大小不等的球形，为立体对称的二十面体，直径 60~80nm，双层衣壳，无包膜，复染后在电镜下观察，病毒外形呈车轮状（图 3-23）。

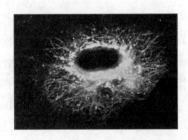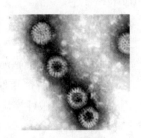

图 3-23　轮状病毒

　　轮状病毒为双链 RNA 病毒，有约 18550 个碱基（bp），由 11 个基因节段组成。每一个片段含一个开放读框（ORF），分别编码 6 个结构蛋白（VP1，VP2，VP3，VP4，VP6，VP7）和 5 个非结构蛋白（NSP1~NSP5）。VP6 位于内衣壳，为组和亚组特异性抗原。VP4 和 VP7 位于外衣壳，其中 VP7 为糖蛋白，是中和抗原，决定病毒血清型；VP4 为病毒的血凝素，亦为重要的中和抗原。VP1~VP3 位于核心。非结构蛋白为病毒酶或调节蛋白，在病毒复制中起主要作用。

　　根据轮状病毒基因结构和抗原性的差别，通过免疫电镜等多种方法将轮状病毒分为 A、B、C、D、E、F、G 7 组，其中主要感染人类的是 A、B、C 3 组；在人类和动物中广泛流行且具有很强致病作用的主要是 A 组。

　　轮状病毒在粪便中可存活数天到数周。耐乙醚、酸、碱和反复冻融，pH 适应范围广（pH 3.5~10），在室温条件下相对稳定，55℃条件下 30min 可被灭活。

　　2. 流行病学特点

　　由轮状病毒感染引起的疾病在世界范围内普遍存在。对 50 多个国家进行的调查研究表明，由轮状病毒感染引发的疾病的发病率和死亡率都很高，因急性腹泻住院的儿童，其粪便标本中有 20%~70% 可检出轮状病毒。

　　轮状病毒感染的传染源为患者、隐性感染者及病毒携带者。由于后两者不易被发现，因此是更重要的传染源。尼日利亚的一项研究显示，成年人及儿童轮状病毒无症状感染率达 30.8%。

墨西哥的一项研究表明，50%的轮状病毒感染是无症状的。轮状病毒可通过密切接触和粪-口途径传播或流行。任何年龄的人和动物均可感染轮状病毒，但有症状的感染一般发生在 6 月龄至 2 岁的婴幼儿和幼小动物身上，2 岁以上的感染者较少发生严重疾病。印度新德里的一项研究发现，出生后 4d 的新生儿 67%已被轮状病毒感染；到 5 岁时，几乎所有的儿童都感染过轮状病毒。轮状病毒感染具有明显的季节性，高峰期出现在晚秋及冬季，少数地区季节性不明显而呈常年流行。美国的流行病学监测发现，轮状病毒感染的高峰期随着地域的不同而存在差异，如美国西南部流行高峰出现在 11 月，东北部则在 3—4 月份。

轮状病毒分子流行病学研究证实，在世界范围内广泛流行的 A 组轮状病毒中主要有由 G、P 血清型组合而成的四个血清亚型，即 G_1P_8、G_2P_4、G_3P_8 以及 G_4P_8。然而，在某些地区也有例外，如印度和孟加拉国新生儿的轮状病毒感染以 G_9P_6 和 G_9P_{11} 为主。

相关食品：轮状病毒存在于肠道内，通过粪便排到外界环境中，污染土壤、食品和水源，经消化道途径传染给其他人群。在人群生活密集的地方，轮状病毒主要是通过带毒者的手造成食品污染而传播的，轮状病毒感染在儿童及老年人病房、幼儿园和家庭中均可暴发。感染轮状病毒的食品从业人员在食品加工、运输、销售过程中可以污染食品。

3. 致病机制和临床表现

A 型轮状病毒最为常见，是引起 6 个月至 2 岁婴幼儿严重胃肠炎的主要病原，年长儿童和成年人常呈无症状感染。传染源是患者和无症状带毒者从粪便排出的病毒，经粪-口途径传播。

病毒侵入人体后在小肠黏膜绒毛细胞内增殖，造成细胞溶解死亡，微绒毛萎缩、变短和脱落，腺窝细胞增生、分泌增多，导致严重腹泻。潜伏期为 24~48h，突然发病，出现发热、腹泻、呕吐和脱水等症状，一般为自限性疾病①，可完全恢复。但当婴儿营养不良或已有脱水时，若治疗不及时，会导致婴儿死亡。

B 型轮状病毒可在年长儿童和成年人中暴发流行，C 型病毒对人的致病性与 A 型类似，但发病率很低。

由于轮状病毒具有抵抗蛋白分解酶和胃酸的作用，所以能通过胃到达小肠，引起急性胃肠炎。感染剂量为 10~100 个感染性病毒颗粒，而患者在每毫升粪便样品中可排出 10^8~10^{10}个病毒颗粒，因此，通过病毒污染的手、用品和餐具完全可以使食品中的轮状病毒达到感染剂量。

4. 预防和控制措施

（1）一般性预防　提倡母乳喂养；重视水源卫生，防止水源污染；婴儿室严格消毒，提倡母婴同室，防止医源性传播；幼儿园玩具定期消毒；早发现、早隔离、早诊断、早治疗等。

（2）疫苗预防　预防轮状病毒性感染的理想措施是服用轮状病毒疫苗，刺激机体在局部和血清中产生抗体。WHO 已将轮状病毒感染纳入全球腹泻病控制和免疫规划，并建议将轮状病毒疫苗列入各国儿童计划免疫范畴。

（二）肠道腺病毒

目前，肠道腺病毒（enteric a denovirus，EAD）是引起婴幼儿胃肠炎及腹泻的极为重要的病原，并日益受到医学界的广泛关注。早在 20 世纪 60 年代，人们就已揭示了腺病毒与胃肠炎密切相关；1975 年，Flewett 等首次从急性胃肠炎婴幼儿患者粪便中发现了肠道腺病毒，并证明

---

①自限性疾病是指疾病发生、发展到一定程度后，可以自动停止，并逐渐恢复痊愈，在此过程中一般不需特殊治疗或医学手段干预，只需对症治疗，通过患者自身机体免疫力可以逐渐痊愈的疾病。

它可引起腹泻暴发流行。

1. 病原学特点

腺病毒科（Adeno）分为哺乳动物腺病毒属（*Mastadenovirus*）和禽类腺病毒属（*Aviadeno-virus*），迄今至少有 93 个型别。原有的人类腺病毒按血清型可分为 A、B、C、D、E 5 组。经中和试验、分子杂交以及限制性核酸内切酶酶切分析发现，肠道腺病毒的结构和化学组成与原有的 5 组均不同，将其归属于 F 组。F 组的肠道腺病毒含有 3 个病毒型别，定名为肠道腺病毒 40、肠道腺病毒 41 和肠道腺病毒 42。它们一般难以在常规细胞系中生长，但却能在张氏结膜细胞（Chang's conjunctiva cell）和 Graham293 细胞第 3 代食蟹猴肾细胞（TCMK cell）中生长。腺病毒 40 和腺病毒 41 两者抗原性也极为相关，中和试验也有交叉反应。电镜下肠道腺病毒（EAD）与其他腺病毒形状完全相同，即病毒颗粒无包被，二十面体对称，直径为 70~80nm。衣壳含 252 个壳粒，其中二十面体的顶角壳粒由 12 个五邻体（penton）组成，每个五邻体有一条纤维突起，长度为 10~37nm。纤维上携带有主要的种特异性抗原决定簇和次要的组特异抗原决定簇。除五邻体外，有 240 个非顶角壳粒，为六邻体（hexon），后者的氨基酸序列与腺病毒 2 末端的 100 个氨基酸序列完全相同，而腺病毒 40 和腺病毒 41 六邻体的多肽同源性高达 88%，其主要不同点位于氨基酸序列的 131~287 和 397~425 两处，它们可能为型特异性抗原决定簇所在部位。病毒核心为线状双链 DNA，长约为 34 kb。腺病毒 40 纤维突基因位于 DNA 图谱单位 87~92，编码 59000 个氨基酸组成的多肽。该多肽中的 547 个氨基酸序列与腺病毒 41 的同源性高达 95.6%。近来发现，腺病毒 41 纤维突基因含有 2 个开放读码框架（ORFs），分别编码 1 个由 61000 个氨基酸组成的长型和 1 个由 42000 个氨基酸组成的短型纤维突蛋白。最近还发现，腺病毒 40 同样也有 1 个开放读码框架，编码 1 个由 42000 个氨基酸组成的短纤维突蛋白。完整的肠道腺病毒在 CsCl 密度梯度离心时，浮密度①为 1.34g/cm³，而缺损的病毒粒子的浮密度则为 1.30g/cm³。

2. 流行病学特点

（1）地区分布 发展中国家和发达国家的流行病学调查研究已成功证实肠道腺病毒是婴幼儿腹泻的重要病原。目前，世界各地均有小儿腺病毒胃肠炎的报道，但以区域性流行为主，大面积暴发流行少见。在发达国家，0.9%~33.3% 的腹泻患儿粪便中可检测到肠道腺病毒；在发展中国家的检出率稍低，为 0.9%~13.9%。

（2）季节分布 婴幼儿全年均可发病，但以夏、秋两季较为常见，在此期间均可分离出肠道腺病毒。

（3）年龄、性别分布 本病主要侵犯 5 岁以下儿童，其中 85% 以上病例发生在 3 岁以下婴幼儿身上。其中男性占 48%，女性占 52%，性别间患病率无显著差异。

3. 致病机制和临床表现

早在 1983 年就有研究表明六邻体蛋白具有型特异性抗原决定簇，是中和抗原的靶目标，是病毒免疫选择最敏感的部位。事实上，病毒的六邻体包膜在最初的感染阶段起着很大的作用，

①浮密度（buoyant density）是指病毒在某种物质的水溶液中，于单位体积（cm³）内的质量（g）而言。该值之所以称为浮密度，是因为病毒悬浮于非常致密的氯化铯或氯化铷等重金属盐溶液中（也可用蔗糖溶液），区带离心后，便产生一个氯化铯的浓度梯度，由于铯离子质量大，因此也就形成了密度梯度，病毒粒子在梯度溶液中重新分配，由于离心力的作用，将病毒驱赶到一定的区域内，在这个区域中，溶液的密度就等于病毒粒子本身的浮密度。

受酸碱度的影响，在 pH 降低的情况下，六邻体蛋白发生构象的改变，暴露出分子的 *N* 端，是一个 15ku 的多肽。pH 为 5 时所分离的 15ku 抗体是 pH 为 7 时所分离出抗体数量的 5 倍。因此，六邻体的 *N* 端部分在病毒与细胞的相互作用阶段起着很关键的作用。pH 诱导的六邻体构象改变，对于五邻体基底的暴露及参与病毒体脱去包膜是很必要的。

腺病毒感染细胞后可以关闭宿主细胞某些基因的表达，大量合成病毒蛋白质，从而使细胞的功能失常，引起腹泻。

由肠道腺病毒感染而引起的胃肠炎通常较缓和，属自限性疾病。临床主要表现为腹泻，一般持续 2~11d，其中腺病毒 41 感染者腹泻持续时间较长，而腺病毒 40 感染者在发病初期腹泻症状严重。患儿常伴发热和呕吐，偶伴有咳嗽、鼻炎、气喘和肺炎等呼吸道表现。严重者常可引起患儿脱水死亡，不同亚群腺病毒感染所出现的症状不同。

4. 预防和控制措施

腺病毒胃肠炎主要经粪-口途径传播，也有可能通过呼吸道传播，而水源污染仍是暴发性流行的主要原因。因此，控制腺病毒胃肠炎的主要措施应是防止水源、食物污染，合理处理粪便和污水，建立良好的卫生环境和个人卫生习惯。

疫苗预防是降低发病率和减少病死率的又一项重要措施。目前，减毒活疫苗、多肽疫苗和基因工程疫苗正在加速研制和开发，食品疫苗则是科学家们最近瞄准的新研究方向，将为控制肠道腺病毒开辟新的途径。此外，应提倡母乳喂养，并且可给孕妇进行免疫接种，从而增加乳汁中 IgA（sIgA）的分泌，这对防治婴幼儿腹泻可起一定作用。

（三）杯状病毒

引起人类胃肠炎的杯状病毒（calicivirus）包括小圆形结构化病毒（small round structured virus，SRSV）和"典型"杯状病毒（"classic" calicivirus）。SRSV 的原型病毒为 1972 年在美国诺沃克（Norwalk）一所小学暴发的流行性胃肠炎事件中发现的直径为 27~32nm 的球状病毒颗粒，定名为诺沃克病毒（Nolwalk virus，NV）。"典型"杯状病毒于 1976 年从小儿粪便中发现，属人杯状病毒（human caliciviruses，HuCV）。SRSV 是世界上引起非细菌性胃肠炎暴发流行最重要的病原体，血清学研究也证实了这一点。HuCV 主要引起 5 岁以下小儿腹泻，但发病率很低。

1. 病原学特点

NV 为一种细小病毒颗粒，立方对称，无包膜，在电镜下成堆出现，很少单独分散出现，与肠道细小病毒及甲型肝炎病毒在形态上极为相似（图 3-24）。在氯化铯中的浮密度为 1.37~1.41g/cm³。目前，对 NV 的体外培养尚未成功。已知这类病原体不能感染小鼠、豚鼠、兔、牛、猴及狒猴等动物，只有猩猩可作为实验动物进行研究。

HuCV 的形态特点是表面有杯状凹陷，棱高低不平，如沿三重对称轴观察时可见中间 1 个、四周 6 个杯状凹陷。无包膜，含单链 RNA 基因，结构蛋白分子质量大约为 60ku。HuCV 难以在组织及细胞培养基中生长，故人们对其生化特性了解不多。

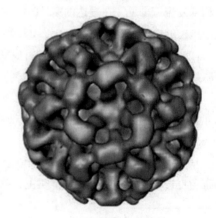

图 3-24　诺沃克病毒

2. 流行病学特点

对 NV 已进行广泛的血清流行病学研究，明确其在世界各地分布广泛，在发达国家为成年人及儿童流行性非细菌性腹泻的主要病原体。抗体发生率在 5 岁以后增加，至青年期抗体发生率可达 50% 以上。在发展中国家，婴儿发病也多。NV 感染的流行病学特点是引起暴发流行性胃肠炎。Greenberg 等报道，在 70 次胃肠炎暴发流行中有 24 次与 NV 有关。在各年龄组人群中、任何季节和不同地点均可暴发流行，包括部队、学校、野营地区、游览地点、休养所、医院、社团及家庭内。家庭内续发病例于初发病例发病后的 5~7d 发生，以大年龄组及成年人为多。流行传播方式为水型、食物型或人-人传播。暴发流行持续时间短至数天，长至 3 个月。各次暴发病例数不等，在社团中最多，可续发至数千人。NV 的传播途径主要是通过粪-口传播，特别是通过受污染的水源及食物。用免疫电镜检测志愿者，观察到在出现症状前粪便中不排出病原体，发病后 24~48h 内粪便排出病毒量最多，病后 72h 粪便排出病原体<20%。感染 NV 后产生的免疫期较短。对志愿者研究发现，初次口服病原体后存在 6 周至 2 个月的免疫期，少数有长期免疫性，可达 2 年。血清存在抗体者有时仍能发病，推测血清抗体阳性不能起到有效保护作用。

HuCV 引起的胃肠炎呈暴发或散发性发病，在世界各地均有发生，近年来以东南亚地区为多。婴幼儿发病较多，年长儿童和成年人发病较少，但可有非显性感染。20 世纪 80 年代中期，在日本及英国人群中检测抗杯状病毒抗体时观察到在幼儿体内已能测得 HuCV，阳性率随年龄增长而增高，儿童及成年人阳性率可达 90%。

相关食品：NV 主要是通过污染水和食物经粪-口途径传播，也有人和人之间相互传播的，水是引起疾病暴发的最常见传染源，自来水、井水、游泳池水等都可以引起病毒的传播。

3. 致病机制和临床表现

因缺乏合适、有效的动物模型，故只能由志愿者口服 NV 后进行肠道活组织检查。观察到口服 NV 后，约 50% 发病。临床和亚临床型感染均可引起胃肠道病变。进行胃肠道活组织检查可见胃及直肠黏膜明显充血，病变主要在空肠。肠绒毛变钝，黏膜尚完整，肠壁固有层充血、水肿及中性粒细胞浸润。电镜下上皮细胞外形完整，内有空泡，微绒毛变短、扭曲，细胞间隙变宽。上述病变在感染 24h 内即产生，病程高峰时病变更明显，持续至疾病恢复后 1~2 周，少数在发病 6 周后才恢复。NV 腹泻者肠道蔗糖酶、碱性磷酸酶、海藻酶活力减低，D-木糖、乳糖及脂肪吸收障碍，导致渗透压改变，使体液进入肠腔的量增加，但肠道环磷酸腺苷酶正常。

HuCV 经粪-口传播，进入胃肠道，主要在小肠黏膜繁殖并引起病变，在肠腔内有炎症性渗出。动物感染后，小肠黏膜有炎症，表现为充血、水肿、液体渗出，严重者小肠黏膜萎缩，固有层中有少数炎症细胞浸润。不论显性感染或隐性感染，粪便均排病毒，且感染者可成为无症状带毒及排毒者，血清特异性抗体效价升高。

NV 感染后潜伏期为 24~48h，可短至 18h，长至 72h。起病急或逐渐发病，先有急性腹绞痛及恶心，继而出现呕吐及腹泻，也可单独出现腹泻。半数患者有低热。其他常见症状有全身不适、肌痛及头痛。大便每天 4~8 次，中等量水样便，可带少量黏液，无血。病程一般为 2~3d，乏力可持续数日。

人感染 HuCV 后，病情轻重不一，轻者无任何症状，或仅有腹泻，腹泻数次后可自愈。潜伏期短，一般为 24~72h。有呕吐及腹泻，部分患者有低热及腹痛。病程为 3~9d，呕吐及腹泻严重者出现不同程度的脱水及电解质紊乱。少数患者出现腹部绞痛，与感染病毒的数量有关。

Cubilt 等报道一所小学暴发 HuCV 胃肠炎 14 例，为 4~11 岁儿童，1 例成年人。其中呕吐者占71.4%，腹痛者占 42.9%，腹泻者占 35.7%。症状持续 24~72h 后恢复。有报道年龄<20 个月婴儿发病后 100%出现腹泻，病程较幼儿长，可持续 8~9d。在该病暴发过程中有 29%~88%为非显性感染，病毒随粪便排出，在流行病学中有一定的传播作用。

4. 预防和控制措施

加强饮食卫生教育，避免摄入可能被该病毒污染的食物和饮品；加强排泄物和废弃物的管理；防止环境污染。

从非细菌性胃肠炎暴发事件的调查表明，许多急性胃肠炎暴发都与被污染的食物和（或）水有关。由于导致感染所需病毒量很少（<100 病毒颗粒），因此，空气中的细小粒子、人与人之间的直接接触及被污染的环境均有可能引起感染，家庭成员或朋友之间的互相传播亦很常见。另外，由于无症状的隐性感染可持续排毒超过 1 周，被感染的食物加工者和销售员可能成为重要的传染源。带毒的排泄物又可污染食品，若 NV 或 HuCV 存活在水中，用氯（浓度为 10mg/L）消毒或加热至 60℃均不能将其杀死，所以，NV 或 HuCV 能通过娱乐用水、饮用水以及未经煮过的牡蛎而传播。

（四）星状病毒

星状病毒（astrovirus，AstV）于 1975 年首次由 Appleton 等在急性胃肠炎患儿的粪便中用电镜观察到。现已证明，星状病毒是引起婴幼儿、老年人及免疫功能低下者腹泻的重要病原之一，既可引起散发腹泻又可引起暴发流行急性胃肠炎，随着对星状病毒研究的不断深入，其流行病学意义日益受到重视。

1. 病原学特点

星状病毒属于星状病毒科（Astroviridae）。人类星状病毒在用磷钨酸钾染色后大约有 10%的病毒粒子呈五角或六角星形结构，而用钼酸铵染色后则几乎全部的病毒粒子都呈典型的星状结构，故而得名。病毒颗粒直径为 28 nm，氯化铯浮密度为 $1.35~1.40g/cm^3$，是单股正链 RNA 病毒，现可在体外培养。从婴儿及幼畜粪便中发现的星状病毒在形态上都相似。

已知该病毒基因组全长约 6.8kb，有三个开放阅读框架（ORFs）：ORFla、ORFlb 和 ORF2。ORFla 和 ORFlb 为高度保守区，编码蛋白酶和 RNA 多聚酶；ORF2 为编码结构蛋白（衣壳蛋白），在星状病毒感染的细胞中还能检测到一个 2.7 kb 的亚基因组 RNA，包含有 ORF2。通过对 ORF2 5′端的基因序列分析，目前已将星状病毒分为 8 个血清型。运用酶联免疫法、反转录聚合酶链反应（RT-PCR）等方法可对星状病毒进行血清型鉴定，但每种血清型感染的年龄分布情况及部分型别的基因图谱还不甚清楚。

2. 流行病学特点

星状病毒感染多发生在 2 岁以下婴幼儿，此年龄段以散在性发病为主，但也可发生暴发流行。1982 年，Konno 等首次报道了一起发生在幼儿园内由星状病毒引起的暴发流行性胃肠炎，在之后的 3 年间，日本又有数次与星状病毒相关的急性胃肠炎暴发流行，发病场所有饭店、学校、餐厅等，发病人员涉及成年人、中学生及不同年龄段的儿童。与轮状病毒一样，星状病毒感染具有明显的季节性，在温带地区流行季节一般为冬季，而在热带地区流行季节为雨季。日本的星状病毒感染多发于轮状病毒流行之后的冬末和初春。星状病毒感染常伴随着轮状病毒感染，法国一项有关婴幼儿急性胃肠炎的研究显示，在星状病毒阳性（6.3%）粪样中，单纯星状病毒感染约占 43%，与轮状病毒并发感染占 49%，与杯状病毒并发感染占 8%。在年龄分布上，星状病毒、轮状病毒和杯状病毒的平均感染年龄分别为 34 月龄、11 月龄和 14.8 月龄。

关于星状病毒的传播途径及感染方式的报道较少，消化道传播是其主要的传播途径。杯状病毒的主要传播媒介牡蛎等海生食物及公共娱乐水域也可能是传播星状病毒的媒介。

星状病毒分子流行病学研究显示，世界范围内广泛流行的星状病毒血清型主要是 1 型，同时与其他血清型并发感染，如 1993—1994 年在美国弗吉尼亚州一家幼儿园流行的血清型主要是 1 型，并与 2 型并发感染；1995—1998 年在日本发生的疾病主要是 1 型、3 型和 4 型一起引起的并发感染；在埃及则主要以 1 型为主（43.4%），依次分别为 5 型（15.7%）、8 型（12%）、3 型（12%）、6 型（7.2%）、4 型（4.8%）和 2 型（2.4%）。各血清型的流行情况因地区和年份不同而有差异。Walter 等报道，墨西哥的墨西哥城在 1988—1991 年星状病毒的流行以 2 型为主，占 42%，其后依次为 4 型（23%）、3 型（13%）、1 型（10%）、5 型（6%）和 7 型（6%）。星状病毒的血清流行病学研究相对较少。

3. 致病机制和临床表现

研究表明，星状病毒一般感染十二指肠绒毛较低部分的黏膜上皮。病毒在黏膜上皮细胞中的复制可能会导致细胞裂解和星状病毒颗粒释放到肠腔中，但粪便样品中无法检测出病毒。随着腹泻的延续，细胞分泌物出现，粪便有时为水样的，腹泻常持续 2~3d，但也可能持续 1 周或更长时间，而且当症状持续时，细胞分泌物也会持续产生。在疾病的高峰期，可在粪便样品中检测到病毒数量为 10^{10} 个/g 排泄物。

被星状病毒感染后，经过 1~3d 的潜伏期后即出现腹泻症状，表现为水样便并伴有呕吐、腹痛、发热等症状。单纯星状病毒感染者症状多较轻，一般不发生脱水等严重并发症。Bon 等对粪样的检测结果表明，星状病毒感染的 117 例患者出现腹泻、呕吐、腹痛和发热症状的发生率分别为 75%、62.5%、50% 和 25%，而且与轮状病毒、杯状病毒感染相比，发生腹泻和发热的概率有差异，但其他症状在三者之间无明显差异。星状病毒与轮状病毒或杯状病毒感染相比，症状可能较重。Unioomb 等还观察到，星状病毒感染可能与迁延性腹泻①有关。

4. 预防和控制措施

尚未见星状病毒疫苗研制成功的报道。现阶段应加强水源、食物及环境卫生的管理，尽可能地防止星状病毒的传播和流行。

二、肝炎病毒

肝炎病毒可引起传染性肝炎。引起病毒性肝炎的病毒有 7 种，即甲、乙、丙、丁、戊、己、庚型肝炎病毒。经食品传播的肝炎病毒为甲型和戊型肝炎病毒。

（一）甲型肝炎病毒

甲型病毒性肝炎简称甲型肝炎，是由嗜肝病毒属（*Hrpstovirus*）甲型肝炎病毒（hepatitis A virus，HAV）污染食物或水源，经粪-口即消化道途径传播引起的急性肝脏损害。

1. 病原学特点

1973 年，美国科学家 Feinstore 等从患者的粪便中证实了颗粒样的甲型肝炎病毒。该病毒颗粒可与恢复期患者血清发生免疫沉淀，并指出这种抗体的出现可抵抗这些病毒颗粒，才明确了

---

①迁延性腹泻（persisting diarrhea）是指病程在 2 周~2 个月的腹泻，表现为大便次数增多，每天≥3 次，大便性状有改变，呈水样便、黏液或脓血便。

甲型肝炎的病毒病原。电镜下该病毒的直径为 27~32nm，呈二十面体的球形颗粒，浮密度以氯化铯计为 1.32~1.34g/cm³，在中性蔗糖溶液中的沉降系数为 150~160S。甲型肝炎病毒有一线性单股长度为 7.48kb 的 RNA 基因组，由 5′末端非编码区、编码区和 3′末端非编码区组成，属于正股 RNA 的小 RNA 病毒科，肠道病毒 72 型，鸟嘌呤和胞嘧啶的含量占 38%，病毒衣壳蛋白包括 3~4 种蛋白体。经分析，甲型肝炎病毒 RNA 的沉降系数为 33S，浮密度为 1.64g/cm³，相对分子质量为 $2.25×10^6$。聚丙烯酰胺凝胶电泳分析现证实了 3 种主要甲型肝炎病毒衣壳体蛋白：病毒蛋白₁（VP_1）是主要表面蛋白，相对分子质量为 $(3~3.3)×10^4$；病毒蛋白₂（VP_2）相对分子质量为 $(2.4~2.5)×10^4$；病毒蛋白₃（VP_3）相对分子质量为 $(2.1~2.7)×10^4$；第 4 种病毒蛋白（VP_4）还没有确定其相对分子质量。

这些衣壳蛋白包围并保护核酸。编码区还编码病毒复制所需要的 RNA 多聚酶、蛋白酶等。病毒的衣壳蛋白有抗原性，可诱生抗体。迄今，在世界各地分离的 HAV 均只有一个血清型。甲型肝炎病毒在 25℃、pH 3.0 条件下 3h 内保持稳定，并且耐氯仿、二氯二氟甲烷（冷冻剂）；比其他细小 RNA 病毒相对耐热，在 60℃ 可存活 1h；储存在 25℃ 干燥和相对湿度<42% 条件下至少可存活 1 个月，在 −20℃ 可存活数年。甲型肝炎病毒在 98~100℃ 时，1min 即可被破坏。

2. 流行病学特点

甲型肝炎是世界性分布的疾病，可呈现流行或散发。甲型肝炎病毒存在于感染患者的粪便中，经粪−口途径迅速传播，通常是由于粪便污染食物或水源所致。由于不存在病毒的长期感染，且病毒不会储存在动物和其他宿主内，甲型肝炎病毒在人群中连续传播是由急性患者传给易感人群的。经常发生流行是甲型肝炎的显著特征，发展中国家的大多数儿童在出生后 10 年内逐渐受亚临床无黄疸型甲型肝炎病毒的感染，使之接近成人期即具有血清抗体浓度，而发达国家中儿童和青少年抗体水平明显低，只有到老年期才有较高的血清抗体水平。

（1）粪−口途径传播　实验性传播研究显示，甲型肝炎病毒可经粪−口途径感染人体，这是主要的传播途径。从家庭人员、某些机构及从原发患者通过饮水或食物传播的流行病学资料发现，多数继发病例的发病大约在原发病例症状出现后的一段潜伏期之后出现，这提示患者的传染性是在潜伏期后期或症状开始时。综合志愿者人体实验和动物实验结果显示，在粪便中排出甲型肝炎病毒是在症状出现前 2~3 周至症状出现后 8d 内，当黄疸出现后 19~28d 不再有传染性。这个结论能估计甲型肝炎病毒传给一个易感宿主后由传染性到粪便中不再排病毒的时间长度。

（2）粪便污染食物和水源传播　污染水源引起甲型肝炎暴发屡有发生，私人水源或公共的供水系统被污水污染可导致甲型肝炎水源性暴发流行，但此种原因引发的甲型肝炎发病发生率并不高。不少甲型肝炎的流行呈地区性的发病与食用贝类、鱼类有关。污水污染生蚶、蚝、淡菜和不适当的蒸煮蚶同样是感染的原因。不仅与污染水中病毒的浓度有关，更与在贝类体内病毒繁殖的数量有关。

（3）非粪便原因受甲型肝炎病毒污染　有报告显示，甲型肝炎病毒可通过体液传播，甲型肝炎患者的唾液可使黑猩猩感染甲型肝炎病毒。还有人提示呼吸道分泌物可带有少量甲型肝炎病毒，导致接触或气雾途径传播。在一些患者出现黄疸前或开始出现黄疸时收取的尿液中发现低水平的感染性甲型肝炎病毒，患者的尿液污染食物有导致发病的可能。但上述途径传播的可能性极小。

（4）病毒血症和血液传播　大多数甲型肝炎患者在出现临床症状前 7~14d 存在短暂的病毒血症。病毒血症仅存在于有限的时期内，最常存在于甲型肝炎潜伏期的后期，少数可存在至黄疸早期，处于该阶段的人体内血液中含有甲型肝炎病毒，如若作为供血者献血，则会通过血液传播，使得输血者感染甲型肝炎病毒。

（5）相关食品 甲型肝炎患者通过粪便排出病毒，摄入了受其污染的水和食品后可引起发病，水果和果汁、乳和乳制品、蔬菜、贝甲壳类动物等都可传播疾病，其中水、贝甲壳类动物是最常见的传染源。

3. 致病机制和临床表现

甲型肝炎病毒主要经口侵入，在肝细胞内复制引发病毒血症，从粪中排出。甲型肝炎病毒通过与细胞膜上的受体结合后进入细胞，脱去衣壳，其 RNA 与宿主核糖体结合，形成多核糖体。甲型肝炎病毒 RNA 翻译产生多聚蛋白，后者裂解成衣壳蛋白和非结构蛋白。病毒 RNA 多聚酶复制正股 RNA，形成含正、负股 RNA 的中间复合体，负股 RNA 作为模板产生子代正链 RNA，用于翻译蛋白质并组装成熟的病毒体。甲型肝炎病毒颗粒可感染邻近的肝细胞，含甲型肝炎病毒的囊泡也可从肝细胞内释放入胆小管。当囊泡与胆小管内胆酸结合后，甲型肝炎病毒可从中释放。

甲型肝炎潜伏期为 10～50d，平均为 30d。当感染病毒量大时，潜伏期可较短，暴发型甚至少于 14d。初发病例发病时间较续发病例发病时间短。

发热常常是患者最早的临床症状，体温达 38～39℃，伴有全身不适、疲乏、肌痛、头痛、食欲不振、恶心和呕吐。这些症状通常突然发生，由于纳差①和食欲丧失使体重下降，常伴有上腹或右上腹疼痛。儿童多数有成年人不常见的腹泻。少数患者有咳嗽、感冒和咽痛症状。在急性起病前，14% 以上的患者有关节痛和一过性皮疹②，仅极少患者出现关节炎。甲型肝炎患者也可出现肾小球肾炎，脑膜炎极少。肝脏和脾脏的肿大常常先于黄疸出现。黄疸前 1～12d 出现暗的棕黄色尿，在黄疸期可以发生皮肤瘙痒和大便不成形，并伴有全身淋巴结肿大。

甲型肝炎是急性自限性黄疸或无黄疸性疾病，只有少数患者可发展为肝性脑病（肝昏迷）或暴发型肝炎。多数患者有相关的淋巴细胞增多症，偶尔发生溶血性贫血，罕见急性甲型肝炎患者可伴有粒细胞减少症、血小板减少性紫癜、各类血细胞减少或再生障碍性贫血。

4. 诊断与治疗

甲型肝炎的诊断除依据临床症状、体征、各种实验室检查及流行病学资料外，也可用血清学方法及病原学方法对其进行诊断。另外，分子生物学的发展也提供了新的检测病原方法。

（1）病毒快速诊断 过去一般采用抗原和抗体免疫学试验、补体结合试验和血凝试验来检测甲型肝炎病毒。然而，近年来具有高度敏感性和特异性的第三代免疫学方法，如放射免疫试验（RIA）和酶免疫试验（EIA）已取代了上述方法。这些技术可用来检测临床标本中的甲型肝炎病毒抗原。

（2）血清学诊断 检测发病急性期血清中的抗甲型肝炎病毒的免疫球蛋白 M（IgM）可诊断急性甲型肝炎病毒感染，该抗体在发病后几周内达到峰值，然后急剧下降。发病后 5 个月，50% 的患者抗甲型肝炎病毒的 IgM 暂为阴性。

---

①纳差（poor appetite）"纳"指"胃纳"，"纳差"意指食量减少。

②"一过性"是指某一临床症状或体征在短时间内出现一次，往往有明显的诱因，如发生在进食某种食物、服用某种药物、接受某种临床治疗或其他对身体造成影响的因素之后。随着诱因的去除，这种症状或体征会很快消失。皮疹是一种皮肤病变，从单纯的皮肤颜色改变到皮肤表面隆起或发生水疱等有多种多样的表现形式。一过性皮疹一般出现时间短，可以自行恢复。

（3）分子生物学检测技术　甲型肝炎病毒基因组的部分基因已被克隆，由这些基因组制备的 cDNA 探针可通过 cDNA-RNA 杂交方法用于测定甲型肝炎病毒的 RNA。用放射免疫试验和分子杂交方法可从实验性感染绢毛猴和恢复期粪便标本中检出甲型肝炎病毒和抗甲型肝炎病毒的 IgA。另外，用 RT-PCR 方法可检测甲型肝炎病毒的核酸。

5. 预防和控制措施

甲型肝炎病毒主要通过粪便污染食品和水源，并经口传染，因此加强饮食卫生、保护水源是预防的主要环节。对食品生产人员要定期进行体检，做到早发现、早诊断和早隔离，对患者的排泄物、血液、食具、用品等须进行严格消毒。严防饮用水被粪便污染，有条件时可对饮用水进行消毒处理。对餐饮业来说，工作人员要保持手的清洁卫生，养成良好的卫生习惯，对使用的餐具要进行严格的消毒。对输血人员要进行严格体检，对医院所使用的各种器械进行严格消毒。接种甲肝疫苗有良好的预防效果，向患者注射丙种球蛋白有减轻症状的作用。

（二）戊型肝炎病毒

戊型肝炎病毒（hepatitis E virus，HEV）曾经被称为经消化道传播的非甲非乙型肝炎病毒。1955 年，首次在印度暴发流行，当时人们认为该次暴发流行是甲型肝炎病毒所致。20 世纪 70 年代初建立了 HAV 的检测方法，重新对当时肝炎患者的血清进行检测，结果未发现患者血清中抗 HAV-IgM 或 IgG 效价升高，因此确定为消化道传播的非甲非乙型肝炎病毒所致。1986 年，我国新疆南部地区发生戊型肝炎流行，约 12 万人发病，死亡 700 余人，是迄今世界上最大的一次 HEV 流行。1989 年，Reyes 等应用基因克隆技术获得了该病毒基因组 cDNA 克隆，并正式将其命名为戊型肝炎病毒。

1. 病原学特点

HEV 呈球形，无包膜，平均直径为 32~34nm，表面有锯齿状刻缺和突起，形似杯状，故将其归类于杯状病毒科（Caliciviridae）。HEV 对高盐、氯化铯、氯仿等敏感，−70~8℃温度下易裂解，但在液氮中保存稳定。细胞培养未获得成功，多种非人灵长类动物可感染 HEV。HEV 基因组为单正链 RNA，全长约 7.5kb，具有 polyA 尾，共有 3 个开放读码框（ORF）。其中，最长的第一个 ORF 约 5kb，含有编码病毒复制所需的依赖 RNA 的 RNA 多聚酶等非结构蛋白；第二个 ORF 长约 2 kb，含有编码病毒核衣壳的基因；第三个 ORF 只有 300 余个核苷酸，与第一、第二个 ORF 有部分重叠。

已知 HEV 有两个基因型，其代表株为缅甸株（B）和墨西哥株（M）。中国株与缅甸株属于同一型，两者的核苷酸和氨基酸序列的同源性分别为 93% 和 98%；墨西哥株属于另一型，其核苷酸和氨基酸序列与缅甸株序列的同源性分别为 77% 和 89%。

2. 流行病学特点

戊型肝炎流行地域广泛，东南亚及非洲发病最高，常见于印度次大陆、缅甸、中国、阿富汗、印度尼西亚、泰国、北非及西非、中亚、日本、美国、英国、法国，俄罗斯及墨西哥也有小规模流行和散发。该病常因水源污染而发生大流行，在发展中国家以流行为主，在发达国家以散发为主。

（1）传染源　传染源为患者及隐形感染者。用免疫电镜检测患者发病前后的粪便，发现发病前 1~4d，戊型肝炎病毒检出率为 100%，发病 1~3d 检出率为 70%，4~6d 检出率为 40%，7~9d 检出率为 25%，10~12d 检出率为 14.5%。于发病 2 周后未能检测出戊型肝炎病毒，说明潜伏期和急性期初传染性最强。该病无慢性患者及慢性病毒携带者，故戊型肝炎病毒以何种方式生存以及如何使感染持续进行尚不清楚。

（2）传播途径 HEV 主要经粪–口途径传播，也有报告经口–口途径传播，但较少见。流行模式有 4 种。①水源污染：是引起大规模流行的主要模式，我国报道的 9 次流行中有 5 次系水源污染所致。②食物型戊型肝炎暴发：我国报道的几组食物性戊型肝炎暴发均经血清学检查排除甲型肝炎病毒、乙型肝炎病毒、巨细胞病毒和疱疹病毒（EB 病毒）感染。③日常生活密切接触传播：在水源或食物污染引起暴发流行时，有部分病例系日常生活接触传播引发的。④迁移、输入使该地区发病：有由于旅游、探亲、移民使戊型肝炎病例由巴基斯坦、尼泊尔、印度输入美国的报道，大多数病例在病前不久到达目的地，故发生戊型肝炎病毒感染的时间在他们迁入或移居之前。

（3）人群易感性 人类对该病毒易感，以青壮年及孕妇易感性较高，小儿少见。该病的易感性无种族差异性。儿童发病率低，可能与其亚临床感染多见有关，而老年病例少也可能与其已获得免疫有关。

（4）季节分布 戊型肝炎水源性流行多发生于雨季及洪水季节，如在新疆地区的流行多见于秋季，以 10—12 月为高峰，食物性流行则不受季节影响。

3. 致病机制和临床表现

HEV 主要经粪–口途径传播，潜伏期为 10~60d，平均为 40d。经胃肠道进入血液，在肝内复制，经肝细胞释放到血液和胆汁中，然后经粪便排出体外。人感染后可表现为临床型和亚临床型（成年人中多见临床型），病毒随粪便排出，可污染水源、食物和周围环境而发生传播。潜伏期末和急性期初的患者粪便排毒量最大，传染性最强，是本病的主要传染源。HEV 通过对肝细胞的直接损伤和免疫病理作用，引起肝细胞的炎症或坏死。

戊型肝炎的症状和体征酷似甲型肝炎，绝大部分患者呈急性起病，包括急性黄疸型和急性无黄疸型肝炎。临床上表现为急性戊型肝炎（包括急性黄疸型和无黄疸型）、重症肝炎以及胆汁淤滞性肝炎。约半数病例有发热，关节痛约占 1/3。胆汁淤积症状，如灰色便、全身瘙痒等较为常见。临床症状及肝功能改变一般较轻，黄疸常于 1 周内消退。多数患者于发病后 6 周好转并可痊愈，不会发展为慢性肝炎。孕妇感染 HEV 后病情常较重，尤以妊娠 6~9 个月最为严重，常发生流产或死胎，病死率达 10%~20%。

4. 诊断与治疗

戊型肝炎的诊断必须综合流行病学资料、症状、体征及实验室检查等加以分析。对 HEV 的感染最好作病原学诊断，否则很难与甲型肝炎相区别，可用电镜或免疫电镜技术检测患者粪便中的 HEV 颗粒，也可用 RT–PCR 法检测粪便或胆汁中 HEV 的 RNA。目前，临床诊断常用的方法是检查血清中的抗–HEV IgM 或 IgG，如抗–HEV IgM 阳性，则可确诊患者受 HEV 感染；如血清中存在抗–HEV IgG，则不能排除是继往感染，因为抗 HEV IgG 在血清中持续的时间可达数月至数年。

5. 预防和控制措施

戊型肝炎的预防关键是切断粪–口传播途径，包括粪便消毒处理、水源管理、注意个人和集体饮食卫生等。几乎所有的暴发型戊型肝炎都由食用水污染所致，只有极少数是由食品污染引起的，故煮沸饮用水是有效的预防方法。用戊型肝炎流行国家健康献血员的血液制备的免疫球蛋白进行被动免疫，能够保护特殊人群，特别是妊娠妇女。

三、 口蹄疫病毒

由口蹄疫病毒引起的口蹄疫是在猪、牛、羊等偶蹄动物之间传播的一种急性传染病，是高度接触性人畜共患传染病。

1. 病原学特点

口蹄疫病毒由一条单链正链 RNA 和包裹于周围的蛋白质组成，病毒外壳为对称的二十面体。其没有囊膜，对脂溶剂不敏感。对酸、碱较敏感，10~20g/L 的氢氧化钠溶液、40g/L 碳酸钠溶液可以 1min 灭活病毒。耐热性差，60℃经 15min、70℃经 10min 或 80℃经 1min 可将其杀灭。病畜的肉只要加热超过 100℃也可将口蹄疫病毒全部杀死。

2. 流行病学特点

患病动物是主要的传染源，患病初期的排毒量最大、毒力也最强。人患口蹄疫的病例很少，1965 年首次报道了人感染口蹄疫的病例，我国也有人感染口蹄疫的报道。人对口蹄疫有易感性，主要经直接或间接接触病畜而感染。

3. 临床表现

病畜以蹄部有水疱为主要特征，患肢不能站立，常卧地不起，表现为体温升高，在口腔黏膜、牙龈、舌面和鼻翼边缘出现水疱或形成烂斑、口角线状流涎等，未断乳仔猪的口蹄疫常表现为急性胃肠炎或心肌炎导致突然死亡。

口蹄疫的主要传播途径是消化道、呼吸道、损伤的或完整的皮肤、黏膜。人一旦受到口蹄疫病毒感染，经过 2~18d 的潜伏期后会突然发病，表现为发热，口腔干热，唇、齿龈、舌边、颊部、咽部潮红，出现水疱（手指尖、手掌、脚趾），同时伴有头痛、恶心、呕吐或腹泻。患者在数天后痊愈，愈后良好，但有时可并发心肌炎。患者对人基本无传染性，但可把病毒传染给牲畜，再度引起畜间口蹄疫流行。

4. 病畜处理及预防措施

一旦发现牲畜患病，应立即将患畜隔离，并对饲养场所进行随时和终末消毒，必要时应对患口蹄疫的同群牲畜予以扑杀。同时，还应做好健康动物和人群的预防工作，屠宰场所、工具和工人衣服均应进行消毒。

屠宰前体温升高的病畜，其内脏和副产品应高温处理。体温正常的病畜，则去骨肉及内脏经后熟处理，即在 0~6℃时经 48h、大于 6℃时经 30h、10~12℃时经 24h 存放后方可食用。

饲养员、兽医、屠宰工作者要注意个人卫生，加强自我防护，同时要做好环境卫生工作，以减少感染发病。要加强卫生防疫，定期对饲养场所进行消毒，并对饲养动物及时有效地给予疫苗接种。

四、 疯牛病病毒（朊病毒）

疯牛病学名为牛海绵状脑病（BSE），有报道认为疯牛病和人的传染性病毒性痴呆或克雅氏病（CJD）有密切的关系，许多学者都倾向于认为人患这种病是经发病的牛传播到人的。

1. 病原学特点

疯牛病的病原还没有完全确定，称为朊粒（prion），具有传染性，故称为传染性蛋白质颗粒。朊粒的特点是可以变形，当将朊粒与正常细胞的蛋白质放在同一试管里时，正常蛋白质也会变为病变的蛋白质，此时的氨基酸组成也发生改变，原为脯氨酸的蛋白质变为亮氨酸，这种蛋白质可导致细胞死亡。

2. 致病机制和临床症状

疯牛病可以通过受孕母牛经胎盘传染给犊牛，也可经由患病动物的骨肉粉加工的饲料传播到其他的牛。疯牛病多发生于 4 岁左右的成年牛，大多表现为烦躁不安、行为反常，对声音和触摸极度敏感，常由于恐惧、狂躁而表现出攻击性。少数病牛出现头部和肩部肌肉震颤和抽搐。

患克雅氏病的人都是与患病牛接触或食用病牛肉及其制品有关。特别是一些国家的牛饲料加丁丁工艺中允许使用牛等动物的骨、内脏和肉作饲料，致使此病迅速蔓延，而且传染给人类的概率增加。人患克雅氏病后，长期昏睡或变成痴呆，解剖死者大脑发现有进行性淀粉样病变，脑内的灰质和白质逐渐消失，脑子变成海绵状，因此脑功能消失，所以此病又称"海绵状脑病"。此病具有很大的危险性，潜伏期长，从 2 年到几十年，因无自觉症状难以早期诊断，待发生痴呆时脑内已发生不可逆转病变，死亡率几乎为 100%。

3. 控制措施

本病尚无有效治疗方法，控制措施以预防为主。目前采取的主要措施为：禁止将患病动物骨肉粉等产品作为饲料，以防通过饲料造成疾病在牛群中的流行；发现病畜立即按有关规定捕杀，禁止将病牛的脑、脊髓、牛肉等加工成任何种类的食品；禁止进口和销售以发生疯牛病国家的牛肉、牛组织、脏器等为原料生产制成的食品和饲料产品。

五、 SARS 冠状病毒

2002 年 11 月，中国广东出现 SARS（server acute respiratory syndrome，严重急性呼吸综合征，也称非典型肺炎）病例。2003 年 1 月，SARS 的传播引起国家卫生部及世界卫生组织的关注，并开始了寻找病原体的工作。2003 年 4 月 16 日，WHO 正式确认一种新型冠状病毒（SARS-CoV）是引起 SARS 的病原体。至 2003 年 6 月 24 日，新型冠状病毒引起的 SARS 全球报告病例涉及 32 个国家和地区，总病例数 8460 人，死亡数为 809 人。迄今，对于 SARS 冠状病毒的基因组测序后，科学家们根据种系发育研究结果推测这种冠状病毒来源于动物。已有的试验证实，从果子狸标本中分离出的 SARS 样冠状病毒序列分析结果与人类 SARS 冠状病毒有 99% 以上的同源性，相继也有从其他哺乳动物中分离出 SARS 样冠状病毒的报道；同时，在饲养果子狸的人员中检测到 SARS 冠状病毒抗体呈阳性。现在非常肯定，SARS 冠状病毒可以随粪便、呼吸道分泌物和尿液排出。

SARS 病毒主要通过紧密接触传播，以近距离飞沫传播为主，也可通过手接触呼吸道分泌物，经口鼻眼传播，另有研究发现存在粪-口传播的可能。是否还有其他传播途径尚不清楚。SARS 起病急、传播快，病死率高，暂无特效药。与其他传染病一样，SARS 的流行必须具备三个条件，即传染源、传播途径和易感人群，统称流行过程三环节。只有三个环节共同存在，而且在一定的自然因素和社会因素联合作用下，才能形成流行。若采取有效措施，切断其中任一环节，其流行过程即告终止。隔离与防护是目前最好的防护措施。

六、 禽流感病毒

禽流感病毒引起禽流感，也称高致病性禽流感（HPAI）。禽流感是多种禽类的病毒性疾病，包括无症状的感染、轻微感染和急性感染，可以传播给人引起发病。

1. 病原学特点

禽流感病毒可分为甲型和乙型病毒，仅甲型病毒引起大的流行。对热的耐受力较低，60℃经10min、70℃经2min即可致病，普通消毒剂能很快将其杀死。

2. 致病机制和临床表现

家禽及其尸体是禽流感病毒的主要传染源。该病毒存在于病禽的所有组织、体液、分泌物和排泄物中，常通过消化道、呼吸道、皮肤损伤和眼结膜传染。吸血昆虫也可传播病毒。病禽肉和蛋也可带毒。

禽流感病毒通常不感染除禽类和猪以外的动物，但人偶尔可以被感染。人感染后，潜伏期为3~5d，表现为感冒症状，呼吸不畅，呼吸道分泌物增加。病毒可通过血液进入全身组织器官，严重者可引起内脏出血、坏死，造成机体功能降低，甚至引起死亡。

3. 预防和控制措施

禽流感被认为是职业病，多发生于从事禽的饲养、屠宰、加工和相关实验室的工作人员。控制禽发生禽流感的具体措施主要是做好禽流感疫苗预防接种工作，防止禽类感染禽流感病毒。一旦发生疫情，应将病禽及时捕杀，对疫区采取封锁和消毒等措施。

感染禽类的分泌物、野生禽类、被污染的饲料和设备和被感染的人都是禽流感病毒的携带者，应采取适当措施切断这些传染源。

饲养人员和与病禽接触人员应采取相应防护措施，以防发生感染。注意饮食卫生，食用可疑的禽类食品时，要加热煮透。对可疑餐具要彻底消毒；加工生肉的用具要与熟食分开，避免交叉污染。

第六节　食源性寄生虫及其危害

寄生虫指不能或不能完全独立生存，只在另一生物的体表或体内才能生存，并使后者受到危害的生物，受到危害的生物称为宿主。成虫和有性繁殖阶段的宿主称为终宿主，幼虫和无性繁殖阶段的宿主称为中间宿主。寄生虫从宿主获得营养，生长繁殖并引起宿主发病，甚至死亡。寄生虫及其虫卵可直接污染食品，也可经含寄生虫的粪便污染水体和土壤等环境，再污染食品，人经口食入被污染的食品后发生食源性寄生虫病。

一、囊尾蚴

囊尾蚴是寄生在人的小肠中的猪有钩绦虫和牛无钩绦虫的幼虫，能引起猪、牛的囊虫病，猪囊尾蚴也能引起人的囊虫病。

1. 病原体

病原体的成虫是有钩绦虫或猪肉绦虫、无钩绦虫或牛肉绦虫。幼虫阶段是囊尾蚴，也称为囊虫。囊虫呈椭圆形，乳白色，半透明，大小为（6~10）mm × 5mm，位于肌纤维的结缔组织内，长径与肌纤维平行。

2. 致病机制和临床表现

猪囊尾蚴主要寄生在骨骼肌中，其次是心肌和大脑。人如果食用了含有囊尾蚴的猪肉，由于肠液及胆汁的刺激，其头节即从包囊中引颈而出，以带钩的吸盘吸附在人的肠壁上从中吸取营养并发育为成虫（绦虫），使人患绦虫病，在人体内寄生的绦虫可生存很多年。除猪是主要的中间寄主外，犬、猫、人也可作为中间寄主。即人除了是终宿主外，也可以是中间宿主。人患囊尾蚴病可能是人食用了被虫卵污染的食物，也可能是由于胃肠逆蠕动将自己小肠中寄生的绦虫孕卵节片逆行入胃，虫卵就如同进入猪体一样，经过消化道，进入人体各组织，在横纹肌中发育成囊尾蚴，使人患猪囊尾蚴病。

无钩绦虫的终宿主也是人，感染过程与上述有钩绦虫相似，但中间宿主只有牛，且囊尾蚴只寄生在横纹肌中。

人患绦虫病时出现食欲减退、体重减轻、慢性消化不良、腹痛、腹泻、贫血、消瘦等症状。患有钩绦虫病时，由于肠黏膜的损伤较重，少数人发生虫体穿破肠壁而引发腹膜炎。患囊尾蚴时，如侵害皮肤，表现为皮下有囊尾蚴结节。侵入肌肉引起肌肉酸痛、僵硬。侵入眼中影响视力，严重的导致失明。侵入脑内出现精神错乱、幻听、幻视、语言障碍、头痛、呕吐、抽搐、癫痫、瘫痪等神经症状，甚至突然死亡。

3. 预防和控制措施

控制的原则是切断虫体从一个宿主转移到另一个宿主。因此，应加强肉品卫生检验，防止患囊尾蚴的猪肉或牛肉进入消费市场。消费者不应食用生肉，或半生不熟的肉，对切肉的刀具、案板、抹布等及时清洗，坚持生熟分开的原则，防止发生交叉污染。注意饮食卫生，生食的水果和蔬菜要清洗干净。加强对人类粪便的处理和厕所管理，杜绝猪或牛吞食可能存在绦虫的孕卵节片或虫卵。

二、旋　毛　虫

旋毛虫引起旋毛虫病，人和几乎所有哺乳动物均能感染，在食品卫生上有重要的影响，特别是在肉品检验不严格的地区。

1. 病原体

旋毛虫为线虫，肉眼不易看出，雌雄异体。成虫寄生在寄主的小肠内，长 1~4mm；幼虫寄生在寄主的横纹肌内，卷曲呈螺旋形，外面有一层包囊呈柠檬状，包囊大小为（0.25~0.66）mm×（0.21~0.42）mm。

2. 致病机制和临床表现

当含有旋毛虫幼虫的肉被食用后，幼虫由囊内逸出进入十二指肠及空肠，迅速生长发育为成虫，并在此交配繁殖。每条雌虫可产 1500 条以上幼虫，这些幼虫穿过肠壁，随血液循环被带到寄主全身横纹肌内，生长发育到一定阶段卷曲呈螺旋形，周围逐渐形成包囊。当包囊大小达到 1mm × 0.5mm 时，状似卵圆形结节。幼虫喜好寄生在舌肌、横膈膜、咬肌和肋间肌。在肌肉中，幼虫可以存活很长时间，有的可能死亡并被钙化。猪、食肉动物和人吃了感染旋毛虫的猪肉、马肉或其他肉类而发生感染。在消化液的作用下幼虫从包囊中释放出来，发育为成虫，开始新的生活周期。由此可见，旋毛虫的幼虫和成虫发育阶段都是在同一个寄主内完成的。

人感染后的典型症状是高热、无力、关节痛、腹痛、腹泻、面部和眼睑水肿，甚至出现神经症状，包括头昏眼花、局部麻痹。

3. 预防和控制措施

控制旋毛虫病流行的关键是避免食用含旋毛虫幼虫的肉类或被其污染的动物组织，也要避免用被污染的肉类下脚料饲喂动物，造成疾病在动物之间传播。本病在野生食肉动物和啮齿动物之间传播，由于幼虫可以在腐败的肉中存活很长时间，因此即使肉已腐败也保持感染力，这也是本病难以控制的原因之一。

应贯彻执行肉品检验规程，不漏检任何进入市场的猪肉、牛肉和羊肉等。采用高温的方法可以杀死肉中的旋毛虫幼虫，加热温度达76.7℃可灭活肉中的虫体。冷冻对肉中的旋毛虫幼虫有致死作用，当冷冻温度为−17.8℃，6~10d后旋毛虫幼虫死亡。

加强猪的饲养管理，特别是不以屠宰下脚料和泔水喂猪。消灭鼠类也是控制旋毛虫的重要措施之一。此外，野生动物肉中常含有旋毛虫，不宜食用。

三、 龚地弓形虫

龚地弓形虫引起弓形虫病，又称弓形体病或弓浆虫病。龚地弓形虫是一种原虫，宿主十分广泛，可寄生于人及多种动物体内中，是常见的人兽共患病。

1. 病原体

龚地弓形虫存在有性繁殖和无性繁殖两个阶段，猫为终宿主，人、猪和其他动物（啮齿动物及家畜等）为中间寄主。龚地弓形虫不同的发育阶段其形态不同。滋养体是龚地弓形虫摄取营养阶段，能活动、提供养料、生长和繁殖，是寄生原虫的寄生阶段。在不良环境下，虫体会分泌一种保护性胶体将自己包裹起来，形成包囊。

滋养体对温度较敏感，所以不是主要传染源；包囊对低温的抵抗力强，冰冻状态下可存活35d，在寄主体内可长期生存，在猪、犬体内可达7~10个月；卵囊在自然界可较长期生存。

2. 致病机制和临床表现

病畜的肉、乳含有虫体，泪、唾液、尿液中均含有虫体，可造成食品污染，人可因食用含虫体的食品而感染。除消化道感染外，也可经接触发生感染，孕妇感染后可经胎盘传染给胎儿。

人的先天性感染多在孕妇妊娠初期感染弓形体时发生。后天获得性感染，其临床症状有发热、不适、夜间出汗、肌肉疼痛、咽部疼痛、皮疹，部分患者可出现淋巴结肿大、心肌炎、肝炎、关节炎、肾炎和脑病。

3. 预防和控制措施

对畜牧业和肉类食品加工企业从业人员定期做检查，饲养宠物的人员也应经常做健康检查。做好粪便无害化处理工作和灭鼠工作。不食生蛋、生乳和生肉，生熟食品用具应严格分开。

四、 并殖吸虫（肺吸虫）

1. 病原

我国常见的肺吸虫病病原为卫氏并殖吸虫（*Pagumogonimus skrjabini*）和斯氏狸殖吸虫（*Pagumogonimus skrjabini*）。

2. 病原学特点

并殖吸虫属吸虫隐孔科（Trematode Troglotrematidae）。卫氏并殖吸虫成虫虫体呈卵圆形，背面隆起，体表多小棘，长7~15mm，宽3~8mm。红褐色，半透明。口吸盘和腹吸盘大小相等。寄生在人的肺脏内，也可异位寄生于脑等部位。猫、犬、猪等也能感染。虫卵一般呈卵圆形，黄褐色，壳厚，有小盖。第一中间宿主是川卷螺，第二中间宿主是溪蟹、喇蛄（寄生在鳃、肌肉等处）等，终宿主是人及多种肉食类哺乳动物。人因食生醉和未煮熟的蟹或喇蛄而受感染，引起卫氏肺吸虫病。

斯氏狸殖吸虫于1935年在果子狸的肺中发现，人是其非正常宿主，主要引起四川肺吸虫病。成虫虫体窄长，前宽后窄，两端较尖，长3.5~6.0mm，宽11.0~18.5mm，宽长比例为1：2.4~1：3.2，最宽处在腹吸盘稍下水平。在童虫期已显示出虫体长明显大于虫体宽的特征。腹吸盘位于体前约1/3处，略大于口吸盘。卵巢位于腹吸盘的后侧方，其大小及分支情况视虫体成熟程度而定，虫龄低者，分支数较少。虫龄高者，分支数多，形如珊瑚。睾丸2个，左右并列，可分多叶，其长度占体长的1/7~1/4，有些可达1/3，位于体中、后1/3间部。虫卵椭圆形，大多数形状不对称，壳厚薄不均匀，其大小在各地区差异较大。斯氏狸殖吸虫生活史与卫氏并殖吸虫相似。

3. 传播途径

肺吸虫的虫卵随患者、病畜、病兽的痰液或粪便排出，入水后孵化出毛蚴。毛蚴在水中侵入淡水螺，发育成尾蚴后逸出，尾蚴在水中侵入淡水蟹或蝲蛄体内，形成囊蚴（幼虫像蚕一样作茧把自己包裹在内）。人通过生吃或半生吃含活囊蚴的淡水蟹或蝲蛄而感染。

4. 易感性

人对本病普遍易感。患者多见于青少年，尤其是学龄儿童。

5. 致病机制

肺吸虫病是由寄生在肺部的吸虫引起的，幼虫或成虫在人体组织与器官内移行、寄居会造成机械性损伤，其代谢物等会引起免疫病理反应。

6. 临床表现

本病的潜伏期为3~6个月，肺吸虫成虫在人体内寿命一般为5~6年。因肺吸虫寄生的部位不同，所以临床表现多样化。

(1) 呼吸道症状 咳嗽和咳痰最为常见。卫氏肺吸虫病患者咳嗽较重，痰黏稠、带腥味、呈铁锈色。四川肺吸虫病患者咳嗽较轻，痰量少，偶带血丝。患者多诉胸痛，常伴胸腔积液。

(2) 腹部症状 腹痛、腹泻在疾病早期比较多见，有时也出现恶心、呕吐。四川肺吸虫幼虫常侵入肝脏，所以肝肿大、肝功能异常较为常见。

(3) 神经系统症状 多见于严重感染。成虫寄生于脑内时可出现癫痫、瘫痪、麻木、失语、头痛、呕吐、视力减退等。成虫侵入脊髓时可产生下肢感觉减退、瘫痪、腰痛、坐骨神经痛等。

(4) 皮下结节或包块 卫氏肺吸虫病可有皮下结节，结节多在下腹部至大腿之间的皮下深部肌肉内，外观不易看到，但能用手触及。游走性皮下包块为四川肺吸虫病特殊表现，最多见于腹部，也可见于胸部、腰背部等处。其边缘不清，有隐痛或微痒，常此起彼伏，反复出现，最后包块逐渐缩小、变硬。包块内可找到鱼虫虫体，但从无虫卵发现。

(5) 其他 如睾丸炎、淋巴结肿大、心包积液等皆可发生，但均少见。四川肺吸虫病可有眼球突出等眼部症状。

7. 预防和控制措施

(1) 及时发现并彻底治疗患者，对病畜、病兽加强调查和捕杀。

(2) 防止患者的痰液和粪便污染水源，用生石灰杀死痰液和粪便中的虫卵。

(3) 饲养鲶鱼和家鸭避免吞食淡水螺和蝲蛄，以切断传播途径。

(4) 不吃生的或半熟的溪蟹、淡水螺和蝲蛄，不喝生溪水。

五、 其他寄生虫

（一）蓝氏贾地鞭毛虫

蓝氏贾地鞭毛虫是单细胞原生动物，借助鞭毛运动，引起贾地鞭毛虫病。蓝氏贾地鞭毛虫存在于水域环境中，其细胞可形成包囊，包囊是蓝氏贾地鞭毛虫存在于水和食品中的主要形式，也是其感染形式。人摄入包囊后一周发病，症状有腹泻、腹绞痛、恶心、体重下降，疾病可以持续1~2周，但有的慢性病例可以持续数月到数年，患者都难以治愈。感染剂量低，摄入1个以上包囊就可发病。该病的流行主要与受污染的水及食品有关。各种人群都发生感染，但儿童比成年人发病率高，而成年人中慢性病例多于儿童。

（二）小型隐孢子虫

小型隐孢子虫是单细胞原生动物，是细胞内寄生虫。小型隐孢子虫可感染多种动物，包括牛、羊、鹿等，具有感染力的卵囊大小为3μm，对大多数化学消毒剂不敏感，但对干燥和紫外线敏感。对人的感染剂量少于10个虫体。

人可通过污染的水、食品被感染，接触患者、患病动物排泄物也会导致感染。感染后引起肠道、气管和肺隐孢子虫病。肠道隐孢子虫病的特征是严重的腹泻，肺和气管隐孢子虫病出现咳嗽、低热，并伴有肠道疾病。临床症状与机体的免疫状态有关，免疫缺陷者比较严重。

（三）溶组织内阿米巴虫

溶组织内阿米巴虫为单细胞寄生动物，即原生动物，主要感染人类和灵长类。一些哺乳动物如狗和猫也可感染，但通常不经粪便向外排出包囊（Cyst），因此疾病的传播意义不大。有活力的滋养体只存在于宿主和新鲜粪便中，而包囊在水、土壤和食品中能生存数周。理论上一个活的包囊就可引起感染，当包囊进入消化道中破囊后，可引起阿米巴病。感染有时可持续数年，表现为无症状感染、胃肠道紊乱、痢疾（粪便中有血和黏液）。并发症有肠道溃疡和肠道外脓肿。

阿米巴病经被粪便污染的饮水和食品传播，与患者的手和被污染的物体接触或性接触也引起感染。所有人群均可感染，但皮肤上有损伤和免疫力低下的人症状更严重。

（四）肝片吸虫

肝片吸虫寄生于牛、羊、鹿、骆驼等反刍动物的肝脏、胆管中，在人、马及一些野生动物中也可寄生。

肝片吸虫外观呈叶片状，灰褐色，虫体一般长20~25mm，宽5~13mm。成虫寄生在终寄主（人和动物）的肝脏、胆管中，中间寄主为椎实螺。椎实螺在中国分布甚广，在气候温和、雨量充足地区，春夏季大量繁殖。随同终寄主粪便排出的虫卵进入螺体内发育为尾蚴。尾蚴逸出后游进水中，脱尾成为囊蚴，附着在水稻、水草等植物的茎叶上。动物或人吃进囊蚴后，囊蚴在小肠内蜕皮，在向肝组织钻孔的同时，继续生长发育为成虫，最后进入胆管内，可生存2~5年之久。

当肝片吸虫幼虫穿过肝组织时，可引起肝组织损伤和坏死。成虫在寄主胆管里生长，能使胆管堵塞，由于胆汁停滞而引发黄疸，刺激胆管使胆管发炎，并导致肝硬化等症状。

（五）十二指肠钩虫

十二指肠钩虫细小、半透明、淡红色，长约1cm。十二指肠钩虫为多寄主寄生虫，除能感染人体外，十二指肠钩虫还可感染犬、猪、猫、狮、虎、猴等。钩虫的发育温度为 $22\sim34.5℃$，在 $15℃$ 以下和 $37℃$ 以上停止发育。中国南方几乎全年都可感染，北方地区感染季节较短。

十二指肠钩虫成虫寄生在寄主的小肠，虫卵随粪便排出，在温暖、潮湿、疏松的土壤中且有荫蔽的条件下 $1\sim2d$ 可孵出第一期杆状蚴，之后蜕皮发育为第二期杆状蚴，再经 $5\sim6d$，第二次蜕皮后发育为丝状蚴，具有感染能力，又称感染期幼虫。它具有向湿性，当接触人体时可侵入并进入血管或淋巴管，随血流经心至肺，穿破肺微血管进入肺泡，沿支气管上行至会咽部，随吞咽活动经食管进入小肠，经第三次蜕皮，形成口囊，吸附于肠壁，摄取营养。$3\sim4$ 周后再蜕皮即成为成虫。成虫的寿命可达 5~7 年，但大部分于 $1\sim2$ 年内被排出体外。

人身体外露部分接触含十二指肠钩虫幼虫的土壤时，丝状蚴可经皮肤入侵。生食蔬菜时幼虫可经口腔和食道黏膜侵入体内。幼虫可引起钩蚴性皮炎，成虫可引起腹痛，持续性黑便、贫血。

（六）似蚓蛔虫

似蚓蛔虫引起蛔虫病。虫卵为椭圆形，呈棕黄色。

蛔虫的发育不需要中间寄主，各种蛔虫的生活史基本相同。成虫寄生于寄主的小肠内，虫卵随粪便排出体外，在适宜的环境中单细胞卵发育为多细胞卵，再发育为第一期幼虫，经一定时间的生长和蜕皮，变为第二期幼虫（幼虫仍在卵壳内），再经 $3\sim5$ 周才能生长到感染性虫卵阶段。感染性虫卵被寄主吞食后，在小肠内孵出第二期幼虫，侵入小肠黏膜及黏膜下层，进入静脉，随血液到达肝、肺，后经支气管、气管、咽喉返回小肠内寄生，在此过程中，其幼虫逐渐长大为成虫。成虫在小肠里能生存 $1\sim2$ 年，有的甚至可生存达 4 年以上。

蛔虫病的感染源主要是虫卵污染的土壤、饮水和食物，虫卵对外界环境的抵抗力较强，可生存 5 年或更长时间。但虫卵不耐热，在阳光下数日可死亡。

蛔虫病分为两个阶段，早期症状与幼虫在肺内移行有关，表现为发热、咳嗽、肺炎；后期为小肠内成虫阶段，轻者不表现症状，严重感染时可出现消瘦、贫血、腹痛等症状，虫的数量大还可引起肠梗阻及肠穿孔、阑尾炎。成虫钻入气管可引起窒息，钻入胆管可引起胆道蛔虫病。

🔍 思考题

1. 食品腐败变质常用的预防和控制措施有哪些？
2. 菌落总数和大肠菌群的食品卫生学意义有哪些？
3. 细菌性食物中毒的预防措施有哪些？
4. 控制沙门菌食物中毒的要点有哪些？
5. 引起副溶血性弧菌食物中毒的主要食品有哪些？如何据此制订相应的控制措施？
6. 什么是真菌毒素？真菌性食物中毒的预防措施有哪些？
7. 叙述黄曲霉毒素的来源、毒性作用、易受污染的食品及黄曲霉毒素中毒的预防和控制措施。
8. 黄变米毒素有哪些？
9. 轮状病毒感染的流行病学特点是什么，如何预防？
10. 通过查阅文献了解禽流感的研究进展，请从感染源、病原学特点、传播途径、致病性以及防治等方面谈谈对其的认识。
11. 如何预防蛔虫感染？

▼ 案例讨论

案例一

某年 6 月中旬，某市一所中学有十几名学生在学校食堂吃过夜宵后相继出现了腹痛、腹泻、恶心、呕吐等症状，该市卫生监督部门接到报告后，立即派监督员到医院和学校进行调查处理。卫生监督员对该校食堂保存的 3 份剩余食品进行检查发现，其中 2 份剩余食品因高度腐败变质细菌总数无法计数，并且凭肉眼和嗅觉就可发现剩余食品中的菜包和原料火腿肠已经腐败变质。

结合所学知识，请分析和判断：

（1）对引起此次食物中毒的变质食品除感官鉴定外还可进行哪些方面的鉴定？

（2）如果你是食堂的管理人员，发现变质的食物应如何处理？

（3）应如何预防食品的腐败变质？

（4）如果你是一名食堂的食品安全管理人员，结合日常工作要求和社会主义核心价值观，谈谈如何预防此类食物中毒事件的发生。

案例二

2020 年 10 月某日，黑龙江省某市某县某镇某社区居民王某及其亲属 9 人在家中聚餐后出现了食物中毒症状，就餐期间大家共同食用了自制酸汤子（用玉米水磨发酵后做的一种粗面条样的主食）。经调查得知，该酸汤子食材已在冰箱冷冻一年，疑似该食材引发食物中毒。后经当地公安机关刑事技术部门现场提取物检测，未查出氰化物（剧毒类）、有机磷类（农药类）、呋喃丹类（氨基甲酸酯类内吸性广谱杀虫剂）、安定类（催眠）、毒鼠强（鼠药类）等有毒物质，排除人为投毒可能。此事件中共有 7 名患者经救治无效死亡。

结合所学知识，请分析和判断：

（1）首先应考虑的诊断是什么？为什么？

（2）如何预防类似的食源性疾病的发生？

案例三

某年夏季，某工地 20 余名工人晚餐吃炒米饭后 1~3h，20 余名工人中有 10 多名工人出现恶心、上腹痛、剧烈呕吐、腹泻等症状，但都不发烧。患者就医后经对症和支持治疗后症状缓解，2 天后均康复出院。

结合所学知识，请分析和判断：

（1）首先应考虑的诊断是什么？依据是什么？

（2）应采取什么处理措施？

（3）如何预防类似的食源性疾病的发生？

案例四

某年 5 月中旬，某教育培训机构有 7 名学生因出现腹痛、腹泻和高烧（平均>39℃）等病情而就诊，之后陆续有 38 名同学校的学生也出现类似病情而各自就诊，其中 1 名出现休克。45例患者均有腹痛，腹泻 37 例（占 82.2%），体温>39℃者 42 例（占 93.3%），呕吐 7 例（占

15.5%），休克1例（占2.2%），少部分出现头痛。患者经消炎、补液等对症治疗后症状缓解，均康复出院。经流行病学调查、现场卫生学调查，结合患者临床表现和实验室检查结果，确定是一起因集体就餐时食用凉拌牛肉、凉拌海带而感染沙门菌引起的食物中毒事件。

结合所学知识，请分析和判断：

（1）引起该起食物中毒的中毒食物中的病原菌可能来源于哪里？

（2）沙门菌食物中毒的流行病学特点有哪些？

（3）沙门菌食物中毒的发病机制是什么？

（4）如何预防沙门菌食物中毒的发生？

（5）如果你是该培训机构的管理人员，请结合职业工作要求，谈谈如何预防此类事件的发生？

案例五

1988年初，上海市全市范围内因腹泻而急诊的患者人数急剧增多，患者症状除腹泻外，还多伴有发热、乏力、胃口不好、腹痛、呕吐、黄疸等。在随后的短短一个月时间里，上海市区就有30多万人感染，大部分是青壮年，其中32例死亡。调查这些腹泻患者的饮食史发现，绝大多数患者都吃过毛蚶。这些毛蚶来自江苏启东，由于启东江段靠近长江的入海口，其沿江城市和农村有大量生活污水通过长江排泄，污染相对严重，经检测毛蚶中含有甲型肝炎病毒。

结合所学知识，请分析和判断：

（1）常见的肠道传染病有哪些？本案例是哪种肠道传染病？

（2）肠道传染病的主要传染源和传播途径是什么？

（3）如何预防肠道传染病的发生与蔓延？

化学性危害

食品中的化学性危害种类繁多，来源复杂。各种有毒有害化学物质对食品造成的污染有如下特点：①污染途径复杂、多样，涉及范围广，不易控制；②受污染的食品外观一般无明显的改变，不易鉴别；③污染物性质稳定，在食品中不易消除；④污染物的蓄积性强，通过食物链的生物富集作用可在人体内达到很高的浓度，易对健康造成多方面的危害，特别是致癌、致畸、致突变作用。

第一节 化学物质应用的安全性

当今，农药、兽药和饲料添加剂对食品安全性产生的影响已成为近年来人们关注的焦点。在美国，由于消费者的强烈反对，35 种有潜在致癌性的农药已被禁用。中国有机氯农药虽然于1983 年已停止生产和使用，但由于有机氯农药化学性质稳定、不易降解，在食物链、环境和人体中可长期残留，目前在许多食品中仍有较高的检出量。取而代之的有机磷类、氨基甲酸酯类、拟除虫菊酯类等农药，虽然残留期短、用量少、易于降解，但由于农业生产中滥用农药，导致害虫耐药性的增强，这又使人们加大了农药的用量，并采用多种农药交替使用的方式进行农业生产。农药的不规范使用对食品安全性及人类健康构成了很大的威胁。

为预防和治疗家畜、家禽、鱼类等的疾病，促进其生长，大量投入抗生素、磺胺类和激素等药物，造成了动物性食物中有药物残留，尤其在饲养后期、宰杀前施用，药物残留更为严重。一些研究者认为，动物性食物中的某些致病菌如大肠杆菌等，可能由于滥用抗生素造成该菌耐药性提高从而形成新的耐药菌株。将抗生素作为饲料添加剂，虽然有显著的增产防病作用，但却导致这些抗生素对人类的医疗效果越来越差。尽管世界卫生组织呼吁减少用于农业的抗生素种类和数量，但由于兽药产品可给畜牧业和医药工业带来丰厚的经济效益，要将兽药纳入合理使用轨道远非易事，因此兽药残留是目前及未来影响食品安全性的重要因素。

为了有助于加工、包装、运输、贮藏过程中保持食品的营养成分，增强食品的感官性状，适当使用一些食品添加剂是必要的，但要求将使用量控制在最低有效量的水平，如果超量超范围滥用食品添加剂会给食品带来毒性，影响食品的安全性，危害人体健康。目前在食品加工环节中仍存在着滥用食品添加剂的现象，如使用量过多、使用不当或使用禁用添加剂等。另外，食品添加剂还具有积累性和叠加毒性，其本身含有的杂质和在体内进行代谢转化后形成的产物等也带来了潜在的安全性问题。

一、农药残留

（一）农药的概念

农药（pesticide）是指用于防治农林牧业生产中的有害生物和调节植物生长的人工合成物质或者天然物质。根据《中华人民共和国农药管理条例》（2017年修订，以下简称《农药管理条例》）的定义，农药是指用于预防、控制危害农业、林业的病、虫、草、鼠和其他有害生物以及有目的地调节植物、昆虫生长的化学合成或者来源于生物、其他天然物质的一种物质或者几种物质的混合物及其制剂。

（二）农药的分类

目前在世界各国注册的农药有1500余种，其中常用的有300多种。中国有农药原药250种和800多种制剂，居世界第二位。为使用和研究方便，常从不同角度对农药进行分类。

1. 按来源分类

（1）有机合成农药 由人工研制合成，并由有机化学工业生产的一类农药。按其化学结构可分为有机氯、有机磷、氨基甲酸酯、拟除虫菊酯等。有机农药应用最广，但毒性较大。

（2）生物源农药 指直接从生物活体或生物代谢过程中产生的具有生物活性的物质，或将从生物体提取的物质作为防治病虫草害的农药，包括微生物农药、动物源农药和植物源农药三类。

（3）矿物源农药（无机化合物） 有效成分起源于矿物的无机化合物和石油类农药，包括硫制剂、铜制剂和矿物油乳剂等。

2. 按用途分类

有杀虫剂（insecticide）、杀螨剂（mitecide）、杀真菌剂（fungicide）、杀细菌剂（bactericide）、杀线虫剂（nematicide）、杀鼠剂（rodenticide）、除草剂（hebicide）、杀螺剂（molluscides）、熏蒸剂（furnigants）和植物生长调节剂（plant growth regtllators）等。

3. 按化学结构与组成分类

农药按化学结构与组成分类可分为有机氯、有机磷、氨基甲酸酯、拟除虫菊酯、有机砷、有机汞等。

4. 按毒性分类

农药按毒性分类可分为剧毒类、高毒类、中等毒类和低毒类。

（三）使用农药的利弊

化学农药在现代农业生产中扮演了重要的植保卫士的角色，农药的施用能减少农作物损失，提高产量；提高农业生产的经济效益；减少虫媒传染病的发生。因滥用农药、盲目增加药量、忽视休药期等不规范施药行为的存在导致的农药残留问题越来越受到社会的广泛关注。残留于农产品中的农药通过食物链进入人体，在富集和累积效应下，对人体健康产生直接或潜在危害，如发生急性、慢性中毒、损伤神经及内脏、致癌致畸等；此外，农药的施用还会导致环境质量发生恶化，一些害虫的天敌被毒死，物种减少，生态平衡被破坏。

（四）环境中农药的残留

1. 环境中农药的来源

（1）工业生产　农药生产企业和包装厂排放的"三废"，尤其是未经处理或处理不达标的废水，对环境污染很严重。

（2）农业生产　为了防治病虫害而被喷施到农田、草原、森林和水域中的农药直接落到害虫上的还不到施药量的 1%，喷洒到植物上的有 10%~20%，其余则散布于环境中。

2. 农药在环境中的迁移和循环

农药可随大气、水体、土壤等媒体迁移，特别是化学性质稳定、难以转化和降解的农药更易通过大气漂移和沉降、水体流动在环境中不断迁移和循环，致使农药对环境的污染具有普遍性和全球性。

3. 农药残留

农药残留（pesticide residue）是农药使用后残存于食品、农产品和动物饲料中的农药母体、衍生物、代谢物、降解物和杂质的总称；残留的数量称为残留量，以每千克样本中含有多少毫克（或微克、纳克等）表示。在此定义中，残留物包括被认为具有毒理学意义的农药衍生物，如农药转化物、代谢物、反应产物及杂质等。

4. 农药残留限量

食品中的农药残留量可对消费者的身体健康产生直接影响。同时，制定农药残留限量标准也成为了国际农产品和食品贸易中重要的技术性贸易措施。联合国及世界各国都非常重视食品中农药残留量的研究和监测，制定了多项农药残留限量标准。WHO/FAO 对农药最大残留限量（maximum residue limit，MRL）的定义为：按照 GAP，直接或间接使用农药后，允许在食品和饲料中残留的农药的最大浓度。目前，WHO/FAO 已制订了 3000 多项农药最大残留限量标准，美国已制定 8000 多项农药最大残留限量标准，我国的《食品安全国家标准　食品中农药最大残留限量》（GB 2763—2021）制定的食品中农药残留限量标准为 10092 项。

（五）食品中农药残留的来源

1. 施药后直接污染

在农业生产中，农药被直接喷洒于农作物的茎、叶、花和果实等表面，可造成农产品污染。部分农药被作物吸收进入植株内部，经过生理作用运转到植物的根、茎、叶和果实上，代谢后残留于农作物中，尤其以皮、壳和根茎部的农药残留量最高。

在兽药临床使用上，在使用广谱驱虫和杀螨药物（如有机磷、拟除虫菊酯、氨基甲酸酯类等制剂）杀灭动物体表寄生虫时，如果药物用量过大被动物吸收或舔食，在一定时间内可造成畜禽产品中存在农药残留。

在农产品贮藏中，为了防止农产品霉变、腐烂或植物发芽，施用农药会造成食用农产品直接污染。如在粮食贮藏中使用熏蒸剂，柑橘和香蕉用杀菌剂，马铃薯、洋葱和大蒜用抑芽剂等均可导致这些食品中有农药残留。

2. 从环境中吸收

农田、草场和森林施药后，有40%~60%农药降落至土壤，5%~30%的药剂扩散于大气中，逐渐积累，通过多种途径进入生物体内，致使农产品、畜产品和水产品出现农药残留问题。

（1）从土壤中吸收　当农药落入土壤后，逐渐被土壤粒子吸附，植物通过根茎部从土壤中吸收农药，引起植物性食物中有农药残留。

（2）从水体中吸收　水体被污染后，鱼、虾、贝和藻类等水生生物从水体中吸收农药，造成组织内农药残留。用含农药的工业废水灌溉农田或水田，也可导致农产品中有农药残留。甚至地下水也可能受到污染，畜禽从饮用水中吸收农药，导致畜产品中有农药残留。

（3）从大气中吸收　虽然大气中农药含量甚微，但农药的微粒可以随风、大气漂浮、降雨等自然现象造成远距离的土壤和水源的污染，进而影响栖息在陆地和水体中的生物。

3. 通过食物链污染

农药污染环境，经食物链（food chain）传递时可发生生物浓集（bioconcentration）、生物积累（bioaccumulation）和生物放大（biomagnification），致使农药的轻微污染也可造成食品中农药的高浓度残留。

4. 其他途径

（1）加工和贮运中污染　食品在加工、贮藏和运输中，使用被农药污染的容器、运输工具，或者与农药混放、混装均可造成农药污染。

（2）意外污染　拌过农药的种子常含大量农药，不能食用。

（3）非农用杀虫剂污染　各种驱虫剂、灭蚊剂和杀蟑螂剂逐渐进入食品厂、医院、家庭等，使人类食品受农药污染的机会增多、范围不断扩大。此外，高尔夫球场和城市绿化地带也经常大量使用农药，经雨水冲刷和农药挥发均可污染环境，进而污染人类的食物和饮水。

（六）食品中农药残留的危害

环境中的农药被生物摄取或通过其他方式进入生物体，蓄积于体内，通过食物链传递并富集，使进入食物链顶端——人体内的农药不断增加，严重威胁人类健康。大量流行病学调查和动物实验研究结果表明，农药对人体的危害可概括为以下三方面。

1. 急性毒性

急性中毒主要由于职业性（生产和使用）中毒、自杀或他杀以及误食、误服农药，或者食用刚喷洒过高毒农药的蔬菜和瓜果，或者食用因农药中毒而死亡的畜禽肉和水产品而引起。中毒后常出现神经系统功能紊乱和胃肠道症状，严重时会危及生命。

2. 慢性毒性

目前使用的绝大多数有机合成农药都是脂溶性的，易残留于食品原料中。若长期食用农药残留量较高的食品，农药会在人体内逐渐蓄积，可损害人体的神经系统、内分泌系统、生殖系统、肝脏和肾脏，引起结膜炎、皮肤病、不育、贫血等疾病。这种中毒过程较为缓慢，症状短时间内不很明显，容易被人们所忽视，而其潜在的危害性很大。

3. 特殊毒性

目前通过动物实验已证明，有些农药具有致癌（carcinogenesis）、致畸（teratoeenesis）和致突变（mutagenesis）"三致"作用或者具有潜在"三致"作用。

（七）控制食品中农药残留的措施

食品中的农药残留对人体健康的损害是不容忽视的。为了确保食品安全，必须采取正确的对策和综合防治措施，减少食品中农药的残留。

1. 加强农药管理

为了实施农药管理的法制化和规范化，加强农药生产和经营管理，许多国家设有专门的农药管理机构，并有严格的登记制度和相关法规。在美国，农药归属环保局（EPA）、食品与药物管理局（FDA）和农业部（USDA）管理。中国也很重视农药管理，颁布了《农药登记管理办法》，要求农药在投产之前或国外农药在进口之前必须进行登记，凡需登记的农药必须提供农药的毒理学评价资料和产品的性质、药效、残留、对环境影响等资料。1997 年，我国颁布了《农药管理条例》，规定农药的登记和监督管理工作主要归属农业行政主管部门，并实行农药登记制度、农药生产许可证制度、产品检验合格证制度和农药经营许可证制度，未经登记的农药不准生产、进口、销售和使用。《农药登记毒理学试验方法》（GB 15670—2017）和《食品安全性毒理学评价程序》（GB 15193—2014）规定了农药和食品中农药残留的毒理学试验方法。

2. 合理安全使用农药

为了合理安全使用农药，中国自 20 世纪 70 年代后相继禁止或限制使用了一些高毒、高残留、有"三致"作用的农药。1971 年农业部发布命令，禁止生产、销售和使用有机汞农药，1974 年禁止在茶叶生产中使用农药"六六六"和"DDT"（滴滴涕），1983 年全面禁止使用"六六六""DDT"和林丹。1982 年颁布了《农药安全使用规定》，将农药分为高、中、低毒三类，规定了各种农药的使用范围。《农药合理使用准则》（GB/T 8321.1～GB/T 8321.10）规定了常用农药所适用的作物、防治对象、施药时间、最高使用剂量、稀释倍数、施药方法、最多使用次数和安全间隔期（safety interval，即最后一次使用后距农产品收获天数）、最大残留量等，以保证农产品中农药残留量不超过相关食品安全国家标准中规定的最大残留限量标准。

3. 制定和完善农药残留限量标准

FAO/WHO 及世界各国对食品中农药的残留量都有相应规定，并进行广泛监督。中国政府也非常重视食品中的农药残留，《食品安全国家标准　食品中农药最大残留限量》（GB 2763）是我国监管食品中农药残留的唯一强制性国家标准，现行版本为 GB 2763—2021 版，规定了 564 种农药在 376 种（类）食品中 10092 项最大残留限量；涉及的农产品有蔬菜、水果、坚果、谷物、油料和油脂、糖料、饮料类、调味料、蛋类、生乳、水产品、哺乳动物肉类、禽肉类、内脏、肝脏、药用植物等。

4. 食品农药残留的消除

农产品中的农药主要残留于粮食糠麸、蔬菜表面和水果表皮，可用机械或热处理的方法予以消除或减少，尤其是化学性质不稳定、易溶于水的农药，在食品的洗涤、浸泡、去壳、去皮、加热等处理过程中均可被大幅度消减。粮食中的"DDT"经加热处理后可减少 13%～49%，大米、面粉、玉米面经过烹调制成熟食后，"六六六"残留量没有显著变化；水果去皮后"DDT"可全部除去，"六六六"有一部分还残存于果肉中。肉经过炖煮、烧烤或油炸后"DDT"可除去 25%～47%。植物油经精炼后，残留的农药可减少 70%～100%。

粮食中残留的有机磷农药，在碾磨、烹调加工及发酵后能不同程度地被消减。马铃薯经洗涤后，马拉硫磷可消除 95%，去皮后消除 99%。食品中残留的克菌丹通过洗涤可以除去，经烹调加热或加工成罐头后均能被破坏。

为了逐步消除和从根本上解决农药对环境和食品的污染问题，减少农药残留对人体健康和生态环境的危害，除了采取上述措施外，还应积极研制和推广使用低毒、低残留、高效的农药新品种，尤其是开发和利用生物农药，逐步取代高毒、高残留的化学农药。在农业生产中，应采用病虫害综合防治措施，大力提倡生物防治。进一步加强环境中农药残留监测工作，健全农田环境监控体系，防止农药经环境或食物链污染食品和饮水。此外，还须加强农药在贮藏和运输中的管理工作，防止农药污染食品，或者被人畜误食而中毒。大力发展无公害食品、绿色食品和有机食品，开展食品卫生宣传教育，增强生产者、经营者和消费者的食品安全知识储备，严防食品农药残留及其对人体健康和生命的危害。

（八）农药产品

1. 有机氯农药

（1）常用种类和性质　有机氯（organochlorines）农药是一类应用最早的高效广谱杀虫剂，大部分是含一个或几个苯环的氯衍生物，主要品种有"DDT"和"六六六"，其次是艾氏剂（aldrin）、异艾氏剂（isodrin）、狄氏剂（dieldrin）、异狄氏剂（endrin）、毒杀芬（toxaphene）、氯丹（chlordane）、七氯（heptachlor）、开蓬（kepone）等。

有机氯农药化学性质相当稳定，不溶或微溶于水，易溶于多种有机溶剂，在环境中残留时间长，不易分解，可不断地迁移和循环，从而波及全球的每个角落，是一类重要的环境污染物。有机氯农药具有高度选择性，多蓄积于动植物的脂肪或含脂肪多的组织中，因此目前仍是食品中最重要的农药残留物质之一。

（2）有机氯农药对人体的危害　有机氯农药多属低毒和中等毒性农药。急性中毒主要表现为神经系统和肝脏、肾脏的损害。由于有机氯农药有较强的蓄积性，因此对人的危害主要表现为慢性毒性。试验动物长期低剂量摄入有机氯农药所致的慢性毒性可表现为肝脏病变、血液和神经系统的损害。某些有机氯农药具有一定的雌激素活性，尤其是DDT及其代谢产物二氯二苯基二氯乙烷（dichlorodiphenyl dichloroethane，DDD）、二氯二苯基二氯乙烯（dichlorodiphenyl dichloro ethylene，DDE）等，均可引起雄性动物的雌性化，并可增加乳腺癌等激素相关肿瘤发生的危险性。有机氯农药可通过胎盘屏障使胚胎发育受阻，引起子代死亡和发育不良。DDT对生殖系统、免疫和内分泌系统也有明显的影响。对于有机氯农药是否具有致癌性目前仍有争议。

（3）有机氯农药的允许限量　由于绝大部分有机氯农药残留严重，并可通过食物链逐级浓缩，因此我国在使用有机氯农药30多年后，于1983年停止生产、1984年停止使用有机氯农药。但目前对停止使用有机氯农药（尤其是半衰期较短的品种氯丹、甲氧DDT等）仍存在争议。食品法典委员会（Codex Alimentarius Commission，CAC）推荐的人体"六六六"的ADI为每千克体重0.008mg，"DDT"的每日允许摄入量（ADI）为每千克体重0.02mg。

2. 有机磷农药

（1）常用种类和性质　有机磷类（organophosphates）广泛用于农作物的杀虫、杀菌、除草，为我国使用量最大的一类农药。高毒类主要有对硫磷（1605，parathion）、内吸磷（1059，demeton）、甲拌磷（3911，phorate）、甲胺磷（methamidophos）等，中等毒类有敌敌畏（dichlorvos）、乐果（dimethoate）、甲基内吸磷（parathion-methyl）、倍硫磷（fenthion）、杀螟硫磷（fenitrothion）、二嗪磷（地亚农，diazinon）等，低毒类有马拉硫磷（4049，malathion）和敌百虫（trichlorfon）等。

有机磷农药大部分是磷酸酯类或酰胺类化合物，多为油状液体，呈淡黄色至棕色，具有挥发性和大蒜臭味。有机磷农药一般不溶于水，而溶于多种有机溶剂和动植物油，对氧、热、光较稳定，在碱性溶液中易分解失去毒性，因此化学性质不稳定，在土壤中持续存在的时间仅有数日，个别长达数月。由于其生物半衰期短，不易在农作物、动物和人体内蓄积，因此具有降解快和残留低的特点，是目前我国取代有机氯农药的主要杀虫剂。但由于有机磷农药的使用量越来越大，而且被反复多次用于农作物，导致这类农药对食品的污染比有机氯农药严重，常引起人体的有机磷农药中毒。

有机磷农药大多属于高毒类，其化学结构直接影响其毒性大小。例如，乐果、马拉硫磷、对硫磷经氧化脱硫后，分别形成氧化乐果、马拉氧磷、对氧磷，其毒性增强，才能发挥杀虫作用。有机磷农药主要在植物性食物中残留，尤其是水果和蔬菜最易吸收有机磷，且残留量高。有机磷农药虽然蓄积性弱，但具有较强的急性毒性，目前我国发生的化学性食物中毒事件多由有机磷引起。

（2）引起中毒的原因

①误食农药拌过的种子或误把有机磷农药当作酱油或食用油食用，或把盛装过农药的容器再盛装油、酒以及其他食物等引起中毒。

②喷洒农药不久的瓜果、蔬菜，未经安全间隔期即采摘食用，可造成中毒。

③误食被农药毒杀的家禽家畜。

（3）有机磷农药中毒流行病学特点　有机磷农药是我国农业生产中使用最多的一类农药，因此食物中有机磷农药残留较为普遍。有机磷农药污染的食物以水果和蔬菜为主，尤其是叶菜类；中毒事件的发生夏秋季高于冬春季，因为夏秋季节害虫繁殖快，农药使用量大，污染严重。

（4）有机磷农药毒性及中毒症状　有机磷农药进入人体后与体内胆碱酯酶迅速结合，形成磷酰化胆碱酯酶，使胆碱酯酶活力受到抑制，失去催化水解乙酰胆碱的能力，结果使大量乙酰胆碱在体内蓄积，导致以乙酰胆碱为传导介质的胆碱能神经处于过度兴奋状态，从而出现中毒症状。

中毒的潜伏期一般在2h以内，误服农药纯品者可立即发病，在短期内引起以全血胆碱酯酶活性下降、出现毒蕈碱、烟碱样和中枢神经系统症状为主的全身症状。根据中毒症状的轻重可将急性中毒分为三度。

①急性轻度中毒：进食后短期内出现头晕、头痛、恶心、呕吐、多汗、胸闷无力、视力模糊等，瞳孔可能缩小。全血中胆碱酯酶活力一般在50%～70%。

②急性中度中毒：除上述症状外，还出现肌束震颤、瞳孔缩小、轻度呼吸困难、流涎、腹痛、步履蹒跚、意识清楚或模糊。全血胆碱酯酶活力一般在30%～50%。

③急性重度中毒：中毒除上述症状外，如出现下列情况之一，可诊断为重度中毒：肺水肿、昏迷、脑水肿、呼吸麻痹。全血胆碱酯酶活力一般在30%以下。

需要特别注意的是某些有机磷农药，如马拉硫磷、敌百虫、对硫磷、伊皮恩、乐果、甲基对硫磷等有迟发性神经毒性，即在急性中毒后的2～3周，有的病例出现感觉运动型周围神经病，主要表现为下肢软弱无力、运动失调及神经麻痹等。神经-肌电图检查显示神经源性损害。

（5）有机磷农药中毒的急救与治疗

①迅速排出毒物：迅速给予中毒者催吐、洗胃。必须反复、多次洗胃，直至洗出液中无有机磷农药臭味为止。洗胃液一般可用2%苏打水或清水，但误服敌百虫者不能用苏打水等碱性

溶液，可用 1∶5000 高锰酸钾溶液或 10g/L 氯化钠溶液。硫磷、内吸磷、甲拌磷及乐果等中毒者不能用高锰酸钾溶液，以免这类农药被氧化而增强毒性。

②应用特效解毒药：轻度中毒者可单独给予阿托品，以拮抗乙酰胆碱对副交感神经的作用，解除支气管痉挛，防止肺水肿和呼吸衰竭。中度或重度中毒者需要阿托品和胆碱酯酶复能剂（如解磷定、氯磷定）两者并用。胆碱酯酶复能剂可迅速恢复胆碱酯酶活力，对于解除肌束震颤、恢复患者神态有明显的疗效。敌敌畏、敌百虫、乐果、马拉硫磷中毒时，由于胆碱酯酶复能剂的疗效差，治疗应以阿托品为主。

③对症治疗。

④急性中毒者临床表现消失后，应继续观察 2~3d。乐果、马拉硫磷、久效磷等中毒者，应适当延长观察时间；中度中毒者，应避免过早活动，以防病情突变。

（6）有机磷农药中毒的预防措施　在遵守《农药合理使用准则》的基础上应特别注意以下几点。

①有机磷农药必须由专人保管，必须有固定的专用储存场所，其周围不得存放食品。

②喷药及拌种用的容器应专用，配药及拌种的操作地点应远离畜圈、饮水源和瓜菜地，以防污染。

③喷洒农药必须穿工作服，戴手套、口罩，并在上风向喷洒，喷药后须用肥皂洗净手、脸方可吸烟、饮水和进食。

④喷洒农药及收获瓜、果、蔬菜必须遵守安全间隔期。

⑤禁止食用因有机磷农药致死的各种畜禽。

⑥禁止孕妇、哺乳期妇女参与喷药工作。

3. 氨基甲酸酯农药

（1）常用种类和性质　氨基甲酸酯（carbmates）农药是针对有机磷农药的缺点而研制出的一类农药，具有高效、低毒、低残留的特点，广泛用于杀虫、杀螨、杀线虫、杀菌和除草等方面。杀虫剂主要有西维因（甲萘威，carbaryl）、涕灭威（aldicarb）、速灭威（MTMC）、克百威（carboillran）、抗蚜威（pirimicarb）、异丙威（叶蝉散，isoprrocarb）、仲丁威（BPMC）等，除草剂有灭草灵（swep）、灭草猛（vernolate）等。氨基甲酸酯农药易溶于有机溶剂，在酸性条件下较稳定，遇碱易分解失效。在环境和生物体内易分解，土壤中半衰期为 8~14d。大多数氨基甲酸酯农药对温血动物、鱼类和人的毒性较低。

（2）氨基甲酸酯农药对人体的危害　氨基甲酸酯农药的中毒机制和症状基本与有机磷农药类似，但它对胆碱酯酶的抑制作用是可逆的。氨基甲酸酯农药不需经代谢活化即可直接与胆碱酯酶形成疏松的复合体，使酶活力中心丝氨酸的羟基被氨基甲酰化，因而失去酶对乙酰胆碱的水解能力，造成组织内乙酰胆碱的蓄积而中毒。由于氨基甲酸酯类农药与胆碱酯酶的结合是可逆的，且在机体内很快被水解，水解后的胆碱酯酶的活力可不同程度地被恢复，且无迟发性神经毒性，故中毒恢复较快。急性中毒时患者出现流泪、肌肉无力、震颤、痉挛、低血压、瞳孔缩小，甚至呼吸困难等胆碱酯酶抑制症状，重者会出现心功能障碍，甚至死亡。

（3）氨基甲酸酯农药的允许限量　FAO/WHO 建议西维因和呋喃丹的 ADI 为每千克体重 0.01mg，抗蚜威的 ADI 为每千克体重 0.02mg，涕灭威的 ADI 为每千克体重 0.05mg。

4. 拟除虫菊酯农药

（1）常用种类和性质　拟除虫菊酯（pyrethroids）农药是一类模拟天然除虫菊酯的化学结

构而合成的杀虫剂和杀螨剂，具有高效、广谱、低毒、低残留的特点，广泛用于蔬菜、水果、粮食、棉花和烟草等农作物。目前常用的有 20 多个品种，主要有氯氰菊酯（cypermethrin）、溴氰菊酯（deltamethrin，敌杀死）、氰戊菊酯（fenvalerate）、甲氰菊酯（fenpropathrin）、二氯苯醚菊酯（permethrin）等。

拟除虫菊酯农药不溶或微溶于水，易溶于有机溶剂，在酸性条件下稳定，遇碱易分解。在自然环境中降解快，不易在生物体内残留，在农作物中残留期通常为 7~30d。农产品中的拟除虫菊酯农药主要来自喷施时直接污染，常残留于果皮。这类杀虫剂对水生生物毒性大，生产 A 级绿色食品时，禁止用于水稻和其他水生作物。

（2）拟除虫菊酯农药对人体的危害　拟除虫菊酯属中等或低毒类农药，在生物体内不产生蓄积效应，因其用量低，一般对人的毒性不强。这类农药主要作用于神经系统，使神经传导受阻，出现痉挛等症状，但对胆碱酯酶无抑制作用。中毒严重时患者出现抽搐、昏迷、大小便失禁，甚至死亡。

（3）拟除虫菊酯农药的允许限量　FAO/WHO 建议溴氰菊酯的 ADI 为每千克体重 0.01mg，氰戊菊酯的 ADI 为每千克体重 0.02mg，二氯苯醚菊酯的 ADI 为每千克体重 0.05mg。

二、兽药残留

（一）兽药残留的概念

兽药是指用于预防、治疗、诊断动物疾病或者有目的地调节动物生理功能的物质（含药物饲料添加剂），主要包括：血清制品、疫苗、诊断制品、微生态制品、中药材、中成药、化学药品、抗生素、生化药品、放射性药品及外用杀虫剂、消毒剂等。

兽药残留（veterinary/drug Residue）是指对食品动物用药后动物产品的任何可食用部分中所有与药物有关的物质的残留，包括药物原型及其代谢产物。其中，食品动物（food-producing Animal）是指各种供人食用或其产品供人食用的动物，不是野生动物也不是宠物食品。总残留量（total residue）是指对食品动物用药后，动物产品的任何可食用部分中药物原型及其所有代谢产物的总和。

（二）兽药残留的来源

为了提高生产效率，满足人类对动物性食物的需求，畜、禽、鱼等动物的饲养多采用集约化生产，然而这种生产方式带来了严重的食品安全问题。在集约化饲养条件下，由于密度高，疾病极易蔓延，致使用药频率增加；同时，由于改善营养和防病的需要，必然要在天然饲料中添加一些化学控制物质来改善饲喂效果。这些饲料添加剂的主要作用包括完善饲料的营养特性、提高饲料的利用效率、促进动物生长和预防疾病、减少饲料在贮存期间的营养物质损失以及改进畜、禽、鱼等产品的某些品质。这样往往造成药物残留于动物组织中，对公众健康和环境具有直接或间接危害。

目前，我国动物性食品中兽药残留量超标的主要原因是由于使用违禁或淘汰药物；不按规定执行应有的休药期；随意加大药物用量或把治疗药物当成添加剂使用；滥用抗生素，大量使用医用药物；饲料加工过程受到兽药污染；用药方法错误，或未做用药记录；屠宰前使用兽药；厩舍粪池中含兽药等。

（三）影响食品安全的主要兽药

目前对人畜危害较大的兽药及药物饲料添加剂主要包括抗生素类、磺胺类、激素类、呋喃类、抗寄生虫类等药物。

1. 抗生素类

（1）抗生素类药物的用途　根据抗生素（antibiotics）在畜牧业上应用的目标和方法，可将其分为两类：治疗动物临床疾病的抗生素，以及用于预防和治疗亚临床疾病的抗生素，即作为饲料添加剂低水平连续饲喂的抗生素。

尽管使用抗生素作为饲料添加剂有许多副作用，但是由于抗生素饲料添加剂除防病治病外，还具有促进动物生长、提高饲料转化率、提高动物产品的品质、减轻动物的粪臭、改善饲养环境等功效，因而，事实上抗生素作为饲料添加剂已很普遍。

（2）常用种类　治疗用抗生素主要品种有青霉素类、四环素类、杆菌肽、庆大霉素、链霉素、红霉素、新霉素和林可霉素等。常用饲料药物添加剂有盐霉素、马杜霉素、黄霉素、土霉素、金霉素、潮霉素、伊维菌素、庆大霉素和泰乐菌素等。

（3）最高残留限量　为控制动物食品药物残留，必须严格遵守休药期，控制用药剂量，选用残留低、毒性小的药物，并注意用药方法与用药目的一致。在我国农业部于 2017 年修订的《饲料药物添加剂使用规范》中规定了各种饲料添加剂的种类和休药期。

2. 磺胺类药物

（1）磺胺类药物的用途　磺胺类（sulfanilamides）药物是一类具有广谱抗菌活性的化学药物，广泛应用于兽医临床。磺胺类药物于 20 世纪 30 年代后期开始用于治疗人的细菌性疾病，并于 1940 年开始用于家畜，1950 年起广泛应用于畜牧业生产，用以控制某些动物疾病的发生和促进动物生长。

（2）常见的种类与限量　磺胺类药物根据其应用情况可分为三类，即用于全身感染的磺胺药（如磺胺嘧啶、磺胺甲基嘧啶、磺胺二甲嘧啶），用于肠道感染、内服难吸收的磺胺药物和用于局部的磺胺药（如磺胺醋酰）。《食品安全国家标准　食品中兽药最大残留限量》（GB 31650—2019）中规定：磺胺类总计在所有食用动物的肌肉、肝、肾和脂肪中最大残留限量（MRL）为 $100\mu g/kg$，牛、羊乳中为 $100\mu g/kg$。

（3）磺胺类药物的残留　磺胺类药物残留问题的出现已有近 30 年时间了，并且在近 $15\sim20$ 年内磺胺类药物残留超标现象很严重。很多研究表明，猪肉及其制品中磺胺药物超标现象时有发生，如给猪内服 1% 推荐剂量的氨苯磺胺，在休药期后也可造成肝脏中药物残留超标。按治疗量给药，磺胺在体内残留时间一般为 $5\sim10d$；肝、肾中的残留量通常大于肌肉和脂肪；磺胺进入乳中的浓度为进入血液中浓度的 $1/10\sim1/2$。

3. 激素类药物

激素是由内分泌腺或内分泌细胞分泌产生，在极微量的水平对机体生理过程起重要调节作用的物质。激素类兽药能促进畜禽生长。20 世纪，人们发现激素后，激素类生长促进剂在畜牧业被广泛应用，但由于激素残留不利于人体健康，产生了许多负面影响，许多种类现已禁用。我国农业农村部规定，禁止将所有激素类及有激素类作用的物质作为动物促进生长剂使用，但在实际生产中违禁使用者还很多，这给动物性食品安全带来了很大威胁。

（1）激素类药物的用途　在畜禽饲养上应用激素制剂有许多显著的生理效应，如加速催肥，还可提高胴体瘦肉与脂肪的比例。

（2）常见的种类　激素的种类很多，按化学结构可分为固醇或类固醇（主要有肾上腺皮质激素、雄性激素、雌性激素等）和多肽或多肽衍生物（主要有垂体激素、甲状腺素、甲状旁腺素、胰岛素、肾上腺素等）两类。按来源可分为天然激素和人工激素，天然激素指动物体自身分泌的激素；人工激素是用化学方法或其他生物学方法人工合成的一类激素。

4. 其他兽药

除抗生素外，许多人工合成的药物有类似抗生素的作用。化学合成药物的抗菌驱虫作用强，而促生长效果差，且毒性较强，长期使用不但有不良作用，而且有些还存在残留与耐药性问题，甚至有致癌、致畸、致突变的作用。化学合成药物添加在饲料中主要用于防治疾病和驱虫，也有少数毒性低、副作用小、促生长效果较好的抗菌剂作为动物生长促进剂在饲料中被应用。

（四）兽药残留的危害

兽药残留不仅对人体健康造成直接危害，而且对畜牧业和生态环境也造成很大威胁，最终将影响人类的生存安全。同时，兽药残留也影响经济的可持续发展和对外贸易。

1. 兽药残留对人体健康的危害

（1）毒性作用　人长期摄入含兽药残留的动物性食品后，药物不断在体内蓄积，当浓度达到一定量后，就会对人体产生毒性作用。

（2）过敏反应和变态反应　经常食用一些含低剂量抗菌药物残留的食品会使易感的个体出现过敏反应，这些药物包括青霉素、四环素、磺胺类药物及某些氨基糖苷类抗生素等。

（3）细菌耐药性　动物经常反复接触某一种抗菌药物后，其体内敏感菌株将受到选择性的抑制，从而使耐药菌株大量繁殖。而抗生素饲料添加剂长期、低浓度的使用是耐药菌株增加的主要原因。

经常食用含药物残留的动物性食品，一方面可能引起具有耐药性的人畜共患病病原菌大量增加，另一方面可将具有药物抗性的耐药因子传递给人类病原菌，当人体发生疾病时，就给临床治疗带来很大的困难，耐药菌株感染往往会延误正常的治疗过程。

（4）菌群失调　在正常条件下，人体肠道内的菌群由于在多年共同进化过程中与人体能相互适应，会对人体健康产生有益的作用。但是，过多应用药物会使这种平衡发生紊乱，造成一些非致病菌的死亡，使菌群的平衡失调，从而导致长期的腹泻或引起维生素的缺乏等反应，对人体造成危害。

（5）"三致"作用　苯并咪唑类药物是兽医临床上常用的广谱抗蠕虫病的药物，可持久地残留于肝内并对动物具有潜在的致畸性和致突变性。另外，残留于食品中的丁苯咪唑、苯咪唑、丙硫咪唑和苯硫氨酯具有致畸作用，克球酚、雌激素则具有致癌作用。

（6）激素的副作用　激素类物质虽有很强的作用效果，但也会带来很大的副作用。人们长期食用含低剂量激素的动物性食品，由于积累效应，有可能干扰人体的激素分泌体系和身体正常功能，特别是类固醇类和 β-兴奋剂类在体内不易被代谢排出，其残留对人的身体健康影响很大。

2. 兽药残留对畜牧业生产和环境的影响

滥用药物对畜牧业本身也有很多负面影响，并最终影响食品安全。如长期使用抗生素会造成畜禽机体免疫力下降，影响疫苗的接种效果。长期使用抗生素还容易引起畜禽内源性感染和二重感染。耐药菌株的日益增加，使有效控制细菌性疫病的流行越来越困难，不得不用更大剂量、更强副作用的药物，反过来，这对食品安全造成了新的威胁。

3. 兽药残留超标对经济发展的影响

在国际贸易中，由于有关贸易条约的限制，政府已很难用行政手段保护本国产业，而技术贸易壁垒的保护作用将越来越强。化学物质残留是食品贸易中最主要的技术贸易壁垒，近年的欧美牛肉贸易战即掺杂部分该原因。中国加入 WTO 后，面临的技术贸易壁垒问题将更为突出。为了扩大国际贸易，控制化学物质残留，特别是兽药残留，是一个必须解决的紧迫问题。

（五）动物性食品兽药残留的监测与管理

1. 合理规范使用兽药

应科学合理使用兽药，禁止使用违禁和伪劣的兽药。使用兽用专用药，合理配伍用药，能用一种药的情况不用多种药，特殊情况下，应用一般最多不超过 3 种抗菌药物。

2. 严格规定休药期，制订兽药最大残留限量

为保证内服或注射药物后动物组织中的残留浓度降至安全范围，必须严格规定药物休药期，并制订药物最大残留限量（MRL）。

3. 选择合适的食品加工方式

可通过选择合适的加工、烹调、冷藏等方法减少食物中的兽药残留。WHO 估计，经加热烹调后，肉制品中残留的四环素类可从 $5 \sim 10mg/kg$ 降至 $1mg/kg$；氯霉素经煮沸 30min 后，至少有 85% 失去活性。

4. 健全兽药法规体系，并加强监督监测

我国《兽药管理条例》近年来多次修订（2004 年 4 月 9 日国务院令第 404 号公布，2014 年 7 月 29 日国务院令第 653 号部分修订，2016 年 2 月 6 日国务院令第 666 号部分修订，2020 年 3 月 27 日国务院令第 726 号部分修订），对新兽药研制，兽药生产、经营、使用及监督管理都作了明确规定。农业部于 2001 年颁布了《饲料药物添加剂使用规范》，规定了 55 种兽药的使用方法。为加强激素、抗生素使用的管理，农业部还于 1997 年和 1999 年下发了《关于严禁非法使用兽药的通知》及《关于查处生产、使用违禁药物的紧急通知》，特别重申，禁止所有激素类及有激素样作用的物质作为动物促生长剂使用。目前，农业农村部禁止使用的促生长作用的激素和兽药包括：①β 受体激动剂，如盐酸克伦特罗、沙丁胺醇等；②性激素，如己烯雌酚；③促性腺激素；④同化激素；⑤具有雌激素样作用的物质，如玉米赤霉醇等；⑥催眠镇静药，如西地洋、甲哇；⑦肾上腺素能药，如异丙肾上腺素、多巴胺等。

我国农业农村部与国家卫生健康委员会、国家市场监督管理总局联合发布了《食品安全国家标准 食品中兽药最大残留限量》（GB 31650—2019），该标准规定了 267 种（类）兽药在畜禽产品、水产品、蜂产品中的 2191 项残留限量及使用要求，基本覆盖了我国常用兽药品种和主要食品动物及组织，标志着我国兽药残留标准体系建设进入新阶段，基本解决了当前评价动物性食品"限量标准不全"的问题。

在此基础上还应加强动物饲料和动物性食物中的药物残留检测，建立并完善分析系统，以保证动物性食物的安全性，减少因消费动物性食物而致健康损害的危险性。

三、 食品添加剂

食品添加剂（food additives）是食品工业发展的重要影响因素之一，随着国民经济的增长和人民生活水平的提高，食品的质量与品种的丰富显得日益重要。如果要将丰富的农副产品作为原料，加工成营养平衡、安全可靠、食用简便、货架期长、便于携带的包装食品，食品添加剂的使用是必不可少的。现今，食品添加剂已进入所有的食品加工业和餐饮业。全世界批准使用的食品添加剂有 25000 种，中国允许使用的品种也有 2300 多种。从某种意义上说，没有食品添加剂，就没有现代食品加工业。

食品添加剂的使用对食品产业的发展起着重要的作用，它可以改善风味、调节营养成分、防止食品变质，从而提高质量，使加工食品丰富多彩，满足消费者的各种需求。但超量超范围滥用会带来很大的负面影响，近几年来食品添加剂使用的安全性引起了人们的关注。

（一）食品添加剂的定义

国际上，对食品添加剂的定义目前尚无统一规范的表述，广义的食品添加剂是指食品本来成分以外的物质。不同国家和地区对食品添加剂的定义有所不同，根据我国《食品安全国家标准　食品添加剂使用标准》（GB 2760—2014）的规定，食品添加剂是"改善食品品质和色、香、味以及为防腐、保鲜和加工工艺的需要而加入食品中的人工合成或者天然物质"。

由此定义可以看到食品添加剂的主要作用是改善食品的品质（包括色素、漂白剂、香料、酸味剂、增味剂、甜味剂、膨松剂等食品添加剂在色、香、味、形等方面对食品品质加以提高）；防止食品腐败变质（包括抗氧化剂和防腐剂等）；还有便于加工（包括增稠剂、乳化剂、消泡剂、凝固剂等）等。

此外，食品品质包括感官品质（包括色、香、味、形和质地）和内在品质，内在品质也就是食品的营养价值。在我国，为了增加食品的营养成分（价值）而加入到食品中的天然或人工合成的营养素和其他营养成分的营养强化剂也属于食品添加剂。

在食品添加剂的定义中，有"加入"二字，这意味着食品添加剂是添加到食品中的外来物质，但需要注意的是，往食品中添加的物质并不一定就是食品添加剂，有可能是盐、糖、酱油等食品配料，还有可能是不法分子非法添加到食品中的有毒有害物质。如"苏丹红鸭蛋事件""毒乳粉事件""瘦肉精事件"等都是在食品中违法添加了有毒有害的工业化学物质苏丹红、三聚氰胺和瘦肉精。在生活中必须把食品添加剂和非法添加物区别开来，非法添加物造成的食品安全问题是行业的毒瘤，应严厉打击。

（二）食品添加剂的分类

1. 根据制造方法分类

（1）化学合成的添加剂　指利用各种有机物、无机物通过化学合成的方法得到的添加剂。目前使用的添加剂大部分属于这一类添加剂。如防腐剂中的苯甲酸钠，漂白剂中的焦硫酸钠，色素中的胭脂红、日落黄等。

（2）生物合成的添加剂　一般将以粮食等为原料，利用发酵的方法，通过微生物代谢生产的添加剂称为生物合成添加剂。若在生物合成后还需要化学合成的添加剂，则称之为半合成法生产的添加剂。如调味用的味精，色素中的红曲红，酸度调节剂中的柠檬酸、乳酸等。

（3）天然提取的添加剂　指利用分离提取的方法，从天然的动、植物体等原料中分离纯化后得到的食品添加剂。如色素中的辣椒红等，香料中天然香精油、薄荷等。此类添加剂由于比较安全，并且其中一部分又具有一定的功能及营养，符合食品产业发展的趋势。目前在日本，天然添加剂的使用是发展的主流，虽然它的价格比合成添加剂要高许多，但是人们出于安全的考虑，从天然产物中得到的添加剂产品十分畅销。

2. 按来源分类

食品添加剂按来源分为天然食品添加剂和人工合成食品添加剂两类。天然食品添加剂是指来自动、植物组织或微生物的代谢产物及一些矿物质，用干燥、粉碎、提取、纯化等方法而制得的物质。人工合成食品添加剂则是通过化学手段使元素或化合物经过氧化、还原、缩合、聚合、成盐等反应而得到的物质。人工合成食品添加剂又可细分为一般化学合成品和人工合成天然同等物，包括天然等同色素、天然等同香料等。

3. 按功能用途分类

食品添加剂按功能用途分为很多类别，各国对食品添加剂的分类大同小异，差异主要是种类多少的不同。食品添加剂分类的主要目的是便于按用途需要迅速查出所需的添加剂。因此，既不能太粗，也不能太细。美国将食品添加剂分成 16 大类，日本分成 30 大类，我国的《食品安全国家标准　食品添加剂使用标准》（GB 2760—2014）将其分为 22 个功能类别，见表 4-1。

表 4-1　　　　　　　　　　　　　　食品添加剂功能类别

代码	功能类别	功能描述
01	酸度调节剂	用以维持或改变食品酸碱度的物质
02	抗结剂	用于防止颗粒或粉状食品聚集结块，保持其松散或自由流动的物质
03	消泡剂	在食品加工过程中降低表面张力，消除泡沫的物质
04	抗氧化剂	能防止或延缓油脂或食品成分氧化分解、变质，提高食品稳定性的物质
05	漂白剂	能够破坏、抑制食品的发色因素，使其褪色或使食品免于褐变的物质
06	膨松剂	在食品加工过程中加入的，能使产品发起形成致密多孔组织，从而使制品具有膨松、柔软或酥脆的物质
07	胶基糖果中基础剂物质	赋予胶基糖果起泡、增塑、耐咀嚼等作用的物质
08	着色剂	使食品赋予色泽和改善食品色泽的物质
09	护色剂	能与肉及肉制品中呈色物质作用，使之在食品加工、保藏等过程中不致分解、破坏，呈现良好色泽的物质
10	乳化剂	能改善乳化体中各种构成相之间的表面张力，形成均匀分散体或乳化体的物质
11	酶制剂	由动物或植物的可食或非可食部分直接提取，或由传统或通过基因修饰的微生物（包括但不限于细菌、放线菌、真菌菌种）发酵、提取制得，用于食品加工，具有特殊催化功能的生物制品
12	增味剂	补充或增强食品原有风味的物质
13	面粉处理剂	促进面粉的熟化和提高制品质量的物质
14	被膜剂	涂抹于食品外表，起保质、保鲜、上光、防止水分蒸发等作用的物质
15	水分保持剂	有助于保持食品中水分而加入的物质
17	防腐剂	防止食品腐败变质、延长食品储存期的物质
18	稳定和凝固剂	使食品结构稳定或使食品组织结构不变，增强黏性固形物的物质
19	甜味剂	赋予食品甜味的物质

续表

代码	功能类别	功能描述
20	增稠剂	可以提高食品的黏稠度或形成凝胶，从而改变食品的物理性状，赋予食品黏润、适宜的口感，并兼有乳化、稳定或使呈悬浮状态作用的物质
21	食品用香料	能够用于调配食品香精，并使食品增香的物质
22	食品工业用加工助剂	有助于食品加工能顺利进行的各种物质，与食品本身无关。如助滤、澄清、吸附、脱模、脱色、脱皮、提取溶剂等
00	其他	上述功能类别中不能涵盖的其他功能

资料来源：GB 2760—2014《食品安全国家标准　食品添加剂使用标准》。

FAO/WHO 于 1989 年 7 月在 CAC 第 18 次会议上通过了由食品添加剂法典委员会（Codex Committee on Food Additives，CCFA）提出的食品添加剂国际数据系统（International Numbering System for Food Additives，INS），对食品添加剂进行统一编号，以弥补分类的不足和因名称不统一等所造成的不必要重复和差错。

（三）食品添加剂的使用原则

目前国内外对于食品添加剂的安全性问题均给予了高度重视。我国食品添加剂的使用必须符合《食品安全国家标准　食品添加剂使用标准》（GB 2760—2014）、《复配食品添加剂通则》（GB 26687—2011）、《食品安全法》或国家卫生行政部门规定的品种及其使用范围和使用量。

1. 食品添加剂使用的基本要求

（1）不应对人体产生任何健康危害。

（2）不应掩盖食品腐败变质。

（3）不应掩盖食品本身或加工过程中的质量缺陷，或以掺杂、掺假、伪造为目的而使用食品添加剂。

（4）不应降低食品本身的营养价值。

（5）在达到预期效果的前提下尽可能降低在食品中的使用量。

2. 在下列情况下可使用食品添加剂

（1）保持或提高食品本身的营养价值。

（2）作为某些特殊膳食用食品的必要配料或成分。

（3）提高食品的质量和稳定性，改进其感官特性。

（4）便于食品的生产、加工、包装、运输或者贮藏。

3. 食品添加剂质量标准

按照《食品安全国家标准　食品添加剂使用标准》（GB 2760—2014）的规定，允许使用的食品添加剂应当符合相应的质量规格要求。

4. 食品添加剂带入原则

在下列情况下食品添加剂可以通过食品配料（含食品添加剂）带入食品中。

（1）根据《食品安全国家标准　食品添加剂使用标准》（GB 2760—2014），食品配料中允许使用该食品添加剂。

（2）食品配料中该添加剂的用量不应超过允许的最大使用量。

（3）应在正常生产工艺条件下使用这些配料，并且食品中该添加剂的含量不应超过由配料带入的水平。

（4）由配料带入食品中的该添加剂的含量应明显低于直接将其添加到该食品中通常所需要的水平。

当某食品配料作为特定终产品的原料时，批准用于上述特定终产品的添加剂允许添加到这些食品配料中，同时该添加剂在终产品中的量应符合《食品安全国家标准 食品添加剂使用标准》（GB 2760—2014）的要求。在所述特定食品配料的标签上应明确标示该食品配料用于上述特定食品的生产。

5. 复配食品添加剂使用基本要求

复配食品添加剂不应对人体产生任何健康危害，在达到预期的效果下，应尽可能降低在食品中的用量。生产复配食品添加剂的各种食品添加剂和辅料，应符合《食品安全国家标准 食品添加剂使用标准》（GB 2760—2014）和国家卫生行政部门的规定，具有共同的使用范围，其质量规格应符合相应的食品安全国家标准或相关标准。复配食品添加剂在生产过程中不应发生化学反应，不应产生新的化合物。其生产企业应按照国家标准和相关标准组织生产，制定复配食品添加剂的生产管理制度，明确规定各种食品添加剂的含量和检验方法。

（四）食品添加剂的卫生管理

1. 我国食品添加剂的卫生管理

（1）制定和执行食品添加剂使用标准和法规 从 1973 年成立食品添加剂卫生标准科研协作组起，我国就对食品添加剂的使用和生产进行了严格管理。我国于 1977 年制定了《食品添加剂使用卫生标准》（GB n50-77），于 1981 年正式颁布了《食品添加剂使用卫生标准》（GB 2760—2014），其中包括食品添加剂的种类、名称、使用范围、最大使用量等规定，并颁布了保证该标准贯彻执行的《食品添加剂卫生管理办法》。1986 年和 1996 年，我国对《食品添加剂使用卫生标准》前后进行了两次修订。修订时，采用了《食品添加剂分类和代码》及《食品用香料分类与编码》的分类及代码、编码，并增加了美国香味料和萃取物制造者协会（Flavour Extract Manufacturers' association，FEMA）编号，按英文字母顺序排列。然而，随着食品工业的迅速发展，食品添加剂的种类和数量不断增加。2007 年、2011 年和 2014 年我国又对《食品安全国家标准 食品添加剂使用标准》前后进行了三次修订。现行的《食品安全国家标准 食品添加剂使用标准》（GB 2760—2014）调整了部分食品添加剂的使用规定，将食品营养强化剂和胶基糖果中基础剂物质及其配料名单调整由其他相关标准进行规定。

此外，我国在 2009 年实施和 2015 修订实施的《食品安全法》中对食品添加剂均有相应的法律规定。

（2）食品添加剂新品种的管理 食品添加剂新品种是指未列入食品安全国家标准和国家卫生健康委员会公告允许使用的和扩大使用范围或者用量的食品添加剂品种。

食品添加剂新品种应按《食品添加剂新品种管理办法》和《食品添加剂新品种申报与受理规定》规定的审批程序经批准后才能生产和使用。其审批程序是：①申请食品添加剂新品种生产、经营、使用或者进口的单位或者个人，应当提交食品添加剂新品种许可申请及相关材料，包括食品添加剂的通用名称、功能分类、用量和使用范围，证明技术上确有必要和使用效果的资料或者文件，食品添加剂的质量规格要求、生产工艺和检验方法，安全性评估材料，标签、说明书和食品添加剂产品样品，以及国内外有关安全性评估资料等；②由国家卫健委组织医学、农业、食品、营养、工艺等方面的专家对食品添加剂新品种技术上确有必要性和安全性评估资料进行技术审查，并作出技术评审结论；③根据技术评审结论，国家卫健委决定对在技术上确有必要性和符合食品安全要求的食品添加剂新品种准予许可并列入允许使用的食品添加剂名单予以公布；④将允许使用的食品添加剂的品种、使用范围、用量按照食品安全国家标准的程序，制定、公布为食品安全国家标准。

（3）食品添加剂生产经营和使用的管理　为使食品添加剂生产经营及使用更具有安全性和依据性，我国于1992年、1993年相继颁布了《食品添加剂生产管理办法》和《食品添加剂卫生管理办法》，并且在贯彻执行的具体过程中不断地进行修改和完善，于2002年实施了新修订的《食品添加剂卫生管理办法》，同年又发布了《食品添加剂生产企业卫生规范》。《食品添加剂卫生管理办法》规定，原卫生部主管全国食品添加剂的卫生监督管理工作，包括食品添加剂新品种的审批、生产经营和使用的管理（包括卫生许可证的发放）。我国于2010年6月1日起实施的《食品添加剂生产监督管理规定》，规定了生产食品添加剂实行许可证管理制度，省级质量技术监督部门主管本行政区域内生产食品添加剂的质量监督管理工作，负责实施食品添加剂生产许可。2014年4月11日，国家食品药品监督管理总局《关于公布实行生产许可制度管理的食品化妆品目录的公告》（2014年第14号）明确了食品添加剂生产行政许可职责由质检部门划入食品药品监督管理部门。

2015年10月1日起施行的《食品安全法》和国家食品药品监督管理总局公布的《食品生产许可管理办法》都规定，申请食品添加剂生产许可，应当具备与所生产食品添加剂品种相适应的场所、生产设备或者设施、食品安全管理人员、专业技术人员和管理制度。食品添加剂生产许可申请符合条件的，由申请人所在地县级以上地方食品药品监督管理部门依法颁发食品生产许可证，并标注食品添加剂。发证日期为许可决定作出的日期，有效期为5年。食品添加剂经营者应当在取得营业执照后30个工作日内向所在地县级人民政府食品药品监督管理部门备案。食品添加剂经营者采购食品添加剂，应当查验产品合格证明文件，确保所销售的食品添加剂为合法企业生产的产品，如实记录食品添加剂的名称、规格、数量、生产日期或者生产批号、保质期、进货日期，以及供货者名称、地址、联系方式等内容，并保存相关凭证。

食品添加剂的使用必须符合《食品安全国家标准　食品添加剂使用标准》（GB 2760—2014）或国家卫生健康委员会公布名单规定的品种、使用范围、最大使用量或残留量。如要扩大食品添加剂使用范围或最大使用量，或使用进口且未列入我国《食品安全国家标准　食品添加剂使用标准》（GB 2760—2014）的品种时，生产、经营、使用或者进口的单位或个人要直接向国家卫生健康委员会提出申请，并向有关部门提供相关资料，经国家卫生健康委员会有关机构组织专家审议后报国家卫生健康委员会批准。

另外，《食品安全国家标准　食品营养强化剂使用标准》（GB 14880—2012）中对允许使用的127种营养强化剂的使用范围、用量等内容进行了规定。

我国目前允许使用的食品添加剂都有充分的毒理学安全性评价资料，并且符合食用级标准，因此只要其使用范围、使用方法与使用量符合食品安全国家标准，正常情况下其使用的安全性是有保证的。但在生活中确实发生过滥用食品添加剂即超范围、超限量使用食品添加剂的现象，例如"染色馒头事件"中，不法商家超范围在馒头加工过程中添加了山梨酸钾、甜蜜素、柠檬黄等食品添加剂。滥用食品添加剂的目的，一般是为了掩盖食品的腐败变质或不良品质，或用于掺假或伪造食品，或为了牟取暴利，是严重的违法行为，应严厉打击。

2. FAO/WHO 关于食品添加剂的管理

为了维护各国消费者的利益，确保国际贸易的公正性，FAO/WHO 设立的食品添加剂专家联合委员会（JECFA）对食品添加剂的安全性进行评估。只有经过 JECFA 的评估，赋予其 ADI 或基于其他标准认为是安全的，而且具有法典指定 INS 编码的食品添加剂方可列入允许使用的名单。

国际食品法典委员会（CAC）下设的国际食品添加剂法典委员会（CCFA）负责制定国际《食品添加剂通用法典标准》（General Standard For Food Additives，GSFA）。CCFA 每年定期召开会议，对 JECFA 通过的各种食品添加剂标准、试验方法和安全性评价结果进行审议认可，再提交 CAC 复审后公布。因此，在各个国家的食品标准中，食品添加剂的种类和使用量等均应以 JECFA 的建议为根据。JECFA 建议将食品添加剂分为以下四类管理。

第一类为安全使用的添加剂，即一般认为是安全（general recognized as safe）的添加剂，可以按正常需要使用，不需建立 ADI 值。

第二类为 A 类，是 JECFA 已经制定 ADI 值和暂定 ADI 值的添加剂，它又分为两类——A_1 类和 A_2 类。A_1 类：经过 JECFA 评价认为毒理学资料清楚，已经制定出 ADI 值的添加剂。A_2 类：JECFA 已经制定出暂定 ADI 值，但毒理学资料不够完善，暂时允许用于食品。

第三类为 B 类，JECFA 曾经进行过安全评价，但毒理学资料不足，未建立 ADI 值，或者未进行安全评价者，它又分为两类——B_1 类和 B_2 类。B_1 类：JECFA 曾经进行过安全评价，因毒理学资料不足，未建立 ADI 值。B_2 类：JECFA 未进行安全评价。

第四类为 C 类，JECFA 进行过安全评价，根据毒理学资料，认为应该禁止使用的食品添加剂或应该严格限制使用的食品添加剂，也分为两类——C_1 类和 C_2 类。C_1 类：JECFA 根据毒理学资料，在食品中应该禁止使用的添加剂。C_2 类：JECFA 认为应该严格限制，只限于在某些食品中作为某种特殊用途使用的添加剂。

第二节　多种因素产生的化学危害

化学性危害不仅包括人为加入食品中的化学物质，还包括无意或偶然进入食品中的有毒有害物质，例如食品加工过程中生成的化学物质和环境污染物等。其中，有些化学物质化学性质稳定，在自然条件下难以被降解，具有长期残留性，并可通过各种环境介质（大气、水、生物体等）远距离迁移并长期存在于环境中，并能通过食物链的生物富集作用危害人类的健康，这些化学污染物被称为持久性有机污染物（persistent organic pollutants，POPs）。POPs 一般具有高毒性（即使在低浓度时也会对生物体造成伤害）、持久性（半衰期长）、生物积累性、远距离迁移性等特点。截至 2017 年，已有 28 种 POPs 被列入《关于持久性有机污染物的斯德哥尔摩公约》受控清单，在全球范围内禁用或严格限用。28 种 POPs 化学品中有 16 种有机氯农药（如艾氏剂、灭蚁灵、硫丹、林丹、五氯苯、滴滴涕等）、4 种无意生产和排放的副产物（多氯二苯并对二噁英、多氯二苯并呋喃、多氯萘、六氯丁二烯）和 8 种工业化学品（多氯联苯、六溴环十二烷、多溴二苯醚、全氟辛基磺酸、短链氯化石蜡等）。这些物质虽然已经禁用或严格限用，但目前在一些食品中仍然能检测出微量的含量水平，其健康影响仍值得关注。

一、有毒金属

自然界中存在各种金属元素，它们可通过食物和饮水摄入、呼吸道吸入和皮肤接触等途径进入人体，但通过食物进入人体是主要途径。在这些金属元素中，有一些金属元素在较低摄入量的情况下即能干扰人体正常生理功能，并对人体产生明显的毒性作用，如汞、镉、铅、砷等，常称之为有毒金属（toxic metal，poisonous metal）。即使是一些人体生理功能所必需的微量元素，如铬、锰、锌、铜等，在过量摄入时亦可对人体可产生不同程度的毒性作用或潜在危害。

（一）概述

1. 有毒金属污染食品的途径

食品中的有毒金属主要来源于以下几个方面。

（1）特殊的自然环境　在有些特殊的地区，如矿区、火山活动频繁的地区，土壤、水、大气等自然环境中有毒金属的本底含量①较高，在这些地区生长的动植物体内有毒金属的含量显著高于一般地区。

（2）人为污染的环境　工业生产中各种含有毒金属的废气、废水和废渣的排放，含有毒金属的农药、兽药和化肥的大量使用，均可对水体、土壤和大气造成污染，直接或间接污染各类食品。

（3）食品加工、储存、运输和销售过程　在食品加工、储存、运输和销售中使用或接触的机械、管道、容器及添加剂含有的有毒金属可导致食品的污染。

2. 食品中有毒金属污染的毒作用特点

摄入被有毒金属污染的食品对人体可产生多方面的危害，其危害通常具有以下共同的特点。

（1）蓄积性强　进入人体后排出缓慢，生物半衰期较长，如铅在人体内的生物半衰期为4年，在骨骼中的生物半衰期可达10年。因此，长期低剂量接触可因蓄积而造成慢性损害。

（2）通过食物链的生物富集作用而在人体内达到很高的浓度　如汞和镉在鱼虾等水产品中的含量可比其生存环境高数百甚至数千倍。

（3）对人体的毒性以慢性中毒和远期效应为主　除了意外事故污染和故意投毒可引起急性中毒外，有毒金属在食品中的含量一般都比较低，对人体的危害不易及时发现。但蓄积到一定程度后，容易引起大范围人群的慢性中毒，并可能有致癌、致畸、致突变作用。

3. 影响有毒金属毒作用强度的因素

（1）有毒金属存在的形式　以有机形式存在的金属及水溶性大的金属盐类较易经消化道吸收，毒性通常较大。例如，甲基汞经消化道的吸收率远大于氯化汞；氯化镉和硝酸镉的水溶性大于硫化镉和碳酸镉，故毒性较大。

（2）机体的健康和营养状况及食物中某些营养素的含量和平衡情况　尤其是蛋白质、维生素的营养水平对有毒金属的吸收和毒性有较大影响。例如，维生素 C 能使六价铬还原成三价

---

①本底含量：反映环境质量的原始状态。在各地区，由于自然物质构成与自然发展史的不同，各种与生命有关的化学物质在自然环境中的背景含量也不同。

铬，可使其毒性降低。

（3）金属元素间或金属与非金属元素间的相互作用　如锌可拮抗镉的毒性，因锌可与镉竞争结合金属硫蛋白上的巯基（—SH），当食物中锌镉比值较大时，镉的毒性降低。此外，铁可拮抗铅的毒性作用，原因是铁可与铅竞争结合肠黏膜载体蛋白和相关的吸收及转运载体，从而减少铅的吸收。另一方面，某些有毒金属之间可产生协同作用，如砷和镉均可抑制巯基酶的活性；铅和汞可共同作用于神经系统，使毒性作用加强。

4. 预防有毒金属污染的措施

（1）严格监管工业"三废"的排放。

（2）农田灌溉用水和渔业养殖用水应符合《农田灌溉水质标准》（GB 5084—2005）和《渔业水质标准》（GB 11607—1989）。

（3）限用或禁止使用含有毒金属的农药　如含汞、含铅及含砷农药。

（4）限制食品加工设备、管道、包装材料和容器中有毒金属镉和铅等的含量。

（5）制定食品中有毒金属的限量并加强监督检验。

FAO/WHO 提出的暂定每周可耐受摄入量（provisional tolerable weekly intake，PTWI）汞为 0.3mg，相当于 0.005mg/kg 体重；甲基汞为 0.2mg，相当于 0.0033mg/kg 体重；铅为 0.025mg/kg 体重；镉为 0.007mg/kg 体重；无机砷为 0.015mg/kg 体重。我国现行的《食品安全国家标准 食品中污染物限量》（GB 2762—2017）除了对食品中汞、镉、铅、砷的限量有详细的规定外，还规定了食品中锡、镍、铬的限量指标。

（二）几种主要的有毒金属对食品的污染及毒性

1. 汞（mercury，Hg）

汞是地球上储量很大、分布极广的重金属元素，是重要的工业原料。汞及其化合物在皮毛加工、制药、选矿、造纸、电解、电镀等工业领域有广泛的应用。许多有机汞也常用作临床医疗仪器的消毒溶液。这些医药和化学工业产生的废水是导致环境汞污染的重要因素。

（1）理化性质　汞又称水银，为银白色液体金属，相对原子质量200.59，熔点−38.87℃，沸点356.6℃，相对密度13.59，在常温下升华为汞蒸气。汞与稀盐酸和稀硫酸不起反应，但能与硝酸和热的浓硫酸发生反应。汞在环境中易被微生物转变成甲基汞而在生物体内蓄积。在自然界中有单质汞（水银）、无机汞和有机汞等几种形式。

（2）食品中汞污染的来源　汞及其化合物广泛应用于工农业生产和医药卫生行业，可通过"三废"排放等污染环境，进而污染食物。

含汞的废水排入江河湖海后，其中所含的金属汞或无机汞可以在水体（尤其是底层污泥）中某些微生物体内甲基钴氨蛋氨酸转移酶的作用下，转变为甲基汞；如果在硫化氢存在的情况下可转变为二甲基汞，并可由于食物链的生物富集作用而在鱼体内达到很高的含量。除水产品外，汞亦可通过含汞农药的使用和废水灌溉农田等途径污染农作物和饲料，造成谷类、蔬菜水果和动物性食品的汞污染。

（3）体内代谢和毒性　食品中的金属汞几乎不被吸收，无机汞吸收率亦很低，90%以上随粪便排出，而有机汞的消化道吸收率很高，甲基汞可达95%。吸收的汞迅速分布到全身组织和器官，但以肝、肾、脑等器官含量最多。甲基汞主要与蛋白质的巯基结合。吸收的汞在血液中90%与红细胞结合，10%与血浆蛋白结合。血液中的总汞可作为近期摄入体内汞的水平指标，也可作为体内汞负荷程度的指标。因甲基汞具有亲脂性以及与巯基的亲和力很强，可通过血−

脑屏障、胎盘屏障和血-睾屏障致胎儿和新生儿汞中毒。大脑对其亲和力很强，脑中汞浓度可比血液中浓度高3~6倍，汞进入大脑后可导致脑和神经系统损伤。

有机汞是强蓄积性毒物，在人体内的生物半衰期平均为70d，在脑内的半衰期可达180~250d。毛发中的汞水平与摄入量成正比，故毛发中的汞含量亦可反映体内汞负荷情况。体内的汞可通过尿、粪和毛发排出。

甲基汞中毒的主要表现是神经系统损害的症状。初起为疲乏、头晕、失眠、而后感觉异常，手指、足趾、口唇和舌等处麻木，严重者出现共济失调、语言障碍、视野缩小、听力障碍、感觉障碍及精神症状等，进而瘫痪、肢体变形、吞咽困难甚至死亡。血汞>200μg/L、发汞>50μg/g或尿汞>2μg/L，即表明有汞中毒的可能。血汞>1mg/L或发汞>100μg/g，可出现明显的中毒症状。甲基汞还有致畸作用和胚胎毒性。

长期摄入被甲基汞污染的食品可致甲基汞中毒。20世纪50年代，日本发生的典型公害病——水俣病，就是由于含汞工业废水严重污染了水俣湾，当地居民长期大量食用该水域捕获的鱼类而引起的甲基汞中毒典型事件。我国20世纪70年代在松花江流域也曾发生过因江水被含汞工业废水污染而致鱼体甲基汞含量明显增加，沿岸渔民长期食用被甲基汞污染的鱼类引起的慢性甲基汞中毒事件。

（4）食品中汞的限量　FAO/WHO提出的无机汞和甲基汞PTWI分别为4μg/kg体重和1.6μg/kg体重。我国现行《食品安全国家标准　食品中污染物限量》（GB 2762—2017）中规定的食品中汞限量指标见表4-2。

表4-2　　　　　　　　　　　　　　　食品中汞限量指标

食品类别（名称）	限量（以Hg计）/（mg/kg）	
	总汞	甲基汞[1]
水产动物及其制品（肉食性鱼类及其制品除外）	—	0.5
肉食性鱼类及其制品	—	1
谷物及其制品	0.02	—
稻谷[2]、糙米、大米、玉米、玉米面（渣、片）、小麦、小麦粉		
蔬菜及其制品		
新鲜蔬菜	0.01	—
食用菌及其制品	0.1	—
肉及肉制品		
肉类	0.05	—
乳及乳制品		
生乳、巴氏杀菌乳、灭菌乳、调制乳、发酵乳	0.01	—
蛋及蛋制品		
鲜蛋	0.05	—
调味品		
食用盐	0.1	—

续表

食品类别（名称）	限量（以 Hg 计）/（mg/kg）	
	总汞	甲基汞①
饮料类 　矿泉水	0.001mg/L	—
特殊膳食用食品 　婴幼儿罐装辅助食品	0.02	—

注：①水产动物及其制品可先测定总汞，当总汞水平不超过甲基汞限量值时，不必测定甲基汞；否则，需再测定甲基汞。

　　②稻谷以糙米计。

2. 镉（cadmium，Cd）

镉在自然界中常与锌、铜、铅并存，是铅、锌矿的副产品。镉在工业上有广泛的用途，主要用于电容器、充电电池的生产及金属制品的电镀。水和土壤中的镉主要来自电镀、电解和蓄电池等含镉工业排出的废水。利用含镉废水灌溉农田，会引起土壤镉的积累。农作物通过根部吸收镉，并在体内富集。镉主要通过对水源的直接污染，以及通过食物链的生物富集作用对人类的健康造成危害。

（1）理化性质　镉为银白色金属，相对原子质量 112.41，熔点 320.9℃，沸点 765℃，相对密度 8.65。镉可与硫酸、盐酸、硝酸作用生成相应的镉盐。镉盐与碱作用可生成氢氧化镉沉淀。镉的硫酸盐、硝酸盐和卤化物均可溶于水，有较大的毒性。

（2）食品中镉污染的来源　由于工业"三废"，尤其是含镉废水的排放，对环境和食物的污染较为严重。一般食物中均能检出镉，含量为 0.004~5.0mg/kg，但镉也可能通过食物链的富集而在某些食物中达到很高的浓度。产自镉污染区的稻米含镉量可达 5.43mg/kg，鱼和贝类可从周围的水体中富集镉，其体内的浓度比水高出几千倍。镉主要蓄积于动物肾脏，动物肾脏中的镉含量明显高于相同地区的植物性食物。

镉盐的颜色鲜艳且耐高温，常用作玻璃、陶瓷类容器的上色颜料、金属合金和镀层成分及塑料稳定剂等，因此使用这类食品容器和包装材料可对食品造成污染，尤其是存放酸性食品，可致其中的镉大量溶入食品中。

（3）体内代谢和毒性　镉进入人体的主要途径是通过食物摄入。动物试验发现，经口喂饲的镉只有约 5% 经胃肠道吸收。吸收的镉大约有 50% 分布在肾脏和肝脏中，在其他器官中的浓度相对很低。镉的吸收与其化学形式密切相关，水溶性高的镉盐吸收率高。镉在人体内的吸收受营养因素的影响，钙、蛋白质和锌的缺乏可明显增加人体对镉的吸收能力。动物试验发现，牛乳可使镉的吸收率提高 20 倍。

镉与低分子质量的硫蛋白结合成金属硫蛋白，主要蓄积于肾脏，其次是肝脏，分别占全身镉总量的 50% 和 17%。镉在体内相当稳定，生物半衰期较长，在肝脏中的半衰期大约为 10 年，而在肾脏中的半衰期更长，大约是 20 年。体内的镉最后通过粪便和尿排出，少量经毛发、指（趾）甲、乳汁及汗液排至体外。

镉可引起急性中毒，早期症状表现为恶心、呕吐、腹痛、腹泻、肢体感觉障碍，严重者出现抽搐、休克等表现。长期摄入镉污染的食物可引起慢性镉中毒。慢性镉中毒主要损害肾脏、骨骼和生殖系统。肾脏是对镉最敏感的器官，镉主要损害肾近曲小管上皮细胞，使其重吸收功能发生障碍，出现蛋白尿、氨基酸尿、糖尿及高钙尿，导致体内出现负钙平衡，引起严重的骨质疏松而使骨的脆性大大增加，从而发生病理性骨折。20 世纪 50 年代，日本神通川地区出现的"骨痛病"就是由于环境污染通过食物链而引起的人体慢性镉中毒。此外，镉及镉化合物对动物和人体有一定的"三致"作用。正常人血镉$<50\mu g/L$，尿镉$<3\mu g/L$，发镉$<3\mu g/L$。若血镉$>250\mu g/L$ 或尿镉$>15\mu g/L$，则表示有镉中毒的可能。

（4）食品中镉的限量　2010 年 FAO/WHO 提出镉的 PTMI 为 $25\mu g/kg$ 体重。我国现行《食品安全国家标准　食品中污染物限量》（GB 2762—2017）中规定的食品中镉限量指标见表 4-3。

表 4-3　　　　　　　　　食品中镉限量指标（mg/kg）

食品类别（名称）	限量（以 Cd 计）	食品类别（名称）	限量（以 Cd 计）
谷物及其制品		肾脏制品	1.0
谷物（稻谷①除外）	0.1	豆类及其制品	0.2
谷物碾磨加工品（糙米、大米除外）	0.1	豆类	
稻谷①、糙米、大米	0.2	坚果及籽类	0.5
蔬菜及其制品		花生	
新鲜蔬菜（叶菜蔬菜、豆类蔬菜、块根和块茎蔬菜、茎类蔬菜、黄花菜除外）	0.05	水产动物及其制品	
		鲜、冻水产动物	
		鱼类	0.1
叶菜蔬菜	0.2	甲壳类	0.5
豆类蔬菜、块根和块茎蔬菜、茎类蔬菜（芹菜除外）	0.1	双壳类、腹足类、头足类、棘皮类（去除内脏）	2.0
芹菜、黄花菜	0.2	水产制品	
水果及其制品		鱼类罐头（凤尾鱼、旗鱼罐头除外）	0.2
新鲜水果	0.05	凤尾鱼、旗鱼罐头	0.3
食用菌及其制品		其他鱼类制品（凤尾鱼、旗鱼制品除外）	0.1
新鲜食用菌（香菇和姬松茸除外）	0.2		
香菇	0.5	凤尾鱼、旗鱼制品	0.3
食用菌制品（姬松茸制品除外）	0.5	蛋及蛋制品	0.05
肉及肉制品		调味品	
肉类（畜禽内脏除外）	0.1	食用盐	0.5
畜禽肝脏	0.5	鱼类调味品	0.1
畜禽肾脏	1.0	饮料类	
肉制品（肝脏制品、肾脏制品除外）	0.1	包装饮用水（矿泉水除外）	0.005mg/L
		矿泉水	0.003mg/L
肝脏制品	0.5		

注：①稻谷以糙米计。

3. 铅 (lead, plumbum, Pb)

铅是地壳中发现的含量最丰富的重金属元素之一。铅及其化合物是重要的工业原料,广泛用于冶金、油漆、印刷、陶瓷、医药、农药、塑料等工业。这些铅大部分以各种形式排放到环境中。铅对环境的污染还包括废弃的含铅蓄电池和含铅汽油燃烧后对土壤、水源和大气的污染。环境铅污染可进一步引起食品铅污染。

(1) 理化性质 铅为银白色重金属,相对原子质量为207.1,相对密度为11.34。其氧化态为+2或+4价。铅能与浓盐酸反应生成氯化铅。除乙酸铅、亚硝酸铅和氯化铅外,大多数铅盐不溶于或难溶于水。

(2) 食品中铅污染的来源 生产和使用铅及含铅化合物所排放的"三废"可对环境造成污染,通过食物链的生物富集作用,环境中的铅可对食品造成严重污染。交通工具排放的废气中含有的铅可造成公路干线附近农作物铅的严重污染。例如,生长在高速公路附近的稻谷含铅量约是种植在乡村区域的同种稻谷的10倍。使用含铅、锡合金的加工机械、管道和劣质陶瓷器皿运输、盛装和烧煮食品,可造成铅对食品的直接污染。尤其在一定的条件下,如盛装酸性食物,其中的铅溶出更多。釉上彩和粉彩容器、食具的铅溶出量更高。印制食品包装的油墨和颜料等常含有铅,亦可污染食品。此外,聚氯乙烯塑料中的含铅稳定剂等也可致食品的污染。含铅农药,如砷酸铅的使用可造成农作物的铅污染;含铅的食品添加剂或加工助剂,如加工皮蛋时加入的黄丹粉和某些劣质食品添加剂等亦可造成食品的铅污染。

(3) 体内代谢和毒性 人体内的铅主要来自食品。虽然人体从食品中摄入的铅较多,但这些无机铅只有5%~10%被消化道吸收,大部分从尿(75%)和粪便(16%)中排出。吸收入血的铅90%以上与红细胞结合,随后部分以不溶性磷酸铅的形式沉积在骨骼中,少部分储留于肝、肾、肌肉和中枢神经系统中并产生毒性作用。铅在体内的生物半衰期较长(4年),可长期在体内蓄积。尿铅、血铅和发铅是反映体内铅负荷的常用指标。

食物引起的急性铅中毒比较少见。通过食物摄入的铅在体内长期蓄积可对造血系统、神经系统和消化系统产生慢性损害,表现为面色苍白、贫血、头昏、头痛、神经衰弱、神经炎、乏力、失眠、易激惹、多动、注意力不集中、攻击行为、反应迟钝、嗜睡、运动不协调、口腔有金属味、腹痛、食欲不振等,严重者有狂躁、视觉障碍、神经瘫痪等铅中毒脑病。儿童对铅较成年人敏感,过量摄入铅可影响生长发育,导致智力低下。

铅对试验动物有致癌、致畸和致突变作用,但还没有证据显示铅可使人致癌。血铅>2.4μmol/L或尿铅>0.39μmol/L,即表示有铅中毒的可能。

(4) 食品中铅的限量 2010年FAO/WHO取消了铅的PTWI,目前尚未制定新的健康指导值。我国现行《食品安全国家标准 食品中污染物限量》(GB 2762—2017)中规定的食品中铅限量指标见表4-4。

表4-4　　　　　　　　　　　食品中铅限量指标 (mg/kg)

食品类别 (名称)	限量(以 Pb 计)
谷物及其制品[①] [麦片、面筋、八宝粥罐头、带馅(料)面米制品除外]	0.2
麦片、面筋、八宝粥罐头、带馅(料)面米制品	0.5
蔬菜及其制品	

续表

食品类别（名称）	限量（以 Pb 计）
新鲜蔬菜（芸薹类蔬菜、叶菜蔬菜、豆类蔬菜、薯类除外）	0.1
芸薹类蔬菜、叶菜蔬菜	0.3
豆类蔬菜、薯类	0.2
蔬菜制品	0.05
水果及其制品	
新鲜水果（浆果和其他小粒水果除外）	0.1
浆果和其他小粒水果	0.2
水果制品	1.0
食用菌及其制品	1.0
豆类及其制品	
豆类	0.2
豆类制品（豆浆除外）	0.5
豆浆	0.05
藻类及其制品（螺旋藻及其制品除外）	1.0（干重计）
螺旋藻及其制品	2.0（干重计）
坚果及籽类（咖啡豆除外）	0.2
咖啡豆	0.5
肉及肉制品	
肉类（畜禽内脏除外）	0.2
畜禽内脏	0.5
肉制品	0.5
水产动物及其制品	
鲜、冻水产动物（鱼类、甲壳双壳类除外）	1.0（去除内脏）
鱼类、甲壳类	0.5
双壳类	1.5
水产制品（海蜇制品除外）	1.0
海蜇制品	2.0
乳及乳制品（生乳、巴氏杀菌乳、灭菌乳、发酵乳、调制乳、乳粉、非脱盐乳清粉除外）	0.3

续表

食品类别（名称）	限量（以 Pb 计）
生乳、巴氏杀菌乳、灭菌乳、发酵乳、调制乳	0.05
乳粉、非脱盐乳清粉	0.5
蛋及蛋制品（皮蛋、皮蛋肠除外）	0.2
皮蛋、皮蛋肠	0.5
油脂及其制品	0.1
调味品（食用盐、香辛料类除外）	1.0
食用盐	2.0
香辛料类	3.0
食糖及淀粉糖	0.5
淀粉及淀粉制品	
食用淀粉	0.2
淀粉制品	0.5
饮料类（包装饮用水、果蔬汁类及其饮料、含乳饮料、固体饮料除外）	0.3mg/L
包装饮用水	0.01mg/L
果蔬汁类及其饮料［浓缩果蔬汁（浆）除外］、含乳饮料	0.05mg/L
浓缩果蔬汁（浆）	0.5mg/L
固体饮料	1.0
酒类（蒸馏酒、黄酒除外）	0.2
蒸馏酒、黄酒	0.5
焙烤食品	0.5
可可制品、巧克力和巧克力制品以及糖果	0.5
冷冻饮品	0.3
特殊膳食用食品	
婴幼儿配方食品（液态产品除外）	0.15（以粉状产品计）
液态产品	0.02（以即食状态计）
婴幼儿辅助食品	
婴幼儿谷类辅助食品（添加鱼类、肝类、蔬菜类的产品除外）	0.2
添加鱼类、肝类、蔬菜类的产品	0.3
婴幼儿罐装辅助食品（以水产及动物肝脏为原料的产品除外）	0.25
以水产及动物肝脏为原料的产品	0.3

续表

食品类别（名称）	限量(以 Pb 计)
特殊医学用途配方食品（特殊医学用途婴儿配方食品涉及的品种除外）	
10 岁以上人群的产品	0.5（以固态产品计）
1 岁~10 岁人群的产品	0.15（以固态产品计）
辅食营养补充品	0.5
运动营养食品	
固态、半固态或粉状	0.5
液态	0.005
孕妇及乳母营养补充食品	0.5
其他类	
果冻	0.5
膨化食品	0.5
茶叶	5.0
干菊花	5.0
苦丁茶	2.0
蜂产品	
蜂蜜	1.0
花粉	0.5

注：①稻谷以糙米计。

4. 砷（arsenic，As）

砷及其化合物广泛存在于环境中。砷在农业生产中得到广泛的应用，如含砷农药的生产和使用。砷作为玻璃、木材、纺织、化工、陶器、颜料、化肥等工业的原材料，其"三废"的排放均可导致环境中的砷污染。此外，砷化物和有色金属的开采和冶炼、煤的燃烧过程等也常常有砷化物的排出，污染周围环境。在环境化学污染物中，砷是最常见、危害居民健康最严重的污染物之一。

（1）理化性质　砷是一种非金属元素，但由于其许多性质类似于金属，故常将其归为"类金属"之列。砷的相对原子质量为 74.92，相对密度为 5.73。无机砷多为 +3 价和 +5 价的化合物，有机砷主要为 +5 价的化合物。砷在潮湿的空气中氧化或在燃烧时可形成三氧化二砷（As_2O_3），俗称砒霜。无机砷化物在酸性环境中经金属催化可生成砷化氢（AsH_3）气体。三氧化二砷和砷化氢都是强毒化合物。

（2）食品中砷污染的来源　受环境的污染，食品中通常均含有砷。工业"三废"尤其是含砷废水对农田灌溉水源的污染可造成对土壤、农作物和水生生物的砷污染。水生生物，尤其是甲壳类和某些贝类的确有很强的浓集能力，其体内砷含量可高出生活水体数千倍。有报道，我国甲壳类中螃蟹的砷含量较高，为 7.5mg/kg；其次是虾、蛤蚌，均为 2.1mg/kg。鱼类中则以鲔鱼为最高含量，数值达 2.3mg/kg；其次是硬鳞鱼和鳕鱼，均为 0.8mg/kg。含砷农药的使用是农作物受污染的主要来源，特别是使用过量或使用时间距收获期太近，可导致农作物中砷含量明显增加。例如，水稻孕穗期施用有机砷农药后收获的稻米中砷残留量可达 3～10mg/kg。我国大部分地区的蔬菜中砷的检出率都很高，粮食、水果、肉、乳、蛋、鱼类及其制品、茶叶等中也均有检出，但含量较低，一般低于 0.5mg/kg。此外，食品加工过程中原料、添加剂及容器、包装材料等的污染及误用均可造成加工食品的砷污染。

（3）体内代谢和毒性　食物和饮水中的砷经消化道吸收入血后主要与血红蛋白中的球蛋白结合，迅速分布到全身各组织器官，经生物转化为甲基砷化物后而主要由尿和粪便中排出。砷与头发和指甲中角蛋白的巯基有很强的结合力，这也是砷的排泄途径之一。砷的生物半衰期为 80～90d。

砷在组织中的分布以膀胱中为最多，其次是肾脏、皮肤和肝脏。研究表明，砷化物在组织中的聚积与砷诱发癌变的靶器官基本一致。

食品中砷的毒性与其存在的形式与价态有关。元素形态的砷不溶于水，几乎没有毒性。砷的硫化物毒性亦低，而砷的氧化物和盐类毒性较大。As^{3+} 的毒性大于 As^{5+}，无机砷的毒性大于有机砷。

As^{3+} 与人体酶系统的巯基有很强的亲和力，对含巯基的酶，如胃蛋白酶、胰蛋白酶、丙酮酸氧化酶、α-酮戊二酸氧化酶、ATP 酶等有很强的抑制能力，可导致体内物质代谢的异常。同时，砷可使毛细血管的通透性增高，引起多器官的广泛病变。

急性砷中毒多见于消化道摄入，主要表现为剧烈腹痛、腹泻、恶心、呕吐。严重者可因中枢神经系统麻痹而死亡。慢性砷中毒主要表现为末梢神经炎和神经衰弱症候群。皮肤色素高度沉着、皮肤角化及发生龟裂性溃疡是慢性砷中毒的特征。20 世纪 60 年代，日本曾发生的"森永乳粉中毒事件"系因乳粉生产中使用了含大量砷酸盐的磷酸氢二钠作为稳定剂而引起的，致使 13000 多名婴儿中毒，在事件发生一年内，共有 100 多名婴儿死亡。无机砷化合物还有一定的"三致"作用，其致癌作用已被国际癌症研究机构（International Agency for Research on Cancer，IARC）肯定。多种砷化物具有致突变性，可导致基因突变、染色体畸变并抑制 DNA 损伤的修复。砷酸钠可透过盘胎屏障，对小鼠和仓鼠有一定的致畸性。无机砷化合物与人类皮肤癌和肺癌的发生有关。

血砷>70μg/L、尿砷>0.5mg/L 或发砷>5μg/L，即表示有砷中毒的可能。

（4）食品中砷的限量　2010 年 FAO/WHO 确定无机砷的基准剂量下置信限的范围为 0.3～0.8μg/kg 体重。我国现行《食品安全国家标准　食品中污染物限量》（GB 2762—2017）中规定的食品中铅限量指标见表 4-5。

表 4-5　　　　　　　　　食品中砷限量指标（mg/kg）

食品类别（名称）	限量（以 As 计）	
	总砷	无机砷[2]
谷物及其制品		
谷物（稻谷[①]除外）	0.5	—

续表

食品类别（名称）	限量（以 As 计）	
	总砷	无机砷[2]
谷物碾磨加工品（糙米、大米除外）	0.5	—
稻谷[1]、糙米、大米	—	0.2
水产动物及其制品（鱼类及其制品除外）	—	0.5
鱼类及其制品	—	0.1
蔬菜及其制品		
新鲜蔬菜	0.5	—
食用菌及其制品	0.5	—
肉及肉制品	0.5	—
乳及乳制品		
生乳、巴氏杀菌乳、灭菌乳、调制乳、发酵乳	0.1	—
乳粉	0.5	—
油脂及其制品	0.1	—
调味品（水产调味品、藻类调味品和香辛料类除外）	0.5	—
水产调味品（鱼类调味品除外）	—	0.5
鱼类调味品	—	0.1
食糖及淀粉糖	0.5	—
饮料类		
包装饮用水	0.01 mg/L	—
可可制品、巧克力和巧克力制品	0.5	—
特殊膳食用食品		
婴幼儿辅助食品		
婴幼儿谷类辅助食品（添加藻类的产品除外）	—	0.2
添加藻类的产品	—	0.3
婴幼儿罐装辅助食品（以水产及动物肝脏为原料的产品除外）	—	0.1
以水产及动物肝脏为原料的产品	—	0.3
辅食营养补充品	0.5	—
运动营养食品		
固态、半固态或粉状	0.5	—
液态	0.2	—
孕妇及乳母营养补充食品	0.5	—

注：①稻谷以糙米计。

②对于制定无机砷限量的食品可先测定其总砷，当总砷水平不超过无机砷限量值时，不必测定无机砷；否则，需再测定无机砷。

二、 N-亚硝基化合物

N-亚硝基化合物（N-nitroso compounds）是一类对动物有较强致癌作用的化学物。迄今已研究过的 300 多种 N-亚硝基化合物中，90%以上对动物有不同程度的致癌性。

（一）分类、结构与理化性质

按其分子结构，N-亚硝基化合物可分成 N-亚硝胺和 N-亚硝酰胺两大类。

1. N-亚硝胺（N-nitrosamine）

N-亚硝胺的基本结构如图 4-1 所示。式中 R₁、R₂可以是烷基或圤烷基，也可以是芳香环或杂环化合物。如 R₁和 R₂相同，称为对称性亚硝胺，而 R₁与 R₂不同时，则称为非对称性亚硝胺。

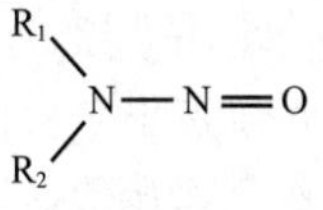

$$R_1\ R_2\ N-N=O$$

图 4-1 N-亚硝胺的基本结构

低分子质量的亚硝胺（如二甲基亚硝胺）在常温下为黄色油状液体，而高分子质量的亚硝胺多为固体。二甲基亚硝胺可溶于水及有机溶剂，而其他亚硝胺均不能溶于水，只能溶于有机溶剂。N-亚硝胺在中性和碱性环境中较稳定，在一般条件下不易发生水解，但在特殊条件下也可发生以下反应。

（1）水解 二甲基亚硝胺在盐酸溶液中加热，70~110℃即可分解，盐酸有较强的去亚硝基作用。另外，Br_2、H_2SO_4加 $KMnO_4$、HB_4加冰醋酸等都具有去亚硝基作用。

（2）形成氢键及加成反应 亚硝基上的 O 原子和与烷基相连的 N 原子能与甲酸、乙酸、三氯乙酸等形成氢键。某些亚硝胺还能与 BF_3、PC_5、$ZnBr_2$等发生加成反应。

（3）转亚硝基 二甲基亚硝胺和 N-甲基苯胺之间可进行转亚硝基反应。脂肪族胺之间的转亚硝基需在强酸条件下进行。

（4）氧化 亚硝胺可以被多种氧化剂氧化成硝胺。

（5）还原 亚硝胺在 pH 1~5 的酸性条件下可发生 4 电子还原，产生不对称肼；而在碱性条件下则发生 2 电子还原，产生二级胺和一氧化二氮。

（6）光化学反应 在紫外光照射下，亚硝胺的 NO 基可发生裂解。紫外光解反应在酸性水溶液或在有机溶剂中都能进行。

2. N-亚硝酰胺（N-nitrosamide）

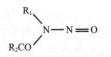

图 4-2 N-亚硝酰胺的基本结构

N-亚硝酰胺的基本结构如图 4-2 所示。式中 R₁和 R₂可以是烷基或芳基，R₂也可以是 NH₂、NHR、NR₂（称为 N-亚硝基脲）或 RO 基团（即亚硝基氨基甲酸酯）。N-亚硝酰胺的化学性质活泼，在酸性或碱性条件下均不稳定。在酸性条件下可分解为相应的酰胺和亚硝酸，在弱酸条件下主要经重氮甲酸酯重排，放出 N_2 和羧酸酯。在碱性条件下 N-亚硝酰胺可迅速分解为重氮烷。

（二）N-亚硝基化合物的前体物

环境和食品中的 N-亚硝基化合物系由亚硝酸盐和胺类在一定的条件下合成。作为 N-亚硝基化合物前体物的硝酸盐、亚硝酸盐和胺类物质，广泛存在于环境和食品中，在适宜的条件下，这些前体物质可通过化学或生物学途径合成各种各样的 N-亚硝基化合物。

1. 蔬菜中的硝酸盐和亚硝酸盐

硝酸盐和亚硝酸盐广泛地存在于人类生存的环境中，是自然界最普遍的含氮化合物。土壤和肥料中的氮在土壤微生物（硝酸盐生成菌）的作用下可转化为硝酸盐。而蔬菜等农作物在生长过程中，从土壤中吸收硝酸盐等营养成分，在植物体内酶的作用下将硝酸盐还原为氨，并进一步与光合作用合成的有机酸生成氨基酸和蛋白质。当光合作用不充分时，植物体内可积蓄较多的硝酸盐。新鲜蔬菜中硝酸盐含量差异很大，不同种类的蔬菜中硝酸盐含量可相差数十倍，同种类的蔬菜中硝酸盐含量亦有一定差异。新鲜蔬菜中硝酸盐含量主要与作物种类、栽培条件（如土壤和肥料的种类）以及环境因素（如光照等）有关。蔬菜中亚硝酸盐含量通常远远低于其硝酸盐含量。蔬菜的保存和处理过程对其硝酸盐和亚硝酸盐含量有很大影响，例如，在蔬菜的腌制过程中，亚硝酸盐含量明显增高，不新鲜的蔬菜中亚硝酸盐含量亦可明显增高。

2. 动物性食物中的硝酸盐和亚硝酸盐

用硝酸盐腌制鱼、肉等动物性食品是许多国家和地区的一种古老和传统的方法，其作用机制是通过细菌将硝酸盐还原为亚硝酸盐，亚硝酸盐与动物肌肉中的乳酸作用生成游离的亚硝酸，亚硝酸能抑制许多腐败菌的生长，从而可达到防腐的目的。此外，亚硝酸分解产生的 NO 可与肌红蛋白结合，形成亚硝基肌红蛋白，可使腌肉、腌鱼等保持稳定的红色，从而改善此类食品的感官性状。之后，人们发现只需用很少量的亚硝酸盐处理食品，就能达到较大量硝酸盐的效果，于是亚硝酸盐逐步取代硝酸盐用作防腐剂和护色剂。虽然使用亚硝酸盐作为食品添加剂有产生 N-亚硝基化合物的可能，但目前尚无更好的替代品，故仍允许限量使用。我国《食品安全国家标准 食品添加剂使用标准》（GB 2760—2014）规定肉制品中亚硝酸盐残留量（以亚硝酸钠计）不得超过 30mg/kg。

3. 环境和食品中的胺类

N-亚硝基化合物的另一类前体物，即有机胺类化合物亦广泛存在于环境和食物中。胺类化合物是蛋白质、氨基酸、磷脂等生物大分子合成的必需原料，故也是各种天然动物性和植物性食品的成分。另外，大量的胺类物质也是药物、农药和许多化工产品的原料。

在有机胺类化合物中，以仲胺（即二级胺）合成 N-亚硝基化合物的能力为最强。鱼和某些蔬菜中的胺类和二级胺类物质含量较高，鱼肉中二甲胺的含量多在 100mg/kg 以上。鱼、肉及其制品中二级胺的含量因新鲜程度、加工过程和贮藏条件的不同而有很大差异，晒干、烟熏、装罐等加工过程均可致二级胺含量明显增加。在蔬菜中，红萝卜的二级胺含量较高。此外，玉米、小麦、黄豆、红薯干、面包等食品中亦有较多的二级胺。

（三）食品中 N-亚硝基化合物的来源

肉、鱼等动物性食品中含有丰富的蛋白质、脂肪和少量的胺类物质。在其腌制、烘烤等加工处理过程中，尤其是在油煎、油炸等烹调过程中，可产生较多的胺类化合物。鱼、肉制品中的 N-亚硝胺主要是吡咯烷亚硝胺和二甲基亚硝胺。由于腌制、保藏和烹调方法的不同，各类鱼肉制品中 N-亚硝胺的含量有一定差异，其含量在 0.3~300.0μg/kg 范围内差异较大。

某些乳制品（如干酪、乳粉、奶酒等）含有微量的挥发性 N-亚硝胺，其含量多在 0.5~5.0μg/kg。

蔬菜和水果中所含有的硝酸盐、亚硝酸盐和胺类在长期贮藏和加工处理过程中，可发生反应，生成微量的 N-亚硝胺，其含量为 0.01~6.0μg/kg。

以往啤酒中二甲基亚硝胺的含量水平多在 0.5~5.0μg/kg，其主要来源是在啤酒生产过程中，大麦芽在窑内加热干燥时，其所含大麦芽碱和仲胺等能与空气中的氮被氧化而产生的氮氧化物（NO_x）发生反应，生成二甲基亚硝胺。现因啤酒生产工艺有所改变（大麦芽不再直接用火干燥），其 N-亚硝胺含量也明显降低，在多数大型企业生产的啤酒中已很难检测出 N-亚硝胺类化合物。

（四）N-亚硝基化合物的体内合成

N-亚硝基化合物除了在食品中由前体物合成外，人体也能合成一定量的 N-亚硝基化合物。由前体物合成 N-亚硝基化合物，反应的最适 pH 为 2.5~3.5，与正常人胃液的 pH（1~4）接近，因此胃是形成 N-亚硝基化合物的主要场所。胃内合成 N-亚硝基化合物的速度及数量除了与胃内的亚硝酸盐浓度及胺、酰胺的浓度、种类有关外，还受胃液的酸碱度、细菌及催化性物质的存在等因素的影响。一些慢性胃炎患者胃液的 pH 升高，胃内硝酸盐还原菌多，而且代谢活性加强，有利于将硝酸盐还原成亚硝酸盐。由于亚硝酸盐浓度增大，对合成反应有利。另外，当 pH 增大时，硝酸盐还原菌对合成反应还有催化作用。所以，胃酸缺乏者的胃内易合成 N-亚硝基化合物。慢性胃病患者胃内 N-亚硝基化合物的含量大多高于正常人。

由前体物合成 N-亚硝基化合物时，硫代氰酸根离子（SCN⁻）是强有力的催化剂。人和动物的唾液和胃液中都含有 SCN⁻，可促进合成反应进行。如 pH 为 1.5 时，1mmol 硫代氰酸根离子能使合成反应提高 500 倍。一支香烟的烟中含有 0.5mg 的氰化钠，在体内通过硫代氰酸酶的作用可转化成二倍于此量的硫代氰酸盐。因此，吸烟者胃液中硫代氰酸盐的浓度比不吸烟者高3 倍左右，亚硝基化反应增强 100~300 倍。

此外，在唾液中及膀胱内（尤其是尿路感染时）也可能合成一定量的 N-亚硝胺。

（五）毒性

早在 19 世纪人们对 N-亚硝基化合物的毒性已有所认识，但真正对其深入进行研究则开始于 20 世纪 50 年代。1954 年，Barnes 和 Magee 较详细地报告了二甲基亚硝胺的急性毒性及其主要的病理损害，认为该化合物可导致肝小叶中心坏死及继发性肝硬化。1956 年，他们又报告了二甲基亚硝胺对大鼠的致癌作用，从而引起了人们对 N-亚硝基化合物毒性的关注与研究。目前已有大量的研究结果表明，N-亚硝基化合物对多种实验动物有很强的致癌作用，人类接触 N-亚硝基化合物及其前体物，可能与某些肿瘤的发生有一定关系。

1. 急性毒性

各种 N-亚硝基化合物的急性毒性有较大差异（表 4-6）。对于对称性烷基亚硝胺而言，其碳链越长，急性毒性越低。

表 4-6　　　　　N-亚硝基化合物的急性毒性（雄性大鼠，经口）　　　单位：mg/kg

N-亚硝基化合物	半数致死剂量（LD₅₀）	N-亚硝基化合物	半数致死剂量（LD₅₀）
甲基苄基亚硝胺	18	吡咯烷亚硝胺	900
二甲基亚硝胺	27~41	二丁基亚硝胺	1200
二乙基亚硝胺	216	二戊基亚硝胺	1750
二丙基亚硝胺	480	乙基二羟乙基亚硝胺	7500

资料来源：孙长颢 . 营养与食品卫生学［M］.8 版 . 北京：人民卫生出版社，2017。

2. 致癌作用

N-亚硝基化合物对动物的致癌性已得到许多实验的证实，其致癌作用的特点如下。

（1）能诱发各种实验动物的肿瘤　已研究过的动物包括大鼠、小鼠、地鼠、豚鼠、兔、猪、狗、貂、蛙类、鱼类、鸟类及灵长类等，至今尚未发现有动物对 N-亚硝基化合物的致癌作用有抵抗力。

（2）能诱发多种组织器官的肿瘤　N-亚硝基化合物致癌的靶器官以肝、食管和胃为主，同种化合物对不同动物致癌的主要靶器官可有所不同，但总体上说，N-亚硝基化合物可诱发动物几乎所有组织和器官的肿瘤。

（3）多种途径摄入均可诱发肿瘤　呼吸道吸入、消化道摄入、皮下肌肉注射，甚至皮肤接触 N-亚硝基化合物都可诱发肿瘤。

（4）一次大量给药或长期少量接触均有致癌作用　反复多次给药，或一次大剂量给药都能诱发肿瘤，且有明显的剂量-效应关系。

（5）可通过胎盘对子代有致癌作用　大量研究表明，N-亚硝基化合物可通过胎盘对子代致癌，且动物在胚胎期对其致癌作用的敏感性明显高于出生后或成年期。动物在妊娠期间接触 N-亚硝基化合物，不仅累及母代和第二代（F_1），甚至可影响到第三代（F_2）和第四代（F_3）。这提示人类患某些肿瘤可能是胚胎期或生命早期接触此类致癌物的结果。

N-亚硝酰胺是直接致癌物，而 N-亚硝胺为间接致癌物。N-亚硝酰胺类化合物能水解直接生成烷基偶氮羟基化物（$R—N≡N—OH$），对接触部位有直接致癌作用，这对于胃癌病因的研究有较大意义。N-亚硝胺在体内主要经肝微粒体细胞色素 P_{450} 混合功能氧化酶系统的代谢活化作用生成烷基偶氮羟基化合物，该化合物具有很强的致癌活性。因此，N-亚硝胺在注射动物后通常并不在注射部位引起肿瘤，而是经体内代谢活化后对肝脏等器官有致癌作用。

3. 致畸作用

N-亚硝酰胺对动物有一定的致畸性，如甲基（或乙基）亚硝基脲可诱发胎鼠的脑、眼、肋骨和脊柱等畸形，并存在剂量-效应关系，而 N-亚硝胺的致畸作用很弱。

4. 致突变作用

1960 年发现亚硝基胍有致突变作用以后，对 N-亚硝基化合物的致突变性已进行了广泛的研究。研究结果表明，N-亚硝酰胺也是直接致突变物，能引起细菌、真菌、果蝇和哺乳类动物细胞发生突变。Lijinsky 等采用 Ames 法测定了 34 种 N-亚硝酰胺，发现多数具有直接致突变性。N-亚硝胺需经哺乳动物肝微粒体细胞色素 P_{450} 混合功能氧化酶系统代谢活化后才有致突变性。在脂肪族亚硝胺中，有些既有致癌性也有致突变作用，而有些有致癌作用，却无明显的致突变作用。同时，许多研究表明 N-亚硝基化合物的致突变性强弱与致癌性强弱无明显的相关性。

5. N-亚硝基化合物与人类健康的关系

食物中的挥发性 N-亚硝胺是人类暴露于 N-亚硝基化合物的一个重要方面，在啤酒、干酪等许多种类的食品中都能检出 N-亚硝胺。此外，人类还可通过化妆品、香烟烟雾、药物、农药、餐具清洗液和表面清洁剂等途径接触 N-亚硝基化合物。

目前尚缺少 N-亚硝基化合物对人类直接致癌的资料。尽管目前对此类化合物是否对人类有致癌性尚无定论，许多国家和地区的流行病学调查资料表明，人类的某些癌症可能与接触 N-亚硝基化合物有关。

胃癌是最常见的恶性肿瘤之一。一些研究表明，胃癌的病因可能与环境中硝酸盐和亚硝酸盐的含量，特别是饮水中的硝酸盐含量水平有关。日本人的胃癌高发可能与其爱吃咸鱼和咸菜有关，因咸鱼中胺类（特别是仲胺）含量较高，而咸菜中亚硝酸盐与硝酸盐含量较高，故有利于 N-亚硝胺的合成。智利的研究认为，其人群中的胃癌高发可能与大量使用硝酸盐肥料，从而造成土壤和蔬菜中硝酸盐与亚硝酸盐含量过高有关。

在大多数发达国家或地区，食管癌的发病率很低，但在一些发展中国家和地区，食管癌的发病率很高，且有明显的地区性。食管癌的病因学研究结果表明，其发病率与环境因素有关。我国河南林县（现为林州市）等地的食管癌高发，其原因之一可能是当地居民喜食腌菜，而腌菜中 N-亚硝胺的检出率和检出量均较高。此外，对该县 495 口饮水井的检测结果表明，绝大多数井水中均可检出一定量的硝酸盐和亚硝酸盐。

引起肝癌的环境因素较多，除黄曲霉素的作用较为肯定外，N-亚硝基化合物有可能也是致病因素之一。一些肝癌高发区的流行病学调查表明，喜食腌菜可能也是诱发肝癌的危险性因素。对若干肝癌高发区的腌菜进行 N-亚硝胺测定，结果显示其 N-亚硝胺的检出率可高达 60% 以上。

（六）预防 N-亚硝基化合物危害的措施

自从发现维生素 C 有抑制 N-亚硝胺合成的作用后，人们已进行了大量的亚硝基化阻断因素的研究。已发现除维生素 C 外，维生素 E、许多酚类及黄酮类化合物等均有较强的抑制亚硝基化的作用。某些物质如乙醇、甲醇、正丙醇、异丙醇、蔗糖等在高浓度时，尤其在 pH≤3 的条件下能抑制亚硝基化过程，而在 pH≥5 时能促进亚硝基化过程，其原因在于 pH≤3 时能使亚硝酸变成无活性的亚硝酸酯。也有研究证明鞣酸对吗啉和亚硝酸诱发的小鼠肺肿瘤有抑制作用。

预防 N-亚硝基化合物危害的主要措施有以下几方面。

1. 防止食物霉变或被其他微生物污染

由于某些细菌或霉菌等微生物可还原硝酸盐为亚硝基盐，而且许多微生物可分解蛋白质，生成胺类化合物，或有酶促亚硝基化作用，因此，防止食品霉变或被细菌污染对降低食物中亚硝基化合物含量至关重要。在食品加工时，应保证食品新鲜，并注意防止其被微生物污染。

2. 控制食品加工中硝酸盐或亚硝酸盐用量

这可以减少亚硝基化前体的量从而减少亚硝胺的合成。在加工工艺可行的情况下，尽可能使用亚硝酸盐的替代品。

3. 施用钼肥

农业用肥及用水与蔬菜中亚硝酸盐和硝酸盐含量有密切关系。使用钼肥有利于降低蔬菜中的硝酸盐含量，例如，白萝卜和大白菜等施用钼肥后，亚硝酸盐含量平均降低 1/4 以上。

4. 增加维生素 C 等亚硝基化阻断剂的摄入量

维生素 C 有较强的阻断亚硝基化的作用。许多流行病学调查也表明，在食管癌高发区，维生素 C 摄入量很低，故增加维生素 C 摄入量可能有重要意义。除维生素 C 外，许多食物成分也有较强的阻断亚硝基化活性的作用，故对防止亚硝基化合物的危害有一定作用。我国学者发现大蒜和大蒜素可抑制胃内硝酸盐还原菌的活性，使胃内亚硝酸盐含量明显降低。茶叶和茶多酚、猕猴桃、沙棘果汁等对亚硝胺的生成也有较强阻断作用。

5. 制定标准并加强监测

我国现行《食品安全国家标准　食品中污染物限量》（GB 2762—2017）中规定了 N-亚硝胺的限量：肉制品（肉类罐头除外）中 N-二甲基亚硝胺限量为 3.0μg/kg，水产制品（水产罐头除外）中 N-二甲基亚硝胺限量为 4.0μg/kg。在制定标准的基础上，还应加强对食品中 N-亚硝基化合物含量的监测，严禁食用 N-亚硝基化合物含量超过标准的食物。

三、 多环芳烃化合物

多环芳烃（polycyclic aromatic hydrocarbons，PAH）化合物是一类具有较强致癌作用的食品化学污染物，目前已鉴定出数百种，其中苯并(a)芘［benzo(a)pyrene，B(a)P］系多环芳烃的典型代表，对其研究也最为充分，故在此仅以其作为代表重点阐述。

（一）结构与理化性质

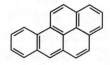

苯并(a)芘是由 5 个苯环构成的多环芳烃（图 4-3），分子式为 $C_{20}H_{12}$，相对分子质量为 252。在常温下为浅黄色的针状结晶，沸点为 310~312℃，溶点为 178℃，在水中溶解度仅为 0.5~6μg/L，稍溶于甲醇和乙醇，易溶于脂肪、丙酮、苯、甲苯、二甲苯及环己烷等有机溶剂，在苯溶液中呈蓝色或紫色荧光。苯并(a)芘性质较稳定，但阳光及荧光可使其发生光氧化反应，氧也可使其氧化，与 NO 或 NO_2 作用则可发生硝基化。

图 4-3　苯并（a）芘的化学结构

（二）毒性、致癌性与致突变性

大量研究资料表明，B(a)P 对多种动物有肯定的致癌性。小鼠一次灌胃 0.2mg B(a)P 可诱发前胃肿瘤，并有剂量反应关系。长期喂饲含 B(a)P 的饲料不仅可诱发前胃肿瘤，还可诱发肺肿瘤及白血病。大鼠每天经口给予 2.5mg B(a)P，可诱发食管及前胃乳头癌；一次经口给予 100mg B(a)P，9 只动物中有 8 只发生乳腺瘤。此外，B(a)P 还可致大鼠、地鼠、豚鼠、兔、鸭及猴等动物的多种肿瘤，并可经胎盘使仔代发生肿瘤，可致胚胎死亡，或导致仔鼠免疫功能下降。

B(a)P 常用作短期致突变试验的阳性对照物，但由于它是间接致突变物，需要混合功能氧化酶系 S_9 混合液的代谢活化。在 Ames 试验及其他细菌突变试验、噬菌体诱发果蝇突变、DNA 修复、姐妹染色单体交换、染色体畸变、哺乳类培养细胞基因突变以及哺乳类动物精子畸变等试验中皆呈阳性反应。此外，在人组织培养试验中也发现 B(a)P 有组织和细胞毒性作用，可导致上皮分化不良、细胞损伤、柱状上皮细胞变形等。

人群流行病学研究表明，食品中 B(a)P 含量与胃癌等多种肿瘤的发生有一定关系。如在匈牙利西部一个胃癌高发地区的调查表明，该地区居民经常食用家庭自制的含 B(a)P 较高的熏肉，是胃癌发生的主要危险性因素之一。拉脱维亚某沿海地区的胃癌高发被认为与当地居民吃熏鱼较多有关。冰岛也是胃癌高发国家，其胃癌死亡率亦较高，据调查当地居民食用自己熏制的食品较多，其中所含多环芳烃或 B(a)P 明显高于市售同类制品。用当地农民自己熏制的羊肉喂大鼠，亦可诱发出胃癌等恶性肿瘤。

（三）体内代谢

通过食物或水进入机体的 B(a)P 在肠道被吸收入血后很快分布于全身，乳腺及脂肪组织中可蓄积较大量的 B(a)P。动物试验发现 B(a)P 可通过胎盘进入胎儿体内，产生毒性和致癌作用。B(a)P 主要经过肝脏代谢后，从胆道排出随粪便排出。

B(a)P 属于前致癌物，在体内主要通过动物混合功能氧化酶系中芳烃羟化酶（aryl hydrocarbon hydroxylase，AHH）的作用代谢活化为多环芳烃环氧化物。此类环氧化物能与 DNA、RNA 和蛋白质等生物大分子结合而诱发肿瘤。环氧化物进一步代谢可形成带羟基的化合物，然后与葡萄糖醛酸、硫酸或谷胱甘肽结合，从尿中排出。

（四）食品中 B（a）P 的来源

多环芳烃主要由各种有机物如煤、柴油、汽油及香烟的不完全燃烧产生。食品中多环芳烃和 B（a）P 的主要来源有：①食品在用煤、炭和植物燃料烘烤或熏制时直接受到污染；②食品成分在高温烹调加工时发生热解或热聚反应所形成，这是食品中多环芳烃的主要来源；③植物性食品可吸收土壤、水和大气中污染的多环芳烃；④食品加工中受机油和食品包装材料等的污染，在柏油路上晒粮食使粮食受到污染；⑤污染的水可使水产品受到污染；⑥植物和微生物可合成微量多环芳烃。

由于食品种类、生产加工、烹调方法的差异以及距离污染源的远近等因素的不同，食品中 B（a）P 的含量相差很大。其中含量较多者主要是烘烤和熏制食品。烤肉、烤香肠中 B（a）P 含量一般为 $0.68 \sim 0.7\mu g/kg$，炭火烤的肉可达 $2.6 \sim 11.2\mu g/kg$。调查表明，用柴炉加工的广式叉烧肉和烧腊肠中 B（a）P 含量很高，而新疆烤羊肉如有滴落油着火燃烧，其烤肉中 B（a）P 含量为 $100\mu g/kg$ 左右。冰岛家庭自制熏肉中 B（a）P 含量为 $23\mu g/kg$，但如将肉熏制后挂于厨房，则 B（a）P 含量可高达 $107\mu g/kg$。生红肠的 B（a）P 含量为 $1.5\mu g/kg$，油煎后为 $14\mu g/kg$，而且松木熏者可高达 $88.5\mu g/kg$。工业区生产的小麦中 B（a）P 含量较高，而非工业区则很低，农村生产的蔬菜中 B（a）P 的含量较在城市附近生产者低。部分食品中 B（a）P 含量测定结果表明，油脂为 $0.2 \sim 62\mu g/kg$，谷类 $0.2 \sim 6.9\mu g/kg$，熏鱼 $0.2 \sim 78\mu g/kg$，熏肉及制品为 $0.05 \sim 95.5\mu g/kg$，蔬菜水果 $0.1 \sim 48.1\mu g/kg$，咖啡 $0.1 \sim 16.5\mu g/kg$，茶叶为 $3.9 \sim 21.3\mu g/kg$，酒为 $0.03 \sim 0.08\mu g/kg$。由于 B（a）P 的水溶性很低，清洗蔬菜只能去除微量的 B（a）P。

（五）预防 B（a）P 危害的措施

1. 防止污染，改进食品加工烹调方法

（1）加强环境治理，减少环境 B（a）P 的污染从而减少其对食品的污染。

（2）熏制、烘烤食品及烘干粮食等加工应改进燃烧过程，避免使食品直接接触炭火，使用熏烟洗净器或冷熏液。

（3）不在柏油路上晾晒粮食和油料种子等，以防沥青污染。

（4）食品生产加工过程中要防止润滑油污染食品，或改用食用油作润滑剂。

2. 吸附法可去除食品中的一部分 B（a）P

活性炭是从油脂中去除 B（a）P 的优良吸附剂，在浸出法生产的菜油中加入 $0.3\% \sim 0.5\%$ 活性炭，在 $90℃$ 下搅拌 $30min$，并在 $140℃$、$93.1kPa$ 真空条件下处理 $4h$，其所含 B（a）P 即可去除 $89\% \sim 95\%$。此外，用日光或紫外线照射食品也能降低其 B（a）P 含量。

3. 严格执行限量标准

目前许多国家的科研机构都在探讨食物中多环芳烃和 B（a）P 的限量标准及人体允许摄入量问题，一般认为对机体无害的水中 B（a）P 水平为 $0.03\mu g/L$；苏联提出应将水中 B（a）P 含量限制在 $0.01\mu g/L$ 以下，藻类及水生植物中 B（a）P 含量限制在 $5\mu g/kg$ 以下，植物应限制在 $20\mu g/kg$ 以下，人体每日 B（a）P 摄入量不应超过 $10\mu g/kg$。我国现行《食品安全国家标准 食品中污染物限量》（GB 2762—2017）规定了 B（a）P 限量：烧烤或熏制的动物性食品，以及稻谷、小麦、大麦为 $5\mu g/kg$，食用植物油为 $10\mu g/kg$。

四、 杂环胺类化合物

杂环胺类化合物（heterocyclic amines，HCAs）在食品和环境（卷烟烟气、江河水等）中广泛存在。食品中的HCAs主要是肉类食品在高温烹调加工过程中，蛋白质、氨基酸在200℃以上热解时所产生的低分子有机胺化合物。早在1939年Widmark就发现，用烤马肉的提取物涂布于小鼠的背部可诱发乳腺肿瘤。20世纪70年代，该类化合物首次被日本科学家在烧烤的鱼和肉制品表面的焦部发现，并证实其具有强致突变性。随着科学技术的发展，近些年已发现有20多种杂环胺，对其研究也有了很大的进展。

（一）结构与理化性质

杂环胺类化合物包括氨基咪唑氮杂芳烃（amino-imidazoaza-arenes，AIAs）和氨基咔啉（amino-carbolines）两类。AIAs包括喹啉类（IQ）、喹噁啉类（IQx）和吡啶类。AIAs咪唑环的α氨基在体内可转化为N-羟基化合物而具有致癌和致突变活性。AIAs亦称IQ型杂环胺，其胍基上的氨基不易被亚硝酸钠处理而脱去。氨基咔啉类包括α咔啉、γ咔啉和δ咔啉，其吡啶环上的氨基易被亚硝酸钠脱去而丧失活性。杂环胺的分类和系统命名见表4-7。AIAs和氨基咔啉类杂环胺的典型结构如图4-4和图4-5所示。

表4-7　　　　　　　　　　杂环胺的化学名称及最初鉴定时的食物来源

化学名称	最初鉴定时的食物来源
1. 氨基咪唑氮杂芳烃（AIAs）类	
（1）喹啉类	
2-氨基-3-甲基咪唑并［4,5-f］喹啉（IQ）	烤沙丁鱼
2-氨基-3,4-二甲基咪唑并［4,5-f］喹啉（4-MeIQ）	烤沙丁鱼
（2）喹噁啉类	
2-氨基-3-甲基咪唑并［4,5-f］喹噁啉（IQx）	碎牛肉与肌酐混合热解产物
2-氨基-3,8-二甲基咪唑并［4,5-f］喹噁啉（8-MeIQx）	炸牛肉
2-氨基-3,4,8-三甲基咪唑并［4,5-f］喹噁啉（4,8-DiMeIQx）	苏氨酸、肌酐与葡萄糖混合热解产物
2-氨基-3,7,8-三甲基咪唑并［4,5-f］喹噁啉（7,8-DiMeIQx）	甘氨酸、肌酐与葡萄糖混合热解产物
（3）吡啶类	
2-氨基-1-甲基, 6-苯基-咪唑并［4,5-6］吡啶（PhIp）	炸牛肉
2-氨基-N,N,N-三甲基咪唑并吡啶（TMIP）	碎牛肉与肌酐混合热解产物
2-氨基-N,N-二甲基咪唑并吡啶（DMIP）	碎牛肉与肌酐混合热解产物
2. 氨基咔啉类	

续表

化学名称	最初鉴定时的食物来源
（1）α-咔啉（9H-吡啶并吲哚）类	
2-氨基-9H-吡啶并吲哚（AαC）	大豆球蛋白热解产物
2-氨基-3-甲基-9H-吡啶并吲哚（MeAαC）	大豆球蛋白热解产物
（2）γ-咔啉（5H 吡啶并［4,3-b 吲哚]）类	
3-氨基-1,4-二甲基-5H-吡啶并［4,3-b 吲哚]（Trp-P-1)	色氨酸热解产物
3-氨基-1-甲基-5H-吡啶并［4,3-b 吲哚]（Trp-P-2)	色氨酸热解产物
（3）δ-咔啉（二吡啶并［1,2-a：3′,2′-b]咪唑）类	
2-氨基-6-甲基二吡啶并［1,2-a：3′,2′-d]咪唑（Glu-p-1)	谷氨酸热解产物
2-氨基二吡啶并［1,2-a：3′,2′-d]咪唑（Glu-P-2)	谷氨酸热解产物
（4）苯并吡啶类	
2-氨基-5-苯并吡啶（Phe-P-1)	苯丙氨酸热解产物

资料来源：孙长颢. 营养与食品卫生学［M].8 版. 北京：人民卫生出版社, 2017.

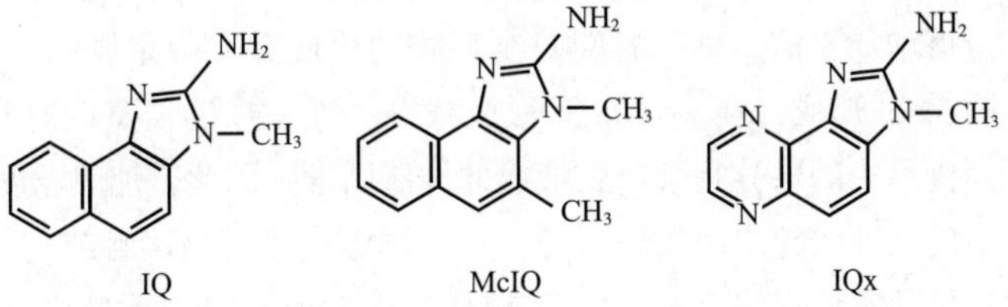

图 4-4 氨基咪唑氮杂芳烃（AIAs）类杂环胺的典型结构

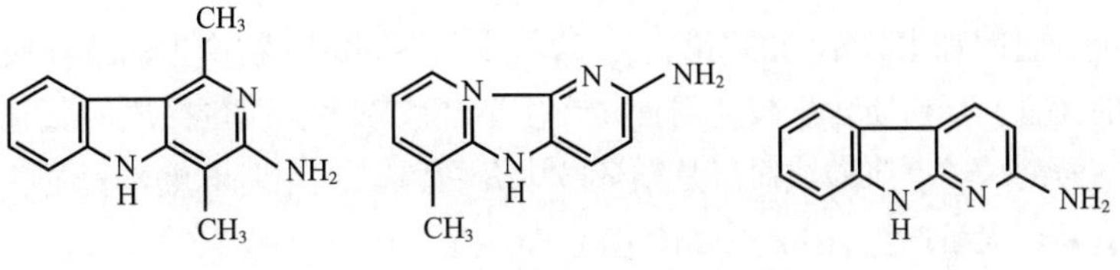

图 4-5 氨基咔啉类杂环胺的典型结构

（二）体内代谢与毒性

杂环胺经口摄入后，很快吸收并通过血液分布于体内的大部分组织，肝脏是其重要的代谢器官，肠、肺、肾等组织也有一定的代谢能力。杂环胺需经过代谢活化后才具有致突变性和致癌性，杂环胺代谢解毒主要是通过环氧化以及与葡萄糖醛酸、硫酸或谷胱甘肽的结合反应。机体解毒能力与代谢活化的相对强度是决定杂环胺致突变性、致癌性的重要因素之一。杂环胺可诱导细胞色素 P450 酶系，从而促进其自身的代谢活化。但这种诱导作用有明显的种属、性别和器官差异。在加 S_9 的 Ames 试验中，杂环胺对 TA98 菌株有很强的致突变性，提示杂环胺可能是移码突变物。除诱导细菌基因突变外，杂环胺经 S_9 活化后还可诱导哺乳类细胞的 DNA 损伤、染色体畸变、姐妹染色单体交换、DNA 断裂及修复异常等遗传学损伤。但杂环胺对哺乳动物细胞的致突变性较对细菌的致突变性弱。Trp-P-2 和 PhIP 在 S_9 活化系统中对中国仓鼠卵巢细胞有较强的致突变性，而 IQ、4-MeIQ、8-MeIQx 的致突变性相对较弱。

杂环胺对啮齿类动物具有致癌性。PhIP 可导致大鼠结肠和乳腺肿瘤，并有剂量-效应关系。其他杂环胺的主要靶器官为肝脏，此外，还可诱发血管、肠道、前胃、乳腺、阴蒂腺、淋巴组织、皮肤和口腔等其他部位肿瘤。IQ 型杂环胺对灵长类也有致癌性。但是，需要指出的是，这些实验所用的剂量大大超过食品中的实际含量。

杂环胺的 N-羟基代谢产物可直接与 DNA 形成加合物，与脱氧鸟嘌呤碱基上的第 8 位碳原子共价结合。动物实验表明，PhIP-DNA 加合物在心脏、肺、胰腺和结肠中含量较高，在肝脏中含量非常低，其他杂环胺的 DNA 加合物在肝脏中含量高，其次是肠、肺和肾脏。

（三）食品中杂环胺类化合物的来源

食品中的杂环胺类化合物主要产生于高温烹调加工过程，尤其是蛋白质含量丰富的鱼、肉类食品在高温烹调过程中更易产生杂环胺类化合物。影响食品中杂环胺形成的因素主要有以下两方面。

1. 烹调方式

杂环胺的前体物是水溶性的，加热反应主要产生 AIAs 类杂环胺。这是因为水溶性前体物向表面迁移并被加热干燥。加热温度是杂环胺形成的重要影响因素，当温度从 200℃ 升至 300℃ 时，杂环胺的生成量可增加 5 倍。烹调时间对杂环胺的生成亦有一定影响，在 200℃ 油炸温度时，杂环胺主要在前 5min 形成，在 5~10min 形成减慢，进一步延长烹调时间则杂环胺的生成量不再明显增加。而食品中的水分是杂环胺形成的抑制因素。因此，加热温度越高、时间越长、水分含量越少，产生的杂环胺越多。故烧、烤、煎、炸等直接与火接触或与灼热的金属表面接触的烹调方法，由于可使水分很快丧失且温度较高，产生杂环胺的数量远远大于炖、焖、煨、煮等温度较低、水分较多的烹调方法。

2. 食物成分

在烹调温度、时间和水分相同的情况下，营养成分不同的食物产生的杂环胺种类和数量有很大差异。一般而言，蛋白质含量较高的食物产生杂环胺较多，而蛋白质的氨基酸构成则直接影响所产生杂环胺的种类。肌酸或肌酐是杂环胺中 α-氨基-3-甲基咪唑部分的主要来源，故含有肌肉组织的食品可大量产生 AIAs 类（IQ 型）杂环胺。

现在认为，美拉德反应与杂环胺的产生有很大关系，该反应可产生大量杂环物质（可多达 160 余种），其中一些可进一步反应生成杂环胺。如美拉德反应生成的吡嗪和醛类可缩合为喹噁啉，吡啶可直接产生于美拉德反应，而咪唑环可产生于肌苷。由于不同的氨基酸在美拉德反应中生成杂环物质的种类和数量不同，故最终生成的杂环胺也有较大差异。在这方面国外学者已进行了许多研究，如加热肌苷、甘氨酸、苏氨酸和葡萄糖的混合物可分离出 4-MeIQx，4,8-DilMeIQx 和 7,8-DilMeIQx；果糖、肌苷和脯氨酸混合加热后可分离出 IQ；肌苷、苯丙氨酸和葡萄糖混合加热后可分离出 PhIP；在食品中添加色氨酸和谷氨酸后加热，生成的 Trp-P-1 和 Trp-P-2、Glu-P-1 和 Glu-P-2 等急剧增加，都证实了蛋白质的种类和数量对杂环胺的生成有较大影响。

正常烹调食品中多含有一定量的杂环胺，但不同食品中检出的各种杂环胺含量并不完全一致。在油炸牛肉（300℃、10min）中检出的杂环胺含量为 PhIP 15ng/g、IQ 0.02ng/g、8-MeIQx 10ng/g、4,8-DiMeIQx 0.6ng/g，分别占其 AIAs 总量的 93%、0.12%、6.2% 和 0.37%。一些烹调食品中杂环胺的含量见表4-8。

表4-8　　　　　　　　　　　　部分烹调食品中杂环胺的含量　　　　　　　　　　单位：μg/kg

食品	IQ	4-MeIQ	8-MeIQx	4,8-DiMeIQx	Trp-P-1	Trp-P-2	Aα C	MeAα C	PhIP
烤牛肉	0.19	—	2.11	—	0.21	0.25	1.20	—	27.0
炸牛肉	—	—	0.64	0.12	0.19	0.21	—	—	—
煎牛肉饼	—	—	0.5	2.4	53.0	1.8	—	—	15.0
炸鸡	—	—	2.33	0.8l	0.12	0.18	0.21	—	—
炸羊肉	—	—	1.01	0.67	—	0.15	2.50	0.19	—
牛肉膏	—	—	3.10	28.0	—	—	—	—	—
炸鱼	0.16	0.03	6.44	0.10	—	—	—	—	69.2
烤沙丁鱼	158.0	72.0	—	—	—	—	—	—	—
烤鸭	—	—	—	—	13.3	13.1	—	—	—
汉堡包	0.02	—	0.05	1.0	—	—	180.4	15.1	—

（四）预防杂环胺类化合物危害的措施

1. 改变不良烹调方式和饮食习惯

杂环胺的生成与不良的烹调方式有关，特别是过高温度烹调食物。因此，应注意不要使烹调温度过高，不要烧焦食物，并应避免过多食用烧烤煎炸的食物。

2. 增加蔬菜、水果的摄入量

膳食纤维有吸附杂环胺并降低其活性的作用，蔬菜、水果中的某些成分有抑制杂环胺的致突变性和致癌性的作用。因此，增加蔬菜、水果的摄入量对于防止杂环胺的危害有积极作用。

3. 灭活处理

次氯酸、过氧化酶等处理可使杂环胺氧化失活，亚油酸可降低其诱变性。

4. 加强监测

建立和完善杂环胺的检测方法，加强食物中杂环胺含量监测，深入研究杂环胺的生成及其影响条件、体内代谢、毒性作用及其阈剂量等，尽快制定杂环胺在食品中的允许限量标准。

五、二 噁 英

氯代二苯并-对-二噁英（polychlorodibenzo-p-dioxins，PCDDs）和氯代二苯并呋喃（poly-chloro-dibenzolurans，PCDFs）一般通称为二噁英（dioxins，PCDD/Fs），为氯代含氧三环芳烃类化合物，有 200 余种同系物异构体，共包括 75 种 PCDDs 和 135 种 PCDFs，其基本结构如图4-6所示。其他一些卤代芳烃类化合物，如多氯联苯、氯代二苯醚等的理化性质和毒性与二噁英相似，称为二噁英类似物。2,3,7,8-四氯二苯并-对-二噁英（2,3,7,8-tetrachlorodibenzo-p-dioxins，TCDD）是目前已知的此类化合物中毒性和致癌性最大的物质，其对豚鼠的经口 LD_{50} 仅为 1μg/kg 体重，致大鼠肝癌剂量为 10ng/kg 体重。此类化合物不仅毒性和致癌性强，而且其化学性质极为稳定，在环境中难以降解，还可经食物链富集，故日益受到人们的广泛重视。

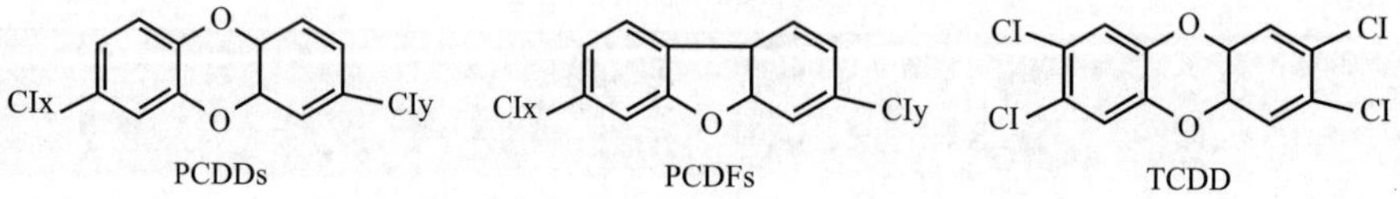

图 4-6　PCDDs、PCDFs 和 TCDD 的基本结构

（一）理化性质

二噁英是一类在环境中广泛分布的持久性有机污染物。其化学性质具有以下特点。

1. 热稳定性

二噁英对热十分稳定，在温度超过 800℃ 时才开始降解，而在 1000℃ 以上才会被大量破坏。

2. 低挥发性

二噁英的蒸汽压极低，因此除了被气溶胶颗粒吸附外在大气中分布较少，而在地面可以持续存在。

3. 脂溶性

二噁英的水溶性很差而脂溶性很强，故可蓄积于动植物体内的脂肪组织中，并可经食物链富集。

4. 在环境中的半衰期长

二噁英对理化因素和生物降解有较强的抵抗作用，且挥发性很低，故可长期存在于环境中，其平均半衰期约为 9 年。在紫外线的作用下二噁英可发生光降解。

（二）环境和食品中二噁英的来源

二噁英可由多种前体物经过乌尔曼（Ullmann）反应和斯迈尔斯（Smiles）重排而形成。二噁英的直接前体物有多氯联苯、2,4,5-三氯酚、2,4,5-三氯苯氧乙酸（2,4,5-Trichlorophenoxy Acetic Acid，2,4,5-T）、五氯酚及其钠盐等。

曾大量用作除草剂和落叶剂的 2,4,5-三氯苯氨乙酸（2,4,5-T）和 2,4-二氯酚（2,4-Dichlorophenoxy Acetic Acid，2,4-D）中可含有较大量的二噁英。其他许多农药，如氯酚、菌螨酚、六氯苯和氯代联苯醚除草剂等也不同程度地含有二噁英。

垃圾焚烧可产生一定量的二噁英，尤其是在燃烧不完全时以及含大量聚氯乙烯塑料的垃圾焚烧时可产生大量的二噁英。此外，医院废弃物和污水、木材燃烧、汽车尾气、含多氯联苯的设备事故，以及环境中的光化学反应和生物化学反应等均可产生二噁英。

食品中的二噁英主要来自于环境的污染，尤其是经过生物链的富集作用，二噁英可在动物性食品中达到较高的浓度。英国、德国、瑞士、瑞典、荷兰、新西兰、加拿大和美国等对乳、肉、鱼、蛋类食物的检测结果表明，多数样品中均可检出不同量的二噁英。此外，与食品接触的材料中二噁英污染物的迁移以及意外事故等，也可造成食品的二噁英污染。

1999 年，比利时一些养鸡场出现鸡不生蛋、肉鸡生长异常等现象，比利时农业部的专家为此专门进行了调查研究。结果发现，这是由于比利时九家饲料公司生产的饲料中含有二噁英所致。此次比利时的污染鸡中二噁英含量为 700~800ng/g 脂肪，而国际上一般规定动物脂肪中二噁英含量不得超过 5ng/g，鸡蛋脂肪中不得超过 20ng/g。比利时政府宣布收回在全国商店出售的所有禽、蛋及其加工制品。之后，比利时政府再次宣布，全国的屠宰场一律停止屠宰，等待对可疑饲养场进行甄别，并决定销毁生产的禽、蛋及其加工制品。据调查，该国 500 多家养猪场和 70 家养牛场也使用了含有二噁英的饲料，随后二噁英也被发现于比利时生产的猪肉及牛肉中。此次事件不仅使比利时陷入了严重的市场混乱，而且殃及欧洲其他国家。此事件发生后，欧盟委员会决定在欧盟 15 国停止出售并收回、销毁比利时生产的肉鸡、鸡蛋和蛋禽制品以及比利时生产的猪肉和牛肉。许多欧洲以外的国家也停止或限制从比利时和其他有关国家进口肉鸡和蛋禽制品。

　　随着工业活动的增加，二噁英造成的环境污染越来越严重，并且因二噁英在环境中广泛存在，所以完全避免食品不被二噁英污染几乎是不可能的。表 4-9 列举了我国某城市地区一些市售食品中二噁英的含量。

表 4-9　　　　　　　　　　几种市售食品中二噁英类化合物的含量　　　　　　　　　单位：μg/kg

食品种类	PCDD/Fs 含量	食品种类	PCDD/Fs 含量
鱼	0.62~19.8	鸡蛋	0.22~5.66
猪肉	0.01~0.56	植物油	0.06~0.14
牛肉	0.01~6.49	奶粉	0.00~7.96
羊肉	0.13~1.27	豆制品*	0.00~0.01
鸡肉	0.03~1.61	蔬菜*	0.00~0.28
鸭肉	0.03~1.52	粮谷类*	0.00~0.02

注：μg/kg 以脂肪计；* 表示以湿重计。

资料来源：柳春红，刘烈刚. 食品卫生学［M］. 北京：科学出版社，2016。

（三）毒性

　　二噁英除具有较强的"三致"作用外，还具有生殖毒性、免疫毒性和内分泌毒性。其中，慢性中毒症状通常表现为体重减轻、免疫系统受损、生殖发育和智力发育受损、肝损伤、氯痤疮以及发生癌症等。

　　1. 一般毒性

　　二噁英大多具有较强的急性毒性，如 TCDD 对豚鼠的经口 LD_{50} 仅为 1μg/kg 体重，但不同种属动物对其敏感性有较大差异，如对仓鼠和豚鼠的经口 LD_{50} 可相差 5000 倍。二噁英的急性中毒主要表现为体重极度减少，并伴有肌肉和脂肪组织的大幅度减少（故称为废物综合征），其机制可能是通过影响下丘脑和脑垂体而使进食量减少。此外，皮肤接触或全身染毒大量二噁英类物质可致氯痤疮，表现为皮肤过度角化和色素沉着。目前，WHO 确定的二噁英每日允许摄入量（TDI）为 1~4pg/kg 体重。

　　2. 肝毒性

　　二噁英对动物有不同程度的肝损伤作用，主要表现为肝细胞变性坏死，胞浆内脂滴和滑面内质网增多，微粒体酶及转氨酶活性增强，单核细胞浸润等。不同种属动物对二噁英肝毒性的敏感性亦有较大差异，仓鼠和豚鼠较不敏感，而大鼠和兔的肝损伤极其严重，可导致死亡。

3. 免疫毒性

二噁英对体液免疫和细胞免疫均有较强的抑制作用，在非致死剂量时即可致实验动物胸腺严重萎缩，并可抑制抗体的生成，降低机体的抵抗力。

4. 生殖毒性

二噁英类物质属于环境内分泌干扰物，具有明显的抗雌激素作用，其机制可能是此类物质诱导雌二醇代谢酶的活性，从而使其分解代谢增加而致血中雌二醇的浓度降低进而引起性周期的改变和生殖功能异常。大量研究表明，TCDD 可降低大、小鼠的子宫质量和雌激素受体水平，导致受孕率减低、每窝胎仔数减少，甚至不育。近年来还有一些研究表明，TCDD 亦有明显的抗雄激素作用，可致雄性动物睾丸形态改变，精子数量减少，雄性生殖功能降低，血清睾酮水平亦有明显降低。还有研究表明，人对 TCDD 的抗雄激素作用可能比鼠类更为敏感。

5. 发育毒性和致畸性

TCDD 对多种动物有致畸性，尤以小鼠最为敏感，可致胎鼠发生腭裂等畸形和肾盂积水等疾病。大鼠则对 TCDD 的发育毒性较为敏感，孕鼠在着床 15d 时给予 $0.064\mu g/kg$ 体重剂量的 TCDD（一次染毒）可导致仔代出生后雄性动物的睾丸发育和性行为异常，在出生后 120d 检查仍可见睾丸和附睾质量明显轻于对照动物，精子数亦有明显减少。

6. 致癌性

TCDD 对多种动物有极强的致癌性，尤以啮齿类最为敏感，对大、小鼠的最低致肝癌剂量为 10ng/kg 体重。有流行病学研究表明，二噁英的接触与人类某些肿瘤的发生有关。1997 年，国际癌症研究机构（IARC）已将 TCDD 确定为 I 类对人有致癌性的致癌物。但目前尚未发现二噁英有明显的致突变作用，故认为此类化合物可能是非遗传毒性致癌物，其主要作用发生在肿瘤的促进阶段，是一类作用较强的促癌剂。

（四）预防二噁英危害的措施

1. 控制环境二噁英的污染

控制环境二噁英的污染是预防二噁英类化合物污染食品及对人体危害的根本措施，如减少含二噁英的农药和其他化合物的使用；严格控制有关农药和工业化合物中杂质（尤其是各种二噁英）的含量，控制垃圾燃烧（尤其是不完全燃烧和汽车尾气对环境的污染等）。

2. 发展实用的二噁英检测方法

由于二噁英的异构体多达 200 余种，而且在环境和食品中的含量极微，对其定量分析十分困难。目前公认的检测方法只有高分辨气质联用技术，但所需设备昂贵，检测周期长，检测成本高，目前仅少数发达国家和国内极个别实验室能够开展对二噁英的检测工作。这使得对二噁英的研究和环境、食品中污染水平的检测变得十分困难。因此，发展可靠、实用和成本较低的二噁英检测方法是目前亟待解决的问题。只有在此基础上才能加强环境和食品中二噁英含量的监测，并制定食品中的允许限量标准，从而对防止二噁英的危害起到积极作用。

3. 加强二噁英的监测和监管工作

国家应该尽快建立有效的二噁英检测网络和食品中二噁英的允许限量标准，对空气、土壤、水体、食品中的二噁英含量进行监测，并加强监管工作，防止含二噁英的废水、废渣和废气的非法排放；对于受二噁英污染的动植物、饲料和食品等采用科学的方法进行处理销毁。

六、氯丙醇

氯丙醇（chloropropanols，propylene chlorohydrins）是丙三醇（甘油）上的羟基被 1~2 个氯原子取代所形成的一系列同系物、同分异构体的总称，包括 3-氯-1,2-丙二醇（3-monochloro-1,2-propanediol，3-MCPD）、2-氯-1,3-丙二醇（2-monochloro-1,3-propanediol，2-MCPD）、1,3-二氯-2-丙醇（1,3-dichloro-2-propanol，1,3-DCP）和 2,3-二氯-1-丙醇（2,3-dichloro-1-propanol，2,3-DCP）。3-MCPD 主要用于表面活性剂、染料和药物喘宁等的生产；1,3-DCP 是合成氟康唑等药物及多种化工产品的原料。在植物蛋白水解物中毒性大、含量高的是 3-MCPD，并且动植物油脂中含有的 3-氯-1,2-丙二醇酯（3-MCPD 酯）也可转化为 3-MCPD。

（一）结构与理化性质

氯丙醇的相对密度均大于 1，沸点高于 100℃。常温下为无色液体，为一类剧毒物，是酸水解植物蛋白（acid hydrolyzed vegetable protein，HVP）的副产物。3-MCPD 在常温下为无色、有愉快气味的液体，溶于水、乙醇、乙醚和丙酮，微溶于甲苯，不溶于苯、石油醚和四氯化碳，放置后渐变为微带绿色的黄色液体，易吸潮。1,3-DCP 同样也是无色液体，溶于水、乙醇、乙醚等多种有机溶剂，并有醚样的气味。

食品中的氯丙醇很少以游离态存在，多数以酯的形式存在。氯丙醇酯在热、酸、微生物、胰脂酶的作用下，水解成游离态的氯丙醇。

（二）食品中氯丙醇的来源

氯丙醇主要存在于用盐酸水解法生产的酸水解植物蛋白调味液中。在生产过程中，原料中的脂肪被水解为甘油，后者与盐酸的氯离子发生亲核取代反应，生成一系列氯丙醇产物。因盐酸在亲核取代反应中只提供单个氯离子，故与甘油反应时优先生成 3-MCPD 和 2-MCPD，但主要为 3-MCPD，两者的比值为 10∶1。它们进一步与氯离子发生亲核取代反应，生成 1,3-DCP 和 2,3-DCP。在各种氯丙醇产物中，3-MCPD 约占 70%。

3-MCPD 酯主要存在于精炼的油脂中，如棕榈油、核桃油、红花油、葵花籽油、大豆油、菜籽油。影响 3-MCPD 酯形成的因素有：油料中甘油三酯、氯离子的含量；脱色助剂的种类及酸性的强弱；脱臭工艺是主要的影响因素，温度越高，水蒸气含量越高，3-MCPD 酯的含量越高。对大豆油精炼过程的研究发现，氯化钠的添加量与 3-MCPD 酯的生成量呈正比；当水分含量为 20% 时，3-MCPD 酯的含量最高。含脂肪的食品中如果含有盐或其他氯化物，在高温条件下也会形成 3-MCPD 酯。

精炼棕榈油中还存在较高水平的聚甘油酯，其水解产物聚甘油被国际癌症研究机构（IARC）认定是可能的人类致癌物。聚甘油酯与氯离子共存并受热也可形成氯丙醇酯。

（三）体内代谢

模拟人肠道消化的研究表明，在脂肪酶的作用下，95% 的 3-MCPD 单酯在 1min 内水解为 3-MCPD，而 3-MCPD 双酯水解为 3-MCPD 的速度较慢，1min、5min 和 90min 时的产率分别为 45%、65% 和 95%。

经消化道吸收后的 3-MCPD 广泛分布于各组织和器官中，并可通过血-睾屏障和血-脑屏障，在人乳中也可检出。3-MCPD 可与谷胱甘肽结合为硫醚氨酸而部分解毒，但主要被氧化为

β-氯乳酸，并进一步分解成 CO_2 和草酸，且可形成具有致突变和致癌作用的环氧化合物。尿 β-氯乳酸可作为 3-MCPD 暴露的生物标志物。

（四）毒性

3-MCPD 酯本身也有一定的毒性，如 3-MCPD 单酯可使小鼠的体重下降、肾小管坏死并出现蛋白管型、精子减少，3-MCPD 二酯也有相同的作用，但其毒性远比 3-MCPD 小。3-MCPD 单酯的小鼠经口 LD_{50} 为 2677mg/kg 体重，3-MCPD 二酯的小鼠经口 LD_{50} 为 >5000mg/kg 体重。3-MCPD 酯在体内主要代谢为毒性较大的 3-MCPD，所以应根据 3-MCPD 的毒理学资料对 3-MCPD 酯进行风险评估。

1. 一般毒性

大鼠经口 LD_{50}：3-MCPD 为 150mg/kg 体重，1,3-DCP 为 120~140mg/kg 体重，2,3-DCP 为 218mg/kg 体重。黑腹果蝇幼虫实验表明，1,3-DCP 与 3-MCPD 的毒性相同，2-MCPD 比前两者的毒性低，约为前两者的 1/20。3-MCPD 可致 Wistar 大鼠血清超氧化物歧化酶、全血谷胱甘肽过氧化物酶活性降低，血清丙二醛含量增加，提示其可损伤氧化系统。

大鼠和小鼠的亚急性和慢性实验表明，3-MCPD 的主要靶器官是肾脏；1,3-DCP 的主要靶器官是肝脏，同时也对肾脏造成损伤。大鼠实验证实，与 1,3-DCP 相比，2,3-DCP 对肝细胞的毒性较弱，但对肾脏的毒性较强。在职业暴露人群中曾观察到 1,3-DCP 和 2,3-DCP 的肝脏毒性作用。

2. 生殖毒性

动物实验发现，3-MCPD 可使精子数量减少、活性降低，且抑制雄性激素的生成，降低生殖能力。1,3-DCP 和 2,3-DCP 可使睾丸和附睾的质量减轻，也导致精子数量减少。3-MCPD 可抑制小鼠卵细胞体外受精和早期胚胎发育，3-MCPD 和 1,3-DCP 均可抑制孕酮的合成。

3. 神经毒性

小鼠和大鼠对 3-MCPD 神经毒作用的敏感性相同，主要表现为脑干对称性损伤、四肢麻木。最早的神经毒性表现局限在神经胶质细胞，主要是星状细胞水肿、细胞器被破坏，并呈明显的剂量-效应关系。

4. 遗传毒性

大鼠骨髓微核试验及肝脏程序外 DNA 合成试验、慧星试验均未显示 3-MCPD 有遗传毒性。而一系列的细菌和哺乳动物体外细胞培养试验均证实，1,3-DCP 可损伤 DNA，有明显的致突变作用和遗传毒性。

5. 致癌性

3-MCPD 与一些器官良性肿瘤的发生有关，但剂量远高于导致肾小管增生的剂量。一项持续 2 年的大鼠实验证实，1,3-DCP 在 19mg/kg 体重的高剂量时才有致癌作用，靶组织为肝脏、肾脏、口腔上皮、舌及甲状腺。肿瘤的发生可能与免疫抑制有关。

（五）预防氯丙醇危害的措施

1. 改进生产工艺

在生产酸水解植物蛋白调味液时，原料中脂肪多、盐酸用量大、温度高、反应时间长，产生的氯丙醇多。针对上述因素调整生产工艺可使氯丙醇的含量大大降低。蒸汽蒸馏、酶解、碱中和及真空浓缩法等均可降低产品中氯丙醇的含量。蛋白质含量高、脂肪含量低的豆粕是理想的原料。通过对脱臭条件进行优化可降低动植物油脂中 3-MCPD 酯的含量。

2. 按照标准组织生产

《配制酱油》（SB/T 10336—2012）中明确规定，作为原料的酸水解植物蛋白调味液应符合 SB 10338。《酸水解植物蛋白调味液》（SB 10338—2000）中规定，3-MCPD 的限量为 1mg/kg。企业应严格按照良好生产规范（Good Manufacture Practice，GMP）和产品标准组织生产，加强生产过程管理，原料辅料应符合相应标准的要求，严禁使用动物蛋白型氨基酸、味精废液、胱氨酸废液、非食品原料生产的氨基酸液生产配制酱油，以保证食品的质量和安全。

3. 加强监测

《食品安全国家标准 食品中污染物限量》（GB 2762—2017）规定了添加酸水解植物蛋白的产品中 3-MCPD 的限量，液态调味品为 0.4mg/kg，固态调味品为 1.0mg/kg。因此，相关部门应依据 GB 2762—2017 和 SB 10338—2000 的规定，加强对酸水解植物蛋白调味液和添加酸水解植物蛋白的产品进行监测。对于 3-MCPD 酯，需要开展污染水平和暴露水平的研究，为毒理学研究和风险评估提供基础资料。

七、 丙 烯 酰 胺

丙烯酰胺（acrylamide，AA）是一种有机化合物，也是食品加工过程中产生的化学性污染物。AA 及其与 N-羟甲基-2-丙烯酰胺、丙烯酸、丙烯腈、丙烯酸乙酯等的共聚物作为食品接触材料用添加剂，用于塑料、黏合剂、油墨、涂料和纸中。AA 的均聚物聚丙烯酰胺也是纸类的添加剂，并用于水的净化处理、凝胶电泳、土壤改良。此外，在一些淀粉类食品中也检出了 AA，主要来源于高温油炸和焙烤等加工过程。

（一）结构与理化性质

AA 是一种不饱和酰胺，化学结构见如图 4-7 所示。AA 的分子式为 C_3H_5NO，常温下为白色无味的片状结晶，易溶于水、甲醇、乙醇、乙醚、丙酮和三氯甲烷，在室温和弱酸性条件下稳定，受热分解为 CO、CO_2、NO_x。AA 在食物中也较稳定。

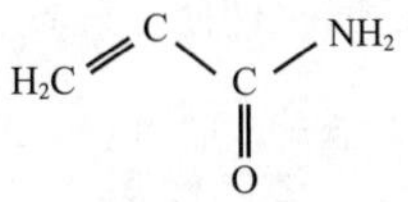

图 4-7 丙烯酰胺化学结构

（二）膳食中 AA 的来源

油炸和焙烤的淀粉类食品是膳食中 AA 的主要来源。从 24 个国家获得的监测数据显示，AA 含量较高的是薯类制品、咖啡及类似制品、早餐谷物（表 4-10）。我国居民长期食用的面包、油条、薯条等油炸和焙烤淀粉类食品也含有大量的 AA，炸鸡、爆玉米花、咖啡、饼干等中的含量也较高。

表 4-10　　　　　食品中丙烯酰胺的含量（JECFA，2002—2004）　　　　单位：μg/kg

食品品种	样品数量/个	丙烯酰胺含量		食品品种	样品数量/个	丙烯酰胺含量	
		均值	最大值			均值	最大值
谷类	3304	343	7834	炸薯片	874	752	4080
水产品	52	25	233	炸薯条	1097	334	5312
肉类	138	19	313	冻薯片	42	110	750

续表

食品品种	样品数量/个	丙烯酰胺含量		食品品种	样品数量/个	丙烯酰胺含量	
		均值	最大值			均值	最大值
乳类	62	5.8	36	咖啡、茶	469	509	7300
坚果类	81	84	1925	咖啡（煮）	93	13	116
豆类	44	51	320	咖啡（烤、磨、未煮）	205	288	1291
根茎类	2068	477	5312	咖啡提取物	20	1100	4948
土豆（煮）	33	16	69	咖啡（去咖啡因）	26	668	5399
土豆（烤）	22	169	1270	可可制品	23	220	909

资料来源：孙长颢. 营养与食品卫生学（第8版）. 北京：人民卫生出版社，2017。

AA 主要由天门冬酰胺与还原糖（葡萄糖、果糖、麦芽糖等）在高温下发生美拉德反应生成，两者单独存在时即使加热也不产生 AA。影响 AA 形成的因素有食品的基质、pH、含水量，加工的方式、温度、加热时间等。炸薯片、炸薯条中 AA 的含量随油炸时间的延长明显升高。加热到 120℃ 以上时，AA 开始生成，适宜的温度为 140~180℃，170℃ 左右生成量最多。当温度从 190℃ 降至 150℃ 时，AA 的含量急剧下降。食品的含水量高，有利于反应物和产物的流动，产生的 AA 多，但含水量过多使反应物稀释，反应速率降低。在烘烤、油炸食品的最后阶段，因水分减少，表面温度升高，AA 的生成量更多。食品的 pH 为中性时最利于 AA 的产生；pH<5 时，即使在较高的温度下加工，也很少产生 AA。微波加热也会增加食品中 AA 的含量。

（三）体内代谢

经口给予大鼠 0.1mg/kg 的 AA，吸收率为 23%~48%。进入人体内的 AA 在血液中的含量最高，其他依次为肾、肝、脑、脊髓和淋巴液，并可通过胎盘和乳汁进入胎儿和婴儿体内。

人体内的 AA 约 90% 在谷胱甘肽 S-转移酶的作用下，与还原型谷胱甘肽结合成 AA-谷胱甘肽结合物，再降解生成巯基尿酸代谢物 N-乙酰-S-（2-氨基甲酰乙基）半胱氨酸 [N-acetyl-S-（2-carbamoylethyl）cysteine，AAMA]；10% 左右在肝脏线粒体细胞色素 P450 中同工酶 CYP2E1 的作用下，转变成环氧丙酰胺（glycidamide，GA），仅少量以原形经尿排出。GA 同样可与谷胱甘肽结合，降解生成 2 种巯基尿酸化合物 N-乙酰-S-（2-氨基甲酰-2-羟基乙基）半胱氨酸 [N-acetyl-S-（2-carbamoyl-2-hydroxyethyl）cysteine，GAMA] 和 N-乙酰-S-（1-氨基甲酰-2-羟乙基）半胱氨酸 [N-acetyl-S-（1-carbamoyl-2-hydroxyethyl）cysteine，iso-GAMA]。在环氧化物水解酶的作用下，一部分 GA 被转化为 1,2-二羟基丙酰胺。AAMA、GAMA、异 GAMA、1,2-二羟基丙酰胺、少量游离的 AA 经尿排出体外。AAMA 和 GAMA 可作为人体暴露 AA 的生物标志物。

GA 比 AA 更易与 DNA 的鸟嘌呤结合成加合物，且具有明显的累积效应。AA 也可与神经和睾丸组织中的蛋白质发生加成反应，这可能是其对这些组织产生毒性作用的基础。

血液中游离的 AA 和 GA 含量可以更好地反映生物体 AA 的急性中毒情况，但残留时间短，无法及时监控。然而 AA 和 GA 都能与血红蛋白结合，生成稳定的加合物 AA-Hb 和 GA-Hb，且在血液中的残留时间较长，通常超过 1 周，因此 AA-Hb 和 GA-Hb 也可作为人群 AA 暴露的生物标志物。

（四）毒性

AA 的毒性作用主要是其代谢产物 GA 引起的。还原型谷胱甘肽（GSH）在 AA 的代谢过程中被消耗，从而使细胞内的抗氧化能力降低，呈现一系列毒性表现。实验证明，GA 消耗 GSH 的速率是 AA 的 1.5 倍。

1. 一般毒性

以大鼠、小鼠、豚鼠和兔的经口 LD_{50} 为 150~180mg/kg 体重判断，AA 具中等毒性。经口给予小鼠 AA，可使其抗氧化能力及网状内皮系统的吞噬功能降低。大鼠在妊娠期和哺乳期慢性暴露于 AA，幼鼠的出生体重降低，哺乳期间体重增长缓慢。职业接触 AA 可引起昏睡、恶心、呕吐，继之出现头晕、心慌、食欲减退、四肢麻木、走路不稳、失眠多梦和复视。

2. 神经毒性

动物实验表明，AA 的急性或亚急性中毒以精神症状及脑功能障碍为主，主要损害中枢神经系统；慢性中毒以周围神经退行性病变为主，且对末梢神经的毒害最为严重。AA 的神经毒作用大于 GA。职业接触 AA 主要表现为神经系统受损的症状和体征，末梢神经的病变与血红蛋白加合物水平呈正相关。

3. 生殖毒性

AA 的生殖毒性主要表现为对雄性生殖系统形态及功能的影响，使大、小鼠曲细精管萎缩，精原细胞和精母细胞退化，精子数量减少、活力下降、畸形率增加、到达子宫腔的时间延长，生育能力下降。AA 主要通过 GA 抑制驱动蛋白样物质的活性，导致精子细胞及睾丸间质细胞有丝分裂和减数分裂障碍，DNA 断裂，从而呈现生殖毒性。

4. 遗传毒性

体内外实验均显示，AA 可引起哺乳动物体细胞、生殖细胞基因突变和染色体异常，如微核形成、姐妹染色单体交换、多倍体、非整倍体和其他有丝分裂异常等，显性致死试验也呈阳性，并证明 GA 是主要的致突变物质。在无代谢活化系统的情况下，GA 可诱导人类乳腺细胞程序外 DNA 合成（unscheduled DNA synthesis，UDS）。给大鼠腹腔注射 AA 后，无论单次注射还是多次注射，都无法诱导肝脏细胞 UDS；而注射 GA 后，人的乳腺细胞、大鼠的肝细胞以及精细胞中都出现大量的 UDS。

5. 致癌性

AA 可使大鼠的乳腺、甲状腺、睾丸、肾上腺、口腔、子宫、脑垂体等多种组织器官发生肿瘤，诱发小鼠发生肺腺瘤和皮肤癌。有限的流行病学资料表明，职业接触 AA、聚丙烯酰胺的人群脑癌、胰腺癌、肺癌的发生率增高。早在 1994 年，国际癌症研究机构就将 AA 列为 2A 类致癌物（可能的人类致癌物）。

（五）预防措施

1. 注意烹调方法

低温和短时的加热方式不利于 AA 的生成。在煎、炸、烘、烤食品时，应避免温度过高、时间过长，提倡采用蒸、煮、煨等烹调方法。

2. 探索降低食品中 AA 含量的方法和途径

改变食品的加工工艺和条件，如用酵母菌发酵降低原料中的天门冬酰胺和还原糖，降低食品的 pH；加入植酸、柠檬酸、苹果酸、琥珀酸、山梨酸、苯甲酸等降低食品的 pH，均可抑制 AA 产生。用蔗糖（非还原糖）溶液代替糖浆生产饼干可使产品中的 AA 减少 70%。加入氯化钙、亚硫酸氢钠、果胶、黄原胶、海藻酸和食品中的天然抗氧化物如维生素 C、维生素 B_6、烟酸、茶多酚、大蒜素、黄酮醇、竹叶抗氧化物等均可抑制 AA 的产生。加入半胱氨酸、同型半胱氨酸、谷胱甘肽等含巯基化合物可促进 AA 的降解。

3. 减少 AA 的摄入

少吃油炸、焙烤食品，多食新鲜蔬菜和水果，尤其是孕妇、产妇。

4. 降低 AA 的毒性

大蒜素和大蒜提取物可抑制 AA 向 GA 转化，茶多酚、白藜芦醇可抑制 GA 对 DNA 的破坏，减少 GA 与血红蛋白的结合。大蒜素和茶多酚还可增强谷胱甘肽-S-转移酶的活性，提高细胞中 GSH 的含量，对 AA 所致的氧化损伤有保护作用。

5. 建立标准，加强监测

加强膳食中 AA 的监测，将其列入食品安全风险监测计划，对人群 AA 的暴露水平进行评估，为建立食品中 AA 限量值提供依据。

第三节　食品接触材料及制品的污染

食品接触材料及制品（food contact materials and articles）包括用于食品的包装材料和容器、用于食品生产经营的工具设备，属于食品相关产品的范畴。食品接触材料及制品是指在正常使用条件下，各种已经或预期可能与食品或食品添加剂（以下简称食品）接触，或其成分可能转移到食品中的材料和制品，包括食品生产、加工、包装、运输、储存、销售和使用过程中用于食品的包装材料、容器、工具和设备，及可能直接或间接接触食品的油墨、黏合剂、润滑油等。不包括洗涤剂、消毒剂和公共输水设施。

食品接触材料及制品在生产过程中会使用添加剂，称为食品接触材料及制品用添加剂，是指为满足预期用途，所添加的有助于改善食品接触材料及制品品质、特性，或辅助改善其品质、特性的物质；也包括在食品接触材料及制品生产过程中所添加的为保证生产过程顺利进行，而不是为了改善终产品品质、特性的加工助剂。

食品接触材料及制品作为储存食品的工具，其安全性是食品安全的一个重要方面，对食品安全有两方面的影响：一是适宜的包装方式和材料可以保护内装食品不受外界污染，保持食品本身的品质特征不发生改变；二是食品接触材料及制品本身的化学成分会向食品发生迁移，如果迁移量超过一定的范围就会对食品造成污染，影响食品的食用安全性。所以我国从 1975 年开始就逐步制定了各种卫生标准及其相关指标的检验方法，已制定的食品容器、包装材料卫生标准有 6 类 38 种。原国家卫生部还曾以部门规章的形式在 20 世纪 90 年代前后制定和实施了不同种类食品容器和包装材料的卫生管理办法，有《食品容器过氯乙烯内壁涂料卫生管理办法》（1986 年）、《食品用塑料制品及原材料卫生管理办法》（1990 年）、《食品包装用原纸卫生管理办法》（1990 年）、《食品用橡胶制品卫生管理办法》（1990 年）、《食品容器内壁涂料卫生管理办法》（1990 年）、《陶瓷食具容器卫生管理办法》（1990 年）、《食品罐头内壁环氧酚醛涂料卫生管理办法》（1990 年）、《铝制食具容器卫生管理办法》（1990 年）等。除了《食品容器过氯乙烯内壁涂料卫生管理办法》于 2009 年废止外，其他卫生管理办法均于 2010 年废止。同时，我国对食品容器、包装材料用添加剂（助剂）的使用原则、允许使用的品种、使用范围、最大使用量等内容也作了相关规定，《食品容器、包装材料用添加剂使用卫生标准》（GB 9685—2008）中允许使用的添加剂有 959 种。

在卫生标准的基础上，我国整合制定了相关的食品安全国家标准，包括《食品安全国家标准 奶嘴》（GB 4806.2—2015）、《食品安全国家标准 内壁环氧聚酰胺树脂涂料》（GB 9686—2012）、《食品安全国家标准 有机硅防粘涂料》（GB 11676—2012）、《食品安全国家标准 易拉罐内壁水基改性环氧树脂涂料》（GB 11677—2012）等，并形成了较完善的食品接触材料及制品食品安全国家标准体系。相关的规范、要求及产品标准有：《食品接触材料及制品生产通用卫生规范》（GB 31603—2015）、《食品接触材料及制品通用安全要求》（GB 4806.1—2016）、《食品接触用塑料树脂》（GB 4806.6—2016）、《食品接触用塑料材料及制品》（GB 4806.7—2016）、《食品接触用橡胶材料及制品》（GB 4806.11—2016）、《食品接触用金属材料及制品》（GB 4806.9—2016）、《玻璃制品》（GB 4806.5—2016）、《食品接触用涂料及涂层》（GB 4806.10—2016）、《食品接触用纸和纸板及纸制品》（GB 4806.8—2016）、《陶瓷制品》（GB 4806.3—2016）、《陶瓷制品》（GB 4806.4—2016）等。《食品安全国家标准 食品接触材料及制品用添加剂使用标准》（GB 9685—2016）将允许使用的添加剂由 958 种扩充到了 1294 种。

一、食品接触用塑料材料及制品

塑料制品（plastic articles）是指以树脂或塑料材料为原料，添加或不添加添加剂或其他物质，成型加工为具有一定形状，并在正常使用条件下能保持其既定形状的制成品。食品接触用塑料材料及制品（plastic materials and articles in contact with food）是指在食品生产、加工、包装、运输、贮存和使用过程中，各种已经或预期与食品接触、或其成分可能转移到食品中的各种塑料材料及制品。

（一）主要卫生问题

（1）含有的低分子化合物，包括游离单体、低聚合度化合物、低分子降解产物，易向食品中迁移，可能对人体有一定的毒性作用。

（2）含有的添加剂在一定的使用条件下向食品中迁移。

（3）印刷油墨和黏合剂中存在有毒化学物质。油墨由颜料、黏合剂和添加剂构成，颜料中的铅、镉、汞、铬等有毒金属和苯及多环芳烃类；制作复合包装材料使用的黏合剂中含有的添加剂及分解产物，前者如邻苯二甲酸酯类，后者如 2,4-二异氰酸基-1-甲基苯水解产生的甲苯二胺等，可向食品中迁移。

（4）使用不符合 GB 9685 的物质，对食品造成污染。如为了降低成本，在塑料的生产过程中大量添加工业级的石蜡、碳酸钙、滑石粉及回收废塑料等作为填充料；用标准规定的品种以外的苯、甲苯、二甲苯等有机溶剂稀释油墨。

（5）塑料的强度和阻隔性差，且带静电，易吸附微生物和微尘杂质，对食品造成污染；未经严格消毒和长期积压的一次性塑料制品微生物学指标易超标。

（6）含氯塑料在加热和作为垃圾焚烧时会产生二噁英。

（二）主要技术要求

1. 原料要求

树脂、单体及其他起始物的质量规格应能确保塑料成型品在正常及预期使用条件下不会对人体健康产生危害。

2. 感官要求

树脂应色泽正常，无异臭、异味、不洁物等，塑料材料及制品还应表面光滑；树脂、塑料材料及制品迁移实验所得的浸泡液不应有着色、浑浊、沉淀、异味等感官性状的劣变。

3. 理化指标

树脂、塑料材料及制品的总迁移量、高锰酸钾消耗量、重金属、脱色试验均应符合相应的规定。食品接触用塑料材料及制品中化学物质的特定迁移量、最大残留量和特定迁移量总限量应符合相关规定。

（三）常用塑料及其卫生问题

1. 聚乙烯（polyethylene，PE）

聚乙烯为饱和聚烯烃，相容性差，能加入的添加剂种类很少，难以印上彩色图案，吸水性差，但能耐大多数酸、碱，低温柔软性好，制成的薄膜在-40℃仍能保持柔韧性。高压法低密度聚乙烯质地较软，适宜制成薄膜或食具；低压法高密度聚乙烯质地硬，可制成吸管、砧板，用其生产的啤酒桶耐冲击，能用蒸汽消毒。聚乙烯有一定的透气性，放在密封聚乙烯袋中的茶叶仍会返潮；且聚乙烯易溶于油脂，尤其是低密度聚乙烯，用其制成容器长期盛装食用油，可因低分子质量聚乙烯迁移其中而使食用油带有蜡味。

聚乙烯的毒性极低，LD_{50}大于最大可能灌胃量，且乙烯单体的毒性也较低，是较安全的塑料。

2. 聚丙烯（polypropylene，PP）

聚丙烯为饱和聚烯烃，相容性差，能加入的添加剂种类很少。聚丙烯的防潮性在包装薄膜中最优良；透气性为聚乙烯的1/2；耐热性比聚乙烯好；透明性和印刷适应性好；耐油性也好于聚乙烯。缺点是易老化，加工性能差。主要用于制造薄膜，尤其是复合薄膜袋，也可制成各种食品瓶的螺纹盖、啤酒桶以及既耐低温又耐高温的食品容器，如保鲜盒和供微波炉使用的容器等。毒性与聚乙烯类似，世界各国都允许用于食品包装。

3. 聚苯乙烯（polystyrene，PS）

聚苯乙烯的吸水性差，即使在潮湿的条件下仍保持绝缘性，但不耐煮沸，耐油性也有限，不适合盛放含油脂高的、酸性或碱性食品。常用的品种有透明聚苯乙烯和泡沫聚苯乙烯两类。前者质硬、透明，易于着色，且有一定的化学稳定性，可用于制作食品盒、小餐具或保鲜膜。由于聚苯乙烯导热性较差，特别是泡沫聚苯乙烯，故可用作隔热材料，曾广泛使用的一次性方便饭盒就是用泡沫聚苯乙烯制作的。丙烯腈-苯乙烯共聚物（acrylonitrile styrene，AS）的机械性能、刚性均得到改善，而丙烯腈-丁二烯-苯乙烯共聚物（acrylonitrile butadiene styrene，ABS）具有较强的抗冲击性和尺寸稳定性，且耐热、耐溶剂浸泡，属于工程塑料，可制成铲子等食品用工具。

聚苯乙烯可在体内氧化为苯甲酸，与葡萄糖醛酸结合排出体外，故本身无毒。但苯乙烯单体及其降解产物苯、甲苯、乙苯、异丙苯等有一定的毒性，如苯乙烯可抑制繁殖能力，使肝肾质量减轻；苯可使白细胞和红细胞减少；甲苯、乙苯、异丙苯对神经系统有毒性作用；乙苯还可使肝脏质量轻微增加，并呈现轻微的病变；而异丙苯可使肝脏的质量减轻。

AS 和 ABS 除了苯乙烯单体残留外，还有丙烯腈单体残留的问题。丙烯腈可使动物兴奋、呼吸快而浅、缓慢喘气、窒息、抽搐，甚至引起死亡。口服丙烯腈还可引起循环系统、肾脏的损害和血液生化物质的改变。丙烯腈还可引起中枢神经系统、皮脂腺、舌、肾脏、小肠、乳腺发生肿瘤。对职业接触者的调查发现，丙烯腈可使胃癌、肺癌的发生率显著升高。

4. 聚氯乙烯（polyvinyl chloride，PVC）

聚氯乙烯易分解及老化，低温时易脆化，紫外线也易促进其降解，且加工成型温度与分解温度接近，因此，加工过程中需使用各种添加剂，如增塑剂、稳定剂、抗氧化剂、抗静电剂等，在使用过程中易迁移。依据加入增塑剂的多少，有硬质、半硬质和软质之分，加入的增塑剂一般分别为<10%、10%~30%和30%~50%。在 PVC 成型品的生产过程中，应按规定使用各种添加剂。

氯乙烯单体有致癌作用。氯乙烯可与 DNA 结合，引起肝血管肉瘤，并可产生毒性作用，主要表现在神经系统、骨骼和肝脏。

乙炔法生产的 PVC 含有 1,1-二氯乙烷，乙烯法生产的 PVC 含有 1,2-二氯乙烷。1,2-二氯乙烷的毒性比 1,1-二氯乙烷高 10 倍。

5. 聚碳酸酯（polycarbonate，PC）

在聚碳酸酯的生产过程中，4,4′-二羟基二苯基丙烷（又称双酚 A，bisphenol A，BPA）与碳酸二苯酯进行酯交换时会产生中间体苯酚。苯酚对皮肤、黏膜有腐蚀性，对中枢神经有抑制作用，对肝脏、肾脏均有损害作用。双酚 A 本身也是环境内分泌干扰物，可导致婴幼儿等敏感人群内分泌失调，诱发儿童性早熟。我国禁止生产 PC 婴幼儿奶瓶和其他含双酚 A 的婴幼儿奶瓶，禁止进口和销售此类奶瓶。

PC 在高浓度的乙醇溶液中浸泡后，质量和抗张强度都明显下降，故不能接触高浓度乙醇溶液。

6. 三聚氰胺甲醛塑料（melamine-formaldehyde，MF）

三聚氰胺甲醛塑料是三聚氰胺与甲醛的聚合物，又称蜜胺。这种塑料可耐120℃高温、-30℃低温；耐冲击性强、不易破碎，经久耐用；耐油、耐醇、耐污染；隔热性好，不烫手和口唇；质地光滑，不易残存食物的味道；可任意着色、印制图案；不易褪色，色泽美观，可制成各种色彩的、仿瓷的食具和餐具。但应注意游离甲醛问题。MF 制成的食具中甲醛的含量与食具成型时的压制时间有关，压制时间短，游离甲醛的量多。

7. 聚对苯二甲酸乙二醇酯（polyethylene terephthalate，PET）

聚对苯二甲酸乙二醇酯简称聚酯，耐热性、耐油性、透明性、气体密闭性好，可制成直接和间接接触食品的容器和薄膜，特别适合制作复合薄膜、含或不含 CO_2 的饮料瓶、油瓶及其他调味品瓶。

聚酯本身无毒，主要卫生问题是因在聚合的过程中使用催化剂，残渣中含有锑、锗、钴、锰等，如使用三氧化二锑作催化剂，可能有锑的残留。如果在加工的过程中树脂干燥不充分，聚酯主链上的酯键会因水解而被切断，使乙二醇脱离转移，并进一步形成乙醛而游离，残存在容器的瓶壁上，对碳酸饮料、矿泉水的口味产生影响。

8. 不饱和聚酯树脂及其玻璃钢

不饱和聚酯树脂及其玻璃钢具有成型方便、耐寒、质轻、抗冲击等特性，主要用于制作盛装肉类、水产品、蔬菜、饮料及酒类等食品的贮槽，盛装饮用水的水箱，酒和调味品的发酵罐，冷库和水箱的库板等。

不饱和聚酯树脂及其玻璃钢本身无毒，但聚合、固化时使用的引发剂和催化剂会残留在制品中。引发剂和催化剂的品种较多，有些毒性较大。另外，苯乙烯既是不饱和聚酯树脂及其玻璃钢聚合过程中的溶剂，又是固化的交联剂，可残留在制品中。

9. 聚酰胺（polyamide，PA）

聚酰胺俗称尼龙（nylon），是含重复酰胺基团的聚合物的总称，多为二元酸和二元胺的酰胺型共聚物，常以单体所含的碳原子数命名，如尼龙 6 是由碳原子数为 6 的己内酰胺聚合而成的均聚物，又名聚己内酰胺。由两个单体聚合而成的共聚物，其名称中就有两个数字，如尼龙66 是碳原子数均为 6 的己二酸和己二胺的共聚物，又称聚己二酰己二胺；尼龙 610 又称聚癸二酰己二胺；尼龙 1010 又称聚癸二酰癸二胺。

尼龙具有耐磨、耐热、耐寒、强韧等特性，但耐酸性较差。因此，主要用于制作薄膜（作为复合食品包装袋的原料）、过滤网和食品加工机械等。

尼龙本身无毒，但尼龙 6 中未聚合的己内酰胺单体可引起神经衰弱。

二、 食品接触用橡胶材料及制品

橡胶（rubber）是一种具有高弹性的高分子化合物，分为天然橡胶和合成橡胶。食品接触用橡胶材料及制品（rubber materials and articles in contact with food）以天然橡胶、合成橡胶为主要原料，配以特定的助剂制成，产品有奶嘴及接触食品的片、圈、管，瓶盖、高压锅垫圈以及输送食品原料、辅料和水的管道等。天然橡胶是以顺式-1,4-聚戊二烯为主要成分的天然高分子化合物，含量在 90% 以上；合成橡胶则是由各种单体聚合而成的合成高分子化合物。

（一）主要卫生问题

1. 天然橡胶

天然橡胶本身既不分解，也不被人体吸收，且无单体，毒性来源于基料中的杂质和加工过程中使用的添加剂。天然橡胶的基料（生胶）有液体的胶乳（从橡胶树、橡胶草等植物上采割的鲜胶乳和浓缩胶乳）、固体的胶片（风干胶片、白皱片、烟胶片、褐皱片）和颗粒胶。鲜胶乳经离心即为浓缩胶乳。

在鲜胶乳（为防止其凝固，在贮器内预先加入一定量的氨）中加酸（乙酸和甲酸）以脱水、凝固、中和氨，经压片和干燥等工艺，即制成胶片。风干胶片以新鲜胶乳为原料，因加入了催干剂而颜色较浅，适于制造白色、浅色和彩色制品。白皱片也是以鲜胶乳作原料，在凝固前先加亚硫酸氢钠漂白，所以颜色较浅，主要用于制造白色或浅色制品。褐皱片是用割胶和加工过程中自然凝固的胶块、胶线、泥胶等"杂胶"作原料制成的表面有皱纹的褐色胶片，杂质较多，质量较差；而烟胶片虽然以鲜胶乳作原料，但经过烟熏，可能含有多环芳烃，故不可用其生产食品用橡胶制品。天然橡胶的弹性虽好但易老化，加工过程中使用的添加剂易带来安全风险。

2. 合成橡胶

合成橡胶的毒性来源于单体和添加剂。传统的合成橡胶主要有硅橡胶、丁橡胶、乙丙橡胶、丁苯橡胶、丁腈橡胶和氯丁橡胶等。硅橡胶的化学成分为聚二甲基硅烷，性质稳定，毒性小。以硅橡胶为原材料生产的橡胶制品生产周期较短，且比其他橡胶具有更好的耐热性、电绝缘性、耐老化性化学稳定性和生理惰性，在食品加工业中使用得越来越广，已替代了很多天然橡胶制品。目前市售的橡胶奶嘴90%以上是用硅橡胶生产的。丁橡胶由异戊二烯和异丁二烯聚合而成。乙丙橡胶由乙烯和丙烯聚合而成，被广泛用来制作食品用橡胶制品，但异戊二烯、异丁二烯、乙烯、丙烯均有麻醉作用。丁苯橡胶由丁二烯和苯乙烯共聚而成，苯乙烯单体有毒，但聚合物本身无毒，也可用于制作食品用橡胶制品。丁腈橡胶由1,3-丁二烯和2-丙烯腈共聚而成，虽可用于生产食品用橡胶制品，但残留的丙烯腈单体有毒。氯丁橡胶由二氯-1,3-丁二烯聚合而成，局部接触二氯-1,3-丁二烯单体有致癌作用，不得用于制作食品用橡胶制品。

3. 添加剂

橡胶制品在加工成型时需加入大量的添加剂。绝大多数橡胶制品都要通过高温硫化成型，并加入硫化促进剂使其具有良好的弹性。在硫化的过程中可能会产生各种类型的亚硝胺。常用的硫化促进剂大都含有仲胺结构，主要有：次磺酰胺类，如 N-氧二乙撑基-2-苯并噻唑次磺酰胺、N,N-二异丙基-2-苯并噻唑次磺酰胺、N,N-二环已基-2-苯并噻唑次磺酰胺等；秋兰姆类，如一硫化四甲基秋兰姆、二硫化四甲基秋兰姆、二硫化四乙基秋兰姆、二硫化四丁基秋兰姆等；二硫代氨基甲酸盐类，如二甲基二硫代氨基甲酸锌、二乙基二硫代氨基甲酸锌、二丁基二硫化氨基甲酸锌等。另外还有硫黄给予体类，如二硫代二吗啉等。这些仲胺类硫化促进剂与氮氧化物（NO_x）反应生成 N-亚硝胺。二甲基二硫代氨基甲酸锌和二硫化四甲基秋兰姆可能产生 N-二甲基亚硝胺，二乙基二硫代氨基甲酸锌和二硫化四乙基秋兰姆可能产生 N-二乙基亚硝胺，二丁基二硫化氨基甲酸锌和二硫化四丁基秋兰姆可能产生 N-二丁基亚硝胺。《食品安全国家标准　食品接触材料及制品用添加剂使用标准》（GB 9685—2016）仅允许 N-氧二乙撑基-2-苯并噻唑次磺酰胺、二硫化四甲基秋兰姆、二乙基二硫代氨基甲酸锌在橡胶类食品接触材料及制品中限量使用。

（二）主要技术要求

1. 原料要求

天然橡胶应为来源于植物源巴西三叶橡胶树的顺式-1,4-聚戊二烯。合成橡胶聚合物料应为国家允许使用的聚合物。除天然橡胶、顺式-1,4-聚异戊二烯橡胶、硅橡胶外，其他橡胶不得用于生产奶嘴。

2. 感官要求

样品应色泽正常，无异臭、异味、污物等。浸泡液不应有着色、浑浊、沉淀、异臭等。

3. 理化指标

总迁移量、高锰酸钾消耗量、重金属（以铅计）、锌迁移量、N-亚硝胺迁移量、N-亚硝胺可生成物迁移量应不超过规定的限量。

4. 添加剂

食品接触用橡胶材料及制品中添加剂的使用应符合 GB 9685—2016 及其他相关规定。橡胶制品常用的填充剂炭黑含有较多的 B(a)P，使用量应小于限量规定。硫化促进剂乌洛托品（促进剂 H）在加温时可分解出甲醛，而乙撑硫脲有致癌性，二苯胍则对肝脏和肾脏有毒性；芳香胺类防老剂 N-苯基 β-萘胺（防老剂 D）中含有 β-萘胺，可引起膀胱癌；N,N-二苯基对苯二胺在体内经代谢也可转化为 β-萘胺，均不可用于食品接触用橡胶制品的生产。另外，食品接触用橡胶材料及制品中还禁止使用下列材料和加工助剂：再生胶、氧化铅、α-巯基咪唑啉、α-硫醇基苯并噻唑（促进剂 M）、二硫化二苯并噻唑（促进剂 DM）、乙苯基-β-萘胺（防老剂 J）、对苯二胺类、苯乙烯代苯酚、防老剂 124[①]。

三、 食品接触用涂料及涂层

食品接触用涂料（coatings in contact with foodstuffs）是指涂覆在食品接触材料及制品直接接触食品面上形成具有保护和（或）影响技术性能的层或薄膜，或经固化成膜后形成的涂层，具有防腐、防粘等作用。纸的涂层不具有功能阻隔层作用，且通常与纸一起生产而单独涂布于纸的表面，不属于食品接触用涂料和涂层。根据使用对象及成膜条件的不同，涂料分为非高温成膜涂料和高温成膜涂料两类。

（一）主要卫生问题

1. 非高温成膜涂料

非高温成膜涂料有环氧聚酰胺树脂涂料、过氯乙烯涂料、漆酚涂料等。涂覆或喷涂成膜后，须待溶剂完全挥发，再用清水冲洗干净后方可使用。环氧树脂由双酚 A 与环氧氯丙烷聚合而成，聚酰胺是环氧树脂的固化剂。环氧聚酰胺树脂涂料的卫生问题主要涉及环氧树脂的质量（是否含有未完全聚合的单体）、与固化剂聚酰胺的配比及固化度、未固化物质（包括添加剂）向食品的迁移。过氯乙烯涂料以过氯乙烯树脂为主要基料，辅以溶剂、增塑剂等添加剂而成膜。过氯乙烯树脂中含有氯乙烯单体，成膜后仍可能有氯乙烯的残留。漆酚涂料以我国特有的天然漆（生漆）为成膜物质，其中的游离酚可向食品迁移。

2. 高温固化成膜涂料

高温固化成膜涂料有环氧酚醛涂料、水基改性环氧树脂涂料、有机硅防粘涂料、有机氟防粘涂料等，喷涂后需经高温烧结，固化成膜。

环氧酚醛涂料由环氧树脂和酚醛树脂聚合而成，成膜后涂层中可能含有游离酚和甲醛等单体和低分子聚合物。水基改性环氧涂料因含有环氧酚醛树脂，也可能含有游离酚和甲醛。有机硅防粘涂料以聚硅氧烷为成膜物质，是较安全的食品容器内壁防粘涂料。有机氟防粘涂料包括聚氟乙烯、聚四氟乙烯、聚六氟丙烯涂料等，以聚四氟乙烯涂料最为常用。虽然聚四氟乙烯是较安全的食品容器内壁涂料，但由于对被涂覆的坯料清洁程度要求较高，坯料在喷涂前常用铬酸盐处理，故涂料中可有铬的残留。生产聚四氟乙烯树脂的关键原料全氟辛酸铵（ammonium perfluorooctanoate，APFO）所含的全氟辛酸（perfluorooctanoic acid，PFOA）被认为可引起肝脏肿大，并有致癌作用。聚四氟乙烯在 280℃ 时会发生裂解，产生有毒氟化物如氟化氢、甲氟乙烯、六氟丙烯、八氟异丁烯等。

（二）主要技术要求

1. 原料要求

使用的基础树脂应符合相关要求。

2. 感官要求

涂料固化成膜后，表面应平整、色泽均匀、无气孔。涂层经浸泡后，应无龟裂、不起泡、

---

①防老剂 124：一种常用橡胶防老剂，分子式是 $C_{12}H_{17}N$，相对分子质量 175.2701，适用于天然橡胶及丁腈、丁苯等合成橡胶。

不脱落。涂层浸泡液不应有着色、浑浊、沉淀、异臭等感官性状的劣变。

3. 理化指标

高锰酸钾消耗量、重金属（以铅计），以及甲醛、游离酚、六价铬、氟的迁移量应符合相关规定。

4. 对常用涂料及涂层使用的特殊限制

（1）过氯乙烯聚合物仅用于生产以其为主要原料，配以颜料及助剂组成的涂料。经喷、刷工艺而制成的涂层，可用于接触酒类的贮存池、槽车等容器内壁，起到防腐蚀作用。

（2）二甲苯甲醛聚合物仅用于生产以乙二撑硬脂酸胺为脱模剂的食品罐头内壁涂料。涂料涂印在镀锡薄板上，经高温烘烤成涂膜。

（3）环氧聚酰胺树脂仅用于生产用于食品容器（包括用具、输送管道、贮存池、贮存罐、槽车等）内壁作为防腐蚀用的环氧聚酰胺树脂涂层，不可用于制造婴幼儿食品容器。

（4）聚甲基硅氧烷、聚甲基苯基硅氧烷仅用于生产以其为主要原料，配以一定添加剂制成的有机硅涂料，涂料涂覆于铝板、镀锡铁板等金属表面，经自然挥干、高温烘烤固化成膜。

（5）苯乙烯改性的环氧树脂、丙烯酸改性的环氧树脂仅用于生产水基改性环氧树脂涂料。涂料涂覆于全铝或钢的二片罐内壁，用于直接接触啤酒、碳酸型饮料、茶饮料、咖啡及能量运动饮料。不可用于制造婴幼儿食品容器。

（6）甲醛与（氯甲基）环氧乙烷和苯酚的聚合物、缩水甘油封端双酚 A 环氧氯丙烷共聚物仅用于生产食品罐头内壁环氧酚醛涂料。涂料经印铁高温成膜。缩水甘油封端双酚 A 环氧氯丙烷共聚物不可用于制造婴幼儿食品容器。

（7）以聚四氟乙烯为主要原料，配以一定的助剂组成的涂料，涂覆于铝板、铁板等金属表面，经高温烧结，可作为接触非酸性食品容器的涂料，使用温度应限制在 250℃以下。

四、 食品接触用金属材料及制品

食品接触用金属材料及制品是指在正常或可预见的使用条件下，预期或已经与食品接触的各种金属（包含合金及金属镀层）材料及制品，包括金属制成的食品包装材料、容器、餐厨具，以及食品生产加工用工具、设备或加工处理食品用电器中直接接触食品的金属零部件。食品接触用金属材料及制品分为有、无有机涂层两类；无有机涂层的又分为有、无金属镀层两种。

（一）主要卫生问题

有有机涂层的食品接触用金属材料及制品的卫生问题主要来源于表面涂覆的涂层和涂层的脱落（见"食品接触用涂料及涂层"及其卫生问题）。

无有机涂层的食品接触用金属材料及制品的卫生问题主要是有毒金属向食品中迁移。金属镀覆除使用金属为阳极材料外，也可能使用金属盐等化合物作为镀层金属。某些金属镀覆（如镀银、镀锌）工艺可能使用氰化物为络合剂，或使用铅、镉化合物作为助剂或添加剂。镀铬液的主要成分多为铬酸酐，镀层可能残留六价铬。铅、镉污染的一个可能来源是焊料，如铅锡合金焊料。

不锈钢（stainless steel）的主要卫生问题是重金属向食品迁移。不锈钢基本的合金元素是铬和镍，同时含有锰、铜、镉、铅等多种微量元素。由于不锈钢具有良好的冷加工性能和耐腐蚀性能，制成的器皿美观耐用，越来越多被用来制造餐厨具。一般情况下不锈钢制品在盛放、烹煮食物或与食品接触过程中，不构成食品安全风险。然而，当与食物接触时，不锈钢制品可能会发生腐蚀，溶出少量的重金属离子，当这些迁移的重金属超过限量时，有可能危害人体健康。铁制容器长期存放食物，尤其是油类，易引起铁被氧化腐蚀，铁锈可引起人们呕吐、腹泻、食欲缺乏。白铁皮（铅皮）接触食品后，镀层中的锌会迁移到食品中。

（二）主要技术要求

1. 原料要求

金属基材不得使用以铅、镉、砷、汞、铍和锂作为合金元素的材料，砷、镉和铅含量不得超过限值；材料中其他成分应与产品所标识成分或牌号的相应成分一致。

金属镀层使用的金属或金属化合物中，砷、镉、铅和汞含量不得超过限值。络合剂、光亮剂等不得使用氰化物及铅或镉化合物。镀锌层不得使用六价铬钝化剂。成品金属镀层表面的六价铬测试应为阴性。

与食品直接接触的焊接部位使用的焊接材料中，铅和镉含量不得超过规定的限值。通过铅、镉含量的限定可以限制某些安全风险高的焊料使用。由于金属制品焊接部位的成分不易测试，规定的铅、镉含量是"基于焊接材料的质量分数"，即如需检测，应测试焊接材料而不是成品的焊接部位。

2. 特殊使用要求

食品接触面为无涂层的铝及铝合金、铜及铜合金、覆金属镀层的制品（镀锡薄板容器除外）时不可接触酸性食品。铁基材料和低合金钢制品不可用于长时间储存酸性食品。

3. 标签标识

金属基材应明确标识其材料类型及材料化学成分，或以我国标准牌号或统一数字代号表示，如"不锈钢06Cr19Ni10"或"不锈钢S30408""铝合金3004"等。接触面覆有金属镀层或有机涂层的，应标识镀层或涂层材料，如"镀铬""镀锌镍合金""聚四氟乙烯涂层"等。金属镀层不止一层时，应按由外层到内层顺序标出各层金属成分，并以斜杠隔开，如"铬/镍/铜"。

五、 食品接触用纸、 纸板及纸制品

食品接触用纸、纸板及纸制品是指在正常或可预见的使用条件下，预期或已经与食品接触的各种纸、纸板及纸制品，包括以纸和纸板为主要基材，经过涂蜡、淋膜或与其他材料（如塑料或铝箔）复合等加工而成的单层或多层食品包装材料和容器，食品烹饪、烘烤、加工处理用纸，以及纸浆模塑制品等。

（一）主要卫生问题

主要卫生问题：①纸浆原料中农药的残留；②造纸加工助剂的毒性，如荧光增白剂、石蜡中含有的多环芳烃均有致癌作用；造纸或纸加工过程中多个环节使用的甲醛，纸浆加工、储存过程中为防止微生物形成而添加的杀菌剂和防霉剂，复合食品包装材料和容器各层之间黏合所用聚氨酯型黏合剂中的添加剂2,4-二异氰酸基-1-甲基苯（2,4-甲苯二异氰酸酯）水解产生的甲苯二胺，印刷用油墨及颜料中含有的铅、镉、甲苯及多氯联苯等，均有一定的毒性；③回收纸的油墨及颜料中含有铅、镉、多氯联苯等；④用废旧报纸、纸张直接包装食品，会造成微生物污染。

（二）主要技术要求

1. 原料要求

纤维原料应主要为植物纤维，可含有符合要求的合成纤维，如聚丙烯纤维等。经防腐防霉处理的原木、竹等植物材料不应对人体健康产生危害。纸产品食品接触面上涂覆的蜡应为食品级。

2. 感官要求

色泽正常，无异臭、异味、霉斑或其他污物。浸泡液不应有着色、异味、异臭等感官性状的劣变。

3. 理化指标

与食品（食用或烹饪、加工前需经去皮、去壳或清洗的水果、蔬菜、鲜蛋等农副产品除外）直接接触的纸、纸板及纸制品中的铅、砷、甲醛、荧光性物质不应超过规定的限量。预期接触液态或表面有游离水或游离脂肪食品的成品纸、纸板及纸制品，其食品接触面的迁移物指标如总迁移量、高锰酸钾消耗量、重金属（以铅计）、脱色试验应符合相关规定。复合食品包装袋的甲苯二胺含量不应超过规定的限量。

4. 微生物指标

预期直接与食品（食用或烹饪、加工前需经去皮、去壳或清洗的水果、蔬菜、鲜蛋等农副产品除外）接触、不经过消毒或清洗直接使用的纸、纸板及纸制品不得检出大肠菌群、沙门氏菌，真菌≤50CFU/g。

六、陶瓷制品

陶瓷以黏土为主要原料，加入长石、石英等，经配料、粉碎、炼泥、成型、干燥、上釉、彩饰，再经 1000~1200℃的高温烧结而成。

1. 主要卫生问题

陶瓷的瓷釉是硅酸盐和金属盐类，着色颜料也多使用金属盐物质，这些物质含有铅、镉等重金属。当烧制质量不好时，彩釉未能形成不溶性硅酸盐，在酸性、温度较高条件下使用时，陶瓷产品中的铅、镉等重金属很容易溶出，污染食品。

2. 主要技术要求

所用原料应符合相应标准和有关规定；内壁表面应光洁，上釉制品釉彩均匀，花饰无脱落现象；铅、镉应符合标准的规定。另外，产品声称具有耐高温、可微波炉使用性能时，应在产品或最小销售包装上进行标识。

七、玻璃制品

玻璃分为钠钙玻璃、铅玻璃和硅酸盐玻璃。食品接触用玻璃制品是以石英砂、纯碱、长石及石灰石等为原料，经混合、高温熔融、匀化后，加工成型，再经退火而得的硅酸盐玻璃。

1. 主要卫生问题

硅酸盐玻璃的主要成分是二氧化硅，作为一种无机非金属材料，玻璃制品在与食品接触时，重金属铅、镉是主要的食品安全风险。在玻璃的生产过程中，三氧化二砷或三氧化二锑会作为澄清剂加入而有可能残留于玻璃制品中。在与食品接触时，砷和锑迁移入食品会导致食品安全风险。有色玻璃的着色剂主要是金属氧化物，如红丹粉（四氧化三铅）、三氧化二砷，尤其是中高档玻璃器皿，如高脚酒杯，加铅量可达30%以上，铅、砷等有毒元素会向食品迁移。

2. 主要技术要求

所用原料应符合相应标准和有关规定；玻璃制品接触食品的表面应光洁，无明显的气泡、杂质、污迹、口突、口陷、口扁、裂纹、变形、皱纹及模具氧化印等；铅、镉、砷、锑应符合标准的规定。另外，产品声称具有耐高温、可微波炉使用性能时，应在产品或最小销售包装上进行标识。

第四节 动植物中的天然有毒物质

由于人口不断增长，为了扩大食物来源，人们不断开发利用丰富的生物资源，以增加食物的种类。长期以来，人们对化学物质引起的食品安全问题有不同程度的了解，却忽视了人们赖以生存的动植物本身所具有的天然毒素。于是在生产中不添加任何化学物质的天然食品颇受青睐，身价倍增，一些宣传媒体也将其描述为有百利而无一害的食品。事实并非如此，动植物中的天然有毒物质引起的食物中毒屡有发生，由此而带来的经济损失触目惊心。

一、动植物天然有毒物质的定义及种类

（一）动植物天然有毒物质的定义

人类的生存离不开动植物，在这些众多的动植物中，有些含有天然有毒物质。动植物天然有毒物质就是指有些动植物中存在的某种对人体健康有害的非营养性天然物质成分，或因贮存方法不当在一定条件下产生的某种有毒成分。由于含有毒物质的动植物外形、色泽与无毒的品种相似，因此，在食品加工和日常生活中应引起人们的足够重视。

（二）动植物天然有毒物质的种类

动植物中含有的天然有毒物质结构复杂，种类繁多，与人类关系密切的主要有以下几种。

1. 苷类

在植物中，糖分子中的半缩醛羟基和非糖化合物中的羟基缩合而成具有环状缩醛结构的化合物，称为苷，又称配糖体或糖苷。苷类一般味苦，可溶于水和醇中，易被酸或酶水解，水解的最终产物为糖及苷元。苷元是苷中的非糖部分。由于苷元的化学结构不同，苷的种类也有多种，主要有氰苷、皂苷等。

（1）氰苷　氰苷是结构中含有氰基的苷类。其水解后产生氢氰酸，从而对人体造成危害，因此有人将氰苷称为生氰糖苷。生氰糖苷由糖和含氮物质（主要为氨基酸）缩合而成，能够合成生氰糖苷的植物体内含有特殊的糖苷水解酶，能将生氰糖苷水解产生氢氰酸。

氰苷在植物中分布广泛，它能麻痹咳嗽中枢，因此有镇咳作用，但过量可引起中毒。氰苷对人的致死量以体重计为 18mg/kg。氰苷的毒性主要来自氢氰酸和醛类化合物的毒性。氰苷所形成的氢氰酸被人体吸收后，随血液循环进入组织细胞，并透过细胞膜进入线粒体，与线粒体中细胞色素氧化酶的铁离子结合，导致细胞的呼吸链中断，造成组织缺氧，体内的二氧化碳和乳酸量增高，使机体陷入内窒息状态。氢氰酸的口服最小剂量以体重计为 0.5~3.5mg/kg。

氰苷引起的慢性氰化物中毒现象也比较常见，在一些以木薯为主食的非洲和南美地区就存

在慢性氰化物中毒引起的疾病。虽然含氰苷植物的毒性决定于氰苷含量的高低，但还与摄食速度、植物中氰苷水解酶的活力以及人体对氢氰酸的解毒能力大小有关。

预防措施：首先，不直接食用各种生果仁、杏仁、桃仁等果仁及豆类在食用前要反复用清水浸泡，充分加热，以去除或破坏其中的氰苷。其次，在习惯食用木薯的地方，要注意饮食卫生，严格禁止生食木薯，食用前应去掉木薯表皮，用清水浸泡薯肉，将氰苷溶解出来。最后，发生氰苷类食品中毒时，应立刻给患者口服亚硝酸盐或亚硝酸酯，使血液中的血红蛋白转变为高铁血红蛋白，高铁血红蛋白的加速循环可将氰化物从细胞色素氧化酶中脱离出来，使细胞继续进行呼吸作用；再给中毒者服用一定量的硫代硫酸钠进行解毒，被吸收的氰化物可转化成硫氰化物随尿排出。

（2）皂苷 皂苷是类固醇或三萜系化合物低聚配糖体的总称。由于其水溶液振摇时能产生大量泡沫，与肥皂相似，所以称皂苷，又称皂素。皂苷对黏膜，尤其对鼻黏膜的刺激性较大，内服量过大可引起食物中毒。含有皂苷的植物有豆科、蔷薇科、葫芦科、苋科等，动物有海参和海星等。

2. 生物碱

生物碱是一类具有复杂环状结构的含氮有机化合物，主要存在于植物中，少数存在于动物中，有类似碱的性质，可与酸结合成盐，在植物体内多以有机酸盐的形式存在。其分子中具有含氮的杂环，如吡啶、吲哚、嘌呤等。

生物碱的种类很多，已发现的就有2000种以上，分布于100多个科的植物中，其生理作用差异很大，引起的中毒症状各不相同，有毒生物碱主要有烟碱、茄碱、颠茄碱等。生物碱多数为无色味苦的固体，游离的生物碱一般不溶或难溶于水，易溶于醚、醇、氯仿等有机溶剂，但其无机酸盐或小分子有机酸易溶于水。

3. 酚类及其衍生物

酚类及其衍生物主要包括简单酚类、黄酮、异黄酮、香豆素、鞣酸等多种类型化合物，是植物中最常见的成分。

4. 毒蛋白和肽

蛋白质是生物体中最复杂的物质之一。当异体蛋白质注入人体组织时可引起过敏反应，内服某些蛋白质也可产生各种毒性。植物中的胰蛋白抑制剂、红血球凝集素、蓖麻毒素等均属有毒蛋白，动物中鲇鱼、鳇鱼等鱼类的卵中含有的鱼卵毒素也属于有毒蛋白。此外，毒蘑菇中的毒伞菌、白毒伞菌等含有毒肽和毒伞肽。

5. 酶类

某些植物中含有对人体健康有害的酶类。它们可分解维生素等人体必需成分或释放出有毒化合物。如蕨类中的硫胺素酶可破坏动植物体内的硫胺素，引起人的硫胺素缺乏症；豆类中的脂肪氧化酶可氧化降解豆类中的亚油酸、亚麻酸，产生众多的降解产物。现已鉴定出近百种氧化产物，其中许多成分可能与大豆的腥味有关，因此不仅产生了有害物质，并且降低了大豆的营养价值。

6. 非蛋白类神经毒素

这类毒素主要指河豚毒素、肉毒鱼毒素、螺类毒素、海兔毒素等，多数分布于河豚、蛤类、螺类、海兔等水生动物中，它们本身没有毒，却因摄取了海洋浮游生物中的有毒藻类（如甲藻、蓝藻等），或通过食物链间接摄取将毒素积累和浓缩于体内。

7. 植物中的其他有毒物质

（1）硝酸盐和亚硝酸盐   叶菜类蔬菜中含有较多的硝酸盐和极少量的亚硝酸盐。因为，蔬菜能主动从土壤中富集硝酸盐，其硝酸盐的含量高于粮谷类，叶菜类的蔬菜中硝酸盐和亚硝酸盐含量更高。人体摄入的 NO_3^- 中80%以上来自所吃的蔬菜，蔬菜中的硝酸盐在一定条件下可还原成亚硝酸盐，当其蓄积到较高浓度时，就能引起中毒。

（2）草酸和草酸盐   草酸在人体内可与钙结合形成不溶性的草酸钙，不溶性的草酸钙可在不同的组织中沉积，尤其是在肾脏中沉积，人食用过多的草酸也有一定的毒性。常见的含草酸多的植物主要有菠菜等。

8. 动物中的其他有毒物质

畜禽是人类动物性食品的主要来源，但其体内的腺体、脏器和分泌物如摄食过量或误食，可干扰人体正常代谢，引起食物中毒。

（1）肾上腺皮质激素   在家畜中由肾上腺皮质激素分泌的激素为脂溶性类固醇激素。如果人误食了家畜的肾上腺，那么会因该类激素浓度增高而干扰人体正常的肾上腺皮质激素的分泌活动，从而引起一系列中毒症状。

预防措施：要加强兽医监督，屠宰家畜时将肾上腺除净，以防误食。

（2）甲状腺激素   甲状腺激素是由甲状腺分泌的一种含碘酪氨酸衍生物。若人误食了甲状腺，则体内的甲状腺常会突然增高，扰乱人体正常的内分泌活动，使人表现出一系列的中毒症状。甲状腺激素的理化性质非常稳定，600℃以上的高温才可以将其破坏，一般烹调方法难以去毒。

预防措施：屠宰家畜时将甲状腺除净，且不得与"碎肉"混在一起出售，以防误食。如果一旦发生甲状腺中毒，可用抗甲状腺素药及促肾上腺皮质激素急救，并对症治疗。

（3）动物肝脏中的有毒物质   在狗、羊、鲨鱼等动物性肝脏中含有大量的维生素A，若大量食用其肝脏，则人体会因维生素A食用过多而发生急性中毒。

此外，肝脏是动物最大的解毒器官，动物体内各种毒素大都经过肝脏处理、转化、排泄或结合，所以，肝脏中暗藏许多毒素。另外，进入动物体内的细菌、寄生虫往往在肝脏中生长、繁殖，其中肝吸虫病较为常见，而且动物也可能患肝炎、肝硬化、肝癌等疾病，因此动物肝脏存在许多潜在的不安全因素。

预防措施：首先，要选择健康的动物肝脏，肝脏淤血、异常肿大，流出污染的胆汁或见有虫体等，均应视为病态肝脏，不可食用。其次，对可食肝脏，食用前必须彻底清除肝内毒物。

二、 动植物天然有毒物质的中毒条件

动植物中的天然有毒物质引起食物中毒有以下几种原因。

1. 食物过敏

食物过敏是食物引起机体免疫系统的异常反应。如果一个人喝了一杯牛乳或吃了鱼、虾出现呕吐、呼吸急促、接触性荨麻疹等症状，可判断发生了食物过敏。我国目前缺乏食物过敏的系统资料。在北美，整个人群中食物过敏的发生率为10%（儿童为13%，成年人为7%）；在欧洲，儿童时期食物过敏的发病率为0.3%~7.5%，成年人为2%。某些食物可以引起过敏反应，严重者可导致死亡。如菠萝是许多人喜欢吃的水果，但有人对菠萝中含有的一种蛋白酶过敏，食用菠萝后会出现腹痛、恶心、呕吐、腹泻等症状，严重者可引起呼吸困难、休克、昏迷等。

在日常生活中，并不是每个人都对致敏性食物过敏，相反，大多数人并不过敏。即使是食物过敏的人，也是有时过敏，有时不过敏。

2. 食品成分不正常

食品成分不正常，可导致食用后引起相应的症状。有很多含天然有毒物质的动物和植物，如河豚、发芽的马铃薯等，食用少量也可引起食物中毒。

3. 人体遗传因素

食品成分和食用量都正常，却由于个别人体遗传因素的特殊性而引起症状的现象。如牛乳，对大多数人来说是营养丰富的食品，但有些人由于先天缺乏乳糖酶，因此不能将牛乳吸收利用，而且饮用牛乳后还会出现腹胀、腹泻等症状。

4. 食用量过大

食品成分正常，但因食用量过大引起各种症状。如荔枝含维生素 C 较多，如果连日大量食用可引起"荔枝病"，出现头晕、心悸，严重者甚至会导致死亡。

三、 含天然有毒物质的植物

植物是许多动物赖以生存的饲料来源，也是人类粮食、蔬菜、水果的来源，世界上有 30 多万种植物，可用作人类主要食物的不过数百种，这是由于植物体内的毒素限制了它们的应用。因此，研究含天然有毒物质的植物，防止植物性食物中毒，具有重要的现实意义。

目前，中国有毒植物约有 1300 种，分别属于 140 个科。植物的毒性主要取决于其所含的有害化学成分，如毒素或致癌的化学物质，它们虽然量少，却严重影响了食品的安全性。下面介绍一些比较常见的有毒植物。

（一）含苷类植物

1. 果仁、木薯和亚麻籽

摄入苦杏仁、桃仁、李子仁、樱桃仁等果仁以及木薯、亚麻籽等含氰苷类食物会造成含氰苷类食物中毒。

（1）有毒成分　含氰苷类食物中毒的有毒成分为氰苷，包括苦杏仁苷和亚麻苦苷两种。苦杏仁、桃仁、李子仁、枇杷仁、樱桃仁、杨梅仁等果仁中含有苦杏仁苷，其中苦杏仁的含量最高，平均为 3%，其他果仁平均为 0.4%~0.9%。木薯和亚麻籽中含有亚麻苦苷。

（2）中毒机制　果仁中的苦杏仁苷在口腔、消化道中遇水后，被果仁所含的苦杏仁酶水解，释放出氢氰酸，氢氰酸被迅速吸收进入血液中。被吸收的氰酸根离子可与细胞色素氧化酶中的铁离子结合，使呼吸酶失去活性，氧不能被组织细胞利用而导致细胞缺氧窒息。据报道，吸入氢氰酸 1mg/kg 体重即可迅速致死。儿童吃 6 粒苦杏仁，大人吃 10 粒就能引起中毒；小儿误服 10~20 粒苦杏仁，成年人服 40~60 粒，即可致死。此外，氢氰酸对呼吸中枢和血管运动中枢也具有麻痹作用。亚麻苦苷与苦杏仁苷作用相似，因其只能在肠道水解，所以木薯中毒病情发展较缓慢。但生食木薯 230~580g 可致死。

（3）流行病学特点及中毒症状　苦杏仁中毒多发生在杏子成熟的初夏季节，儿童中毒多见，常因儿童不知道苦杏仁的毒性误食引起中毒；还有因为吃了加工不彻底未完全消除毒素的凉拌杏仁造成的中毒。

苦杏仁中毒的潜伏期短者 0.5h，长者 12h，一般 1~2h。木薯中毒的潜伏期短者 2h，长者 12h，一般为 6~9h。

苦杏仁中毒时，出现口中苦涩、流涎、头晕、头痛、恶心、呕吐、心悸、四肢无力等。较重者在出现胸闷、呼吸困难、呼吸时可嗅到苦杏仁味。严重者可出现意识不清、呼吸微弱、昏迷、四肢冰冷、尖叫的症状，继而出现意识丧失、瞳孔散大、对光反射消失、牙关紧闭、全身阵发性痉挛，最后因呼吸麻痹或心跳停止而死亡。此外，还可引起多发性神经炎。

木薯中毒的临床表现与苦杏仁中毒相似。

（4）急救与治疗

①催吐：用 50g/L 的硫代硫酸钠溶液洗胃。

②解毒治疗：首先吸入亚硝酸异戊酯 0.2mL，每隔 1～2min 一次，每次 15～30s，数次后，改为缓慢静脉注射亚硝酸钠溶液，成年人用 30g/L 亚硝酸钠溶液，儿童用 10g/L 亚硝酸钠溶液，每分钟 2～3mL。然后静脉注射新配制的 500g/L 硫代硫酸钠溶液 25～50mL，儿童用 200g/L 硫代硫酸钠溶液，每次 0.25～0.5mL/kg 体重。如症状仍未改善，重复静脉注射硫代硫酸钠溶液，直到病情好转。

③对症治疗：根据患者情况给予吸氧，呼吸兴奋剂、强心剂及升压药等。对重症患者可静脉滴注细胞色素 C。

（5）预防措施　苦杏仁中毒常因儿童生吃水果果仁引起，或未按医生处方配药而自用苦杏仁煎药引起。木薯中毒主要是由于食用了未经过合理处理加工的木薯或生食木薯引起的。故可采取以下相应的措施预防含氰苷类食物中毒。

①加强对群众特别是儿童的宣传教育，不生吃各种果仁（尤其是有苦味的，如苦杏仁、苦桃仁等）；不吃未煮熟的木薯；最好不空腹吃木薯，且一次不宜吃得太多；老、幼、体弱者及孕妇均不宜食用木薯。②采用合理的加工及食用方法。氰苷类有较好的水溶性，用果仁加工食品时，必须用清水充分浸泡，再用敞锅蒸煮，使氢氰酸挥发掉。木薯食用前去皮，水洗切片后加大量水敞锅将其煮熟，换水再煮一次，或用水浸泡 16h 以上，弃汤、水食用。③用杏仁作为药物治疗小儿咳嗽时，要遵医嘱，且需经去毒处理后方可食用。④木薯中氰苷的含量与品种、栽种季节、土壤、肥料等有关，故可推广含氰苷低的木薯品种、改良木薯种植方法等。

2. 芦荟

全株或叶汁及其干燥品均有毒。研究证明，芦荟全株液汁中含芦荟素约 25%，树脂约 12.6%，还含少量芦荟大黄素。芦荟的主要有毒成分是芦荟素及芦荟大黄素。芦荟素中主要含芦荟苷（羟基蒽醌衍生物）及少量的异芦荟苷。其主要的毒副作用是对肠黏膜有较强的刺激作用，可引起明显的腹痛及盆腔充血，严重时可造成肾脏损害。芦荟的泻下作用很强，其液汁干燥服 0.1～0.2g 即可引起轻泻，0.25～0.5g 可引起剧烈腹泻。在所有含蒽苷类的泻药中，芦荟对肠的刺激作用最强。

3. 皂荚

皂荚的有毒成分是皂角皂苷。皂苷具有溶血作用，它不被胃肠吸收，一般不发生吸收性中毒，但对胃肠有刺激作用，大量服用时可引起中枢神经系统紊乱，也可引起急性溶血性贫血。

4. 桔梗

桔梗中的有毒成分为皂苷。桔梗皂苷具有强烈的黏膜刺激性，具有一般皂苷所具有的溶血作用，但口服皂苷后较少发生溶血。

（二）毒蕈

蕈类通常被称为蘑菇，属于真菌植物。我国目前已鉴定出的蕈类中，可食用蕈类近 300 种，毒蕈（毒蘑菇）约有100种，其中含剧毒可致人死亡的蕈类至少有10种，如白毒鹅膏菌（白毒伞）、半卵形斑褶菇、大青褶伞、毒蝇蕈、牛肝蕈、假芝麻蕈等。毒蕈与可食用蕈不易区分，常因误食而中毒。毒蕈中毒目前为国内食物中毒致死的主要原因。

1. 有毒成分的来源

不同类型的毒蕈含有不同的毒素，也有一些毒蕈同时含有多种毒素。

（1）胃肠毒素　含有这种毒素的毒蕈很多，主要为黑伞蕈属和乳菇属的某些蕈种，毒性成分可能为类树脂物质、苯酚、类甲酚、胍啶或蘑菇酸等。

（2）神经、精神毒素　存在于毒蝇伞、豹斑毒伞、角鳞灰伞、臭黄菇及牛肝菌等毒蘑菇中。这类毒素主要有4大类：①毒蝇碱，存在于毒蝇伞属蕈、丝盖伞属及杯伞属蕈、豹斑毒伞属蕈等毒蕈中；②鹅膏蕈氨酸及其衍生物，存在于毒伞属的一些毒蕈中；③光盖伞素及脱磷酸光盖伞素，存在于裸盖菇属及花褶伞属蕈类中；④致幻剂，主要存在于橘黄裸伞蕈中。

（3）溶血毒素　鹿花蕈也称马鞍蕈，含有马鞍蕈酸，属甲基联胺化合物，有强烈的溶血作用。此毒素具有挥发性，对碱不稳定，可溶于热水，烹调时如弃去汤汁可去除大部分毒素。这种毒素抗热性差，加热至70℃或在胃内消化酶的作用下可失去溶血性能。

（4）肝肾毒素　该类毒素有毒肽类、毒伞肽类、鳞柄白毒肽类、非环状肽等，具有肝肾毒性。这些毒素主要存在于毒伞属蕈、褐鳞小伞蕈及秋生盔孢伞蕈中。此类毒素为剧毒，如毒肽类对人类的致死量为0.1mg/kg体重，因此肝肾损害型中毒的危险性大，死亡率高，大连报告死亡率为57%（2008年），湖南报告死亡率为50%（2002年），一旦发生中毒，应及时抢救。

（5）类光过敏毒素　在胶陀螺（又称猪嘴蘑）中含有类光过敏毒素。

2. 毒蕈中毒流行病学特点及中毒症状

毒蕈中毒在云南、广西、四川三省（自治区）发生得较多，多发生于春季和夏季，雨后气温开始上升，使毒蕈迅速生长，人们常由于不认识毒蕈而采摘食用，引起中毒。

毒蕈中毒的临床表现各不相同，一般分为以下几类。

（1）胃肠炎型　主要刺激胃肠道，引起胃肠道炎症反应。一般潜伏期较短，多为0.5~6h，患者有剧烈恶心、呕吐、阵发性腹痛，以上腹部疼痛为主，体温不高。经过适当处理可迅速恢复，一般病程2~3d，很少死亡。

（2）神经精神型　潜伏期为1~6h，临床症状除有轻度的胃肠反应外，主要有明显的副交感神经兴奋症状，如流涎、流泪、大量出汗、瞳孔缩小、脉缓等。少数病情严重者可出现精神兴奋或抑制、精神错乱、谵妄、幻觉、呼吸抑制等表现。

误食牛肝蕈、橘黄裸伞蕈等毒蕈，除胃肠炎症状外，多有幻觉（小人国幻视症）、谵妄等症状，部分病例有迫害妄想，类似精神分裂症。

（3）溶血型　中毒潜伏期多为6~12h，红细胞被大量破坏，引起急性溶血。主要表现为恶心、呕吐、腹泻、腹痛。发病3~4d后可出现溶血性黄疸、肝脾肿大，少数患者出现血红蛋白尿。病程一般为2~6d，病死率低。

（4）肝肾损害型　此型中毒最严重，可损害人体的肝、肾、心脏和神经系统，其中对肝脏损害最大，可导致中毒性肝炎。病情凶险而复杂，病死率非常高。按其病情发展一般可分为6期：①潜伏期，多为10~24h，短者为6~7h；②胃肠炎期，患者出现恶心、呕吐、脐周腹痛、水样便腹泻，多在1~2d后缓解；③假愈期，胃肠炎症状缓解后患者暂时无症状或仅有轻微乏力、不思饮食的情况，而实际上毒素已逐渐进入内脏，肝脏损害已开始，轻度中毒患者肝损害不严重可进入恢复期；④内脏损害期，严重中毒患者在发病2~3d后出现肝、肾、脑、心等内脏损害的症状，可出现肝大、黄疸、转氨酶升高，甚至出现肝坏死、肝性昏迷，肾损害患者可出现少尿、无尿或血尿，严重时可出现肾功能衰竭、尿毒症；⑤精神症状期，此期的症状主要是由于肝脏严重损害出现的肝性昏迷所致，患者主要表现为烦躁不安、表情淡漠、嗜睡，继而出现惊厥、昏迷，甚至死亡，一些患者在胃肠炎期后很快会出现精神症状，但看不到肝损害明显症状，此种情况属于中毒性脑病；⑥恢复期，经过积极治疗的患者，一般在2~3周进入恢复期，各项症状和体征逐渐消失而痊愈。

（5）类光过敏型　误食毒蕈后可出现类似日光性皮炎的症状。在身体暴露部位出现明显的肿胀、疼痛，特别是嘴唇肿胀外翻。另外还可出现指尖疼痛、指甲根部出血等。

3. 急救与治疗

（1）及时催吐、洗胃、导泻、灌肠，迅速排出毒物。凡食毒蕈后10h内均应彻底洗胃，洗胃后可给予活性炭吸附残留的毒素。无腹泻者，洗胃后用硫酸镁20~30g或芝麻油30~60mL导泻。

（2）对各型毒蕈中毒，根据不同症状和毒素情况采取不同的治疗方案：①胃肠炎型可按一般食物中毒处理；②神经精神型可采用阿托品治疗；③溶血型可用肾上腺皮质激素治疗，一般状态差或出现黄疸者，应尽早应用较大量的氢化可的松，同时给予保肝治疗；④肝肾损害型可用二巯基丙磺酸钠治疗，保护体内含巯基酶的活性。

（3）对症治疗和支持治疗。

4. 预防措施

预防毒蕈中毒最根本的方法是不要采摘自己不认识的蘑菇食用；毒蕈与可食用蕈很难鉴别，民间百姓有一定的实际经验，如在阴暗肮脏处生长的、颜色鲜艳的、形状怪异的、分泌物浓稠易变色的、有辛辣酸涩等怪异气味的蕈类一般为毒蕈。但以上经验不够完善，不够可靠。

5. 常见毒蕈

（1）致命白毒伞（图4-8）　喜在鳖蒴树下群生，与树根相连，含毒伞肽类和毒肽类毒素，新鲜毒蕈中毒素含量很高，50g左右的白毒伞菌体所含毒素足以毒死一个成年人。

该蕈毒性极强，对人体肝、肾、中枢神经系统等重要脏器造成的危害极严重，中毒者死亡率>90%，是历年广州地区毒蕈致死事件的罪魁祸首。

图4-8　致命白毒伞

（2）毒鹅膏菌（又称绿帽菌、鬼笔鹅膏、蒜叶菌、高把菌、毒伞，图4-9）　毒性极强，幼小菌体的毒性更大。含毒肽和毒伞肽等毒素。症状潜伏期长达24h左右。死亡率高达>50%，甚至100%。患者就医后应及时采取以解毒保肝为主的治疗措施。

（3）蛤蟆菌（又称捕蝇菌、毒蝇菌、毒蝇伞，图4-10）　含有毒蝇碱、毒蝇母、基斯卡松以及豹斑毒伞素等，还可产生甜菜碱、胆碱和腐胺等生物碱。一般在误食6h内发病，可出现剧烈恶心、呕吐、腹痛、腹泻及精神错乱、出汗、发冷、肌肉抽搐、脉搏减慢、呼吸困难或牙关紧闭、头晕眼花、神志不清等症状。治疗方面，用阿托品疗效良好。

图 4-9 毒鹅膏菌

图 4-10 蛤蟆菌

（三）含生物碱类植物

1. 烟草

烟草的茎、叶中含有多种生物碱，已分离出的生物碱就有 14 种之多，生物碱的含量占 1%~9%，其中主要有毒成分为烟碱，烟碱占生物碱总量的 93%，尤以叶中含量最高。一支纸烟含烟碱 20~30mg。烟碱为脂溶性物质，可经口腔、胃肠道、呼吸道黏膜及皮肤被人体吸收。烟碱进入人体后，一部分暂时蓄积在肝脏内，另一部分则可氧化为无毒烟酸，而未被破坏的部分则可经肾脏排出体外；同时也可由肺、唾液腺和汗腺排出一小部分；还有很少量可由乳汁排出，此举会减弱乳腺的分泌功能。

烟碱的毒性与氢氰酸相当，急性中毒时的死亡速度也几乎与之相同（5~30min 即可死亡）。在吸烟时，虽大部分烟碱被燃烧破坏，但可产生一些致癌物。研究证明，吸烟会降低脑力及体力劳动者的精确反应能力。吸烟过多可产生各种毒性反应，由于刺激作用，可致出现慢性咽炎以及其他呼吸道症状，肺癌与吸烟有一定的相关性。此外，吸烟还可引起头痛、失眠等神经症状。

2. 颠茄

颠茄常用作药物，因毒性较大，一般只作外用，不可内服，如果不慎误服将导致中毒。颠茄中含有的生物碱——茄碱是有毒成分，在未成熟的果实中含量最多。

3. 发芽马铃薯

发芽马铃薯幼芽与芽基部分含有茄碱，食用未成熟的绿色马铃薯或发芽马铃薯，可导致茄碱（龙葵素）中毒，出现胃肠道症状、中枢神经症状。

预防茄碱中毒，首先防止马铃薯变质，可将其保藏于阴凉通风、干燥处或做辐照处理。不食用发芽较多或皮肉变黑绿色的马铃薯。发芽少的，可剔除芽与芽基部，去皮后水浸 30~60min，烹调时加少许醋煮透。如果中毒，应立即用 4% 鞣酸或浓茶水洗胃。

4. 鲜黄花菜

鲜黄花菜中含有秋水仙碱，经机体消化道吸收后可能形成有毒的二秋水仙碱，食用未经处理的鲜黄花菜即可引起中毒。秋水仙碱、二秋水仙碱对胃肠道、泌尿系统有刺激。预防中毒应不吃鲜黄花菜，食用时科学烹调，控制摄入量。

5. 雷公藤

正常蜂蜜对人有益无害。但是在每年初夏和入秋时，一般蜜源植物很少，雷公藤属植物正值开花期，此时酿成的蜂蜜很可能含有雷公藤碱及其他生物碱，食用后会中毒。

（四）含酚类植物

1. 棉花

棉花全株有毒，所含棉酚有游离态和结合态两种。游离棉酚是一种含酚毒苷，或为血浆毒和细胞原浆毒，对神经、血管、心脏、肝脏及肾脏细胞等都有毒性，中毒者表现为中枢神经、心、肝、肾等损害。

预防措施：在产棉区要宣传棉籽油的毒性，不要食用粗制生棉籽油。榨油前，必须将棉籽粉碎，经蒸炒加热脱毒后再榨油，榨出的毛油再加碱精炼，则可使棉酚逐渐被分解破坏。棉籽油中游离棉酚不得超过 0.02%，棉酚超标的棉籽油严禁食用。

2. 大麻

大麻的有毒成分主要是大麻酚，大麻酚可引起胃肠道及神经系统紊乱。食用未经处理或处理不当的大麻仁或采食大麻嫩苗，或以大麻叶代替烟叶吸用，可导致出现中毒症状。

（五）含毒蛋白类植物

毒蕈中所含有的毒肽类和毒伞肽类是具有强烈肝肾毒性的毒蕈原浆毒。

再如蓖麻籽，蓖麻中毒的原因主要是由于蓖麻籽中所含的蓖麻毒素和蓖麻碱所致。蓖麻毒素是一种很强的毒性蛋白质，可使肾、肝等器官细胞发生损害，并对红细胞具有凝集和溶解作用，可麻痹呼吸中枢、运动中枢。这种毒素较砒霜的毒性还要大，能使胃肠血管中的红细胞破裂、变性等。

（六）含内酯类和萜类植物

1. 莽草

莽草含一种惊厥毒素——莽草亭，是一种苦味内酯类化合物，可以兴奋延脑、间脑及神经末梢，作用于呼吸及运动中枢，大剂量时也能作用于大脑及脊髓，使大脑及脊髓先兴奋而后麻痹。生吃 5~8 个莽草籽即能使人中毒。

2. 苦楝

苦楝全株有毒，以果实毒性最烈，叶子毒性最弱，所含有毒成分主要是苦楝素、苦楝萜酮内酯等物质。其所含毒素能使大脑皮质麻痹，而致皮质下中枢的抑制解除，从而使迷走中枢神经兴奋，继而麻痹。苦楝皮及其果实对胃肠道有刺激作用，对心肌、肝、肾有不同程度的毒害作用，可引起中毒性肝病等。其所引起的肝、肾、肠道等内脏出血，可能是由于药物中某种毒素的作用，或与机体的敏感性增高有关。食入果实 6~8 个便可发生中毒。口服大剂量苦楝素后，引起急性中毒的主要致死原因为急性循环衰竭，这是由于血管壁通透性增加进而引起内脏出血、血压显著降低所致。

（七）其他植物

1. 柿子

柿子是柿科植物柿的果实，又名猴枣、米果等。它不仅含有丰富的维生素 C，还有润肺、清肠、止咳等作用。但是，一次食用量不能过大，尤其是未成熟的柿子，否则容易形成"胃柿石症"，中毒患者可出现恶心、呕吐、心口痛等症状。如果小块柿石不能排出，会随着胃蠕动而积聚成大的团块，将胃的出口堵住，使胃内压升高，引起胃部腹痛，对原来有胃溃疡病的患者可引起胃出血，甚至胃穿孔。

"胃柿石症"的形成有多种原因：一是由于柿子中的柿胶酚遇到胃酸后，发生凝固而沉淀；二是柿子中含有一种可溶性收敛剂红鞣质，红鞣质与胃酸结合也可凝成小块，并逐渐凝聚成大块；三是柿子中含有14%的胶质和7%的果胶，这些物质在胃酸的作用下也可以发生凝固，最终形成胃柿石。

当空腹、多量食用柿子或与酸性食物（或药物）同时食用时，或胃酸过多者都容易发生"胃柿石症"。因上述几种情况胃内的酸度都很高，有利于胃柿石的形成。因此，为避免胃柿石的形成，不要空腹或多量或与酸性食物同时食用柿子，还要注意不要吃生柿子和柿皮。

2. 荔枝

荔枝甘甜味美，营养丰富，每100g鲜荔枝中含蛋白质0.8g、脂肪0.6g、糖类13.3g、粗纤维0.3g、钙6mg、磷34mg、铁1mg、维生素B_1 0.1mg、维生素C 30mg，还含有柠檬酸、苹果酸、果胶、氨基酸等物质和大量游离的精氨酸和色氨酸。此外，荔枝也可作药用。

荔枝不宜多吃。荔枝中含有丰富的果糖，果糖不能直接被人体利用，它需要在肝脏中经酶的作用转化成葡萄糖后才能被人体利用。过多食用荔枝影响食欲，导致其他食物的摄食量减少。

3. 蚕豆

蚕豆对大多数人来说，是一种富有营养的豆类食品，但对某些具有红细胞6-磷酸葡萄糖脱氢酶（G-6-PD）遗传性缺乏的人而言，是有害物质，食用后会引起一种变态反应性疾病，即红细胞凝集及急性溶血性贫血症，称为"蚕豆病"，俗称"胡豆黄"。红细胞G-6-PD遗传性缺陷者在我国并不少见，在南方各省（自治区）如广东、广西、四川、江西、安徽、福建等地屡见不鲜。一般多发生在春、夏蚕豆成熟季节，吃蚕豆或吸入蚕豆花粉，甚至接触其嫩枝、嫩叶可致发病。

4. 瓜蒂

瓜蒂又名甜瓜蒂、瓜丁、苦丁香、甜瓜把、甜瓜秧，为葫芦科植物甜瓜的果蒂，全国各地均有栽培，其种子（甜瓜子）可作药用。瓜蒂的主要化学成分为甜瓜素、葫芦素B、葫芦素E等结晶性苦叶质，其中以葫芦素B的含量最高（1.4%）。

瓜蒂的有毒成分为甜瓜蒂毒素，内服能刺激胃黏膜，引起反射性呕吐中枢兴奋，导致剧烈呕吐，最后可使呼吸中枢完全麻痹而导致死亡。煎汤内服常用量每日不超过5g。有报道用瓜蒂9g煎水内服中毒致死的案例。中毒潜伏期有未超过2h的报道，多为0.5~1.5h。

5. 花粉

在各式各样的花粉中，有一部分属于有毒花粉，如雷公藤、油茶、钩吻、乌头、狼毒、搜山虎、杜鹃花、南烛花等植物的花粉，这些花粉本身含有毒性生物碱或其他有毒成分，故而有毒副作用。另一类花粉自身不一定含有某些生物碱等有毒物质，这种致敏性花粉作为变应原（即抗原）可使个体致敏而引发花粉症，实质上，这是一种异常的免疫反应，称为变态反应。中国北方地区的致敏性花粉主要是蒿类植物（黄花蒿、茵陈蒿、艾蒿等）的花粉，另外还有榆、杨、柳、松、蓖麻、藜科、苋科及禾本科等植物的花粉。在南方地区，则主要有松树、构树、桑树、元宝枫、菠菜、羊蹄、蓖麻、车前草、榔榆、梧桐、野苋、木麻黄等植物的花粉。

6. 菠萝

菠萝中含有一种致敏物质蛋白酶，有过敏体质的人食用后会引发过敏反应，俗称"菠萝病"。此外，菠萝中含糖量较高，不适合糖尿病患者食用，否则会加重糖尿病症状。

7. 灰菜

灰菜又称灰苋菜、粉菜、沙苋菜、灰条菜、回回菜、野灰草等。灰菜中的含毒成分还不十分明确。根据临床观察，中毒只见于暴露部位的皮肤病损，全身症状很少。因此，中毒的原因可能是由于灰菜中的卟啉类感光物质进入人体内，在日光照射后产生的光毒性反应，可引起水肿、潮红、皮下出血等，其发生可能与卟啉代谢异常有关。食用或接触灰菜均有中毒的可能。

8. 苦味中毒

苦菜花、苦黄瓜、苦丝瓜的苦味成分是苦质苷素、生物碱和毒蛋白等，对人体有一定的毒性，吃得稍多会出现头痛、恶心、呕吐、腹泻等中毒症状。

9. 烂生姜

鲜生姜很容易腐烂，烂的生姜不像其他蔬菜、水果那样会很快失去原有的口味，仍保持固有的辣味和气味，因此有人曾认为烂生姜仍可吃。其实，生姜中特有的成分是姜辣素、姜油醇、姜油酮、姜油酚、姜烯等，一旦腐烂，其中的一些成分会发生变化，转变成黄樟素，它对肝脏有强烈的毒性，还是致癌物。

四、含天然有毒物质的动物

动物是人类膳食的重要来源之一，由于其味道鲜美、营养丰富，深受消费者的喜爱。但是某些动物体内含有天然有毒物质，可引起食物中毒，下面介绍几种常见的含天然有毒物质的动物。

（一）有毒鱼类

1. 河豚

河豚是无鳞鱼的一种，全球有 200 多种，中国有 70 多种。它主要生活于海水中，但在每年清明节前后多由海中逆游至入海口的河中产卵。河豚鱼肉鲜美诱人，但含有剧毒物质，可引起世界上最严重的动物性食物中毒。

（1）有毒成分　河豚鱼肉味鲜美，但内脏、生殖腺及血液含有毒素，其有毒成分为河豚毒素（tetrodotoxin，TTX），包括河豚素、河豚酸、河豚卵巢毒素及河豚肝脏毒素。其中，河豚卵巢毒素的毒性最强，其毒性是氯化钠的 1000 多倍，0.5mg 即可使人中毒死亡。河豚毒素的化学性质稳定，经煮沸、盐腌、日晒均不易降解，如 100℃加热 7h、200℃以上加热 10min 方可被破坏；pH 7 以上及 pH 3 以下，毒素不稳定。

河豚鱼体内的毒素因部位及季节的不同而有差异。卵巢、鱼卵、肝脏有剧毒，其次为肾脏、眼睛、皮肤、血液。通常情况下，新鲜的肌肉不含毒素，但是河豚鱼死亡后，内脏的毒素可渗入肌肉，使其含毒，并且产于南海的河豚鱼肌肉中本身就含有毒素。每年 2—5 月为河豚鱼繁殖季节，此时卵巢的毒性最强，6—7 月产卵后，卵巢萎缩，毒性减弱，故河豚鱼中毒多发生于第一季度和第二季度。

（2）中毒机制和临床表现　河豚毒素为无色针状结晶体，是一种毒性强烈的相对小分子质量非蛋白类神经毒素，它是一种钠离子通道抑制剂，能降低细胞膜对钠离子的通透性，阻碍兴奋性的传导，吸收后会迅速作用于神经系统，引起感觉神经、运动神经、迷走神经、血管运动神经及呼吸中枢的麻痹，甚至导致死亡。河豚毒素对肠道也有局部刺激作用。

河豚中毒的临床特点是发病急而剧烈，潜伏期一般 10min~3h。患者最初感觉唇、舌和手指有轻微的麻木刺痛感，并逐渐出现麻痹现象；随即感觉胃部不适，出现恶心、呕吐、腹痛、腹泻等胃肠道症状，口唇麻痹进一步加剧，但此时尚存知觉；进一步可出现四肢麻痹、运动失调（醉汉步态），甚至全身麻痹、行走困难、语言不清、发绀、血压和体温下降、知觉丧失、呼吸迟缓而浅表；最后可因呼吸麻痹导致死亡，死亡率为 30%~40%。死亡通常发生在发病后 4~6h内，最快 1.5h，最迟不超过 8h，若超过 8h 未死亡，一般可以恢复。

（3）诊断及治疗 诊断主要依据系统的流行病学调查，患者有明确的海产品进食史。河豚鱼中毒目前尚无特效的解毒药，应尽快排出毒物和给予对症治疗。

①催吐：可口服 10g/L 硫酸铜溶液 100mL。

②洗胃：用 1∶5000 高锰酸钾溶液或 5g/L 活性炭悬液。

③导泻：口服硫酸镁或甘露醇，或高位灌肠。

④利尿：静脉注射高渗或等渗葡萄糖注射液，或使用利尿剂，以促进毒物的排泄。

⑤对症治疗：必要时注射呼吸兴奋药、吸氧及进行人工呼吸，对血压下降者应用强心剂或升压药。

（4）预防措施 ①向社会广泛宣传河豚鱼的毒性及其危害，提高群众的食品安全知识水平和自我保护意识，提高他们识别河豚鱼的能力。同时要向渔民进行宣传教育，在捕捞时必须将河豚鱼剔除，而且不要随意扔弃。②加强对市场和饮食业海杂鱼的监督检查，防止野生河豚鱼混入海杂鱼中一同销售；严禁饮食业用野生新鲜河豚鱼制作菜肴，一经发现，应依法严肃查处。2016 年 9 月，我国农业部发布了《关于有条件放开养殖红鳍东方鲀和养殖暗纹东方鲀加工经营的通知》，根据通知要求，我国目前已先行有条件地放开养殖红鳍东方鲀和养殖暗纹东方鲀两个品种产品的加工经营。来源于农业农村部（原农业部）备案的养殖河豚鱼源基地的上述两种河豚，在经过农业农村部认可的养殖河豚加工企业加工后，其可食部位（皮和肉，可带骨）经检验合格并包装后，可上市流通。但对所有野生河豚仍然禁止加工经营。

2. 肉毒鱼类

肉毒鱼类的主要有毒成分是一种被称作"雪卡"的毒素，它常存在于鱼体肌肉、内脏和生殖腺等组织或器官中，是不溶于水的脂溶性物质，对热十分稳定，是一种外因性和累积性神经毒素，具有胆碱酯酶阻碍作用，中毒机制类同于有机磷农药中毒。

主要中毒症状：初期感觉口渴，唇舌和手指发麻，并伴有恶心、呕吐、头痛、腹痛、肌肉无力等症状，几周后可恢复。很少出现死亡，其死亡原因较复杂，患者大多死于心力衰竭。

因这种毒素不能在日常烹调、蒸煮或日晒干燥中去除，所以在食用前应以小鼠试验检查是否为毒鱼，确认无毒后才可以食用。

3. 鱼类引起的组胺中毒

引起组胺（histamine）中毒的主要原因是食用了某些不新鲜的鱼类（含有较多的组胺），组胺中毒是一种过敏性食物中毒。

（1）有毒成分的来源 引起此类中毒的鱼大多是含组氨酸高的鱼类，主要是海产鱼中的青皮红肉鱼类，如金枪鱼、秋刀鱼、竹荚鱼、沙丁鱼、青鳞鱼、金线鱼、鲐鱼等。当鱼不新鲜或腐败时，会发生自溶作用，组氨酸会被释放出来。污染鱼体的细菌，如组胺无色杆菌或摩氏摩根菌（*Morganella Morganii*）产生脱羧酶，可使组氨酸脱羧基形成大量的组胺。一般认为当鱼体中组胺含量超过200mg/100g即可引起中毒。也有食用虾、蟹等之后发生组胺中毒的报道。

（2）流行病学特点　组胺中毒在国内外均有报道。组胺中毒多发生在夏、秋季，在温度15~37℃、有氧、弱酸性（pH 6.0~6.2）和渗透压不高（盐分含量3%~5%）的条件下，组氨酸易分解形成组胺，引起中毒。

（3）中毒机制及中毒症状　组胺是一种生物胺，可导致支气管平滑肌强烈收缩，引起支气管痉挛；循环系统表现为局部或全身的毛细血管扩张，患者出现低血压、心律失常，甚至心脏骤停。

组胺中毒临床表现的特点是发病急、症状轻、恢复快。患者在食鱼后10min~2h内出现面部、胸部及全身皮肤潮红和热感，全身不适，眼结膜充血并伴有头痛、头晕、恶心、腹痛、腹泻、心跳过速、胸闷、血压下降、心律失常，甚至心脏骤停。有时可出现荨麻疹，咽喉有烧灼感，个别患者可出现哮喘。一般体温正常，大多在1~2d内恢复健康。

（4）急救与治疗　一般可采用抗组胺药物和对症治疗的方法。常用药物为口服盐酸苯海拉明，或静脉注射10%葡萄糖酸钙，同时口服维生素C。

（5）预防措施　①加强鱼类的质量安全管理，在鱼类生产、储存、运输、销售各个环节注意冷冻、冷藏，并控制细菌污染，防止鱼类腐败变质。②不购买不新鲜及变质的鱼类。不吃腐败变质的鱼，特别是青皮红肉的海水鱼类。市售鲜海水鱼类应冷藏或冷冻，要有较高的新鲜度，其组胺含量应符合《食品安全国家标准　鲜、冻动物性水产品》（GB 2733—2015）的规定：除活体水产品外，高组胺鱼类，如鲐鱼、鲹鱼、竹荚鱼、鲭鱼、鲣鱼、金枪鱼、秋刀鱼、马鲛鱼、沙丁鱼等青皮红肉海水鱼，组胺含量应≤40mg/100g；其他海水鱼类，组胺含量应≤20mg/100g。《食品安全国家标准　罐头食品》（GB 7098—2015）规定，鲐鱼、鲹鱼、沙丁鱼罐头的组胺含量应≤100mg/100g。③对易产生组胺的鱼类食用前要去毒。例如，食用鲜、咸鲐鱼时，烹调前应除去内脏、洗净、用水浸泡；烹调时加入适量的雪里蕻、山楂、醋等，有助于降低组胺的含量，有报道可降低65%。④有过敏性疾患者，患有结核病、慢性气管炎、哮喘等疾病者最好不食或少食含组氨酸高的鱼类。

（二）有毒贝类

贝类是动物性蛋白食品的来源之一，它的种类很多，至今有记载的有十几万种。世界沿海国家常有贝类中毒的报告。世界上可作为食品的贝类约有几十种，已知的大多数贝类都含有一定数量的有毒物质，通常认为贝类食物中毒与贝类吸食浮游微藻类有关。这些微藻类能形成赤潮。能形成赤潮的微藻类有18万种以上，其中有毒微藻有60~78种。当贝类食入这些有毒的微藻类后，有毒成分便进入贝类体内并呈结合状态，虽然对贝类本身没有毒性，也不会引发生态和外形上的变化，但是却会在贝类体内积累，其含量可大大超过人食用后体内可接受的水平。当人食用这种贝类后，有毒成分被迅速释放，使人中毒。食用贝类中毒的事件在全世界均有发生，有明显的地区性和季节性，以夏季沿海地区多见，这一季节易发生赤潮（大量的藻类繁殖使水产生微黄色或微红色的变色，称为赤潮），而且贝类也容易捕获。

1. 有毒成分

贝类中的有毒成分称为贝类毒素（shellfish toxins）。根据贝类毒素造成的损害和临床表现，可将其分为麻痹性贝类毒素、腹泻性贝类毒素、神经性贝类毒素、记忆缺损性贝类毒素和雪卡毒素。

（1）麻痹性贝类毒素（paralytic shellfish poison，PSP）　从贝类分离出的麻痹性贝类毒素共有20多种，依基因的相似性可分为石房蛤毒素（saxitoxin，STX）、新石房蛤毒素（neosaxitoxin，neo-STX）、膝沟藻毒素（gonyautoxin，GTX）等，其中最早分离提纯的是石房蛤毒素，占麻痹性贝类毒素的85%。石房蛤毒素是麻痹性贝类毒素的代表，毒性最强，其毒力是眼镜蛇毒液毒力的80倍；易溶于水，稳定性较高，耐热，80℃加热1h毒性无变化，100℃加热30min毒性减少一半，对酸稳定，对碱不稳定，容易被胃肠道吸收而不被消化酶破坏。产生麻痹性贝类毒素的赤潮藻类主要是甲藻中的亚历山大藻属和链状裸甲藻属等。我国目前发现含有麻痹毒素的贝类主要有紫贻贝、巨石房蛤、扇贝、巨蛎等。

（2）腹泻性贝类毒素（diarrhetic shellfish poison，DSP）　目前发现的腹泻性贝类毒素至少12种，可分为3类：酸性成分软海绵酸及衍生物鳍藻毒素、扇贝毒素、虾夷扇贝毒素及其衍生物。腹泻性贝类毒素主要由甲藻中的鳍藻属及利马原甲藻属产生，能在体内累积该毒素的可食性贝类主要有扇贝、紫贻贝、蛤等。

（3）神经性贝类毒素（neurologic shellfish poison，NSP）　主要来自于短裸甲藻属、毒冈比甲藻属等藻类，属于高度脂溶性毒素。目前从短裸甲藻细胞提取液中已分离出13种神经性贝类毒素成分，主要包括短裸甲藻毒素类和一些含磷化合物。受NSP污染的海洋生物以巨蛎和帘蛤等贝类为主。

（4）记忆缺损性贝类毒素（amnesic shellfish poison，ASP）　最初从红藻中分离出来，中毒的成分是软骨藻酸，是一种强烈的神经毒性非蛋白质氨基酸，主要由长链羽状硅藻代谢产生，因可导致短期记忆功能的长久性损害而得名。

（5）雪卡毒素（ciguatoxin，CTX）　又称西加鱼毒素。通常雪卡毒素仅存在于热带和亚热带地区珊瑚礁周围摄食剧毒冈比藻和珊瑚碎的鱼类，主要有珊瑚鱼，特别是刺尾鱼、鹦嘴鱼等和捕食这些鱼类的肉食性鱼类，如海鳝、石斑鱼等。雪卡毒素在鱼体内分布不均，通常在鱼的肝、内脏和生殖腺中的含量最高，肌肉和骨骼中含量相对较低。

2. 中毒机制及临床表现

（1）麻痹性贝类中毒　麻痹性贝类毒素的中毒机制与河豚毒素相似，主要是阻断细胞钠离子通道，造成神经系统传输障碍而引起神经肌肉麻痹，使人中毒的剂量范围为600~5000MU，致死剂量为3000~30000MU。MU（mouse unit）即鼠单位，1MU为对体重为20g的ICR雄性小鼠①腹腔注射1mL麻痹性贝类毒素提取液，使其在15min内死亡所需的最小毒素量。

麻痹性贝类中毒一般在食入后0.5~3h出现症状，以神经系统麻痹症状为主。当食入含麻痹性贝类毒素的贝类后，贝体内结合型毒素会迅速释放并呈现毒性作用。开始时患者感觉唇、舌、指尖麻木，间或有刺痛，随后出现腿、颈项麻木、四肢肌肉麻痹、运动失调，少数可伴有头痛、恶心、流涎、呕吐，最后出现呼吸困难。膈肌对毒素作用敏感，严重时会因呼吸停止或心血管系统衰竭而死亡。病死率为5%~18%。

（2）腹泻性贝类中毒　腹泻性贝类毒素主要作用于酶系统，为肿瘤促进剂，人食用后引起多种不良反应，包括腹泻、恶心、呕吐等，对人的最小中毒剂量为12~18MU，半数致死量为192μg/kg体重。

---

①ICR小鼠是Hauschka用Swiss小鼠群以多产为目标选育的小鼠品种，之后美国癌症研究所（Institute of Cancer Research）分送各国饲养实验，各国称之为ICR小鼠。

腹泻性贝类中毒的潜伏期为 0.5~4h，主要症状为恶心、呕吐、腹痛、腹泻等胃肠道刺激症状，有些可伴有头痛、发热或寒战。严重者可出现黄疸、急性萎缩性肝坏死。症状的轻重与摄入毒素的量成正比。预后较好，可完全恢复。尽管腹泻性贝类中毒的病情较轻，但软海绵酸具有致癌作用，对其长期毒性效应应当给予足够的重视。

（3）神经性贝类中毒　主要有两种原因，一种是由贝类作为媒介，人食用后表现出神经中毒的症状；另一种是由于短裸甲藻赤潮发生时，海浪运动形成的有毒气溶胶可能进入人的呼吸系统，引起类似气喘的症状。短裸甲藻毒素同时会导致鱼类死亡事件的发生。神经性贝类毒素的毒性较低，对小鼠的半数致死量为 50μg/kg 体重。

神经性贝类中毒主要有气喘、咳嗽、呼吸困难等症状。潜伏期为几分钟至数小时；既有胃肠道症状，也有神经性症状，可出现唇、舌、喉咙和手指发麻，以及肌肉疼痛、腹泻、呕吐等症状；持续时间短，为数小时至数天，预后良好。

（4）记忆缺损性贝类中毒　引起记忆缺损性贝类中毒的软骨藻酸是一种与红藻酸相关的兴奋性非蛋白质氨基酸类物质，具有引起神经细胞兴奋的功能，其存在可能引起中枢神经系统海马区和丘脑区与记忆有关的区域损伤，从而导致记忆的丧失。

记忆缺损性贝类中毒多数在食后 3~6h 发病，主要表现为腹痛、腹泻、呕吐、流涎，同时出现记忆丧失、意识混乱、平衡失调、苦笑面容、不能辨认家人及亲朋好友等严重的精神症状，严重者可出现肌肉痉挛、惊厥，并伴有永久性后遗症，如记忆丧失和外周多发性神经病。重症者多为男性和老人，并伴有肾损害。

（5）雪卡毒素中毒　雪卡毒素主要作用于神经末梢和中枢神经节，引起神经细胞膜上的去极化反应，可在静息状态下打开神经细胞膜上的钠离子通道，造成钠离子内流，使大量钠离子进入细胞内。此毒素的作用机制与神经性贝类中毒机制相似。

雪卡毒素中毒的潜伏期为 12~24h，中毒症状包括温度感觉错位、腹泻、呕吐、呼吸异常、心率和血压下降、神经功能失调等，严重的可出现休克、痉挛。

3. 急救与治疗

目前尚无贝类中毒的特效解毒剂，以对症治疗为主，应及早采取催吐、洗胃、导泻等措施排出毒素。

4. 预防措施

主要应进行预防性监测，当发现贝类生长的海水中有大量海藻存在时，应测定捕捞的贝类所含的毒素量。我国《食品安全国家标准　鲜、冻动物性水产品》（GB 2733—2015）规定，贝类中麻痹性贝类毒素的限量为≤4MU/g，腹泻性贝类毒素的限量为≤0.05MU/g。此外，还要加强宣传教育，让群众了解贝类的安全食用方法。贝类毒素主要积聚于内脏，食用前应去除内脏、洗净，捞肉弃汤，可使毒素摄入大为降低。

（三）有毒昆虫

1. 蚂蚁

世界上的蚂蚁有 6000 余种，蚂蚁的毒素主要是其用于防御和杀死昆虫的分泌物，而其余毒素因蚂蚁种类的不同而异。有刺的蚂蚁都具有毒素，它们的刺作为毒器是用于杀死猎物的。目前发现能引起人畜中毒的蚂蚁主要有火蚁、南美螯蚁、金色火蚁等，而其余大多数蚂蚁的毒素对人畜来说是没有危险的，因为它们的刺并不能刺透人畜的皮肤。

2. 蜘蛛

蜘蛛大多有毒螯及毒腺，用以捕食和自卫，一般对人类无重大危害。人及动物中毒，原因多是由于雌蛛在受到惊动时蜇伤人或动物，此时蜘蛛体内的毒腺所分泌的毒液从螯肢经被蜇者皮肤的蜇伤处进入体内。在中国生存的对脊椎动物毒性较大的毒蜘蛛主要有以下几种：①红斑蛛，又名黑寡妇蜘蛛，是世界上毒性最强的蜘蛛之一，在中国主要分布于海南、广东、广西等地；②虎纹捕鸟蛛，分布于中国南方，为近年新鉴定的蜘蛛新种，该种蜘蛛穴居于地下，个体大，毒性强；③台湾毒蛛，又名台湾毒蜘蛛，分布于中国台湾，一般居于石缝中，人被蜇伤后局部疼痛，可出现昏迷，有致死危险；④红蜘蛛，又名蜇人红蜘蛛，主要分布于上海、南京、北京、东北等地，人被蜇伤后局部灼痛，毒素扩散范围很广，疼痛可达两周左右，但一般无致死危险。蜘蛛的毒液中含有蜘蛛毒素，根据其化学结构上的特点可分为两大类，一类是相对分子质量较大的蛋白质与多肽类神经毒素，另一类是相对分子质量较小的非肽类神经毒素。

3. 毒蜂

蜂蜜浓甜可口，营养丰富，除含有葡萄糖、果糖之外，还含有多种人体必需氨基酸、维生素、酶类、有机酸、微量元素等营养物质，具有延年益寿、润肺、止咳、通便等作用。然而，有些毒蜂如大黄蜂所酿的蜜中含有乙酰胆碱、组胺、磷脂酶 A 等，可使平滑肌收缩，运动神经麻痹，血压下降，呼吸困难，局部疼痛、淤血及水肿等。

一般来说，蜂蜜应该是无毒的，但有的蜂蜜却是有毒的，这是一种特殊情况，毒源不是来自蜜蜂本身，而是蜜源有毒。有毒蜂蜜实际上是由于蜜蜂采集了有毒的花粉所致。这种蜂蜜称为"毒蜜"或"醉蜜"。通常，蜜蜂采集花粉时，对毒性较强的花是有鉴别能力的，但对一些有毒却无特殊异味的花无法鉴别，常误采而酿出有毒的蜂蜜。目前所知，雷公藤、毛地黄、断肠草等植物花粉都有一定毒性，被蜜蜂误采酿成蜂蜜而致人中毒。

4. 蜈蚣

蜈蚣又名百足虫、金头蜈蚣，为雌雄异体，卵生，并有孵卵和育幼的习性。蜈蚣作为药用时用量过大可引起中毒。另外，人畜被其蜇伤时，毒液被注入人畜体内，也会产生毒害作用。蜈蚣体内的有毒成分主要有组胺、5-羟色胺和溶血蛋白，此外还含有酪氨酸、亮氨酸、蚁酸、游离脂肪酸、胆固醇、甘油酯等。

5. 蝎子

蝎毒由蛋白质和一些非蛋白质小分子物质及水分组成。其中主要成分是多种碱性小蛋白质，非蛋白质的小分子物质主要是一些脂类、有机酸、游离氨基酸等，有的还含有一些生物碱以及一些多糖类。蝎毒中的蛋白质以水溶性蛋白质含量最高，种类也最多。通常一种蝎毒中含有 3~5 种蛋白质。蝎毒中的这些蛋白质都具有不同程度的毒性和生理功能。这些内含碳、氧、氢、氮及硫等元素的蛋白质构成了蝎毒的主要成分，是引起死亡和麻痹效应的活性物质，因此也称蝎毒为蝎神经毒素或蝎毒蛋白。

由于蝎毒含蛋白质较多，因此较为黏稠，大多数新鲜的毒液呈中性或碱性。蝎毒与蛇毒成分中的神经毒素化学性质类似，但其含量较高。有人认为这可能就是蝎毒较蛇毒剧烈的缘故之一。蝎毒中除了蛋白质之外，还含有一些酶类和抑制剂。如透明质酸酶可以水解细胞壁多糖，促进毒素迅速扩散进入有机体。据悉，印度红蝎中还发现了一种胰蛋白酶抑制剂，它能抑制高级动物胰脏所分泌的蛋白质水解酶的活力，使蝎毒的毒性受到保护。

（四）其他动物

1. 蟾蜍

蟾蜍又称癞蛤蟆，主要用作药材。其形态与青蛙相似，但其背部有黑色，全身有点状突起。蟾蜍的耳后腺及皮肤腺能分泌一种具有毒性的白色浆液。

蟾蜍分泌的毒液成分复杂，有30多种，主要的毒性成分是蟾蜍毒素，在超剂量使用时会损害心肌。蟾蜍为剧毒药，服用过量可导致死亡。蟾蜍中毒的死亡率较高，而且无特效的治疗方法。

预防中毒的措施：不食用蟾蜍；如因治疗需要，应在医生的指导下食用，且食用量不宜过大。

2. 海龟

海龟的中毒机制还不清楚，中毒后胃肠黏膜及其他组织充血坏死，脂肪变性。

3. 海参

海参属于棘皮动物门的海参纲，生活在海水中的岩礁底、沙泥底和珊瑚礁底。它们活动缓慢，在饵料丰富的地方其活动范围很小，主要食物为混在泥沙或珊瑚泥沙里的有机质和微小的动植物。

海参是珍贵的滋补食品，有的还具有药用价值。但少数海参含有毒物质，食用后可引起中毒。全世界的海参有1100种，分布在各个海洋，其中有30多个品种有毒。在我国沿海有60多种海参，其中有18种是有毒的。

多数具毒海参的内脏和体液中都存在有海参毒素。当海参受到刺激或侵犯时，从肛门射出毒液或从表皮腺分泌大量黏液状毒液抵抗侵犯或捕获小动物。海参毒素是一类皂苷化合物，大多数具有羊毛固醇的基本骨架。海参毒素具有强的溶血作用，这可能是脊椎动物中毒致死的主要原因。此外，海参毒素还具有细胞毒性和神经肌肉毒性。人除了误食海参发生中毒外，还可因接触由海参排出的毒黏液而引起中毒。

在一般的海参体内，海参毒素很少，即使食用少量的海参毒素，也能被胃酸水解为无毒的产物，所以，常吃的食用海参是安全的。

4. 海星

海星种类很多，全世界有1200多种，广泛分布于各个海洋。有毒海星在中国有10种。海星毒素是一种皂角苷，可以使细胞表面发生改变，破坏细胞膜和组织膜的完整性，具有很强的溶血性，溶于水和含水乙醇，不溶于脂肪性溶剂。这种毒素的水解产物与海参毒素水解产物相类似，含有葡萄糖、木糖、甲基葡萄糖和3-O-甲基葡萄糖。

5. 海胆

全球有海胆600~700种，广泛分布于各海洋。已知的致毒海胆有28种，中国常见的有8种。摄食海胆的生殖腺或被棘刺伤可引起中毒。大多数海胆在春、夏繁殖季节都是有毒的，毒素在生殖腺中产生。海胆的生殖腺毒素和叉棘毒素可溶于水和盐水溶液。海胆叉棘内有一种黏性透明的毒液，这种毒液热稳定性很强，100℃煮沸15min不能破坏其毒性。白棘三列海胆中的球状叉棘毒素是不耐热蛋白质，45~47.5℃就可灭活，可释放组胺或产生激肽，有溶血和降血压作用。

6. 海葵

海葵的毒液主要集中在刺丝胞囊中，刺丝胞的形状不一，毒液的质和量也不同。蜇伤取决于刺丝胞的穿透能力，穿透力随种类而异。进食有毒海葵，特别在未煮熟时，会发生中毒。

海葵的毒素复杂，由海葵素、海葵毒、催眠毒素等组成。这些物质具有神经毒性、心脏毒性、溶血毒性和蛋白酶抑制作用。海葵素经蒸发后呈红色油状物，它的有毒成分为羟基四甲胺，具有耐热性，在水溶液中毒性易被破坏。海葵毒的有毒成分是 5-羟色胺，具有强烈的抗凝血作用，耐热性差。催眠毒素呈蓝色，受热凝结，加热至 55℃ 左右时会失去毒性。

7. 水母

水母的刺丝囊结构种类多达 17 种，毒性因种类而异。只要触及几个触须就能使几千个刺丝囊放出大量毒素。刺丝囊内含海蜇毒素，其化学成分为多种高分子毒蛋白、多肽、氨基酸和多种酶。这些毒素有心脏毒性的，有细胞毒性的，有皮肤坏死性的和溶血性的。因种类不同，其毒性作用和毒性大小均有差异。许多水母的毒蛋白可引起平滑肌、骨骼肌和心肌的持续性收缩，呈现肌肉痉挛。水母蜇伤引起中毒，其临床症状因水母种类和个体敏感性不同而有差异。霞水母中毒反应较轻，方水母、方指水母和立方水母为剧毒性水母。方水母（或称细斑指水母、海黄蜂）是最毒的海洋生物之一，致伤后可在 30~60s 内引起死亡，其死亡率达 15%~20%。海蜇是水母的一种，海蜇离水后，很快失去毒性，加工后的海蜇无毒。

8. 螺类

螺类已知有 8 万多种，其中少数种类含有毒物质。其有毒部位分别在螺的肝脏或鳃下腺、唾液腺内，误食或过食可引起中毒。螺类毒素属于非蛋白类麻痹型神经毒素，易溶于水，耐热耐酸，且不被消化酶分解破坏。

（五）动物腺体的毒性

1. 甲状腺

甲状腺位于气管喉头的前下部，是一个椭圆形颗粒状肉质物。如果食用未摘除甲状腺的家畜的血脖肉，即可引起中毒，以猪（牛、羊）的甲状腺中毒较常见。误食动物甲状腺可引发中毒，扰乱正常内分泌活动，严重影响下丘脑功能，可出现类似甲亢症状。潜伏期为 1~10d，病程短者 3~5d，长者可达数月。食用动物甲状腺一旦发生中毒，可用抗甲状腺素药及促肾上腺皮质激素急救，并对症治疗。

2. 肾上腺（小腰子）

误食后多在 15~30min 发病，主要症状是心窝部疼痛、恶心、腹泻、手麻、舌麻、心动过速、颜面苍白、瞳孔散大，恶寒等。

3. 淋巴腺（淋巴结）

淋巴腺，兽医称其为花子肉。淋巴系统是机体免疫功能的重要部分，每个淋巴结管辖一定部位的淋巴管，当某一部位受病原体侵袭时，淋巴结会通过淋巴管把带来的微生物阻留下来。误食淋巴腺可引起感染性疾病。例如吃了猪的淋巴结后会出现头痛、腹痛、四肢疼痛等症状。

4. 预防措施

屠宰过程中要清除动物三腺；防止三腺混入肉糜中；不买、不吃无安全保障的肉糜、碎肉。

思考题

1. 什么是农药及农药残留？农药有哪些种类？食品中农药的残留有哪些来源及其危害？

2. 什么是兽药及兽药残留？兽药有哪些种类？食品中兽药的残留有哪些来源及其危害？

3. 食品添加剂的主要食品安全问题有哪些？

4. 食品易受到哪些有毒金属污染？如何减小及消除有毒金属对食品的污染？

5. 人体中 N-亚硝基化合物的来源哪些？

6. 食品中多环芳烃的主要来源有哪些？

7. 食品中杂环胺类化合物的来源及食品中影响其形成的因素有哪些？

8. 预防 POPs 污染食品及对人体产生危害的措施有哪些？

9. 控制丙烯酰胺污染食物的措施有哪些？

10. 食品接触材料及制品的通用安全要求有哪些？

11. 什么是动植物天然有毒物质？

12. 毒蕈中毒的症状分为哪几种类型？

13. 简述河豚鱼的毒性特点及其预防措施。

案例讨论

案例一

2013 年 5 月 23 日下午，广东省公布了广州、深圳、珠海等 10 地大米镉含量抽检不合格名单。10 地共抽检 2208 批次大米及米制品，结果发现 120 批次镉含量不达标。不达标批次中，68 批次不合格大米的产地为湖南，其次为广东，少量来自于江西。

根据所学知识，请判断和分析：

（1）大米中为什么会出现镉超标？

（2）人若长期摄入镉超标的食品，可能会出现哪些健康影响？

（3）如何控制和消除镉对食品的污染？

案例二

2001 年 6 月，英国、马来西亚等国的新闻媒体报道，在包括中国在内的东亚国家生产的酱油中检出致癌物质 3-氯-1,2-丙二醇（3-MCPD），并要求各输出国提供产品的 3-MCPD 检测报告。资料表明，不同厂家生产的酱油中 3-MCPD 的含量差别很大。

根据所学知识，请判断和分析：

（1）酱油中为什么会有 3-MCPD？

（2）其他食品有无 3-MCPD 的污染？

（3）如果你是一名酱油生产企业的食品安全负责人，结合食品行业的特点，谈谈如何控制和消除 3-MCPD 对食品的污染？

案例三

我国某地区为消化系统癌症死亡的高发区，当地有在冬季食用自家腌制的酸菜的饮食习惯。卫生部门调查发现居民胃癌的发病率与酸菜的摄入量成正比关系。自制的酸菜中，某种有害物质的含量远高于新鲜白菜及工业化加工酸菜。

根据所学知识，请分析和判断：

（1）当地居民胃癌的发病与死亡可能与其膳食中的哪类有害因素有关？

（2）这类有害因素的致癌机制是什么？

（3）这类有害因素是如何污染食物的？

（4）如果你是一位食品安全监管工作人员，为降低该地区居民消化系统癌症的发病率，你建议应该采取哪些措施？

案例四

2013 年 8 月，深圳市宝安区某医院急诊科收治了 53 名疑似食物中毒患者，均系 A 公司员工。他们在该公司食堂进食晚餐后，出现面部皮肤潮红、头晕、头痛、恶心、呕吐等症状，先后到宝安区该医院就诊。监管部门对该公司食堂剩余食物进行抽样送检，发现鲐鱼中组胺含量为 128.46mg/100g，高出《鲜、冻动物性水产品卫生标准》（GB 2733—2005）［2016 年 11 月 13 日作废，被《食品安全国家标准　鲜、冻动物性水产品》（GB 2733—2015）取代］规定的限量（≤40mg/100g）。调查发现，该公司食堂基础条件差、从业人员缺乏必要的食品安全知识，时至夏季，食品也常直接存放于室温环境下。

根据所学知识，请分析和判断：

（1）该事件可能是由于什么原因引起的？依据是什么？

（2）组胺对人体的健康影响有哪些？

（3）针对该案例，如果你是一名食堂的食品安全管理员，结合日常工作要求和社会主义核心价值观，你认为应该如何预防该类食源性疾病的发生？

第五章
CHAPTER

物理性危害

5

[学习目标]

1. 了解食品中主要物理污染物的种类和来源。
2. 掌握各类物理性危害污染食品和所致疾病的预防和控制措施。

同食品的生物性危害和化学性危害一样，食品的物理性危害亦是影响食品安全的因素之一。根据危害物质的性质，物理性危害污染物可分为放射性污染物（radioactive contaminant）和杂物（foreign material）两类。在物理性危害中，有些严重影响食品的感官性状和营养价值，使食品质量得不到保证，有些则严重威胁消费者的健康。

第一节　食品的杂物污染及预防

食品中的杂物通常为在食品中发现的，非正常出现的，能引起疾病和对个人伤害的外来物理性物质。

食品杂物污染存在偶然性，杂物种类纷繁复杂，以至于食品安全标准无法囊括全部杂物污染物，从而给食品杂物污染的预防及卫生管理带来了诸多困难。食品中的杂物污染物夹杂在食品中，可能对消费者造成人体伤害，如卡住咽喉或食道、划破人体组织和器官，特别是划伤消化道器官、损坏牙齿、堵住气管引起窒息等，或其他不利于健康的后果；有时可能并不直接威胁消费者健康，但却严重影响了食品应有的感官性状和营养价值，使食品质量得不到保证。

一、　杂物的种类和污染途径

食品中的杂物按性质可分为动物性杂物（昆虫、苍蝇、蚊子、蟑螂、老鼠等动物的尸体、体毛及排泄物等)、植物性杂物(种子、稻草等)、矿物性杂物(沙土、玻璃、金属碎屑等)和外来水溶液等。

食品杂物的主要污染途径有以下几种。

1. 食品在生产时受到污染

例如,因生产车间密闭性不好,外环境中的杂物进入食品;粮食在收割时混入草籽;动物在宰杀时血污、毛发及粪便对畜肉污染;在食品的加工过程中因设备陈旧或故障使加工管道中的金属颗粒或碎屑混入食物对食品造成污染。

2. 食品在储存过程中受到污染

例如,苍蝇、昆虫的尸体和鼠、雀的毛发、粪便等对食品造成的污染。

3. 食品在运输过程中受到污染

运输车辆、装运工具、不清洁的铺垫物和遮盖物均可对食品造成污染。

4. 意外污染

意外污染包括戒指、头发及饰物、指甲、烟头、废纸、携带的个人物品和杂物的污染及卫生清洁用品的污染。

5. 食品的掺杂掺假

掺杂掺假是一种人为故意向食品中加入杂物的过程,所涉及的食品种类繁杂,掺杂污染物种类较多,如向粮食中掺入沙石,在肉中注入水,往乳粉中掺入大量的糖,向牛乳中加入米汤、牛尿、糖、盐等。掺杂掺假不仅严重破坏市场经济秩序,还损害人群的健康,甚至会造成人员伤亡。近年来由此引发的食品安全问题较多,必须加强管理,严厉打击。

二、 杂物污染的预防措施

(一)杂物污染的一般预防措施

1. 加强食品生产、储存、运输、销售过程的监督管理,把住产品的质量关

通过推广应用 GMP、卫生标准操作程序(sanitation standard operation procedure,SSOP)、危害分析与关键控制点(hazard analysis critical control points,HACCP)等一系列先进的管理手段来达到消除食品杂物污染的目的。

2. 改进加工工艺和检验方法

如用筛选、磁选和风选的方法去石,清除有毒的杂草籽及泥沙石灰等异物,定期清洗专用池、槽,防尘、防蝇、防鼠、防虫,尽量采用食品小包装。

3. 严格执行相关的食品标准

我国相关的食品标准中对食品中杂物的含量有明确规定,如现行的和正在征求意见的国家质量标准《小麦粉》(GB 1355)都规定,磁性金属物的限量值为 0.003g/kg;现行的《食品安全国家标准 粮食》(GB 2715—2016)规定,曼陀罗籽及其他有毒植物的种子在豆类中≤1 粒/kg;《食品安全国家标准 生乳》(GB 19301—2010)规定,杂质度应≤4.0mg/kg 等。

4. 严格执行《食品安全法》及其他相关规定。

建立健全食品安全管理制度,对职工进行食品安全知识培训,加强对有关从业人员的管理与教育,尤其是在正确穿戴工作服和工作帽、注意个人卫生、按照工作程序和要求进行操作方面。严厉打击在食品中掺杂掺假的行为。

（二）一些食品生产过程中对杂物污染的预防方法

1. 在发酵酱油生产中杂物污染的预防方法

目前国内许多小型发酵酱油厂都没有过滤工序，但随着人们对食品安全问题的日益重视，越来越多的发酵酱油生产厂家都将此工序列入发酵酱油的生产工艺过程。此工序的目的是防止一些物理性危害的发生，在成品酱油中可能会存在一些细铁丝、铁钉、碎玻璃等杂质，人们食用了含有这些杂质的酱油，会对人体产生潜在的危害。采取的措施有：增加和重视过滤工序，用小于1mm的筛过滤除去这些具有物理性危害的物质。

2. 水产品加工过程中杂物污染的预防方法

水产品（鱼贝类）加工过程中，在水产品验收加工步骤中存在的物理性危害物主要是泥沙等异物，可通过反复冲洗剔除。

3. 火腿类熟食肉制品加工过程中杂物污染的预防方法

在火腿类熟食肉制品加工过程中，存在于加工步骤中的杂物污染及其预防方法见表5-1。

表5-1　　　　　　　　火腿类熟食肉制品加工过程中杂物污染的预防方法

加工步骤	杂物	预防方法
接收原料肉	金属、猪碎骨等	①后工序金属探测消除；②原料肉解冻后自检剔除
接收辅料	沙子、小石子等	①使用前过滤或过筛；②香辛料用多道细小网布包裹后下锅；③姜蒜等辅料清洗后使用；④严格按照企业辅料采购标准采购
绞制、搅拌	设备锈蚀、设备维修等带入	①设备维修后严格检查；②停产后、开工前彻底清洗设备
贴标、装箱	金属污染、表面杂质	①贴标前用金属探测器检测；②感官检查

4. 热罐装果汁加工过程中杂物污染的预防方法

热罐装果汁加工过程中，存在于加工步骤中的杂物污染及其预防方法见表5-2。

表5-2　　　　　　　　热罐装果汁加工过程中杂物污染的预防方法

加工步骤	杂物	预防方法
浓缩果汁接收	杂质	对原料进行检验，合格接受
包装材料接收	杂质，变形，破损	对原料进行检验，合格接受
调配	杂质	在灭菌前进行过滤
过滤	杂质	清理或更换过滤设备
水处理	导电、浊度不合格	①每小时自动检测；②按要求更换元件
空气过滤	过滤效率低，空气含杂超标	及时更换元件

5. 粮食及其制品中杂物污染的预防方法

粮食及其制品中杂物污染是指在粮食及其制品中存在着非正常的具有潜在危害的外来异

物，常见的有玻璃、铁钉、铁丝、铁针、石块、鱼钩、铅块、骨头、鱼刺、贝壳和蛋壳碎片、金属碎片、包装袋碎片、植物秸秆、泥块、泥沙、绳头等。

（1）粮食及其制品中杂物污染的来源　①由原材料中混入的杂物：谷物原料在收获、运输、贮藏过程中混入的异物有铁钉、铁丝、钢丝、石头、玻璃、陶瓷、塑料、橡胶、泥土、防护剂、害虫、虫卵等碎片及粉末。②加工过程中混入的异物：加工设备上脱落的螺母、螺栓、螺钉、金属碎片、不锈钢丝、玻璃、陶瓷碎片、工具、灯具、温度计、包装材料、纽扣、首饰、头发等。

（2）粮食及其制品中杂物污染的预防方法　粮食及其制品中杂物污染的控制主要靠预防及利用适当仪器和手段进行甄别和清理。①原材料中杂物污染的控制，应建立完整供货商保证体系；利用金属探测、磁铁吸附、过筛、水选、风选等方法在生产前对原料清理。②在生产中的关键过程，应根据实际情况制订清理（筛选、风选、色选、重力分离、刷、打、撞击等工序）措施和实施甄别，如对有可能混入金属碎片的半成品进行金属探测检查。③对可能成为食品中物理性危害来源的因素进行控制，如经常检修设备、生产用具以保证其安全和完整性；对生产场所的周边环境进行控制，清除可能带来危害的物质；对职工加强教育和培训，提高职工的安全卫生意识，制订相关的规章制度以减少人为因素造成的物理性危害。

以小麦制粉加工过程中杂物污染的预防方法为例来介绍粮食加工过程中杂物污染的预防方法，见表5-3。

表5-3　　　　　　　　　　　小麦制粉加工过程中杂物污染的预防方法

加工步骤	杂物	预防方法
第一道筛理和风选	杂质（秸秆、大泥块、细泥沙、粉尘、麦毛、麦芒等）	①筛理分离出秸秆、大泥块、细泥沙；②风选分离粉尘、麦毛、麦芒等
磁选	金属性杂质	利用金属磁性分离金属性杂质
第一道打麦	泥块、泥沙、病虫害麦粒	打击使之破碎
第二道筛理和风选	泥块、泥沙、病虫害麦粒碎片	①筛理分离；②风选分离
湿法去石	同麦粒颗粒大小相似的石子	去石洗麦机（密度悬浮原理）分离
水分调节后磁选	金属性杂质	利用金属磁性分离金属性杂质
第二道打麦	泥块、泥沙、病虫害麦粒	打击使之破碎
第三道筛理和风选	泥块、泥沙、病虫害麦粒碎片	①筛理分离；②风选分离
干法去石	同麦粒颗粒大小相似的石子	吹、吸式密度去石机分离
入磨前磁选	金属性杂质	利用金属磁性分离金属性杂质
碾磨	碎沙石	通过检查清理
撞击、筛理分离	害虫碎片、虫卵	①撞击机打击使之破碎；②检查筛理分离

第二节   食品的放射性污染及其预防

随着核能的发展，关于放射性物质对环境的污染，已越来越引起世界的关注。放射性污染的主要来源是现代核动力工业有了较大程度的发展，加之人工裂变核素的广泛应用，使人类环境中放射性物质的污染增加；其次，核试验也成为放射性污染的另一来源。环境中存在的放射性物质最终将通过食物链进入人体，因此，放射性污染对食品安全性的影响已成为一个重要的研究课题。

食品的放射性污染是指食品吸附或吸收了放射性核素（radionuclides），使其放射性高于自然放射性本底。食品中的放射性物质可来源于自然本底，也可以来自人为的放射性污染。食品的放射性污染对人体的危害在于长时期在体内存在小剂量的内照射作用。常见的放射性核素并且对人体危害较大的有^{90}锶（^{90}Sr）、^{131}碘（^{131}I）和^{137}铯（^{137}Cs）。

食品中的放射性污染物分为天然放射性污染物和人工放射性污染物。一般情况下，食品中的天然放射性污染物比较常见，在一些天然放射性高本底地区种植和生产的食品中，会检测到高含量的天然放射性物质。人工放射性污染物来自于人类医药卫生、工农业生产、国防、能源等方面的辐射实践，引起某地区某一时段放射性污染物超标。核事故泄漏的人工放射性核素会污染环境和食品，使食品中放射性物质超标，如1986年苏联切尔诺贝利核电站事故和2011年日本福岛核电站事故。

一、   放射性核素及其辐射概述

物质释放出射线的现象称为放射性。能放出射线的核素称作放射性核素或放射性同位素（radio isotopes）。放射性核素释放射线的过程称作核素的衰变（decay），衰变过程是原子能量转变和原子结构改变的过程。

放射性核素的放射性强度可用半衰期来描述。特定能态核素的核数目减少一半所需的时间称作该核素的半衰期。不同的放射性核素半衰期不同，如^{209}铋（^{209}Bi）的半衰期长达2.7×10^{17}年，而^{137}Cs的半衰期只有2.15×10^{-7}s。由于半衰期长的放射性核素在食物和人体内的存在时间长，因此，从安全角度出发，应关注半衰期长的放射性核素对食品的污染。

放射性核素释放出能使物质发生电离的射线称作电离辐射，包括α射线、β射线、γ射线、X射线等。这些射线的物理特性不同，穿透能力和电离能力不同，产生的生物学效应也不同。α射线带2个单位的正电荷，穿透物质能力差，但电离能力强，是形成内照射的主要射线；β射线带1个单位的负电荷，电离能力小，穿透物质的能力强，可以形成外照射和内照射；γ射线和X射线是光子，没有质量，也不带电荷，穿透物质的能力最强，主要形成外照射。食品的放射性对人体的危害主要来源于α射线或β射线的内照射损伤。

放射性核素的电离能力可以由其本身的放射性活度来描述，也可以通过对被作用物质吸收的能量或电离产生的电荷数来描述。

1. 放射性活度

放射性活度是以放射性核素的衰变次数来度量其数量（强度）的物理量，用以表示放射源

的强弱。在单位时间内，处于特定能态的放射性核素发生核跃迁（衰变）的数目称为放射性活度（radiation activity），也称为放射性强度。

放射性活度的国际单位制（SI）单位是秒的倒数（s^{-1}），其专用名称为贝可勒尔（Becquerel），单位符号为 Bq，简称贝可。如式（5-1）所示。

$$1Bq = 1s^{-1} \tag{5-1}$$

放射性活度的专用单位是居里（Curie），用符号 Ci 表示。如式（5-2）所示。

$$1Ci = 3.7 \times 10^{-10} s^{-1} = 3.7 \times 10^{-10} Bq \tag{5-2}$$

2. 辐射剂量

最常用的辐射剂量分为吸收剂量、当量剂量和有效当量剂量。

吸收剂量（absorbed dose）是电离辐射给予单位质量物质的能量。其严格定义为电离辐射给予质量为 dm 的物质的平均能量 dE 被 dm 除所得的商。吸收剂量的国际单位制单位是焦耳/千克（J/kg），SI 单位专用名称为戈瑞（Gray），符号是 Gy，即 1 戈瑞（Gy）相当于辐射授予每千克人体组织或器官的能量为 1 焦耳。暂时与 SI 单位并用的吸收剂量专用单位是拉德（rad）。1 Gy = 1 J/kg = 100 rad。

对于生物体来说，放射所引起的生物效应不仅与辐射有关，还与生物种类、照射条件和个体生理差异等因素有关。在电离辐射防护上，用当量剂量表示辐射所致的对机体有害效应发生的概率或危害程度。

当量剂量（equivalent dose）是组织或器官接受的平均吸收剂量乘以辐射权重因子后得到的乘积，所用的单位是焦耳/千克（J/kg），SI 单位为希沃特（Sv），又称西弗，1Sv = 1J/kg。

有效当量剂量（effective equivalent dose）是一个度量体内或体外照射源（无论是均匀照射还是非均匀照射）造成的健康效应发生率的指标，用来评价电离辐射对人体总的损伤程度。在某种放射性条件下，对于机体健康的有害效应主要是由辐射诱发基因突变和染色体畸变引起的严重遗传疾患和由辐射诱发的各种癌症。人体所受的任何照射，一般不止涉及一个器官或组织，为了计算受到照射的有关器官或组织受到的危害，将有效当量剂量定义为人体各组织或器官的当量剂量乘以相应的组织权重因数的和。有效当量剂量的单位和当量剂量的单位一样，是 J/kg 和 Sv。

二、 食品中放射性物质的来源

食品中的放射性物质来源于天然放射性核素和人为放射性核素。

（一）食品中的天然放射性物质

食品中天然放射性核素指的是食品含有的自然界本来就存在的放射性核素本底。由于外环境与生物进行着物质的自然交换，所以地球上的生物（包括食物）存在着天然放射性核素。天然放射性核素的来源分成两大类：一是地球外的外层空间的宇宙射线；另一来源是地球辐射。

宇宙射线的粒子与大气中稳定性元素的原子核作用产生放射性核素，有 ^{14}碳（^{14}C）、^{3}氢（^{3}H）、^{32}磷（^{32}P）、^{35}硫（^{35}S）等。

地球辐射是地球在形成过程中存在的核素及其衰变产物产生的辐射。这部分核素有铀系、钍系及锕系元素，还有三系以外的核素等，如 ^{238}铀（^{238}U）、^{235}铀（^{235}U）、^{232}钍（^{232}Th）和 ^{40}钾（^{40}K）、^{87}铷（^{87}Rb）等。这些核素皆存在于地球的土壤、岩石、大气和水体中，构成了地球辐射。不同地区环境中的天然放射性本底是不同的，平均本底辐射剂量为 1.05×10^{-3} Gy/y。

人类所食用的动物性、植物性食品中都含有不同剂量的天然放射性物质，即食品的天然放射性本底。但由于不同地区环境的放射性本底值不同，不同的动植物及生物体的不同组织对某些放射性物质的亲和力有较大的差异，故不同食品中的天然放射性本底值可能有很大差异。例如，某些海产动物中，软体动物能富集^{90}Sr，牡蛎能富集大量^{65}锌（^{65}Zn）。

（二）食品中的人为放射性核素

1. 环境中人为的放射性核素污染

环境中人为的放射性核素污染的主要来源：①原子弹和氢弹爆炸时产生大量的放射性物质，对环境可造成严重的放射性核素污染；②核工业生产中的采矿、冶炼、燃料精制、浓缩、反应堆组件生产和核燃料再处理等过程均可通过"三废"排放等途径污染环境；③使用人工放射性同位素的科研、生产和医疗单位排放的废水中含有^{131}I、^{130}I、^{32}磷（^{32}P）、氢（^{3}H）和^{14}碳（^{14}C）等，也可造成水和环境的污染；④意外事故造成的放射性核素泄漏主要引起局部环境污染，如英国温茨盖尔原子反应堆事故、苏联切尔诺贝利核事故、日本福岛核事故都造成了严重的环境污染。

2. 食品中人为的放射性核素种类

食品中人为的放射性核素主要有以下几种。

（1）^{131}I　^{131}I是核爆炸早期及核反应堆运转过程中产生的主要裂变物，进入消化道可完全被吸收，浓集于甲状腺内。通过膳食摄入稳定性碘的量可以影响^{131}I在甲状腺中的浓集量。^{131}I可通过污染牧草进入牛体内使牛乳受到污染。故在食用乳类较多的地区，牛乳是^{131}I的主要污染食品。^{131}I可通过母乳对婴儿产生较大危害。^{131}I的半衰期为6~8d，对食品长期污染意义不大，但对蔬菜的污染具有较大意义，人可通过摄入新鲜蔬菜摄入较多的^{131}I。

（2）^{90}Sr和^{89}Sr　^{90}Sr在核爆炸中大量产生，半衰期约29年，可在环境中长期存在。^{90}Sr广泛存在于土壤中，是食品放射性的主要来源。据欧美国家调查，通过膳食每年摄入的^{90}Sr可达0.148~0.185 Bq，其中主要来自乳制品，其次来自蔬菜、水果、谷类和面制品。^{90}Sr进入人体后大部分沉积于骨骼，其代谢与钙相似。^{89}Sr也是核爆炸的产物，虽然产量比^{90}Sr更高，但是^{89}Sr的半衰期短（约50d），同^{90}Sr相比对食品的污染较轻。

（3）^{137}Cs　半衰期长达30年，化学性质与钾相似，易被机体充分吸收并可参与钾的代谢过程。^{137}Cs主要通过肾脏排出，部分通过粪便排出。^{137}Cs也可通过地衣—驯鹿—人这个特殊食物链进入人体。

三、 放射性核素向食品转移的途径

环境中的放射性核素可通过水、土壤、空气向植物性食品转移，通过与外环境接触和食物链向动物性食品转移，其主要转移途径有如下几种。

1. 向植物性食品的转移

放射性核素污染了水、土壤、空气以后，含有放射性核素的雨水和水源可直接渗透入植物组织或被植物的根系吸收；植物的根系也可从土壤中吸收放射性核素；空气中的放射性核素通过降水或降尘直接进入植物体，也可以通过污染土壤进入植物体。放射性核素向植物转移的量与气象条件、放射性核素和土壤的理化性质、土壤pH、植物种类和使用化肥的类型等因素有关。

2. 向动物性食品的转移

动物饮用或吸入被放射性核素污染的水、空气，以及接触受污染的土壤，都会使放射性核素最终进入人体内。放射性核素在向动物转移的过程中常表现出生物富集效应，如食草动物可通过食物链富集进入植物体内的放射性核素，以食草动物为食的动物则进一步富集食草动物体内的放射性核素。半衰期长的 ^{90}Sr 和 ^{137}Cs 及半衰期短的 ^{89}Sr 和 ^{140}钡（^{140}Ba）等是食物链中的重要核素，易造成对动物的污染，并可进入乳及蛋中。

3. 向水生生物体内的转移

进入水体的放射性核素可溶解于水或以悬浮状态存在于水中。水生植物和藻类对放射性核素有很强的富集能力，如 ^{137}Cs 在藻类中的浓度可达到周围水域浓度的 100~500 倍。鱼体内的放射性核素可通过鳃和口腔进入，也可由附着于其体表的放射性核素逐渐渗透进入体内。鱼及水生动物还可通过摄入低等水生植物或动物而富集放射性物质，表现出经食物链的生物富集效应。由于放射性物质和含有放射性核素的水生生物残骸可长期沉积于海底并不断释放放射性核素，即使消除了人为放射性核素的污染源，该水体中的放射性核素也可保持较长时间，使水生生物继续受到污染。

四、　食品放射性污染对人体的危害

由于摄入被放射性物质污染的食品和水，电离辐射可作用于人体内部，对人体造成内照射。内照射对人体辐射的特点主要是照射具有连续性和核素分布具有选择性。一方面，放射性核素在体内未完全衰变为稳定性核素或全部排出体外之前，会对所沉积的器官或组织产生持续性的照射，即产生低剂量长期内照射效应。另一方面，放射性核素在体内分布不均一，在沉积部位持续存在，常以局部损害为主，病情呈进行性发展和症状迁延。

食品放射性污染对人体的危害主要表现在对靶器官、免疫系统、生殖系统等的损伤和致癌、致畸、致突变作用上。

低剂量辐射可引起免疫功能抑制或增强（兴奋）反应。有研究表明，小鼠的脾经低剂量（0.25~0.5Gy）照射后，可使其抗绵羊红细胞（sheep red blood cell，SRBC）反应增强，空斑形成细胞（plaque forming cell，PFC）增加。但当辐射剂量大于 1Gy 时，则抑制空斑形成细胞的形成。低剂量长期照射还可引起 T 淋巴细胞增殖反应，使细胞免疫功能呈现应激性增强，并可由于辅助性 T 细胞（CD_4）活性的增强而使抗体生成增多，使体液免疫反应也有所增强。

辐照对生殖功能有明显的损害。睾丸是对放射损害十分敏感的器官之一，辐照可使精子畸形数增加，精子生成出现障碍，使精子数减少及睾丸质量下降。0.03~0.1Gy 的低剂量内照射可致暂时性不育，而 2Gy 以上的剂量可致永久性无精子。卵巢对放射性损伤的抵抗性较强，辐照剂量达 2Gy 以上可致暂时性不育，低剂量照射反而对卵子的生成有一定的刺激作用。

致癌、致畸、致突变作用是低剂量长期内照射产生的主要生物效应。0.2~0.3Sv 的照射即可引起动物和人体细胞染色体畸变的发生率明显增高，双着丝粒和着丝粒环是辐照引起染色体损伤的特征性指标。

辐射可引起白血病、甲状腺癌、乳腺癌、肺癌、肝癌、骨肉瘤等肿瘤，如肝中潴留的 ^{134}碲（^{134}Te）和 ^{60}钴（^{60}Co）主要引起肝硬化和肝癌；嗜骨性的 ^{90}Sr、^{226}镭（^{226}Ra）、^{239}钚（^{239}Pu）等主要引起骨肉瘤；均匀分布于组织的 ^{137}Cs、^{210}钋（^{210}Po）主要引起软组织的肿瘤。低剂量长期内照射还可致胎仔减少、死胎、胎儿畸形和智力发育障碍等。^{137}Cs 为 γ 辐射源，对人体的影响取决于其辐射强度、暴露时间和受影响的人体细胞种类等，如高辐射可能会引起急性放射病症，如恶心、疲倦、呕吐及毛发脱落等，如果受到约 1Sv 辐射剂量的直接照射，甚至可以导致死亡。

^{131}I可发射β射线和γ射线，其进入人体后，可浓集于甲状腺内，引起甲状腺癌高发。

五、 控制食品放射性污染的措施

预防食品放射性污染及其对人体危害的主要措施分为两方面：一方面防止食品受到放射性物质的污染，即加强对放射性污染源的管理；另一方面防止已经被污染的食品进入体内，应加强对食品中放射性污染的监督。

1. 加强放射防护工作

对产生和使用放射性物质的单位，加强放射性防护工作，严格执行卫生防护措施，重点是防止事故的发生和对其产生的废物、废水和废气进行管理和监测，防止环境受到污染。2003年6月中华人民共和国第十届全国人民代表大会常务委员会第三次会议颁布了《中华人民共和国放射性污染防治法》。该法的颁布加快了我国放射性污染的防治和管理的法制化进程。该法详细规定了如何对放射源进行管理，防止意外事故的发生，以及放射性核素在采矿、冶炼及燃料精制、浓缩、生产和使用过程中应遵循的原则，并对放射性废弃物的处理与净化提出了具体的要求和管理措施。2002年10月，我国颁布了《电离辐射防护与辐射源安全基本标准》（GB 18871—2002），其中规定对公众照射剂量的限值为年有效剂量5mSv（全身），皮肤50mSv，这对核物质的使用、环境污染的控制和保障食品的安全性起到了规范化的作用。

2. 强化食品安全监督管理，严格执行国家的相关标准

定期进行食品中放射性物质的监测，将食品中放射性物质的含量控制在允许的范围之内。《食品中放射性物质限制浓度标准》（GB 14882—1994）中规定了粮食、薯类、蔬菜及水果、肉、鱼虾类和鲜乳等食品中放射性核素^{3}H、^{90}Sr、^{89}Sr、^{131}I、^{147}钷（^{147}Pm）、^{239}Pu和天然放射性核素^{210}Po、^{226}Ra、^{228}Ra、天然钍和天然铀的限制浓度，并同时颁布了相应的检验方法标准（GB 14883—2016系列标准）。该系列标准在2016年进行了修订，在食品检测过程中，要严格执行这些标准，尤其是对放射性高本底或高污染地区的食品要重点进行检查，将食品中放射性物质的含量控制在允许浓度范围以内。此外，使用辐照工艺作为食品保藏和改善食品品质的方法时，也应严格遵守国家对食品辐照的有关规定，以保证食品安全。

🔍 思考题

1. 食品中的杂物污染对人体的主要危害有哪些？

2. 食品放射性污染的来源与污染途径有哪些？

3. 查找一起放射性污染食品事件，分析放射性物质的来源、种类及对人体可能造成的危害。如何来预防？

 案例讨论

案例一

某市工商执法人员查扣了疑似违法袋装花椒68kg，并依法开展立案调查。检查中发现袋装

带壳花椒粒里有一种棕色的颗粒，大小和花椒粒相同，不像花椒粒，疑似高粱米。经过检验，确定不带壳的棕色颗粒是高粱米，不是花椒，对此当事人供认不讳。请问这属于哪类食品污染事件？如何来控制这类事件的发生？

案例二

2011年3月11日，日本东部遭遇大地震和海啸，导致大约1.8万人死亡或者失踪，福岛核电站因海水灌入导致4个核反应堆中有3个先后发生爆炸和堆芯熔毁，造成灾难性核泄漏。有统计显示，截至2015年2月，福岛县共有166名青少年被诊断为甲状腺癌或疑似甲状腺癌。日本冈山大学教授津田敏秀等了2015年在国际医学杂志《流行病学》上发表论文指出，受福岛核事故泄漏大量放射性物质影响，福岛县内儿童甲状腺癌罹患率是日本全国平均水平的20~50倍。日本海洋大学副校长、日本海洋学会副会长神田穰太说，^{137}Cs是福岛核事故泄漏的最主要放射性物质，泄漏到海洋中的量一般认为是 (1~2) ×10^{16}贝可勒尔。2015年5月11日，在与福岛县相邻的栃木县，一所小学的校餐被检出放射性铯超标，其中竹笋的放射性铯超标一倍以上。

结合所学知识，请分析和判定：

（1）为什么当地儿童甲状腺癌高发？

（2）摄入被放射性物质污染的食品后会对人产生哪些危害？

（3）应该如何控制食品的放射性污染？

第六章

各类食品的卫生及管理

6

[学习目标]

1. 了解各类食品的主要卫生问题。
2. 熟悉各类食品的卫生管理措施。
3. 熟悉无公害食品、绿色食品、有机食品的概念，以及三者的区别。

　　各类食品在供应链的各个环节都有可能受到外界环境中生物性、化学性和物理性有毒有害物质的污染。但由于各类食品的特性不同，易被污染的污染物种类和数量也各不相同。为了加强各类食品的卫生监督管理及企业的自身安全卫生管理，近年来我国制定和更新了一系列标准与法规，对各类食品的生产经营及其管理作出了明确的规定，例如颁布了适用于各类食品生产经营的通用标准，如《食品安全国家标准　食品生产通用卫生规范》（GB 14881—2013）、《食品安全国家标准　食品经营过程卫生规范》（GB 31621—2014）；还颁布了一些适用于具体食品类别、具体品种的标准，如《食品安全国家标准　乳制品良好生产规范》（GB 12693—2010）、《食品安全国家标准　食用动物油脂》（GB 10146—2015）。了解各类食品的卫生问题和卫生要求，有针对性地采取防控措施，有利于避免有毒有害物质对人体的危害，保证其食用安全。本章将讨论常见的植物性食品、动物性食品、加工食品及几种其他食品的主要卫生问题和卫生管理。

第一节　植物性食品的卫生及管理

一、粮豆类食品

　　粮豆类食品（grains and beans）主要由粮谷类食品和豆类食品组成，是我国人民传统食品的主体。其中，粮谷类食品包括以稻米、小麦以及玉米、高粱、大麦、燕麦、小米和荞麦为原料经过一系列加工工序制成的符合一定标准的食品。而豆类食品主要包括各种豆科栽培植物的可食种子，其中以大豆最为重要，也包括以红豆、绿豆、豌豆、蚕豆等各种杂豆为主要原料，经发酵和非发酵加工制成的豆制品。粮豆类食品在种植、收获、原材料的采购、生产、加工、运输、贮藏和销售所有环节都可能存在安全隐患，为了保证消费者的身体健康，需要对每个环节进行严格的安全控制。

（一）粮豆的主要卫生问题

影响粮豆卫生质量变化的主要因素有温度、水分、氧气、地理位置、仓库结构、粮堆的物理、化学和生物特性，以及微生物、农药、有害物质、仓虫和其他因素。

1. 霉菌和霉菌毒素的污染

粮豆在农田生长期、收获及贮存过程中的各个环节均可受到霉菌的污染。当环境湿度较大、温度增高时，霉菌易在粮豆中生长繁殖并分解其营养成分，产酸产气，使粮豆发生霉变。这不仅改变了粮豆的感官性状，使其降低和失去营养价值，而且还可能产生相应的霉菌毒素，对人体健康造成危害。常见的污染粮豆的霉菌有曲霉、青霉、毛霉、根霉和镰刀菌等。

2. 农药残留

残留在粮豆中的农药可转移到人体而损害机体健康。粮豆中的农药残留可来自：①防治病虫害和除草时直接施用的农药；②农药的施用对环境会造成一定的污染，环境中的农药又通过水、空气、土壤等途径进入粮豆作物。

3. 其他有毒有害物质的污染

用工业废水或生活污水灌溉农田在我国十分普遍。粮豆中的汞、镉、砷、铅、铬、酚和氰化物等主要来自未经处理或处理不彻底的工业废水和生活污水对农田、菜地的灌溉。一般情况下，污水中的有害有机成分经过生物、物理及化学方法处理后可减少甚至消除，但以金属毒物为主的无机有害成分或中间产物的生物半衰期长，不易被降解，可通过富集作用严重污染农作物。日本曾发生的"水俣病""痛痛病"都是由于用含汞、镉的污水灌溉造成的。

4. 仓储害虫

我国常见的仓储害虫有甲虫（大谷盗、米象、谷蠹和黑粉虫等）、螨虫（粉螨）及蛾类（螟蛾）等50余种。当仓库温度在18~21℃、相对湿度在65%以上时，适于虫卵孵化及害虫繁殖；当仓库温度在10℃以下时，害虫活动减少。仓储害虫在原粮、半成品粮豆上都能生长并使其发生变质，失去或降低食用价值。每年因病虫害造成的世界粮谷损失为5%~30%，因此，应予以积极防治。

5. 其他污染及掺杂掺假

泥土、砂石和金属是粮豆中的主要无机夹杂物，可来自田园、晒场、农具和加工机械，不但影响粮豆的感官性状，而且可能损伤牙齿和胃肠道组织。麦角、毒麦、麦仙翁籽、槐籽、毛果洋茉莉籽、曼陀罗籽、苍耳子等均是粮豆在农田生长过程中和收割时易混杂的有毒植物种子。此外，还出现过销售过程中在粮豆中掺入其他杂质，如在新米中掺入霉变米、陈米的情况，在米粉和粉丝中加入有毒的荧光增白剂、滑石粉、吊白块等的现象。

（二）粮豆的卫生管理

《食品安全国家标准　食品经营过程卫生规范》（GB 31621—2014）规定了食品采购、运输、验收、储存、分装与包装、销售等经营过程中的食品安全要求，适用于各类食品的经营活动。粮豆的质量安全管理应符合该标准的相关规定，并重点做好以下方面的工作。

1. 控制粮豆的水分和环境的相对湿度

粮豆所含的水分和环境的相对湿度是真菌生长繁殖和产毒的重要条件，因此可以采用晾干、烘干、定期翻晾等各种干燥方法来降低粮豆所含的水分含量，并采用自然通风、机械通风、全仓密闭等手段控制粮仓的相对湿度，这是保障粮豆安全储存的有效措施。一般来说，相对湿度在 $65\% \sim 70\%$ 时可以有效地抑制真菌、细菌和仓储害虫的生长繁殖。粮谷的安全水分含量为 $12\% \sim 14\%$，豆类的安全水分含量为 $10\% \sim 13\%$。要定期监测粮豆中的黄曲霉毒素 B_1、脱氧雪腐镰刀菌烯醇、赭曲霉毒素 A、玉米赤霉烯酮等真菌毒素是否符合《食品安全国家标准　食品中真菌毒素限量》（GB 2761—2017），以保证粮豆产品的质量和食用安全。

2. 安全仓储的卫生要求

要求为使粮豆在贮藏期不受霉菌和昆虫的侵害，保持原有的质量，应严格执行粮库的卫生管理要求。①加强粮豆入库前的质量检查，优质粮粒应颗粒完整、大小均匀、坚实丰满、表面光滑，具有各种粮粒固有的色泽和气味；无异味、无霉变、无虫蛀、无杂质等，各项理化指标应符合食品安全国家标准；籽粒饱满、成熟度高、外壳完整、晒干扬净的粮豆储藏性更好。②仓库建筑应坚固、不漏、不潮，能防鼠防雀。③保持粮库的清洁卫生，定期清扫消毒。④控制仓库内的温度、湿度，按时翻仓、晾晒，降低粮温，掌握顺应气象条件的门窗启闭规律。⑤监测粮豆温度和水分含量的变化，加强粮豆的质量检查，发现问题立即采取相应措施。此外，仓库使用熏蒸剂防治虫害时，要注意使用范围和使用量，熏蒸后粮食中的药剂残留量必须符合食品安全国家标准才能出库、加工和销售。

3. 运输、销售过程的卫生要求

粮豆运输时，铁路、交通和粮食部门要认真执行安全运输的各项规章制度，搞好粮豆运输和包装的卫生管理。运粮应用清洁卫生的专用车以防止粮豆受到意外污染。对装过毒品、农药或有异味的车船，未经彻底清洗消毒，不准装运粮豆。粮豆包装必须专用，并在包装上标明"食品包装用"字样。包装袋使用的原材料应符合卫生要求，袋上油墨应无毒或低毒，油墨不得向内容物渗透。销售单位应按食品卫生经营企业的要求设置各种经营房舍，搞好环境卫生。加强成品粮卫生管理，做到不加工、不销售不符合食品安全国家标准的粮豆。

4. 控制农药及有害金属的污染

为控制粮豆中农药的残留，必须合理使用农药，严格遵守《农药合理使用准则》（GB/T 8321.1~10），采取的措施是：①针对农药毒性和在人体内的蓄积性，不同作物及环境条件应选用不同的农药和剂量；②确定农药的安全使用期；③确定合适的施药方式；④制定农药在粮豆中的最大残留限量标准。

控制污水灌溉应采用的措施是：①污水应经活性炭吸附、化学沉淀、离子交换等方法处理，必须使灌溉水质符合《农田灌溉水质标准》（GB 5084—2021），并根据作物品种掌握灌溉时期及灌溉量；②定期检测农田污染程度及农作物的毒物残留量，防止污水中有害化学物质对粮豆的污染。

为防止各种贮粮害虫，常使用化学熏蒸剂、杀虫剂和灭菌剂，如甲基溴、氰氢酸等，使用时应注意其质量和剂量，使其在粮豆中的残留量不超过国家限量标准。

5. 防止无机夹杂物及有毒种子的污染

粮豆中混入的泥土、砂石、金属屑及有毒种籽对粮豆的保管、加工和食用均有很大的影响。为此，在粮豆加工过程中安装过筛、吸铁和风车筛选等设备可有效去除有毒种籽和无机夹杂物。有条件时，逐步推广无夹杂物、无污染物的小包装粮豆产品。为防止有毒种籽的污染，应做好以下工作：①加强选种、种植及收获后的管理，尽量减少有毒种籽含量或完全将其清除；②制定粮豆中各种有毒种籽的限量标准并进行监督。我国规定，按质量计麦角不得大于0.01%，毒麦不得大于0.1%。

（三）粮豆制品的卫生管理

（1）粮豆制品含水分高，营养成分丰富，若有微生物污染，易引起腐败变质。而目前不少豆制品生产以手工加工为主，卫生条件比较差，污染机会大，应严格控制粮豆制品的水分含量，使其符合安全水分含量要求，延长保质期。

（2）生产加工过程应满足良好生产规范（GMP）和危害分析与关键控制点（HACCP）的要求，以保证粮食的卫生安全。

（3）储存粮食的场地环境卫生应符合《食品安全国家标准　食品经营过程卫生规范》（GB 31621—2014）要求。在销售和贮藏时最好采用冷藏车运输、小包装销售，注意防尘、防蝇、防晒。不得与其他食品混放，以免造成交叉污染。一切用于粮食的包装材料都应符合有关卫生或安全标准和相关规定，不能影响产品的感官、特性，不能向产品转移对人体健康有害的物质，其强度应足以充分保护产品。

（4）粮豆制品在感官上的变化可灵敏地反映出产品的新鲜度，如新鲜的豆腐块形整齐、软硬适宜、质地细嫩、有弹性，随着鲜度下降，颜色开始发暗，质地溃散，有黄色液体析出，产品发黏、变酸并有异味。严禁出售变质的粮豆制品。

二、蔬菜、水果

（一）蔬菜、水果的主要卫生问题

我国蔬菜、水果的生产基地主要集中在城镇郊区，作物在栽培过程中容易受到工业废水、生活污水、农药等有毒有害物质的污染。

1. 细菌及寄生虫的污染

施用人畜粪便和生活污水灌溉菜地，使得蔬菜被肠道致病菌和寄生虫卵污染的情况较严重，据调查有的地区在蔬菜中的大肠埃希菌阳性检出率为67%~95%，蛔虫卵检出率为48%，钩虫检出率为22%。流行病学调查也证实，生食不洁的黄瓜和西红柿是痢疾传播的主要原因。水生植物，如红菱、茭白、荸荠等都有可能被姜片虫囊蚴污染，如生吃可导致姜片虫病。水果采摘后在运输、贮存或销售过程中也可受到肠道致病菌的污染，污染程度和表皮破损有关。

2. 有害化学物质的污染

（1）农药污染　蔬菜和水果施用农药较多，其农药残留较严重。甲胺磷为高毒杀虫剂，应禁止在蔬菜、水果上使用，但有调查结果显示甲胺磷不仅广泛存在于各类蔬菜、水果中，且含量也较检出的其他有机磷农药含量高。近年来，由于蔬菜、水果中残留剧毒、高毒农药而引发的食品安全事件时有发生。

（2）工业废水中有害化学物质的污染　工业废水中含有许多有害物质，如酚、镉、铬等，若不经处理直接灌溉菜地，毒物可通过蔬菜进入人体产生危害。不同的蔬菜对有害金属的富集能力差别较大，一般规律是叶菜类>根茎类>瓜类>茄果类>豆类。

（3）其他有害化学物质的污染　一般情况下蔬菜、水果中硝酸盐与亚硝酸盐含量很少，但在生长时遇到干旱或收获后采取不恰当的存放、贮藏和腌制方式，会使硝酸盐和亚硝酸盐含量增加，对人体产生不利影响。近年来，蔬菜、水果在生产、运输、储存和销售的过程中受到激素类药物、"催熟剂"及"保鲜剂"（属于农药的范畴）等的污染日益受到人们的关注。比如瓜果在栽培的过程中利用激素催熟，在运输储存的过程中使用"保鲜剂"来维持鲜艳的色泽、防止腐败。若长期食用含这些残留药物的蔬菜、水果，会造成内分泌功能失调，影响机体的正常生理功能。

（二）蔬菜、水果的卫生管理

1. 防止肠道致病菌及寄生虫卵的污染

应采取的措施是：①人畜粪便应经无害化处理后再施用，如采用沼气池处理不仅可杀灭致病菌和寄生虫卵，还可增加能源途径并提高肥效；②用生活污水灌溉时应先沉淀去除寄生虫卵，禁止使用未经处理的生活污水灌溉；③水果和生食的蔬菜在食前应清洗干净，有的应消毒；④蔬菜、水果在运输、销售时应剔除残叶、烂根、破损及腐败变质部分，推荐清洗干净后小包装上市。

2. 施用农药的卫生要求

蔬菜的特点是生长期短，植株的大部分或全部均可食用而且无明显成熟期，有的蔬菜自幼苗期即可食用，一部分水果食前也无法去皮。因此应严格控制蔬菜、水果中的农药残留，具体措施如下①应严格遵守并执行有关农药安全的使用规定，高毒农药不准用于蔬菜、水果，如甲胺磷、对硫磷等。②控制农药的使用剂量，根据农药的毒性和残效期来确定对作物使用的次数、剂量和安全间隔期（即最后一次施药距收获的天数）。此外，过量施用含氮化肥会使蔬菜受硝酸盐污染，如在茄果类蔬菜收获前的15~20d，应少用或停用含氮化肥，且不应使用硝基氮化肥进行叶面喷肥。③制定和执行农药在蔬菜和水果中的最大残留限量标准，应严格依据《食品安全国家标准　食品中农药最大残留限量》（GB 2763—2016）的规定，如百草枯在香蕉、苹果、柑橘中的最大残留限量分别为0.02mg/kg、0.05mg/kg和0.2mg/kg，在蔬菜中的最大残留限量为0.05mg/kg；而百菌清在蔬菜中的最大残留限量为5mg/kg，在苹果、柑橘中的最大残留限量为1mg/kg。④应慎重使用激素类农药。

3. 工业废水灌溉的卫生要求

工业废水应经无害化处理，水质符合《城市污水再生利用农田灌溉用水水质》（GB 20922—2007）的标准后方可灌溉菜地；应尽量采用地下灌溉方式，避免污水与瓜果蔬菜直接接触，并在收获前3~4周停止使用工业废水灌溉。根据《食品安全国家标准　食品中污染物限量》（GB 2762—2017）的要求监测污染物的残留。

4. 储藏的卫生要求

蔬菜、水果含水分多、组织嫩脆、易损伤和腐败变质，因此，储藏的关键是保持蔬菜、水果的新鲜度。储藏条件应根据蔬菜、水果的种类和品种特点而异。一般保存蔬菜、水果的适宜温度是10℃左右，此温度既能抑制微生物生长繁殖，又能防止蔬菜、水果间隙中的水分结冰，避免在冰融时因水分溢出而造成蔬菜、水果的腐败。蔬菜、水果大量上市时可采用冷藏或速冻的方法。采用^{60}Co-γ射线辐照洋葱、土豆、苹果、草莓等可延长其保藏期，效果比较理想，但应符合我国《辐照新鲜水果、蔬菜类卫生标准》（GB 14891.5—1997）的要求。防霉剂、杀虫剂、生长调节剂等化学制剂在蔬菜、水果贮藏中的应用越来越广泛，可延长贮藏期限并提高保藏效果，但同时也增加了污染食品的机会，应合理使用。

第二节　动物性食品的卫生及管理

一、畜　肉

畜肉食品包括牲畜的肌肉、内脏及其制品，能供给人体必需的蛋白质和多种营养素，且吸收好、饱腹作用强，故食用价值高。但肉品易受致病菌和寄生虫的污染，易腐败变质，食用后可导致人体出现食物中毒、肠道传染病和寄生虫病，因此必须加强和重视畜肉的卫生管理工作。

（一）肉类的主要卫生问题及处理

1. 腐败变质

牲畜宰杀后，从新鲜至腐败变质要经僵直、后熟、自溶和腐败四个过程。处于僵直和后熟（排酸）阶段的畜肉为新鲜肉。

刚宰杀的畜肉呈弱碱性（pH 7.0~7.4），肌肉中的糖原和含磷有机化合物在组织酶的作用下被分解为乳酸和游离磷酸，使肉的酸度增加。pH 为 5.4 时达到肌凝蛋白等电点，肌凝蛋白开始凝固并使肌纤维硬化出现僵直，此时肉味道差，肉汤浑浊。此后，肉内糖原分解，酶继续作用，pH 进一步下降，使肌肉结缔组织变软并具有一定弹性，此时肉松软多汁、味美芳香，表面因蛋白质凝固而形成了一层有光泽的膜，有阻止微生物侵入内部的作用，上述过程称为后熟，俗称排酸。后熟过程与畜肉中糖原含量和外界温度有关。疲劳牲畜的肌肉中糖原少，其后熟过程长。温度越高，后熟速度越快，一般在 4℃时 1~3d 可完成后熟过程。此外，肌肉中形成的乳酸具有一定的杀菌作用，如患口蹄疫的病畜肉经后熟过程，可达到无害化。

宰杀后的畜肉若在常温下存放，使畜肉原有温度维持较长时间，其组织酶在无菌条件下仍然可继续活动，分解蛋白质、脂肪而使畜肉发生自溶。此时，蛋白质分解产物硫化氢、硫醇与血红蛋白或肌红蛋白中的铁结合，在肌肉的表层和深层形成暗绿色的硫化血红蛋白，并使肌肉出现纤维松弛现象，影响肉的质量，其中内脏自溶较肌肉快。当变质程度不严重时，这种肉必须经高温处理后才可食用。为防止胴体发生自溶，宰后的肉尸应及时挂晾降温或冷藏。

自溶为细菌的侵入、繁殖创造了条件，细菌使蛋白质、含氮物质分解，使肉的 pH 上升，该过程即为腐败过程。腐败变质的主要表现为畜肉发黏、发绿、发臭。腐败肉含有的蛋白质和脂肪分解产物，如吲哚、硫化物、硫醇、粪臭素、尸胺、醛类、酮类和细菌毒素等，这些物质可使人中毒。

不适当的生产加工和保藏条件也会促进肉类腐败变质，其原因有：①健康牲畜在屠宰、加工运输、销售等环节中被微生物污染；②病畜宰前就有细菌侵入，并蔓延至全身各组织；③牲畜因疲劳过度，宰杀后肉的后熟力不强，产酸少，难以抑制细菌的生长繁殖，导致肉易腐败变质。

引起肉腐败变质的细菌最初为在肉表面出现的各种需氧球菌，之后为大肠埃希菌、普通变形杆菌、化脓性球菌、兼性厌氧菌（如产气荚膜梭菌、产气芽孢杆菌），最后是厌氧菌。因此，根据菌相的变化可确定肉的腐败变质阶段。

2. 人畜共患传染病和寄生虫病

人畜共患的传染病主要有炭疽、鼻疽、口蹄疫、猪水疱病、猪瘟、猪丹毒、猪出血性败血症、结核病和布鲁氏菌病等；人畜共患的寄生虫病主要有囊虫病、旋毛虫病、蛔虫病、姜片虫病（牲畜饲以生的水生饲料引起）、猪弓形体病等。这些人畜共患传染病和寄生虫病会对人体健康造成极大的危害，严重者甚至会引起死亡。进食病死畜肉、接触病畜及其产品均是引起这些疾病传播的主要原因。因此，必须加强牲畜屠宰检验检疫工作，加强畜产品进入市场或者生产加工企业后的监督管理工作。

原农业部、原食品药品监督管理总局《关于进一步加强畜禽屠宰检验检疫和畜禽产品进入市场或者生产加工企业后监管工作的意见》（农医发〔2015〕18号）要求，地方各级畜牧兽医、市场监管部门要按照食品安全属地化管理原则，建立"地方政府负总责、监管部门各负其责、企业为第一责任人"的畜禽产品质量安全监管责任体系。地方各级畜牧兽医部门负责动物疫病防控和屠宰环节的质量安全监督管理。地方各级动物卫生监督机构负责对屠宰畜禽实施检疫，依法出具检疫证明，加施检疫标志；对检疫不合格的畜禽产品，监督货主应按照国家规定进行处理。同时，要依法监督生猪屠宰企业按照《生猪屠宰管理条例》的规定对屠宰的生猪及其产品实施肉品品质检验，督促屠宰企业按照规定依法出具肉品品质检验合格证明。地方各级市场监管部门负责监督食品生产经营者在进行肉及肉制品生产经营活动中查验动物检疫合格证明和猪肉肉品品质检验合格证明，严禁食品生产经营者采购、销售、加工不合格的畜禽产品。畜禽屠宰企业要对其屠宰、销售的畜禽产品的质量安全负责，要建立畜禽进场检查登记制度，对进场屠宰的畜禽进行查验证明、临床健康检查和登记；要按照国家有关规定对病害畜禽及其产品实施无害化处理。采购畜禽产品的食品生产经营者要对其生产经营的肉及肉制品质量安全负责，要建立进货查验制度，严禁购入、加工和销售未按规定进行检验检疫或者检验检疫不合格的畜禽产品。另外，要在社区广泛开展宣传教育，使消费者养成肉食一定要烧熟煮透后方食用的饮食习惯；烹调时为防止交叉污染，要彻底加热。对患者应及时给予驱虫治疗，加强粪便管理。

3. 兽药残留

为防治牲畜疫病及提高畜产品的生产效率，经常会使用各种药物，如抗生素、抗寄生虫药、生长促进剂、雌激素等，这些药品不论是大剂量短时间治疗还是小剂量在饲料中长期添加，在畜肉、内脏都会有残留，残留过量会危害食用者健康。抗生素残留最大的潜在危害是产生细菌耐药性，使致病菌难以被有效控制。此外，雌激素如己烯雌酚也易在肉品中残留，并对青少年的生长发育造成危害。《食品安全国家标准　食品中兽药最大残留限量》（GB 31650—2019），对兽药的合理使用和残留限量进行了严格的规定。

4. 情况不明死畜肉

死畜肉是指因外伤、中毒或生病而引起急性死亡的牲畜肉。死畜肉因未经放血或放血不全外观呈暗红色，肌肉间毛细血管淤血，切开后按压可见暗紫色淤血溢出，切面呈豆腐状，含水分较多。病死、毒死的畜肉对人体会产生危害。

死畜肉可来自病死（包括人畜共患传染病）、中毒和外伤死亡的牲畜，必须确定死亡原因后，再考虑采取相应的处理方法。如确定死亡原因为一般性疾病或外伤，且肉未腐败变质，可弃内脏后，将肉尸经高温处理后食用；如系中毒死亡，则应根据毒物的种类、性质、中毒症状及毒物在体内的分布情况等决定处理方式；确定为患人畜共患疾病的死畜肉不能食用；死因不明的死畜肉，一律不得食用。

（二）肉品品质的分类

根据牲畜屠宰检验检疫结果，可将肉品分为3类，即良质肉、条件可食肉和废弃肉。

1. 良质肉

良质肉指健康畜肉，包括生鲜畜肉和冷冻畜肉，食用不受限制。

常见的畜肉有猪肉、牛肉、羊肉、兔肉等，人们最常食用的畜肉是猪肉。以猪肉为例，良质肉的感官呈现如下特点：①生鲜猪肉的肌肉色泽鲜红或深红，有光泽，脂肪为乳白色或粉白色，纤维清晰，指压后凹陷立即恢复，外表湿润，不黏手，具有鲜猪肉固有的气味，无异味，煮沸后肉汤澄清透明，脂肪团聚于表面；②冷冻猪肉的肌肉有光泽，红色或稍暗，脂肪呈乳白色，肉质紧密，有韧性，解冻后指压凹陷恢复较慢，外表湿润，切面有渗出液，不黏手，解冻后有鲜猪肉固有的气味，无异味，煮沸后肉汤澄清透明或微浊，脂肪团聚于表面。现行的《食品安全国家标准 鲜（冻）畜、禽产品》（GB 2707—2016）规定的鲜（冻）畜肉的理化指标有：挥发性盐基总氮≤15mg/100g，铅（Pb）≤0.2mg/kg，无机砷≤0.05mg/kg，镉（Cd）≤0.1mg/kg，总汞（以Hg计）≤0.05mg/kg。猪肉新鲜度评定的依据主要是感官检查和挥发性盐基氮的含量。

2. 条件可食肉

条件可食肉指必须经过高温、冷冻或其他有效方法处理才能达到食用卫生要求、食用后无害的肉。例如，患有口蹄疫的猪，体温正常者，其肉和内脏经煮熟后可食用；体温高于正常体温者，其肉和内脏则需加热超过100℃。

3. 废弃肉

废弃肉指患烈性传染病（如炭疽、鼻疽等）牲畜的肉尸、严重感染囊尾蚴的肉品、死因不明的死畜肉、严重腐败变质的畜肉，均应进行销毁或高温化制，不准食用。

（三）鲜（冻）畜肉的质量安全管理

屠宰前的活畜应来自非疫区，并经动物卫生监督机构检疫、检验合格；鲜（冻）畜的感官指标、理化指标等均应符合《食品安全国家标准 鲜（冻）畜、禽产品》（GB 2707—2016）的要求；污染物限量应符合《食品安全国家标准 食品中污染物限量》（GB 2762—2017）的要求；农药残留应符合《食品安全国家标准 食品中农药最大残留限量》（GB 2763—2021）的要求；兽药残留应符合《食品安全国家标准 食品中兽药最大残留限量》（GB 31650—2019）的要求；食品添加剂的使用应符合《食品安全国家标准 食品添加剂使用标准》（GB 2760—2014）的要求。

（四）肉制品的质量安全管理

肉制品的品种繁多，常见的有腌制品（如咸肉、火腿、腊肉等）、灌肠制品（如香肠、肉肠、粉肠、红肠等）、干制品（如肉干、肉松等）、熟肉制品（如卤肉、肴肉、熟副产品等）及各种烤制品。加工肉制品过程中使用的原料的要求、感官指标、理化指标等均应符合《食品安全国家标准 腌腊制品》（GB 2730—2015）的要求，污染物限量应符合《食品安全国家标准 食品中污染物限量》（GB 2762—2017）的要求，食品添加剂的使用应符合《食品安全国家标准 食品添加剂使用标准》（GB 2760—2014）的要求。

1. 腊肉

腊肉是以鲜（冻）肉为主要原料，配以其他辅料，经腌制、烘干（或晒干、风干）、烟熏（或不烟熏）等加工而成的非即食肉制品。优质腊肉色泽鲜明，呈鲜红或暗红色；脂肪透明或呈乳白色；肉质干爽结实，有弹性，指压后不留明显压痕，具有腊肉特有的风味。劣质腊肉灰暗无光，脂肪呈黄色，表面有明显的霉点，抹去后仍留有痕迹；肉质松软，无弹性，指压痕不易复原，带黏液；脂肪有明显的酸败味或其他异味。劣质腊肉不可食用，应予销毁。

2. 火腿

火腿是以鲜（冻）猪后腿为主要原料，配以其他辅料，经修整、腌制、洗刷脱盐、风干发酵等工艺加工而成的非即食肉制品。优质火腿皮坚硬洁净，皮面呈淡黄或棕黄色；腿肉表面干燥清洁，肌肉切面平整，致密而结实，呈玫瑰红色或桃红色；脂肪切面为白色或略带玫瑰色，有光泽；具有火腿特有的香味。劣质火腿表面湿润发黏，松软，尤以骨周围组织更为明显，有严重虫蛀或霉烂现象；肌肉切面呈酱色，具有各色斑点，肉质松软或呈糊状，在骨髓和骨的周围尤为明显；脂肪切面呈黄色或褐黄色，无光泽；有严重的酸味和哈喇味，或有腐臭味。劣质火腿不可食用，应予销毁。

3. 咸肉

咸肉是以鲜（冻）肉为主要原料，配以其他辅料，经腌制等工艺加工而成的非即食肉制品。优质咸肉的皮干硬清洁，呈苍白色，没有发霉、生虫、黏液；肉质紧密结实，呈玫瑰或微红色，切面光泽均匀；脂肪呈白色或带微红；具有咸肉的固有风味。劣质咸肉外表暗色，皮滑软黏糊；肉质结构疏松，无光泽，切面呈暗红色或灰绿色，肉色不均匀；有严重的酸臭味、腐败味或哈喇味者，均应销毁。若是咸肉有部分虫蚀，其他部分正常者，应割除虫蚀部分；对严重虫蚀的咸肉，应予销毁。

4. 香（腊）肠

香（腊）肠是以鲜（冻）畜肉原料，配以其他辅料，经切碎（或绞碎）、搅拌、腌制、充填（或成型）、烘干（或晒干、吹干）、烟熏（或不烟熏）等工艺加工而成的非即食肉制品。优质的香（腊）肠肠衣干燥结实，没有黏液和霉斑，紧贴在肉馅上，肠衣下和切面的肉馅呈均匀一致的玫瑰红色，肥膘呈白色，质地结实，具有香（腊）肠特有的香味，没有其他异味。变质的香（腊）肠肠衣上覆盖着黏液或霉层，肠衣易从肉馅上脱离且易被撕破，肠衣下肉馅呈灰色或淡绿色；在切面上沿着边缘可以发现灰绿色的圈，深部有灰绿色的斑，肥膘呈污绿色；肉馅松散易碎，有霉烂、腐败和苦涩的气味和滋味。变质的香（腊）肠不可食用，应予销毁。

（五）肉类及其制品生产经营过程的管理

屠宰场和肉类加工厂的设计与设施、质量安全管理、加工工艺、成品储存和运输等均要符合《食品安全国家标准　畜禽屠宰加工卫生规范》（GB 12694—2016）的要求。

1. 屠宰的卫生要求

（1）选址、厂房设计及环境的卫生要求　肉类联合加工厂、屠宰场、肉制品厂应建在地势较高、干燥、水源充足、交通方便、无有害气体及其他污染源、便于排放污水的地区，屠宰场的选址应当远离生活饮用水的地表水源保护区。厂房设计要符合流水作业，应按饲养、屠宰、分割、加工、冷藏的顺序合理设置。

（2）规范检疫检验，落实肉品品质检验制度　为了保证肉品的质量安全，必须规范畜禽屠宰检疫，落实肉品品质检验制度。

①规范畜禽屠宰检疫：各级动物卫生监督机构及其驻场官方兽医要按照《中华人民共和国动物防疫法》《动物检疫管理办法》等法律法规要求，严格执行畜禽屠宰检疫规程，认真履行屠宰检疫监管职责，有效保障出场畜禽产品质量安全。要全面落实屠宰检疫制度，严格查验入场畜禽产地检疫合格证明和畜禽标识，严格按照畜禽屠宰检疫规程实施检疫。经检疫合格的畜禽产品，出具动物产品检疫合格证明，并加盖检疫印章，加施检疫标志；对检疫不合格的畜禽产品，监督屠宰企业做好无害化处理。动物卫生监督机构的官方兽医要做好产地检疫证明查验、屠宰检疫等环节记录，并监督畜禽屠宰企业做好待宰、急宰、生物安全处理等环节记录，切实做到屠宰检疫各环节痕迹化管理。

②落实肉品品质检验制度：生猪屠宰企业要按照《生猪屠宰管理条例》的规定，配备与屠宰规模相适应的、经考核合格的肉品品质检验员，并定期组织开展业务培训，提高肉品品质检验员的业务素质和责任意识。要按照生猪屠宰产品品质检验规程要求，严格进行入场静养、宰前检验和宰后检验。

a. 入场静养：凡是未经驻场官方兽医入场查验登记的生猪，不得屠宰。

b. 宰前检验：要按照宰前健康检查、"瘦肉精"抽检等规定要求，做好待宰检验和送宰检验，对发现的病害猪和"瘦肉精"抽检不合格生猪要及时进行无害化处理。牲畜在屠宰前应禁食12h，禁水3h，以防屠宰时胃肠内容物污染胴体。猪的正常体温为38~40℃，牛的正常体温为37.8~39.8℃，发现体温异常者应予隔离。

c. 宰后检验：对每头猪都要进行头部检验、体表检验、内脏检验、胴体初检和复检。对检验合格的胴体，应出具《肉品品质检验合格证》，加盖肉品品质检验合格印章；对检验不合格的生猪产品要按照检验规程要求，及时进行无害化处理。肉尸与内脏要统一编号，以便发现问题后及时检出。经检验合格的胴体要及时冷却入库，冻肉入冷冻库。

（3）建立台账管理制度　生猪屠宰企业要健全完善台账管理制度，如实记录生猪来源、肉品品质检验、无害化处理和猪肉销售等信息。

从事生猪以外其他畜禽屠宰的，要参照生猪屠宰肉品品质检验的做法，逐步推行肉品品质检验制度，确保肉品质量安全。

2. 运输的卫生要求

运输生鲜畜肉和冷冻畜肉应用专用的封闭冷藏车，车内应有防尘、防蝇、防晒设施。生鲜畜肉应倒挂，冷冻畜肉应堆放。还应注意合格肉与病畜肉、鲜肉与熟肉不得同车运输，胴体和内脏不得混放。短途运输时若使用敞车，应该上盖下垫，有防尘、防雨、防晒、防蝇设施，卸肉时应有铺垫。熟肉制品必须盒装，专车运输，包装盒不能落地。每次运输后必须对车辆、工具进行洗刷消毒。无专用车辆则要有专用的密闭包装容器，禁止用运输过化学药品或污染严重、不易清洗的车辆运输肉及肉制品。搬运工人应穿戴清洁消毒的工作衣帽、鞋和手套。搬运病畜肉、鲜肉、熟肉及其他肉制品的工人要分开，避免交叉污染。

3. 销售的卫生要求

销售部门只能销售有动物检疫合格证明和肉品品质检验合格证明的产品。要认真落实进货查验和查验记录制度，严把进货关、销售关和退市关，做到不进，不存，不销假冒、仿冒、劣质、过期变质等产品，确保畜禽产品可追溯。肉类零售店应有防尘、防蝇设备，刀、砧板要专用。肉馅应现绞制现卖，制作肉馅的原料肉要符合鲜肉的卫生质量要求，绞制过程中不得加入零星绞肉、血污肉、次质肉、变质肉和污染严重的肉。

销售熟肉制品，应有专用销售间，专人销售，专用工用具，专用冷藏设施，专用消毒设备及防蝇防尘设备，每次销售前后应彻底给设备清洗消毒。如无冷藏条件，若熟肉制品销售时间超过 6h 应再次彻底加热杀菌后出售，不允许销售腐败变质的熟肉制品。销售人员不得用手直接拿取熟肉制品，销售过程中人员、工具和容器必须生熟分开，实行工具售货制度，做到货款分开。未售完的熟肉制品要低温冷藏，隔日需进行质量检查，若无变质迹象，应回锅加热杀菌后再销售。用于熟肉制品的包装材料或容器必须符合卫生要求。

二、禽肉及禽蛋

（一）禽肉的卫生问题及其管理

1. 禽肉的卫生问题

（1）微生物污染　污染禽肉的微生物主要是细菌，一类为食物中毒病原菌，如沙门菌、金黄色葡萄球菌、单核细胞增生李斯特菌、空肠弯曲菌、肠出血性大肠埃希菌等。当这些病原菌侵入禽类肌肉的深部时，如果食前未充分加热，便可引起食物中毒。某些病原菌，如单核细胞增生李斯特菌，能在 5℃ 以下生长，这是冷藏禽肉时应予以关注的问题；另一类为非致病的腐败菌，如假单胞菌属、微杆菌属、不动杆菌属、气单胞菌属、乳杆菌属和肠杆菌科等。假单胞菌也能在低温下生长繁殖，引起禽肉感官的改变，甚至腐败变质，可使禽肉表面产生各种色斑。

（2）滥用抗生素和激素　由于养殖环境差（特别是高密度饲养），饲料原料品质不过关，导致动物容易得病，因此养殖户常使用抗生素；抗生素会使禽类的肠道菌群紊乱和免疫力低下，更容易生病，因此养殖户就更大量地使用抗生素和激素。在这样的恶性循环中，抗生素和激素的使用剂量不断加大，给人类的健康带来严重的威胁。

（3）禽流感　是禽类流行性感冒的简称，是一种由甲型流感病毒的亚型（禽流感病毒）引起的传染性疾病，被"国际兽疫局"定为甲类传染病。按病原体类型的不同，禽流感分为高致病性、低致病性和非致病性禽流感三大类。非致病性禽流感不会引起明显的症状，仅使染病的禽体内产生病毒抗体；低致病性禽流感可使禽类出现轻度呼吸道症状，食量减少，产蛋量下降，出现零星死亡；高致病性禽流感最为严重，其发病率和病死率均高。人与禽接种流感疫苗是预防人流感和禽流感最有效的根本措施，易感人群和高危人群应在流感发生前 1 个月接种。

2. 禽肉的卫生管理

鲜（冻）禽的感官指标、理化指标等均应符合《食品安全国家标准　鲜（冻）畜、禽产品》（GB 2707—2016）的要求。为了保证禽肉的质量安全，必须做到以下几点。

（1）加强屠宰检疫和品质检验　宰杀前及时发现并隔离、急宰病禽。宰后若发现病禽胴体，应根据情况及时进行无害化处理。

（2）合理宰杀　宰杀前 24h 禁食，充分喂水以清洗肠道。宰杀过程为：吊挂、刺杀放血、浸烫（50～54℃ 或者 56～65℃）、煺羽、取内脏，要尽量减少内脏破裂造成的污染。

（3）宰后储存　对净膛后的胴体进行预冷。预冷是将净膛后的胴体置于 0～4℃ 的低温环境，经过一定的时间将胴体温度降至 7℃ 以下，可保证产品后期加工及冻品的品质。如需要长期储存，则应在 -30～-25℃、相对湿度 80%～90% 的条件下冷冻，储存期可达半年。

3. 鲜（冻）禽产品的卫生管理

鲜禽产品是指将健康活禽屠宰、加工后，经预冷处理的冰鲜产品，包括净膛后的整只禽、整只禽的分割部位（禽肉、禽翅、禽腿等）和禽的副产品［禽头、禽脖、禽内脏、禽脚（爪）

等]。鲜禽的肌肉富有弹性，指压后凹陷部位立即恢复原状。

冻禽产品是指将健康活禽屠宰、加工后，经冻结处理的产品，包括净膛后的整只禽、整只禽的分割部位（禽肉、禽翅、禽腿等）和禽的副产品［禽头、禽脖、禽内脏、禽脚（爪）等］。储存温度在-18℃以下。冻禽产品解冻后，用手指按压后凹陷部位立即恢复原状。

冻禽产品解冻失水率≤6%，鲜（冻）禽产品的挥发性盐基总氮应≤15mg/100g；污染物、农药和兽药残留量、沙门菌和出血性大肠埃希氏菌的含量均应按照《食品安全国家标准　食品中污染物限量》（GB 2762—2017）及相关的规定执行。

（二）禽蛋的卫生问题及其管理

1. 禽蛋的主要卫生问题及其管理

污染蛋类的微生物一方面来自卵巢，另一方面来自生殖腔、不洁的产蛋场所及运输、储存等环节。

禽类（特别是水禽类）感染了传染病后，病原微生物通过血液进入卵巢，使在卵巢中形成的蛋黄即带有致病菌，如鸡伤寒是由鸡伤寒沙门菌引起的急性败血型或慢性传染病，鸡、鸭、火鸡、鹌鹑、野禽和野鸟均可感染。该病既可水平传播，也能垂直传播。患病的母鸡所产的蛋黄中可带有鸡伤寒沙门菌。据报道：每克鸡粪便中约含大肠埃希菌10个，其中有10%～15%属于有致病性的血清型。在母鸡感染大肠埃希菌后21日内所产的蛋中有27%可分离出大肠埃希菌，而在正常母鸡所产的蛋中仅有0.5%～6%含有该菌。经人工感染的母鸡所产的蛋中有26.5%含有该菌。

在气温适宜的条件下，外界的微生物可通过蛋壳上的气孔进入蛋内并在其中迅速生长繁殖，使禽蛋腐败变质。例如，霉菌进入蛋内可形成黑斑，称"黑斑蛋"；微生物和蛋本身的酶使蛋白质分解，导致蛋黄移位、蛋黄膜破裂，形成"散黄蛋"；若条件继续恶化，蛋黄与蛋清混在一起，称"浑汤蛋"。由蛋白质分解生成的硫化氢、胺类、粪臭素可使腐败变质的蛋具有恶臭，称"黑腐蛋"。腐败变质的蛋不得食用，应予销毁。

新鲜蛋的蛋清中有溶菌酶，因此新鲜蛋中的微生物不多，仅约有10%的鲜蛋能检出活菌。溶菌酶的这种杀菌作用在低温下可保持较长的时间，而在较高温度下会很快消失，以致微生物大量繁殖，引起蛋腐败变质。

为防止微生物对禽蛋的污染，提高鲜蛋的卫生质量，应加强对禽类饲养条件的管理，保持禽体及产蛋场所的清洁卫生。鲜蛋应储存在温度为1～5℃、相对湿度为87%～97%的环境中。禽蛋自冷库取出时应先在预暖室内放置一段时间，防止因产生冷凝水而造成微生物对禽蛋的污染。合理使用抗生素、禁止使用激素，从而避免对禽蛋造成污染。

2. 鲜蛋的卫生管理

鲜蛋是指各种家禽生产的、未经加工或仅用冷藏法、液浸法、涂膜法、消毒法、气调法、干藏法等储藏方法处理的带壳蛋。鲜蛋的原料要求、感官要求（色泽、气味、状态）及污染物、农药残留和兽药残留、微生物限量等应符合《食品安全国家标准　蛋与蛋制品》（GB 2749—2015）的规定。

鲜蛋的蛋壳应完整，颜色正常，略有一点粗糙，蛋壳上有一层霜状物。如果蛋壳颜色变灰变黑，说明蛋内容物已腐败变质。如果蛋壳表面光滑，说明该蛋已孵化过一段时间。蛋放在手中若质量较轻说明该蛋为陈蛋（存放过久而水分蒸发），若质量较重则表明为熟蛋或水泡蛋。将蛋放在手心翻转几次，若始终为一面朝下，为贴壳蛋。将蛋与蛋轻轻互相碰击，若发出清脆声，为鲜蛋；出现哑声为裂纹蛋；发出空空声为水花蛋；发出嘎嘎声则为孵化蛋。用嘴对蛋壳哈一口热气，再用鼻子闻其味，若有臭味为黑腐蛋；若有酸味为散黄蛋；若有霉味为黑斑蛋；若有青草味或异味，则说明蛋与青饲料放在过一起或在有散发特殊气味的环境中储存过。

3. 蛋制品的质量安全管理

（1）液蛋制品　是以鲜蛋为原料，经去壳、加工处理后制成的蛋制品，如全蛋液、蛋黄液、蛋白液等。

（2）干蛋制品　是以鲜蛋为原料，经去壳、加工处理、脱糖、干燥等工艺制成的蛋制品，如全蛋粉、蛋黄粉、蛋白粉等。

（3）冰蛋制品　是以鲜蛋为原料，经去壳、加工处理、冷冻等工艺制成的蛋制品，如冰全蛋、冰蛋黄、冰蛋白等。

（4）再制蛋　是以鲜蛋为原料，添加或不添加辅料，经盐、碱、糟、卤等不同工艺加工而成的蛋制品，如皮蛋、咸蛋、咸蛋黄、糟蛋、卤蛋等。

制作蛋制品要使用鲜蛋，并在生产过程中严格遵守有关食品安全制度，采取各种有效措施防止病原微生物的污染。各类蛋类制品的感官、污染物限量、农药和兽药残留限量及微生物限量应符合《食品安全国家标准　蛋与蛋制品》（GB 2749—2015）的要求。

三、水　产　品

（一）水产品的主要卫生问题

1. 腐败变质

水产动物体内的酶活力高，含水分多，pH 比畜肉高，产销流通环节复杂，与异物接触频繁，比其他动物性食品更易发生腐败变质。鱼类离开水面后很快死亡。鱼死后的变化与畜肉相似，但其僵直持续的时间较短。随后，由于鱼类营养丰富，水分含量高，污染的微生物多，在体内酶的作用下，鱼体蛋白质很快发生分解，肌肉逐渐变软失去弹性，出现自溶。自溶时微生物易侵入鱼体，在鱼体酶和微生物的联合作用下，鱼鳞脱落、眼球凹陷、鳃呈暗褐色、腹部膨胀、肛门肛管突出、鱼肌肉碎裂并与鱼骨分离，发生严重的腐败变质，并有臭味。

2. 病原微生物污染

由于存在人畜粪便及生活污水对水域的污染，鱼类及其他水产动物都会受到病原微生物的污染。当人生食或食用未煮熟的水产品时，病原微生物就会进入人体并致病。水产动物体内携带的常见病原微生物有副溶血性弧菌、沙门菌、志贺菌、大肠埃希菌、霍乱弧菌及肠道病毒等。

3. 寄生虫感染

常见的寄生虫有中华分支睾吸虫（肝吸虫）、肺吸虫（卫氏并殖吸虫）及阔节裂头绦虫等。进食生鲜的（生鱼片、生鱼粥、生鱼佐酒、醉虾蟹）或未经彻底烧熟煮透（如涮锅、烧烤）的水产品，寄生虫就会进入人体内。

4. 农药和兽药污染

水产品中的农药主要来自其生活水域的污染。例如，以浙江青田县为代表的"稻鱼共生系统"及以贵州省从江县为代表的"稻鱼鸭共生系统"，将田鱼鱼苗（鸭雏）与秧苗一同放进田里，使田鱼（鸭雏）与水稻一同生长，在水稻生长期间喷施农药或者给鸭饲喂兽药则水体会被污染，鱼体内便会有富集。水产品的兽药残留限量应严格遵守《食品安全国家标准　鲜、冻动物性水产品》（GB 2733—2015）的规定。

5. 有毒金属污染

由于工业"三废"和生活污水的污染，使鱼类及其他水产品体内含有较多的有毒金属（如汞、镉、砷、铅等）。同时，由于鱼类对其有较强的耐受性，通过生物富集作用使其体内的有毒金属的浓度远远高于环境中有毒金属的浓度。有时水产动物还可将某些有毒金属转变成毒性更强的物质，如将无机汞转变为甲基汞。日本曾发生的"水俣病""骨痛病"就是由工业污水中的有毒金属毒物（甲基汞、镉）引起的。

6. 饲料添加剂污染

随着水产养殖的发展，为了提高水产品的数量，饲料添加剂被广泛使用。滥用饲料添加剂或在饲料添加剂中非法添加违禁药物也会危害人体健康。使用渔用饲料添加剂应当符合《饲料和饲料添加剂管理条例》和《无公害食品　渔用配合饲料安全限量》（NY 5072—2002），鼓励使用复合饲料，禁止使用无产品质量标准、无质量检验合格证、无生产许可证和产品批准文号的饲料及饲料添加剂。

7. 含有自然毒素

水产品种类很多，有的本身具有毒性，人进食后会引起中毒，甚至导致死亡。有些水产动物体内含有的自然毒素几乎遍布于全身，例如，鱼类中的河豚含有河豚毒素，贝类含有贝类毒素，腔肠动物海葵（生长在水中的食肉动物）体内含有海葵毒素；有的存在于局部脏器内，例如，鲅鱼、旗鱼、鲨鱼必须去除肝，其肝富含维生素 A，虽然维生素 A 不是自然毒素，但过量食用也会引起中毒；有的存在于腺体内，例如，两栖类中的蟾蜍耳后腺、皮肤腺分泌的白色有毒浆液蟾酥；有的存在于鱼卵内，例如，淡水鱼中的鲶鱼和山溪中的光唇鱼的鱼卵内含有"鱼卵毒素"；鲣鱼、鲐鱼等青皮红肉鱼易分解产生大量组胺，人食用后常会出现过敏反应。《食品安全国家标准　鲜、冻动物性水产品》（GB 2733—2015）规定了组胺和贝类毒素的限量。

（二）水产品的卫生管理

1. 水产品保鲜的卫生要求

鱼类保鲜的目的就是抑制酶的活力和细菌的繁殖，延缓自溶和腐败的发生。有效的措施是低温、盐腌、防止微生物污染和减少鱼体破损。

低温保鲜有冷藏和冷冻两种。冷藏多采用机冰，使鱼体温度降至10℃左右，可保存 5～14d；冷冻是指选用鲜度较高的鱼类，在-25℃以下的温度下速冻，使鱼体内形成的冰块小而均匀，然后再在温度为-18～-15℃的条件下保存，保鲜期可达 6～9 个月。含脂肪多的鱼不宜久藏，因鱼的脂肪酶在-23℃以下的低温下才被抑制。《食品安全国家标准　鲜、冻动物性水产品》（GB 2733—2015）规定，冷冻动物性水产品应储存在-18℃或更低的温度下，禁止与有毒、有害、有异味物品同库储存。

盐腌保藏简易可行，可广泛使用。用盐量视鱼的品种、储存时间及气温等因素而定。一般盐浓度为150g/L 左右的鱼制品具有一定的储藏性。

2. 运输、销售的卫生要求

捕捞船或运输船（车）应经常冲洗，保持清洁卫生，减少污染；外运供销的鱼类及其他水产品应符合该产品一、二级鲜度的标准；尽量用冷冻调运和冷藏车、船装运。

鱼类在运输、销售时，应避免污水和化学毒物的污染，凡接触鱼类及水产品的设备、用具应用无毒无害的材料制成。提倡用桶、箱装运，尽量减少鱼体损伤。

为保证鱼品的质量安全，供销各环节均应建立验收制度，不得出售和加工已死亡的黄鳝、甲鱼、河蟹及各种贝类；含有自然毒素的水产品，如鲳鱼、鲅鱼等必须除去肝，有剧毒的河豚不得流入市场，应将其剔出并集中妥善处理。常见于我国江浙一带餐桌的河豚，均为经过特殊的养殖过程使其无毒或减毒的品种。

（三）鱼类制品的卫生要求

选用的原料应为良质鱼，食盐不得含沙门菌、副溶血性弧菌，氯化钠的含量应在950g/L以上。盐腌场所和咸鱼体内不得含有干酪蝇和鲣节甲虫幼虫；鱼干的晾晒场应选择向阳通风和干燥的地方，勤翻晒，以免局部温度过高、干燥过快，蛋白质凝固变性出现外干内潮的龟裂现象。制作鱼松的原料鱼质量必须得到保证，先冲洗清洁并干蒸后，用溶剂抽去脂肪再进行加工，其水分含量为12%~16%，色泽正常，无异味。

四、乳及乳制品

乳类是源自哺乳动物的特殊食品，在优化膳食构成方面具有不可替代的作用。乳制品营养价值高，是我国居民尤其是处于生长发育期的婴幼儿、儿童的理想食品。鉴于食用人群的特殊性，必须对乳制品的卫生质量加以严格监督与管理。在乳类中，牛乳及其制品的生产和消费量巨大，是人们研究和有关部门实施监管的重点。

（一）生乳的卫生问题及其管理

生乳（raw milk），又称生鲜乳，是未经杀菌、均质等工艺处理的原乳。生乳是从符合国家有关要求的健康乳畜乳房中挤出的无任何成分改变的常乳。感官要求为：呈白色或微黄色，具有乳固有的香味，无异味，均匀一致，无凝块、无沉淀、无可见异物。理化指标及污染物、真菌毒素、微生物、农药残留和兽药残留限量均应符合《食品安全国家标准 生乳》（GB 19301—2010）的要求。生乳主要用于乳制品生产，煮沸后也可饮用，但不适宜直接饮用。

刚挤出的生乳中含有乳素（溶菌酶），能够抑制细菌生长。抑菌作用时间的长短与乳中存在的菌量和存放的温度有关。菌数越多，温度越高，抑菌作用时间就越短。例如，生乳在温度为0℃时可保持48h，5℃可保持36h，10℃可保持24h，25℃可保持6h，30℃可保持3h，37℃可保持2h而不变质。因此，刚挤出的生乳应及时冷却。

由于生乳营养丰富，是微生物生长、繁殖的良好培养基，极易受到动物体及挤乳环境中微生物的污染，若没有经过任何消毒处理，容易变为劣质乳。因此，应加强对现制现售生乳的监管，防止不合格生乳的销售，乳品加工企业应在生乳的收购过程中加强对其质量的检查力度，全面监控，保证生乳的质量安全。

劣质乳至少存在下列现象之一：①带红色、绿色或明显的黄色；②有大量的杂质，如煤屑、豆渣、乳畜粪便、尘埃和昆虫等；③乳汁发黏或呈凝块。劣质乳应进行消毒处理后废弃，不得饮用。

生乳的卫生问题主要有以下几点。

1. 微生物污染

微生物污染分为一次污染和二次污染。一次污染是指生乳在挤出前就受到微生物污染的情况。乳畜的乳腺腔和乳头管中经常有少量的细菌，所以刚挤出的生乳中就有球菌、荧光杆菌、酵母菌和霉菌等存在。二次污染是指在挤乳过程中或乳挤出后被污染的情况，由于饲养条件或挤乳的卫生条件不佳，微生物通过空气、乳畜的体表、挤乳人员的手、工具和容器等对生乳造成污染。

污染生乳的微生物按照种类分为如下几种。

①腐败菌：主要有产乳酸细菌（链球菌属、乳杆菌属）、陈化细菌（芽孢杆菌属、假单胞菌属、变形杆菌属等）、脂肪分解菌（假单胞菌属、无色杆菌属、黄杆菌属、产碱杆菌属等）。

②致病菌：有可引起食物中毒的沙门菌、大肠埃希菌、金黄色葡萄球菌等，引起肠道传染病的伤寒杆菌、痢疾杆菌、霍乱弧菌等，引起人畜共患传染病的炭疽杆菌、布鲁氏杆菌、结核杆菌等。

③真菌：包括霉菌和酵母菌。前者主要有曲霉属、青霉属、根霉属、毛霉属，后者主要有红酵母属、假丝酵母属、毕赤氏酵母属、汉逊氏酵母属。

美国疾病预防控制中心和联合国 FAO/WHO 的报告指出，布鲁氏菌的风险可能来自于未经过巴氏消毒的乳制品和未煮熟的肉制品。

2. 化学性污染

饲料中残留的农药、兽药（特别是抗生素和激素）、饲料霉变后产生的真菌毒素及有毒金属等有毒有害化学物质都会对乳造成污染。

3. 掺伪

除掺水以外，掺伪还指掺入明矾、石灰水、三聚氰胺、尿素、蔗糖、米汤、豆浆、洗衣粉、白硅粉、白陶土、硼酸、甲醛、苯甲酸、水杨酸、抗生素、污水和病牛乳等。

（二）乳的生产、储运过程的管理

1. 乳的生产

（1）乳品厂、乳牛的卫生要求　乳品厂的厂房设计与设施的卫生应符合《食品安全国家标准 乳制品良好生产规范》（GB 12693—2010）。乳品厂必须建立在交通方便，水源充足，无有害气体、烟雾、灰沙及其他污染的地区。供水除应满足生产需要外，水质应符合《生活饮用水卫生标准》（GB 5749—2022）。乳品厂应有健全配套的卫生设施，如废水、废气及废弃物处理设施，清洗消毒设施和良好的排水系统等。乳品加工过程中，各生产工序必须连续生产，以防止原料和半成品积压变质而导致致病菌、腐败菌的繁殖和交叉污染。乳牛场及乳品厂应建立化验室，对投产前的原料、辅料和加工后的产品进行卫生质量检查，乳制品必须检验合格后方可出厂。

乳品加工厂的工作人员应保持良好的个人卫生，遵守有关卫生制度，定期进行健康检查，取得健康合格证后方可上岗。患传染病及皮肤病者应及时调离工作岗位。

乳牛应定期预防接种及检疫，如发现病牛应及时隔离饲养，工作人员及用具等均须严格分开。

（2）挤乳的卫生要求　挤乳的操作是否规范直接影响到乳的卫生质量。挤乳前应做好充分准备工作，如挤乳前 1h 停止喂干料并消毒乳房，保持乳畜清洁和挤乳环境的卫生，防止存在微生物的污染。挤乳的容器、用具应严格执行卫生要求，挤乳人员应穿戴好清洁的工作服，洗手至肘部。挤乳时注意每次开始挤出的第一、二把乳应废弃，以防乳头处细菌污染乳汁。此外，产犊前 15d 的胎乳、产犊后 7d 的初乳、兽药休药期内的乳汁及患乳房炎的乳牛的乳汁等应废弃，不得供人食用。但近些年来牛初乳及其制品逐渐被关注。牛初乳是指从正常饲养的、无传染病和乳房炎的分娩 72h 内的健康母牛的乳房中所挤出的乳汁。生鲜牛初乳原料的感官、理化、微生物等指标要执行《中国乳制品工业行业规范 生鲜牛初乳》（RHB 601—2005）的要求。

挤出的乳应立即进行净化处理，除去乳中的草屑、牛毛、乳块等非溶解性的杂质。净化可采用过滤净化或离心净化等方法。通过净化可降低乳中微生物的数量，有利于乳的消毒。净化后的乳应及时冷却。

（3）乳的消毒　常用的消毒方法有传统巴氏消毒法、超高温瞬间灭菌法、蒸汽消毒法、煮沸消毒法等。

①传统巴氏杀菌法：包括低温长时间巴氏杀菌法（将乳加热到 62~65℃，保持 30min）和高温短时间巴氏杀菌法（将乳加热到 70~85℃，保持 15s）。在有效的温度范围内，温度每升高10℃，乳中细菌芽孢的破坏速度可增加约 10 倍，而乳褐变的反应速度仅增加约 2.5 倍，故牛乳的消毒一般采用高温短时间巴氏杀菌法，在保证消毒效果的同时也尽量保持了其营养成分。

②超高温瞬间灭菌法：即 UHT 灭菌法（ultra high temperature processing, ultra heat treated），将乳加热到 120~150℃，保持 0.5~3s。

③蒸汽消毒法：将瓶装生乳置于蒸汽箱或蒸笼中加热至蒸汽上升，维持 10min，乳温可达85~95℃，营养损失较小，适于在无巴氏消毒设备的条件下使用。

④煮沸消毒法：将乳直接加热煮沸，保持 10min。此方法虽然简单，但是对乳的理化性质和营养成分有影响。且煮沸时泡沫部分的温度较低，影响消毒效果。若将泡沫温度提高 3.5~4.2℃，可保证消毒效果。

2. 乳的储运

为防止微生物对乳的污染和乳的变质，挤下的乳必须尽快冷却或及时加工。储乳容器应清洗、消毒；生鲜乳要迅速冷却至 2~10℃，以抑制细菌生长繁殖，保持乳的新鲜度；生鲜乳冷却后应低温保存，一般的储存温度为 4~6℃；运送乳应有专用冷藏车辆；瓶装或袋装消毒乳夏天自冷库取出后，应在 6h 内送到用户手中。牛乳在 4.4℃ 的低温下冷藏保存最佳，10℃ 以下稍差，超过 15℃ 时，乳的质量就会受到影响。

（三）病畜乳的处理

乳畜患有结核病、布鲁氏菌病及乳腺炎时，致病菌会通过乳腺导管污染乳。此外，在从挤乳到食用的各环节中，乳也可能被伤寒、副伤寒、痢疾杆菌和溶血性链球菌等污染。当人食用这种未经卫生处理的乳后，可感染疾病。因此，对各种病畜乳必须分别予以卫生处理。

（1）有明显结核病症状的乳畜的乳，应禁止食用，就地消毒后销毁，并对病畜进行处理；对结核菌素试验阳性而无临床症状的乳畜的乳，经巴氏杀菌（62℃维持 30min）或煮沸 5min后，可制成乳制品。

（2）患有布鲁氏菌病乳牛的乳，经煮沸 5min 后方可使用；对凝集反应阳性但无明显症状的乳牛，其乳经巴氏消毒后，允许用于食品工业，但不得制作干酪。羊型布鲁氏杆菌对人易感性强、威胁大，因此凡有症状的乳羊都应禁止挤乳并予以淘汰。

（3）患有口蹄疫的乳牛，凡乳房出现口蹄疫病变（如水疱），产出的乳禁止饮用，应就地严格消毒后废弃；若是体温正常的病畜产出的乳，在严格防止污染的情况下，煮沸 5min 或经巴氏消毒后允许用于喂饲牛犊或其他禽畜。

（4）患有乳房炎乳牛的乳应消毒后废弃，不得利用。

（5）患炭疽病、牛瘟、传染性黄疸、恶性水肿、沙门菌病等的病畜产出的乳严禁食用，应消毒后废弃。

（四）乳及乳制品的卫生要求

乳制品包括乳粉、炼乳、发酵乳、奶油、干酪、复合乳和含乳饮料等。各种乳制品均应符合相应的食品安全国家标准及相关的标准和要求。乳制品使用的添加剂应符合《食品安全国家标准　食品添加剂使用标准》（GB 2760—2014），营养强化剂应符合《食品安全国家标准食品营养强化剂使用标准》（GB 14880—2012）的要求，真菌毒素含量要符合《食品安全国家标准　真菌毒素限量》（GB 2761—2017），铅、汞、砷、锡、铬、亚硝酸盐、硝酸盐等污染物的含量应符合《食品安全国家标准　食品中污染物限量》（GB 2762—2017）的要求。

1. 消毒牛乳的卫生要求

消毒牛乳应为乳白色或微黄色的均匀液休，无沉淀、无凝块、无杂质、无黏稠和浓厚现象，具有牛乳固有的纯香味，无异味。消毒乳要符合《食品安全国家标准　巴氏杀菌乳》（GB 19645—2010）和《食品安全国家标准　灭菌乳》（GB 25190—2010）的要求。禁止将生牛乳直接上市销售。

2. 乳制品的检验

（1）乳粉　是以生牛（羊）乳为原料，经加工制成的粉状产品，为干燥均匀的粉末。调制乳粉是以生牛（羊）乳或其加工制品为主要原料，添加其他原料，添加或不添加食品添加剂和营养强化剂，经加工制成的乳固体含量不低于 70% 的粉状产品。乳粉和调制乳粉的感官性状、理化及微生物指标应达到《食品安全国家标准　乳粉》（GB 19644—2010）的要求。

（2）炼乳　分为淡炼乳、加糖炼乳和调制炼乳。加糖炼乳为乳白色或微黄色、均匀、有光泽、黏度适中、无异味、无凝块、无脂肪漂浮的黏稠液体。具有苦味、腐败味、霉味、化学药品和石油等气味的炼乳或胖听应作为废品处理。而调制炼乳应具有辅料应有的色泽，以及乳和辅料应有的滋味和气味。淡炼乳的感官及理化指标与加糖炼乳相同，淡炼乳中不得含有任何杂菌。炼乳其他理化及微生物指标应达到《食品安全国家标准　炼乳》（GB 13102—2010）的要求。

（3）发酵乳　乳白色或稍带微黄色，凝块均匀细腻，无气泡，允许有少量乳清析出。所用的菌种应为国务院卫生行政部门批准使用的菌种。发酵乳在出售前应储存在温度为 2~8℃ 的仓库或冰箱内，储存时间不应超过 72h。若制作风味酸乳，允许加入各种果汁和香料。当发酵乳表面生霉、有气泡和大量乳清析出时，不得出售和食用。发酵乳其他理化及微生物指标应达到《食品安全国家标准　发酵乳》（GB 19302—2010）的要求。

（4）奶油（黄油）　按脂肪含量的不同，将奶油分为稀奶油（脂肪含量为 10.0%~80.0%）、奶油（脂肪含量不少于 80.0%）和无水奶油（脂肪含量不少于 99.8%）。正常的奶油为均匀的浅黄色，组织状态正常，具有奶油的纯香味。凡有霉斑、腐败、异味（苦味、金属味、鱼腥味等）的，应作废品处理。其他理化与微生物指标应达到《食品安全国家标准　奶油、稀奶油和无水奶油》（GB 19646—2010）的要求。

（5）干酪　是指成熟或未成熟的软质、半硬质、硬质或特硬质、可有涂层的乳制品，其中乳清蛋白/酪蛋白的比例不超过牛乳中的相应比例。成熟干酪、霉菌成熟干酪、未成熟干酪除应具备该类产品应当有的色泽、滋味和组织状态外，污染物、真菌毒素与微生物限量应达到《食品安全国家标准　干酪》（GB 5420—2010）的要求。

第三节　主要加工食品的卫生及管理

一、食用油脂

食用油脂通常包括以油料作物制取的植物油及经过炼制的动物油脂。食用油脂的状态与温度有关，一般说来，前者在常温下呈液体状态（椰子油例外），如豆油、花生油、菜籽油、棉籽油、茶油、芝麻油等；后者在常温下则呈固体状态，如猪油、牛脂、乳油等。食用油脂制品是指一些油脂深加工产品，主要有调和油、氢化植物油（俗称植物奶油）等。

食用油脂在生产、加工、储存、运输、销售过程中的各个环节均有可能受到某些有毒有害物质的污染，以致其卫生质量降低，损害食用者健康。

（一）食用油脂的生产特点

食用油脂生产所需的各种原辅料和溶剂的质量直接影响油脂的质量，因此必须符合相关卫生要求。食用油脂的生产工艺因原料不同而有很大差异。

1. 食用油脂的制取

（1）动物油脂　动物性油脂原料应当是经兽医卫生检验合格的动物的板油、肉腰、网膜、内脏器官脂肪和其他组织，无污秽不洁及腐败变质现象，在预处理时要加以挑拣和清洗等。常用湿法熬炼和干法熬炼法制取动物油脂（奶油除外）。鱼油生产通常采用混榨工艺，从蒸煮、压榨后制得的压榨液中分离出鱼油。

（2）植物油　制取植物油可采用压榨法、浸出法、超临界流体萃取法、水溶剂法和酶解法等。从油料中分离出的初级油脂产品称为"毛油"，其中含有较多杂质，色泽较深且浑浊，须加以精炼，不宜直接食用。

①压榨法：工艺上分为热榨和冷榨两种。热榨先将油料种子经过筛选清除有毒植物种子和其他夹杂物，再经脱壳和去壳、破碎种子、湿润蒸坯、焙炒后进行机械压榨分离出毛油。此种加工方法不仅可以破坏种子内酶类、抗营养因子及有毒物质，而且还有利于油脂与基质的分离，因此出油率高、杂质少。冷榨时原料不经加热直接压榨分离毛油，通常出油率较低，杂质多，但是能较好地保持粕饼中蛋白质原来的理化性质，有利于粕饼资源的开发利用。

②浸出法：即溶剂萃取法，是利用食用级有机溶剂可扩散至油料种子细胞内的特性，将油溶解在溶剂中，然后脱去并回收溶剂而制得毛油的方法。该法出油率高，产品不含组织残渣，粕饼中蛋白质保存较好。浸出法又分为直接浸出法和预榨浸出法。直接浸出法是将原料经预处理后，直接加入浸出器提取毛油的方法。预榨浸出法实际上是将压榨法与浸出法结合起来的方法，用压榨法制油时，在压榨后的"油饼"内存留一定量的油脂（约2.5%），再用浸出法就可以充分地将其抽提出来，两种方法互补，既充分利用了原料，又减少了溶剂的用量，并且出油率较高、产品质量较纯，是目前国内外普遍采用的制油技术。

浸出法使用的抽提溶剂，若沸点过低会增加溶剂的消耗量及工艺上的不安全性，沸点过高会导致残留量增加。《植物油抽提溶剂》（GB 16629—2008）规定了由石油直馏馏分、重整抽余油或凝析油馏分经精制而成的植物油抽提溶剂的质量要求，馏程范围为 61（初馏点）~76℃

（干点），苯质量分数不大于0.1%。浸出法生产的食用油不仅对溶剂有严格的要求，对食用油的溶剂残留量也有明确的规定。

③超临界流体萃取法：即利用超临界状态下的流体作为溶剂对油料中油脂进行萃取分离的技术，实际上也属于浸出法。目前油脂工业常用临界的CO_2作为萃取剂，其具有安全、无污染、油脂和粕饼质量好、节能及低成本等优点。

④水溶剂法：是以水作为溶剂，根据油料的特性，采取一些加工技术将油脂提取出来的制油技术。水溶剂法包括水代法和水剂法，主要适用于含油量高的油料（如花生、芝麻等）。水代法一般仅用于芝麻油的制取。流程包括原料筛选、漂洗浸泡、炒料、扬烟、吹净麻糠、加水兑浆搅油、墩油几个步骤。

2. 油脂的精炼

毛油中的悬浮性杂质可以通过沉降、过滤和离心分离等方法去除。其他杂质则可采用以下工艺精炼去除。

（1）脱胶　毛油含有的磷脂或脂肪-蛋白质复合物等胶状类脂物质可通过蒸汽使磷脂与水结合成不溶于水的磷脂，沉淀后去除。经压榨分离的毛油需经水化脱胶处理，即加入相当于毛油量2%~3%的食盐溶液（浓度为50~80g/L），并加热至80~90℃，搅拌，充分沉淀，水洗，可获得精炼的油脂。

（2）脱色　将毛油加热至100℃，再通过白陶土、活性炭的吸附作用除去叶绿素、类胡萝卜素等植物色素，达到脱色效果，同时也可去除苯并(a)芘、黄曲霉毒素等有害物质。

（3）脱酸　将毛油加热至50~60℃，加入氢氧化钠与游离脂肪酸反应生成皂化物，再用分离机去除。

（4）脱臭　各种油脂都有不同程度的气味，统称为臭味。使油脂呈现臭味的主要组分是一些低级的酮、醛、游离脂肪酸及不饱和碳氢化合物等。油脂脱臭不仅可以除去油中的臭味，改善油脂的风味，还可以提高油脂的品质和安全性。脱臭常用的方法是蒸馏。

（5）脱蜡　米糠油、棉籽油、芝麻油、玉米胚芽油及小麦胚油等油脂均含有一定量的蜡质，这些蜡质以结晶状微粒的形式分散在油脂中，使油脂的透明度下降，影响外观。蜡质的主要成分是高级脂肪醇，对热、碱稳定，一般采用低温结晶的方法除去。

3. 油脂的深加工

采用精炼、氢化、酯交换、分提、混合等加工方式，可以将动、植物油脂的单品或混合物制作成固态、半固态或流动状的具有某种性能的食用油脂制品。

（1）氢化植物油　在金属催化剂的作用下，将氢加到甘油三酯不饱和脂肪酸的双键上而制得的产品为氢化植物油（hydrogenated vegetable oil）。经过氢化的油脂，其熔点上升并由液态变为半固态，适用于加工制作人造奶油、起酥油、煎炸油、代可可脂和蛋黄酱等。

（2）调和油　根据使用目的的需要，将两种或两种以上的精炼植物油按比例调配制成的新型食用油脂产品称为调和油（又称高合油）。调和油一般选用精炼大豆油、菜籽油、花生油、葵花籽油等为主要原料制成，外观透明度高。按照产品特性主要分为风味调和油、营养调和油、经济调和油、煎炸调和油及高端调和油等种类。

（二）食用油脂的主要卫生问题

1. 油脂酸败

油脂由于含有杂质或在不适宜条件下久藏而发生的一系列化学变化和感官性状恶化，称为油脂酸败。

（1）原因　油脂酸败的原因包括生物学和化学两个方面的因素。由生物学因素引起的酸败过程被认为是一种酶解的过程，来自动植物组织残渣和食品中微生物的酯解酶等催化剂使甘油三酯水解成甘油和脂肪酸，随后高级脂肪酸碳链进一步氧化断裂生成低级酮酸、甲醛和酮等，据此又将酶解酸败过程称作酮式酸败。油脂酸败的化学过程主要是水解和自动氧化，一般多发生于不饱和脂肪酸，特别是多不饱和脂肪酸甘油酯，不饱和脂肪酸在紫外线和氧的作用下双键打开形成过氧化物，再继续分解为低分子脂肪酸及醛、酮、醇等物质。某些金属离子，如铜、铁、锰等在油脂氧化过程中起催化作用。在油脂酸败过程中，油脂的自动氧化占主导地位。

（2）常用的卫生学评价指标

①酸价（acid value，AV）：中和 1g 油脂中游离脂肪酸所需 KOH 的毫克数称为油脂酸价。油脂酸败时游离脂肪酸增加，酸价也随之增高，因此可用酸价来评价油脂的酸败程度。我国食品安全国家标准和现行有关的食品卫生标准规定的 AV 限量是：食用植物油 AV≤3mg/g；食用动物油 AV≤2.5mg/g；食用油脂制品 AV≤1mg/g；食用植物油煎炸过程中 AV≤5mg/g。

②过氧化值（peroxide value，POV）：油脂中不饱和脂肪酸被氧化形成过氧化物的含量称为过氧化值，一般以 100g 被测油脂使碘化钾析出碘的质量（g）表示，单位是 g/100g。POV 是油脂酸败的早期指标，当 POV 上升到一定程度后，油脂开始出现感官性状上的改变。值得注意的是，POV 并非随着酸败程度的加剧而持续升高，当油脂的气味由哈喇味变辛辣、色泽变深、黏度增大时，POV 反而会降至较低的水平。一般情况下，当 POV 超过 0.25g/100g 时，即表示酸败。我国现行食品安全国家标准规定，植物原油和食用植物油 POV 应≤0.25g/100g；食用动物油 POV 应≤0.20g/100g；食用氢化油 POV 应≤0.10g/100g；其他食用油脂制品 POV 应≤0.13g/100g。

③羰基价（carbonyl group value，CGV）：油脂酸败时可产生含有醛基和酮基的脂肪酸或甘油酯及其聚合物，其总量称羰基价。羰基化合物与 2,4-二硝基苯肼的反应产物在碱性溶液中可形成褐红色或酒红色，以在 440nm 波长下测定的吸光度计算羰基价，以相当 1kg 油样中羰基的毫克当量表示，单位是 mEq/kg。正常油脂总羰基价≤20mEq/k，酸败油脂和经加热劣化的油脂则多超过 50mEq/kg，有明显酸败味的食品可高达 70mEq/kg。

④丙二醛（malondialdehyde，MDA）：丙二醛是油脂氧化的最终产物，通常用来反映动物油脂酸败的程度。一般用硫代巴比妥酸（TBA）法测定，以 TBA 值表示丙二醛的浓度。这种方法的优点是简单方便，而且适用于所有食品，并可反映甘油三酯以外的其他物质的氧化破坏程度。MDA 与 POV 不同，其含量可随着氧化的进行而不断增加。我国现行食品安全国家标准规定，食用动物油脂中 MDA 应≤0.25mg/100g。对植物油脂中 MDA 含量目前没有明确的限量规定。

（3）造成的危害　油脂酸败直接影响产品的质量。轻者使某些理化指标发生变化，重者引起感官性状改变，可产生强烈的不愉快的气味和味道。在酸败过程中，亚油酸、亚麻酸等人体必需的不饱和脂肪酸，脂溶性的维生素 A、维生素 D 和维生素 E 被破坏，不同程度地降低了油脂的食用性和营养价值；长期食用变质油脂还会破坏同时摄入的其他食物中的 B 族维生素，引起脂溶性维生素和维生素 B_2 的缺乏；酸败的氧化产物对机体的酶系统（如琥珀酸脱氢酶和细胞色素氧化酶）有破坏作用，并通过损伤 DNA 导致肿瘤的发生；动物实验证明，酸败的油脂可导致动物的能量利用率降低、体重减轻、肝脏肿大及生长发育障碍；酸败产物可对人体健康造成不良影响，因油脂酸败而引发的中毒事件国内外均有报道。

（4）预防措施

①保证油脂的纯度：无论采用何种制油方法生产的毛油必须经过精炼，以除去动、植物残渣。水分也是促进油脂酸败的重要因素，也应严格控制其含量。我国油脂质量标准对含水量有明确的规定，如《玉米油》（GB/T 19111—2017）规定，玉米原油水分及挥发物含量应≤0.20%，压榨和浸出成品玉米油一级、二级、三级分别为≤0.10%、≤0.15%、≤0.20%。

②防止油脂自动氧化：自动氧化是油脂酸败的主要途径，受空气、温度、光线、金属离子、包装材料及微生物等外因的影响。空气中的氧气是油脂氧化的主要因素；随着温度的升高，油脂的氧化速率增大；光线能激发油脂中的光敏物质，引起油脂的光氧化反应，波长短、能量高的光线促氧化能力较强；水分含量过高会促进油脂的水解酸败，一般精炼油脂的水分含量应控制在0.01%以下；微量金属在光照下能够促进油脂的自动氧化及氢过氧化物的分解，各种金属氧化催化活性一般规律为：Cu>Mn>Fe>Cr>Ni>Zn>Al。因此，油脂的储存应注意密封、断氧和遮光，同时在加工和储存过程中应避免金属离子污染。

（5）合理使用油脂抗氧化剂　任何能阻止油脂氧化酸败的物质都可以视为抗氧化剂。抗氧化剂通过清除油脂中的氧或捕获自由基来阻止油脂的自动氧化，是防止食用油脂酸败的重要措施。常用的人工合成抗氧化剂有丁基羟基茴香醚、二丁基羟基甲苯和没食子酸丙酯。不同抗氧化剂的混合或与柠檬酸混合使用均具有协同作用。柠檬酸虽然不被视为抗氧化剂，但其能与任何微量金属催化剂络合，减弱其在氧化酸败过程中的催化作用。维生素 E 是天然存在于植物油中的抗氧化剂，对植物油具有很好的保护作用，在天然大豆油中含量可达1000mg/kg，然而经过脱臭工艺后，会被大部分去除。

2. 油脂污染和天然存在的有害物质

油脂在生产加工过程中可能被污染的及天然存在的有害物质主要有以下几类。

（1）霉菌毒素 B_1　油料种子被霉菌及其毒素污染后，其毒素可转移到油脂中，最常见的霉菌毒素是黄曲霉毒素。各类油料种子中花生最容易受到污染，其次为棉籽和油菜籽，严重污染的花生榨出的油中每千克黄曲霉毒素可高达数千微克。碱炼法和吸附法均为有效的去毒方法。我国规定花生油、玉米胚芽油中黄曲霉毒素 B_1 应≤20μg/kg，其他植物油中应≤10μg/kg。

（2）多环芳烃类化合物　油脂在生产和使用过程中可受到多环芳烃类化合物的污染，其主要源自油料种子的污染、油脂加工过程中受到的污染以及使用过程中油脂的热聚。油脂中的苯并(a)芘可通过活性炭吸附、脱色处理等精炼工艺而降低。我国现行国家标准规定，3,4-苯并(a)芘应≤10μg/kg。

（3）有害元素　油脂中的砷、铅主要来源于油料和运输、生产过程中使用不符合食品卫生要求的工具及设备等造成的污染。我国现行食品安全国家标准规定，油脂及其制品中砷、铅含量均应≤0.1mg/kg。镍是生产氢化植物油过程中的催化剂，必须加以限量，我国现行食品安全国家标准规定，氢化植物油及氢化植物油为主的产品中镍含量应≤1.0mg/kg。

（4）棉酚　棉籽的色素腺体内含有多种毒性物质，目前已知有棉酚（gossypol）、棉酚紫和棉酚绿。棉酚又有游离型和结合型之分，具有毒性作用的是游离棉酚。上述物质在棉籽中的含量分别为：游离棉酚24%～40%，棉酚紫0.15%～3.0%，棉酚绿2.0%，可见棉籽油的毒性成分主要是游离棉酚。棉籽油中游离棉酚的含量因加工方法而异，冷榨生产的棉籽油中游离棉酚的含量很高，热榨时棉籽经蒸炒加热，游离棉酚能与蛋白质作用形成结合棉酚，压榨时多数留在棉籽饼中，故热榨法生产的油脂中游离棉酚含量可大为降低。通常热榨法生产的油脂中游离棉酚含量仅为冷榨法的 1/20~1/10。长期食用生棉籽油可引起慢性中毒，其临床特征为皮肤灼热、无汗、头晕、心慌、无力及低钾血症等。此外棉酚还可导致性功能减退及不育症。一次食用较多量的毛棉籽油会导致急性中毒。降低棉籽油中游离棉酚的含量主要有两种方法：一是采用热榨，二是碱炼或精炼。碱炼时，棉酚在碱性环境下可形成溶于水的钠盐而被除去，碱炼或精炼的棉籽油中棉酚含量可在 0.015% 左右。有研究证明，棉籽油中游离棉酚含量在 0.02% 以下时对动物健康无影响，高至 0.05% 时对动物有危害。我国现行《食品安全国家标准 植物油》（GB 2716—2018）中规定的棉籽油中游离棉酚含量 ≤0.02%。

（5）芥子油苷 芥子油苷普遍存在于十字花科植物中，油菜籽中含量较多。芥子油苷在植物组织中葡萄糖硫苷酶作用下可水解为硫氰酸酯、异硫氰酸酯和腈。腈的毒性很强，能抑制动物生长或致死；而硫氰化物具有致甲状腺肿作用，其机制为阻断甲状腺对碘的吸收而使甲状腺代偿性肥大。但这些硫化合物大多为挥发性物质，一般可利用其挥发性加热去除。

（6）芥酸 芥酸是一种二十二碳单不饱和脂肪酸（$C_{22:1}$，n-9），在菜籽油中含量为 20%~55%。芥酸可使多种动物心肌中脂肪聚积，心肌单核细胞浸润并导致心肌纤维化。除此之外，还可见动物生长发育障碍和生殖功能下降。但有关芥酸对人体毒性作用还缺乏直接的证据。为了预防芥酸对人体可能存在的危害，FAO/WHO 已建议，食用菜籽油中芥酸不得超过 5%。许多国家对食用油中的芥酸含量作出严格限制，比如欧盟限制不能超过 5%，美国限制其含量不能超过 2%。未经处理的菜籽油中芥酸含量高达 40%。我国已培育出芥酸含量低、饼粕硫苷含量低的"双低"油菜，用这种油菜籽可制取"双低"菜籽油，且在不断优化品种，大力推广种植。《食品安全国家标准 菜籽油》（GB/T 1536—2021）规定，一般菜籽油芥酸含量为 3.0%~60.0%；低芥酸菜籽油芥酸含量应 ≤3.0%。

3. 高温油脂的有害产物

长时间高温加热的油脂可发生水解，产生游离脂肪酸；经热氧化作用可产生较多的过氧化物；经热聚合和热分解作用可产生氧化脂肪酸和挥发性羰基化合物。这些深度氧化产物有的具有较强的毒性，有的可能还具有致癌作用。除此之外，反复高温加热油脂的不利后果还有油脂感官性状严重恶化、因脂溶性维生素和多不饱和脂肪酸破坏增加而导致油脂营养价值降低。

（三）食用油脂的卫生管理

食用油脂卫生管理的主要依据是《食品安全法》《食品安全国家标准 食品生产通用卫生规范》（GB 14881—2013）、《食品安全国家标准 食品经营过程卫生规范》（GB 31621—2014）、《食品安全国家标准 食用植物油及其制品生产卫生规范》（GB 8955—2016）及各种油脂的相关标准。

1. 原辅材料生产

生产加工食用油脂的各种原辅材料必须符合有关的食品安全国家标准或规定。严禁采用受工业"三废"、放射性元素和其他有毒、有害物质污染而不符合国家有关标准的原料，以及浸、拌过农药的油料种子，混有非食用植物的油料、油脂和严重腐败变质的原料。生产食用植物油所用的溶剂必须符合国家有关规定。必须采用国家允许使用的、定点生产的食用级食品添加剂。

2. 生产过程

食用植物油厂必须建在交通方便，水源充足，无有害气体、烟雾、灰尘、放射性物质及其他扩散性污染源的地区。厂房与设施必须结构合理、坚固、完好，锅炉房应远离生产车间和成品库。

生产食用植物油的加工车间一般不宜加工非食用植物油，但由于某些原因加工非食用植物油后，应将所有输送机、设备、中间容器及管道、地坑中积存的油料或油脂全部清出，还应在加工食用植物油的投料初期抽样检验，符合食用植物油的质量、食品安全国家标准后方能视其为食用油；不合格的油脂应作为工业用油。用浸出法生产食用植物油的车间，其设备、管道必须密封良好，空气中有害物质的浓度应符合现行的《工业企业设计卫生标准》，严防溶剂跑、冒、滴、漏。

生产食用油脂使用的水必须符合现行《生活饮用水卫生标准》的规定。生产过程中应防止润滑油和矿物油对食用油脂的污染。

生产食用植物油或食用植物油制品的从业人员，必须经健康检查并取得健康合格证后方可工作，工厂应建立职工健康档案。

3. 成品检验及包装

成品经严格检验达到国家有关质量、卫生或安全标准后才能进行包装。包装容器与材料应符合相应的标准和有关的规定。食用油脂的销售包装和标志应符合有关的规定。由转基因原料加工的产品应符合国家有关的规定。

4. 储存、运输及销售

储存、运输及销售食用油脂均应用专用的工具、容器和车辆，以防污染。产品应储存在干燥、通风良好的场所，食用植物油储油容器的内壁和阀不得使用铜质材料，大容量的包装应尽可能充入氮气或二氧化碳气体，储存成品油的专用容器应定期清洗，保持清洁。为防止与非食用油相混，食用油桶应有明显标记，分区存放。储存、运输、装卸时要避免日晒、雨淋，防止有毒有害物质污染。

5. 产品追溯与撤回

油脂生产企业应该建立产品追溯系统及产品撤回程序，明确规定产品撤回的方法、范围等，定期进行模拟撤回训练，并记录存档。严禁不符合国家有关质量和卫生安全要求的食用油脂流入市场。

二、饮　料　酒

饮料酒（alcoholic beverage）是指酒精含量在0.5%（体积分数）以上的酒精饮料，包括各类发酵酒、蒸馏酒和配制酒。酒精含量低于0.5%的无醇啤酒亦属于饮料酒。在酒类生产过程中，从原料选择到加工工艺等诸环节若达不到卫生要求，就有可能产生或带入有毒物质，如甲醛、杂醇油、铅等，对消费者的健康造成危害。

（一）饮料酒的生产特点及分类

酒的主要成分是乙醇。基本生产原理是将原料中的糖类在酶的催化作用下，先发酵分解为寡糖和单糖，然后在一定温度下，由发酵菌种作用转化为乙醇，此过程称为酿造，不需氧也可以进行。酒类按其生产工艺一般可分为三类：蒸馏酒、发酵酒和配制酒。

1. 蒸馏酒

蒸馏酒是以粮谷、薯类、水果、乳类等为主要原料，经发酵、蒸馏、勾兑而成的饮料酒。

（1）白酒　是以粮谷为主要原料，用大曲、小曲或麸曲及酒母等为糖化发酵剂，经蒸煮、糖化、发酵、蒸馏而制成的酒。按糖化发酵剂可分为大曲酒、小曲酒、麸曲酒和混合曲酒；按生产工艺可分为固态法白酒、液态法白酒和固液法白酒；按香型又可分为浓香型、清香型、米香型、酱香型白酒等。

（2）其他蒸馏酒　如白兰地、威士忌、伏特加、朗姆酒、杜松子酒、蒸馏型奶酒等。

2. 发酵酒

发酵酒是以粮谷、水果、乳类等为主要原料，经发酵或部分发酵酿制而成的饮料酒。根据原料和具体工艺的不同，分为啤酒、葡萄酒、果酒和黄酒等。

（1）啤酒　是以麦芽、水为主要原料，加啤酒花（包括酒花制品），经酵母发酵酿制而成的、含有二氧化碳的、起泡的、低酒精度的发酵酒。按灭菌（除菌）处理方式可分为熟啤酒、生啤酒和鲜啤酒；按色度可分为淡色啤酒、浓色啤酒和黑色啤酒；另有特种啤酒（干啤酒、低醇啤酒、无醇啤酒等）。

（2）葡萄酒　是以鲜葡萄或葡萄汁为原料，经全部或部分发酵酿制而成的、含有一定酒精的发酵酒。按含糖量可分为干葡萄酒、半干葡萄酒、半甜葡萄酒和甜葡萄酒；按二氧化碳含量可分为平静葡萄酒、起泡葡萄酒、高泡葡萄酒和低泡葡萄酒；按生产工艺又可分为葡萄酒和特种葡萄酒（葡萄汽酒、冰葡萄酒、低醇葡萄酒、脱醇葡萄酒等）。

（3）果酒　是以新鲜水果或果汁为原料，经全部或部分发酵酿制而成的发酵酒。果酒通常按原料水果名称命名，以区别于葡萄酒。当使用两种或两种以上水果为原料时，可按用量比例最大的水果名称来命名。

（4）黄酒　是以稻米、黍米等为主要原料，加曲、酵母等糖化发酵剂酿制而成的发酵酒。

3. 配制酒

配制酒又称露酒，是以发酵酒、蒸馏酒或食用酒精为酒基，加入可食用或药食两用的辅料或食品添加剂，进行调配、混合或再加工制成的、已改变了其原酒基风格的饮料酒。

（二）饮料酒的卫生问题

1. 乙醇（alcohol）

各种饮料酒中均含有乙醇，乙醇进入人体后除产生热量外无其他营养价值。每克乙醇含有29.3kJ能量。血液中乙醇的浓度一般在饮酒后1~1.5h最高，但因其清除速率较慢，过量饮酒后24h也能检测出。乙醇主要在肝脏中代谢，对肝脏具有直接的毒性作用。

乙醇对人体健康的影响是多方面的，血液中乙醇浓度较低时，对人体具有一定的兴奋作用，而血液中乙醇浓度过高时可引起乙醇急性中毒，如血中乙醇的含量为4.4~21.5mmol/L时，会出现肌肉运动不协调、感觉功能受损以及情绪和行为改变等；血液中乙醇浓度继续升高，则出现恶心、呕吐、复视、共济失调、体温降低、发音困难等，严重的可使人进入浅麻醉状态；当血液中乙醇含量达到87.0~152.2mmol/L时，可出现昏迷、呼吸衰竭，甚至死亡。

乙醇的慢性毒性效应主要是损害肝脏，因在乙醇氧化的过程中，肝脏正常的功能和物质代谢均让位于乙醇，所以经常过量饮酒可引起肝功能异常，长期过量饮酒与脂肪肝、酒精性肝炎及肝硬化等密切相关，肝硬化死亡的人中有40%由乙醇中毒引起。乙醇对不同发育阶段的胚胎均有毒性作用，孕妇饮酒增加出现不良妊娠后果（胎儿宫内发育迟缓、中枢神经系统发育异常、智力低下等）的风险。

2. 蒸馏酒与配制酒

（1）甲醇　酒中的甲醇（methanol）主要来自制酒原辅料（薯干、马铃薯、水果、糠麸等）中的果胶。在原料的蒸煮过程中，果胶半乳糖醛酸甲酯中的甲氧基分解生成甲醇。黑曲霉的果胶酶活性较高，以黑曲霉作糖化发酵剂时酒中的甲醇含量常常较高。此外，糖化发酵温度过高、时间过长也会使甲醇含量增加。

甲醇具有剧烈的神经毒性，在体内代谢可生成毒性更强的甲醛和甲酸。甲醇主要侵害视神经，导致视网膜受损、视神经萎缩、视力减退和双目失明。一次摄入 5mL 可致严重中毒，致盲剂量为 8～10mL。长期少量摄入可导致慢性中毒，其特征性的临床表现为视野缩小，发生不可校正的视力减退。我国《食品安全国家标准 蒸馏酒及其配制酒》（GB 2757—2012）规定（以100%酒精含量计），粮谷类为原料的蒸馏酒或其配制酒中甲醇含量应≤0.6g/L，以薯干等代用品为原料的蒸馏酒或其配制酒中甲醇含量应≤2.0g/L。

（2）杂醇油 杂醇油（fusel oil）是碳链长于乙醇的多种高级醇的统称。由原料和酵母中的蛋白质、氨基酸及糖类分解和代谢产生，包括正丙醇、异丁醇、异戊醇等，以异戊醇为主。高级醇的毒性和麻醉力与碳链的长短有关，碳链越长则毒性越强，杂醇油中以异丁醇和异戊醇的毒性为主。杂醇油在体内氧化分解缓慢，可使中枢神经系统充血。因此，饮用杂醇油含量高的酒常使饮用者头痛及出现醉酒。

（3）醛类 醛类包括甲醛、乙醛、糖醛和丁醛等。醛类的毒性大于醇类，如甲醛的毒性比甲醇大 30 倍。醛类中以甲醛的毒性为最大，属于细胞原浆毒，可使蛋白质变性和酶失活，当浓度在 30mg/100mL 时即可产生黏膜刺激症状，出现灼烧感和呕吐等，10g 甲醛可使人致死。但只要在蒸馏过程中采用低温排醛，就可以去除大部分醛类。因此，我国《食品安全国家标准 蒸馏酒及其配制酒》（GB 2757—2012）对醛类未作限量规定。

（4）氰化物 以木薯或果核为原料制酒时，原料中的氰苷经水解后产生氢氰酸。氢氰酸经胃肠吸收后，氰离子可与细胞色素氧化酶中的铁结合，阻止酶的递氧作用，导致组织缺氧，使机体陷于窒息状态。同时，氢氰酸还能使呼吸中枢及血管运动中枢麻痹，导致死亡。由于氢氰酸分子质量低，具有挥发性，因此能够随水蒸气一起进入酒中。我国《食品安全国家标准 蒸馏酒及其配制酒》（GB 2757—2012）规定，蒸馏酒与配制酒中氰化物含量（以 HCN 计）应≤8.0mg/L［按 100%（体积分数）酒精度折算］。

（5）铅 酒中的铅主要来源于蒸馏器、冷凝导管和储酒容器。蒸馏酒在发酵过程中可产生少量的有机酸（丙酸、丁酸、酒石酸和乳酸等），含有机酸的高温酒蒸汽可使蒸馏器和冷凝管壁中的铅溶出。总酸含量高的酒铅含量往往也高。铅在人体内的蓄积性很强，由于饮酒而引起的急性铅中毒比较少见，但长期饮用含铅高的白酒可致慢性中毒。酒中的铅含量应符合我国《食品安全国家标准 食品中污染物限量》（GB 2762—2017）的规定。

（6）锰 针对发生铁混浊的酒以及采用非粮食原料（薯干、薯渣、糖蜜、椰枣等）制酒时产生的不良气味，常使用高锰酸钾-活性炭进行脱臭除杂处理。若使用方法不当或不经过复蒸馏，可使酒中残留较高的锰。尽管锰属于人体必需微量元素，但其安全范围较窄［适宜摄入量（AI）为 4.5mg/d，可耐受最高摄入量（UL）为 11mg/d］，长期过量摄入仍有可能引起慢性中毒。

3. 发酵酒

（1）展青霉素 水果及其制品容易受到展青霉素的污染。在果酒生产过程中，若原料水果没有进行认真的筛选而剔出腐烂、生霉、变质、变味的果实，展青霉素就容易转移到成品酒中。我国《食品安全国家标准 食品中真菌毒素限量》（GB 2761—2017）规定，苹果酒和山楂酒中展青霉素的含量应≤50μg/L。

（2）二氧化硫 在果酒和葡萄酒生产过程中，加入适量的二氧化硫，不仅对酒的澄清、净化和发酵具有良好的作用，还可以起到促进色素类物质的溶解以及杀菌、增酸、抗氧化和护色等作用。正常情况下，二氧化硫在发酵过程中会自动消失。但若使用量超过标准或发酵时间过短，就会造成二氧化硫残留。我国《食品安全国家标准 食品添加剂使用标准》（GB 2760—2014）规定，在生产葡萄酒和果酒过程中二氧化硫的最大使用量（以 SO_2 残留量计）应 ≤0.25g/L（甜型葡萄酒及果酒系列产品生产过程中二氧化硫的最大使用量应≤0.4g/L）。

（3）微生物污染　发酵酒受微生物污染的原因很多，除了乙醇含量低外，在从原料到成品的整个生产过程中均可能受微生物污染。我国《食品安全国家标准 发酵酒及其配制酒》（GB 2758—2012）规定，啤酒中不得检出沙门菌和金黄色葡萄球菌。

（4）其他　在啤酒生产中，甲醛可作为稳定剂用来消除沉淀物。我国《食品安全国家标准 发酵酒及其配制酒》（GB 2758—2012）规定，啤酒中甲醛的含量应≤2.0mg/L。我国《食品安全国家标准 食品中污染物限量》（GB 2762—2017）对发酵酒中铅含量（以 Pb 计）也作出了具体的规定，黄酒中铅的含量应≤0.5mg/L，其他发酵酒中铅的含量应≤0.2mg/L。

（三）饮料酒生产的卫生要求

1. 原辅材料

酿酒用的原料种类很多，包括粮食类、水果类、薯类及其他代用原料等。所有的原辅料均应具有正常的色泽和良好的感官性状，无霉变、无异味、无腐烂。粮食类原料应符合《食品安全国家标准 粮食》（GB 2715—2016）、《食品安全国家标准 食品中真菌毒素限量》（GB 2761—2017）及《食品安全国家标准 食品中农药最大残留限量》（GB 2763—2016）的有关规定；各种辅料应符合相应的标准，食品添加剂的品种和使用量必须符合《食品安全国家标准 食品添加剂使用标准》（GB 2760—2014）的规定。用于调兑果酒的酒精必须是符合国家标准二级以上酒精指标的食用酒精。配制酒所用的酒基必须符合《食品安全国家标准 蒸馏酒及其配制酒》（GB 2757—2012）和《食品安全国家标准 发酵酒及其配制酒》（GB 2758—2012）的规定，不得使用工业酒精和医用酒精作为配制酒的原料。生产用水水质必须符合《生活饮用水卫生标准》（GB 5749—2022）的规定。

2. 食品接触材料及制品

饮料酒的食品接触材料及制品必须符合国家的有关规定，所用容器必须经检验合格后方可使用，严禁使用被有毒物质或异味污染过的回收旧瓶。灌装前的容器必须彻底清洗、消毒，清洗后的容器不得呈碱性，无异味、无杂物、无油垢。容器的性能应能经受正常生产和储运过程中的机械冲击和化学腐蚀。

3. 生产过程

（1）白酒　制曲、蒸煮、发酵、蒸馏等工艺是影响白酒质量的关键环节。各种酒曲的培养必须在特殊工艺技术条件下进行，为防止菌种退化、变异和污染，应定期进行筛选和纯化。清蒸是减少酒中甲醇含量的重要工艺环节，在以木薯、果核为原料时，清蒸还可使氰苷类物质提前分解挥散。白酒在蒸馏过程中，由于各组分间分子的引力不同，使得酒尾中的甲醇含量要高于酒头，而杂醇油恰好与之相反，酒头含量高于酒尾。为此，采用"截头去尾"的蒸馏工艺，恰当地选择中段酒，可大大减少成品中甲醇和杂醇油的含量。对使用高锰酸钾处理的白酒，要复蒸馏后才能使用，以去除锰离子对酒的影响。蒸馏设备和储酒容器应采用含锡 99% 以上的镀锡材料或无锡材料，以减少铅污染。

（2）发酵酒　啤酒生产过程主要包括制备麦芽汁、前发酵、后发酵、过滤等工艺环节。原料经糊化和糖化后过滤制成麦芽汁，添加啤酒花后煮沸，煮沸后的麦芽汁应冷却至添加酵母的适宜温度（5~9℃），这一过程要经历一个易污染的温区，因此，整个冷却过程中使用的各种设备、工具容器、管道等应保持无菌状态。冷却后的麦芽汁接种啤酒酵母进入前发酵阶段，而后再经过一段较长时间的低温（1~2℃）后发酵，产生大量二氧化碳，使酒成熟。为防止发酵过程中污染杂菌，酵母培养室、发酵室以及设备、工具、管道、地面等应保持清洁，并定期消毒。啤酒过滤所使用的滤材、滤器应彻底清洗消毒，保持无菌。

在果酒的生产过程中，用于盛装原料的容器应清洁干燥，不得使用铁制容器或装过有毒物质、有异臭的容器。葡萄原料应在采摘后 24h 内加工完毕，以防挤压破碎、污染杂菌而影响酒的质量。在黄酒糖化发酵的过程中，不得以石灰中和降低酸度。但为了调味，在压滤前允许加入少量澄清石灰水。同时，应限制成品中氧化钙含量不得超过 0.5%。

4. 包装标识、运输和储存

饮料酒成品标识必须符合《食品安全国家标准　预包装食品标签通则》（GB 7718—2016）和《食品安全国家标准　蒸馏酒及其配制酒》（GB 2757—2012）的相关规定。运输工具应清洁干燥，装卸时应轻拿轻放，严禁与有腐蚀性、有毒的物品一起混运。成品仓库应干燥、通风良好，库内不得堆放杂物。

5. 卫生与质量检验

饮料酒生产企业（厂）必须设有与生产能力相适应的食品安全与质量检验室，配备经专业培训、考核合格的检验人员。

6. 产品追溯与撤回

饮料酒生产企业应该建立产品追溯系统及产品撤回程序，明确规定产品撤回的方法、范围等，定期进行模拟撤回训练，并记录存档。

（四）饮料酒的食品安全管理

《食品安全法》明确规定了各职能部门对食品生产、食品流通、餐饮服务活动实施监督管理的职责和权限。在饮料酒的食品安全管理方面，我国已颁布了蒸馏酒、发酵酒及其配制酒生产卫生规范及相关的食品安全标准，为饮料酒的监督管理及生产企业的自身管理提供了充分的依据。

相关部门可依据法律规定的权限，实施对饮料酒卫生的监管工作。建立健全饮料酒生产经营者食品安全信用档案；依据各自职责公布饮料酒日常监督管理信息，做到准确、及时、客观，并应相互通报获知的饮料酒安全信息，做到信息通报无缝连接，保证饮料酒产品的安全。

三、罐 头 食 品

罐头食品（canned food）是指以水果、蔬菜、食用菌、禽畜肉、水产动物等为原料，经加工处理、装罐、密封、加热杀菌等工序加工而成的商业无菌的罐装食品。

罐头食品的种类较多，依据《罐头食品分类标准》（GB/T 10784—2020），罐头食品可分为11类：①畜肉类罐头（canned meat）；②禽类罐头（canned poultry）；③水产类罐头（canned aquatic product）；④水果类罐头（canned fruit）；⑤蔬菜类罐头（canned vegetable）；⑥食用菌罐头（canned mushroom）；⑦坚果及籽类罐头（canned nuts and seeds）；⑧谷物和杂粮罐头（canned cereals and pulses）；⑨蛋类罐头（canned egg）；⑩婴幼儿辅食罐头（canned infant supplementary food）；⑪其他类罐头（other canned food），包括汤类罐头（canned soup）、酱类罐头

（canned paste）和混合类罐头（canned mixed food）等。按包装材料的不同分为金属罐罐头、玻璃罐罐头和软罐头。按酸度不同分为低酸性罐头（pH≥5.0）、中酸性罐头（pH 4.6~5.0）、酸性罐头（pH 3.7~4.6）和高酸性罐头（pH≤3.7）。

（一）罐头食品的卫生要求

1. 容器材料的卫生要求

罐头食品的容器材料必须符合安全无毒、密封良好、抗腐蚀及机械性能良好等基本要求，以保证罐头食品的质量和加工、贮存、运输及销售的需要。常用的罐头容器有金属罐、玻璃罐和塑料复合膜。

（1）金属罐　主要材质为镀锡薄钢板、镀铬薄钢板和铝材。镀锡薄钢板又称马口铁，厚度为0.2~0.3mm，具有良好的耐腐蚀性、延展性、刚性和加工性能。镀锡层通常为钢基板的0.5%，要求均匀无空斑，否则在酸性介质中将形成铁锡微电偶，加速锡、铅溶出，严重者可造成穿孔，形成漏罐。为避免上述现象的发生，常在马口铁罐内壁涂上涂料（涂料罐）。可作为罐头涂料的有机涂料有很多，主要成分是树脂，常用的有环氧树脂、酚醛树脂和聚烯类树脂等；按作用可分为抗硫涂料、抗酸涂料、防粘涂料和冲拔罐涂料等。加工后形成的涂膜应符合国家卫生要求，即涂膜致密、遮盖性好，具有良好的耐腐蚀性，并且无毒、无害、无嗅和无味，有良好的稳定性和附着性。

镀铬薄钢板是表面镀有金属铬和水合氧化铬层的薄钢板，主要用于制造罐头底盖和皇冠盖。铝金属薄板是铝镁、铝锰等合金经一系列加工工序制成的，具有轻便、不生锈、延展性好、热导率高等特点，是冲拔罐的良好材质。金属罐按加工工艺有三片罐和二片罐（冲拔罐或易拉罐）之分，为了减少铅污染，三片罐的焊接应采用高频电焊或黏合剂焊接，焊缝应光滑均匀，不能外露，黏合剂须无毒无害；制盖所使用的密封填料除应具有良好的密封性能和热稳定性外，还应对人体无毒无害，符合相关的卫生要求。

（2）玻璃罐　特点是透明、无毒、无臭、无味，化学性质稳定，具有良好的耐腐蚀性，能保持食品的原有风味，无有害金属污染。但也存在力学性能差、易破碎、透光、保存期短、运输困难、费用高等缺点。玻璃瓶顶盖部分的密封面、垫圈等材料应为食品工业专用材料。

（3）塑料复合膜　塑料复合膜是软罐头的包装材料，这种塑料复合膜由三层不同材质的薄膜经黏合而成，外层为12μm聚酯薄膜，具有加固和耐高温作用；中层为9μm的铝箔，起避光和密闭作用；内层为70μm改性聚乙烯或聚丙烯，具有良好的安全性和热封性。三层薄膜间普遍采用聚氨酯型黏合剂，该黏合剂中含有甲苯二异氰酸酯，其水解产物2,4-氨基甲苯具有致癌性，因此必须加强对其的检测。软罐头一般为扁平状，传热效果好，杀菌时间比铁罐头显著缩短。但因包装材料较柔软，易受外力影响而损坏，特别是锋利物体易刺破袋体，因此在加工、储存、运输、销售等过程中要加以注意。

空罐在使用前必须经热水冲洗、蒸汽消毒和沥干（每个空罐残留水不超过1mL）。如用回收玻璃罐需在40~50℃、2%~3%的碱水中浸泡5~10min，然后彻底冲洗。

2. 原辅材料的卫生要求

罐头食品的原料主要包括果蔬类、畜禽肉类、水产类等；辅料有调味品（糖、醋、盐、酱油等）、食用香料（葱、姜、胡椒等）和食品添加剂（护色剂、防腐剂、食用色素、抗氧化剂等）。所有食品原料应保持新鲜清洁状态。果蔬类原料应无虫蛀、无霉烂、无锈斑和无机械损伤。不同的品种还应有适宜的成熟度，其不仅对产品的色泽、组织状态、风味、汁液等具有重要的影响，还直接关系到生产效率和原料的利用率。果蔬原料的预处理包括分选和洗涤、去皮和修整、漂烫及抽真空。其中，漂烫的目的主要是破坏酶的活性，杀死部分附着在原料上的微生物，使原料色泽稳定、组织软化和风味改善；抽真空处理可以排除原料组织中的空气，以减少对罐壁的腐蚀和果蔬变色，还可使终产品具有较高的真空度。

畜禽肉类必须经严格检疫，不得使用病畜禽肉和变质肉作为原料。使用冷冻原料时应缓慢解冻，冷冻畜肉在 8~15℃持续 14~30h，冷冻禽肉在 15~20℃持续 10h 左右，以保持原料的新鲜度，避免营养成分的流失。水产类原料的新鲜度对罐头的质量有非常重要的影响，用于生产罐头的鱼、虾、蟹、蛤等原料均应符合相应的食品标准和有关规定，其中感官指标可作为重要的鉴定依据，且挥发性碱基氮应在 15mg/kg 以下。

生产用水应符合国家饮用水质量标准。由于硝酸盐可促进镀锡金属罐的锡溶出，因此，要求水中 NO_3^- 含量在 2mg/kg 以下。在罐头食品所使用的辅料中，调味品和食用香料可以不受限制，食品添加剂的使用范围和使用量则应符合相关的国家标准。

3. 加工过程的卫生要求

装罐、排气、密封、杀菌、冷却是罐头生产过程中的关键环节，直接影响罐头食品的品质和卫生质量。

（1）装罐、排气和密封　经预处理的原料或半成品应迅速装罐，以减少微生物污染和繁殖的机会。灌装固体物料时要有适当顶隙（6~10mm），以免在杀菌或冷却过程中出现鼓盖、胀裂或罐体凹陷的情况。装罐后应立即排气，使罐内形成一定的真空度和乏氧，减少杀菌时罐内产生的压力，以防止罐头变形损坏。此外，缺氧情况有利于抑制一些细菌的生长繁殖，减少食品的腐败变质。排气有加热排气、机械排气和蒸汽喷射排气等方式。加热排气适用于半液体食品及浇汤汁的品种；机械排气适用于固态品种（鱼、肉罐头等）；蒸汽喷射排气通常只限于氧溶解量和吸收量很低的某些罐头品种。排气后应迅速封盖，使食品与外界隔离，不受外界微生物污染而能较长时间保存。密封后应迅速进入杀菌工序。

（2）杀菌和冷却　罐头食品的杀菌过程也称商业杀菌，即加热到一定程度后，杀灭罐内存留的绝大部分微生物（包括腐败菌、致病菌、产毒菌等）并破坏食品中的酶，以达到长期储存的目的。罐头杀菌首先要考虑杀灭食品中的肉毒梭菌，罐头杀菌工艺若能达到杀灭或抑制肉毒梭菌的效果，就容易使罐头中大多数腐败菌及一些致病菌也能受到抑制。罐头杀菌工艺条件主要由温度、时间等因素组成，常用杀菌公式如式（6-1）所示。

$$\frac{T_1 - T_2 - T_3}{t} \tag{6-1}$$

式中　T_1——从加热至杀菌温度所需时间，min；

　　　T_2——保持恒温的时间，min；

　　　T_3——降至常温所需的时间，min；

　　　t——杀菌所需温度，℃；

罐头杀菌因食物的种类、罐内容物 pH、热传导性能、微生物污染程度、杀菌前初温和罐型大小等不同，杀菌的温度和杀菌公式也不同。例如，中餐肉罐头（净重 397g）的杀菌公式为（15min-60min-20min）/121℃，反压冷却时杀菌锅内使用的反压力为 0.12MPa；蘑菇罐头（净重 850g）的杀菌公式为（15min-27min-30min）/121℃。

罐头的杀菌常采用常压水杀菌、加压蒸汽杀菌和加压水杀菌。水果类罐头为保持色、形、味，多采用常压水杀菌；加压蒸汽杀菌温度可达100℃以上，适用于畜肉类和禽肉类罐头；加压水杀菌则适用于水产、肉类的玻璃罐头及铝罐等。

（3）冷却　罐头杀菌后应迅速冷却，罐中心温度要在短时间内降至40℃左右，以免罐内食品仍然保持相当高的温度继续加热，使色泽、风味、组织结构受到影响；同时也可避免长时间高温环境促进嗜热芽孢菌的发育和繁殖，有利于冷却后罐外水分的挥发，防止罐头生锈。罐头生产过程中的冷却方式有空气冷却和水冷却，水冷却因具有较高的热交换能力是常用的冷却方式。根据罐头灭菌方法的不同，可采用常压水冷却或加压水冷却，冷却用水应符合国家生活饮用水质量标准。

4. 成品检验

成品检验是企业管理和确保产品卫生质量的关键，一般包括外观、真空度和保温试验。外观检查主要包括容器有无缺口、折裂、碰伤以及有无锈蚀、穿孔、泄露和胀罐等情况。真空度检查产生浊音可能由多种情况造成，如排气不充分、密封不好、罐内食物填充过满以及罐头受细菌或化学性因素作用产气等，要视具体情况结合其他检查决定如何处理。保温试验是检查成品杀菌效果的重要手段，肉、禽、水产品罐头应在（37±2）℃下保温7d；水果罐头应在常温下放置7d。含糖50%以上的品种，如果酱、糖浆水果罐头类、干制品罐头类可不做保温试验。经保温试验后，外观正常者方可进行产品质量检验和卫生检验。

5. 罐头食品出厂前的检查

应按照国家规定的检验方法（标准）抽样，进行感官、理化和微生物等方面的检验。凡不符合标准的产品一律不得出厂。

（1）感官检查　包括外观和内容物的检查。感官检查中可见到罐头底盖向外鼓起的胀罐，称为胖听。根据胖听发生的原因，可将胖听分为三种。

①物理性胖听：多由于装罐过满或罐内真空度过低引起，一般叩击呈实音，穿洞无气体逸出，可食用。

②化学性胖听：是由于金属罐受酸性内容物腐蚀产生大量氢气所致。叩击呈鼓音，穿洞有气体逸出，但无腐败气味，一般不宜食用。

③生物性胖听：是由于杀菌不彻底残留的微生物或因罐头有裂缝从外界进入的微生物生长繁殖产气的结果，此类胖听常为两端凸起，叩击有明显鼓音，保温试验胖听增大，穿洞有腐败味气体逸出，此种罐头禁止食用。

罐头内容物发生变色和变味时应视具体情况加以处理，如果蔬类罐头内容物色泽不鲜艳、颜色变黄，一般为酸性条件下叶绿素脱 Mg^{2+} 引起；蘑菇罐头变黑是由酪氨酸与黄酮类化合物在酶作用下形成棕黑色络合物引起，一般不影响食用。畜禽肉类和水产品罐头在杀菌过程中挥发出的硫化氢与罐壁作用可能产生黑色的硫化铁或紫色的硫化锡，在贴近罐壁的食品上留下黑色斑或紫色斑，一般去除色斑部分可食用。若罐头出现有油脂酸败味、酸味、苦味和其他异味，或伴有汤汁浑浊、肉质液化等情况应禁止食用。

（2）理化检验　包括真空度、重金属、亚硝酸盐、防腐剂、酸度检验等。

（3）微生物检验　主要是细菌总数检验、大肠菌群检验、致病菌检验等。一般食品罐头应该达到商业无菌的要求。平酸腐败是罐头食品常见的一种腐败变质，表现为罐头内容物酸度增加而外观完全正常。此种腐败变质由可分解碳水化合物产酸不产气的平酸菌引起。低酸性罐头的典型平酸菌为嗜热脂肪芽孢杆菌，而酸性罐头的典型平酸菌则主要为嗜热凝结芽孢杆菌。由于它们广泛存在于泥土、尘埃之中，容易对原料、辅料（糖、淀粉等）和生产设备构成污染，因此对生产各个环节都必须严加管理。平酸腐败的罐头应销毁，禁止食用。

（二）罐头食品的卫生管理

罐头食品应符合《食品安全国家标准　罐头食品》（GB 7098—2015）和《食品安全国家标准　罐头食品生产卫生规范》（GB 8950—2016）的要求。在对罐头食品的卫生管理上，企业的自身管理尤为重要。我国加入世贸组织后，面对激烈的市场竞争，企业必须将自身的食品卫生管理作为以优取胜的切入点，自觉遵守食品卫生法规，严把食品安全质量关，这样才能稳固地占领市场，取得良好的经济效益。

《食品安全法》明确规定了政府职能部门对食品生产、食品流通、餐饮服务活动实施监督管理的职责和权限。在罐头的质量安全管理方面，我国已颁布了《罐头食品企业良好操作规范》（GB/T 20938—2007）、《食品安全管理体系　罐头食品生产企业要求》（GB/T 27303—2008）、《食品安全国家标准　罐头食品生产卫生规范》（GB 8950—2016）、《食品安全国家标准　食品经营过程卫生规范》（GB 31621—2014）及相关的卫生标准和食品安全标准，为罐头食品的监督管理及生产企业的自身管理提供了充分的依据。

四、冷饮食品

冷饮食品是人们日常生活中不可缺少的食品之一，具有消暑、解渴、补充水分和营养素的功能。

（一）冷饮食品的分类

冷饮食品分为冷冻饮品（frozen drinks）和饮料（beverage）。

1. 冷冻饮品

按照《国家食品安全标准 冷冻饮品及制作料》（GB 2759—2015）的定义，冷冻饮品是指以饮用水、食糖、乳、乳制品、果蔬制品、豆类、食用油脂等为主要原料，添加或不添加其他辅料、食品添加剂、营养强化剂，经配料、巴氏杀菌或灭菌、凝冻或冷冻等工艺制成的固态或半固态食品，包括冰淇淋、雪糕、冰棍、甜味水、食用冰等。根据原料的不同可分为含乳蛋白冷冻饮品、含豆类冷冻饮品、含淀粉或果类冷冻饮品及食用冰块。制作料是指按照终产品配方进行复配，用于经凝冻制作软冰淇淋或软雪糕等产品的液态、固态或粉状产品，包括软冰淇淋浆料、软雪糕浆料和软冰淇淋预拌粉等。

2. 饮料

饮料又称饮品，《食品安全国家标准　饮料》（GB 7101—2015）对饮料的定义：经过定量包装的，供直接饮用或用水冲调饮用的，乙醇含量不超过质量分数为 0.5% 的制品。在《饮料通则》（GB 10789—2015）的术语和定义中明确，饮料也可称为饮品，也可为饮料浓浆或固体形态。饮料浓浆（beverage syrup）是以食品原辅料和（或）食品添加剂为基础，经加工制成的，按一定比例用水稀释或稀释后加入二氧化碳方可饮用的制品。《饮料通则》（GB 10789—2015）将饮料分为 11 大类，即包装饮用水（packaged drinking water）、果蔬汁类及其饮料（fruit/vegetable juices and beverage）、蛋白饮料（protein beverages）、碳酸饮料（汽水）（carbonated beverage）、特殊用途饮料（beverage for special uses）、风味饮料（flavored beverage）、茶（类）饮料（tea beverage）、咖啡（类）饮料（coffee beverage）、植物饮料（botanical beverage）、固体饮料（solid beverage）和其他类饮料（other beverage）。

（二）冷饮食品原料的卫生要求

1. 冷饮食品用水

水是冷饮食品生产中的主要原料，一般取自自来水、井水、矿泉水（或泉水）等原水。无论是地表水还是地下水，均含有一定量无机物、有机物和微生物，这些杂质若超过一定范围就会影响到冷饮食品的质量和风味，甚至引起食源性疾病。因此，原料用水须经沉淀、过滤、消毒，达到《生活饮用水卫生标准》（GB 5749—2022）方可使用。此外，饮料用水还必须符合加工工艺的要求，如水的硬度应低于 100mg/L（以 $CaCO_3$ 计），避免钙、镁等离子与有机酸结合形成沉淀物而影响饮料的风味和质量。人工或天然泉水须按允许开采量开采。天然泉水应建立密闭的自流式建筑物，防止天然因素或人为因素造成的污染。

2. 原辅料

冷饮食品所用原辅料种类繁多，其质量的优劣直接关系到终产品的质量，因此冷饮食品生产中所使用的各种原辅料如乳、蛋、果蔬汁、豆类、茶叶、甜味料（如白砂糖、绵白糖、淀粉糖浆、果葡糖浆）均必须符合相关的食品安全国家标准，不得使用糖蜜或进口粗糖（原糖）、变质乳品、发霉的果蔬汁等作为冷饮食品原料。使用的发酵菌种应选择保加利亚乳杆菌（德氏乳杆菌保加利亚亚种）、嗜热链球菌或国务院卫生行政部门批准的菌种。使用的各种食品添加剂应符合《食品安全国家标准　食品添加剂使用标准》（GB 2760—2014）的规定，使用的营养强化剂应符合《食品安全国家标准　食品营养强化剂使用标准》（GB 14880—2012）的规定。

（三）冷饮食品加工过程的卫生要求

1. 冷冻饮品

冷冻饮品加工过程中的主要卫生问题是微生物污染，因为冷冻饮品原料中的乳、蛋和果品常含有大量微生物，所以原料配制后的杀菌与冷却是保证产品质量的关键。熬煮料采用 68~73℃ 加热 30min 或 85℃ 加热 15min，能杀灭原辅料中几乎所有的繁殖型细菌，包括致病菌（混合料应该适当提高加热温度或延长加热时间）。杀菌后应迅速冷却，至少要在 4h 内将温度降至 20℃ 以下，以避免残存的或熬料后重复污染的微生物在冷却过程中有繁殖机会。目前冰淇淋原料在杀菌后常采用循环水和热交换器进行冷却。冰棍、雪糕普遍采用热料直接灌模，用冰水冷却后立即冷冻成型，这样可以大大提高产品的卫生质量。

冷冻饮品生产过程中所使用设备、管道、模具应保证内壁光滑无痕，便于拆卸和刷洗，其材质应符合有关的食品安全国家标准，焊锡纯度应在 99% 以上，防止铅对冷冻饮品的污染。模具要求完整、无渗漏；在冷水熔冻脱膜时，应避免模边、模底上的冷冻液污染冰体。

包装间应有净化措施，班前、班后应采用乳酸或紫外线对空气进行消毒。从事产品包装的操作人员应特别注意个人卫生，包装时手不应直接接触产品，要求以块或支为单位实行小包装，数打或数块应有外包装。产品的包装材料，如纸盒等接触冷冻饮品的容器须经过高压灭菌后方可使用。成品出厂前应做到批批检验。

2. 饮料

液体饮料的生产工艺因产品不同而有所不同，但一般均有水处理、容器处理、原辅料处理和混料后的均质、杀菌、罐（包）装等工序。

（1）水处理　是软饮料工业最重要的工艺过程，其目的是除去水中固体物质，降低硬度和含盐量，杀灭微生物，为饮料生产提供优良的水质。过滤是水处理的重要工艺过程，一般采用活性炭吸附和砂滤棒过滤，可去除水中悬浮性杂质（如异物、氯离子、三氯甲烷和某些有机物等），但不能吸附金属离子，也不能完全去除细菌等微生物，通常作为饮料用水的初步净化手段。水中溶解性杂质主要有 K^+、Ca^{2+}、Mg^{2+}、Na^+、HCO_3^-、SO_4^{2-}、Cl^- 等离子，其总量称作含盐量，Ca^{2+} 和 Mg^{2+} 含量的总和为水的总硬度。饮料用水含盐量高会直接影响产品的质量，因此必须对其进行脱盐软化处理。常用的方法如下所述。

①电渗析法：利用直流电场将水中阴、阳离子分开，使阴离子通过渗透膜进入阳极区，阳离子进入阴极区，从而达到脱盐软化的目的。此法除盐率高（80%以上）、耗电少、可连续处理、操作简单、检修方便，因此在饮料、啤酒等行业中应用广泛。但是它不能除去水中不溶性杂质。

②反渗透法：利用反渗透膜去除比水分子直径大的绝大多数杂质，包括各种阴、阳离子、有机物和微生物的方法，除盐率达到90%以上。但此法对预处理的原水要求比较高，投资大，国内采用还不多。

此外，去除水中溶解性杂质的方法还有蒸馏法和离子交换法，但这些方法因某些方面存在缺陷，在实际生产中已很少应用。不同饮料对水质的要求不同，可以进行组合以达到最佳处理效果。

（2）包装容器　包装容器种类很多，有瓶（玻璃瓶、塑料瓶）、罐（二片罐和三片罐）、盒、袋等形式。包装材料应无毒无害，并具有一定的稳定性，即耐酸、耐碱、耐高温和耐老化，同时具有防潮、防晒、防震、耐压、防紫外线穿透和保香性能。聚乙烯或聚氯乙烯软包装，因具透气性且强度低不能充二氧化碳，尤其在夏、秋季节受细菌污染常较严重。因此，对这种包装形式的应用应严加限制。

由于饮料瓶可以重复使用，因此，使用前须剔除盛过农药、煤油、油脂和污染严重、不易洗净以及瓶口有破损的回收瓶。瓶和罐类容器必须经过严格的清洗和消毒，包括浸泡（10~20g/L 的 NaOH 碱液或洗涤液）、洗涤、消毒（用热碱水或有效氯含量为 150~200mg/L 的消毒液在槽内浸泡 5min）以及冲瓶。瓶盖消毒可采用臭氧熏或 25% 酒精浸泡。洗消后的空瓶在灌装前还须进行灯下检查，剔除不合格的空瓶。

（3）杀菌　杀菌工序是控制原辅料或终产品微生物污染，延长产品保质期和食用者安全的重要措施。杀菌的方法有很多，应根据生产过程中的危害分析和产品的性状加以选择。

①巴氏消毒：亦称巴氏杀菌。传统的方法是 62~65℃ 维持 30min，现在多采用高温巴氏杀菌，即 70~85℃ 维持 15s，此法可杀灭繁殖型微生物，又不破坏产品的结构和营养成分。

②超高温瞬间杀菌：即 120~150℃ 维持 0.5~3s，可最大限度地减少营养素损失，但所要求的技术和设备条件较高。

③加压蒸汽杀菌：适用于非碳酸型饮料，尤其是非发酵型含乳饮料、植物蛋白饮料、果（蔬）汁饮料等，一般蒸汽压为 $1kg/cm^2$，温度为 120℃，持续 20~30min，杀菌后产品可达到商业无菌要求。

④紫外线杀菌：原理是微生物经紫外线（波长 260 nm）照射后，其细胞内的蛋白质和核酸发生变性而死亡。紫外线对水有一定穿透力，使水得以消毒，因此常用该方法作为原料用水的杀菌方法。

⑤臭氧杀菌：臭氧是一种强氧化剂和消毒剂，杀菌速率为氯的 30~50 倍，一般认为水中臭氧浓度达 0.3~0.5mg/L 即可获得满意的杀菌效果，且具有半衰期短、易分解、无残留等特点，

因此适用于饮用水的杀菌。

（4）灌（包）装卫生 灌（包）装通常是在暴露和半暴露条件下进行的，其工艺是否符合卫生要求，对产品的卫生质量，尤其是对无终产品消毒的品种质量至关重要。空气净化是防止微生物污染的重要环节，首先应将灌装工序设在单独房间或用铝合金隔成独立的灌装间，与厂房其他工序隔开，避免空气交叉污染；其次是对灌装间消毒，可采用紫外线照射法，一般按 $1W/m^3$ 功率设置，也可采用过氧乙酸熏蒸消毒，按 $0.75\sim1.0g/m^3$ 配制。目前最先进的方法是在灌装间安装空气净化器。灌装间空气中杂菌数以<30 个/皿为宜。

（5）灌装间的卫生 灌装设备、管道、冷却器等材质应符合相关的卫生要求。使用前必须彻底清洗、消毒，管道应无死角、无盲端、无渗漏，便于拆卸和刷洗消毒，防止设备、管道对产品的污染。

（四）冷饮食品的卫生管理

随着经济的发展和人民生活水平的提高，冷饮食品的市场发展十分迅速，其种类之多、销售量之大和消费人群之广对其卫生管理工作提出了严峻的挑战。我国已经颁布多项相关的食品安全国家标准、卫生规范和管理办法，如《食品安全国家标准 饮料生产卫生规范》（GB 12695—2016）、《饮料通则》（GB/T 10789—2015）、《食品安全国家标准 冷冻饮品和制作料》（GB 2759—2015）及《食品安全国家标准 饮料》（GB 7101—2015）等，为冷饮食品经营者开展科学管理、食品卫生监督人员的监督执法提供了理论和实践依据，在保障食用者安全上发挥着重要作用。

根据《食品安全法》，相关部门可依据法律规定的权限，实施对冷冻饮品和饮料的卫生监管工作。建立健全冷冻饮品和饮料生产经营者食品安全信用档案，对有不良信用记录的生产经营者增加监督检查频次；各监督管理部门依据各自职责公布冷冻饮品和饮料安全日常监督管理信息，做到准确、及时、客观，并应相互通报获知的冷冻饮品和饮料食品安全信息，做到信息通报的无缝连接，保证消费者的安全。

对冷饮食品进行卫生管理的内容主要有以下几个方面。

（1）严格执行冷饮食品卫生管理办法的有关规定，实行企业生产经营卫生许可证制度。新企业正式投产前必须经食品卫生监督机构检查、审批，获得卫生许可证后方可生产经营。冷饮食品的许可证每年复验一次。

（2）冷饮食品生产企业应远离污染源，周围环境应经常保持清洁。生产工艺和设备布置要合理，原料库和成品库要分开，且设有防蝇、防鼠、防尘设施。冷冻饮品企业必须有可容纳三天产量的专用成品库和专有的产品运输车。生产车间地面、墙壁及天花板应采用防霉、防水、无毒、耐腐蚀、易冲洗消毒的建材，车间内设有不用手开关的洗手设备和洗手用的清洗剂，入口处设有与通道等宽的鞋靴消毒池，门窗应有防蝇、防虫、防尘设施，车间还须安装通风设施，保证空气对流。

灌（包）装前后所有的机械设备、管道、盛器和容器等应彻底清洗、消毒。生产过程中所使用的原辅料应符合卫生要求。

（3）对冷饮食品从业人员，包括销售摊贩每年要进行健康检查，季节性生产的从业人员上岗前也要进行健康检查，凡患痢疾、伤寒、病毒性肝炎的人或病原体携带者，以及患活动型肺结核、化脓性或渗出性皮肤病均不得直接参与饮食业的生产和销售，建立健全从业人员的培训制度和个人健康档案。

（4）冷饮食品企业应有与生产规模和产品品种相适应的质量和卫生检验能力，做到批批检验，确保产品出厂合格。不合格的产品可视具体情况允许加工复制，复制后产品应增加三倍采样量复检，若仍不合格应依具体情况进行食品加工或废弃。

（5）产品包装要完整严密，做到食品不外露。商品标志应有产品名称、生产厂名、厂址、生产日期、保质期等标志。

第四节　保健食品的卫生及管理

保健食品是指声称具有特定保健功能或者以补充维生素、矿物质为目的的食品，即适于特定人群食用，具有调节机体功能，不以治疗疾病为目的，并且对人体不产生任何急性、亚急性或者慢性危害的食品。保健食品在国外亦有"健康食品""功能食品"等称谓。

一、保健食品的分类和特点

（一）保健食品的特点

保健食品具有以下几个方面的特点。

1. 食用安全性

保健食品首先是食品。现行《食品安全法》将保健食品纳入特殊食品，实行严格的监督管理。保健食品是食品的一个特殊种类，界于普通食品和药品之间。因此，保健食品应具备普通食品的基本卫生学特征，既无毒无害，必须保证安全无毒，并可长期食用。

2. 具有特定的保健功能或营养补充功能和明确的功效成分

保健食品的功效应建立在科学研究和循证医学的基础上，其功能的确定性和稳定性必须经科学实验加以验证。而普通食品一般只强调提供营养成分。

功效成分是指在保健食品中发挥生理调节作用的物质。在保健食品标签、说明书的内容中应明确标示出功效成分或者标志性成分及含量。

3. 只适于特定人群食用

保健食品是针对亚健康人群设计的，不同功能的保健食品对应的是不同特征的亚健康人群，如有助于维持血脂（胆固醇/甘油三酯）健康水平的保健食品只能限定于高脂血症人群及易发生高脂血症的高危人群，不适用于高血糖患者，更不适用于所有人。

4. 不是药品

保健食品是针对特定人群设计的，是以调节机体功能为主要目的的，而不是以治疗、预防疾病为目的的。它是人体功能调节剂、营养补充剂。应特别强调的是：保健食品不能代替药物进行疾病的治疗。《食品安全法》规定，保健食品的标签、说明书不得涉及疾病预防、治疗功能，并声明"本品不能代替药物"。保健品不得含有未经国家市场监督管理总局批准的动植物和中西药成分。

5. 应有规定的食用量

保健食品具有规定的食用量，而普通食品一般没有食用量的严格要求。

6. 不含全面的营养素

保健食品不含全面的营养素，不能代替普通食品。

7. 产品形式多样

保健食品既可以是普通食品的形式，也可以是胶囊、片剂等形式，而普通食品一般不以胶囊和片剂的形式出现。

（二）保健食品的分类及功能

依据《保健食品原料目录与保健功能目录管理办法》，保健食品原料目录分为补充维生素、矿物质等营养物质的原料目录和其他保健功能的原料目录，我国保健食品分为营养素补充剂和非营养素补充剂。

营养素补充剂是指以补充维生素、矿物质为目的的产品，包括补充钙、镁、钾、锰、铁、锌、硒、铜、维生素 A、维生素 D、维生素 B_1、维生素 B_2、维生素 B_6、维生素 B_{12}、烟酸、叶酸、生物素、胆碱、维生素 C、维生素 K、泛酸、维生素 E、β-胡萝卜素等。

非营养素补充剂是以调节人体功能为目的的功能类产品。国家市场监督管理总局审批的保健食品功能目前调整为 24 项，包括：有助于增强免疫力、有助于抗氧化、辅助改善记忆、缓解视觉疲劳、清咽润喉、有助于改善睡眠、缓解体力疲劳、耐缺氧、有助于控制体内脂肪、有助于改善骨密度、改善缺铁性贫血、有助于改善痤疮、有助于改善黄褐斑、有助于改善皮肤水分状况、有助于调节肠道菌群、有助于消化、有助于润肠通便、辅助保护胃黏膜、有助于维持血脂（胆固醇/甘油三酯）健康水平、有助于维持血糖健康水平、有助于维持血压健康水平、对化学性肝损伤有辅助保护作用、对电离辐射危害有辅助保护作用、有助于排铅等。归纳起来，保健功能可体现在三个方面，一是调节生理功能，二是降低一些慢性非传染性疾病的患病风险，三是增强机体对外界有害因素的抵抗能力。

二、保健食品的监督管理

保健食品的监督管理包括注册与备案的管理、标签和说明书的管理，以及生产经营监督管理等。

（一）保健食品的注册与备案管理

为贯彻新修订的《食品安全法》对保健食品市场准入监管工作提出的要求，规范统一保健食品注册备案管理工作，《保健食品注册与备案管理办法》规定，我国对保健食品（含进口保健食品）的管理实行注册与备案相结合的管理模式。

1. 保健食品注册

（1）保健食品注册的含义　是指市场监督管理部门根据注册申请人申请，依照法定程序、条件和要求，对申请注册的保健食品的安全性、保健功能和质量可控性等相关申请材料进行系统评价和审评，并决定是否准予其注册的审批过程。

（2）保健食品注册申请受理部门　国家市场监督管理总局行政受理机构负责受理保健食品的注册工作。

（3）需注册的对象　生产和进口下列产品应当申请保健食品注册。①使用保健食品原料目录以外的原料（目录外原料）的保健食品；②首次进口的保健食品（属于补充维生素、矿物质等营养物质的保健食品除外）。

（4）申报材料　①保健食品注册申请表，以及注册申请人对申请材料真实性负责的法律责任承诺书；②注册申请人主体登记证明文件复印件；③产品研发报告，包括研发人、研发时间、研制过程、中试规模以上的验证数据，目录外原料及产品安全性、保健功能、质量可控性的论证报告和相关科学依据，以及根据研发结果综合确定的产品技术要求等；④产品配方材料，包括原料和辅料的名称及用量、生产工艺、质量标准，必要时还应当按照规定提供原料使用依据、使用部位的说明、检验合格证明、品种鉴定报告等；⑤产品生产工艺材料，包括生产工艺流程简图及说明，关键工艺控制点及说明；⑥安全性和保健功能评价材料，包括目录外原料及产品的安全性、保健功能试验评价材料，人群食用评价材料，功效成分或者标志性成分、卫生学、稳定性、菌种鉴定、菌种毒力等试验报告，以及涉及兴奋剂、违禁药物成分等检测报告；⑦直接接触保健食品的包装材料种类、名称、相关标准等；⑧产品标签、说明书样稿，产品名称中的通用名与注册的药品名称不重名的检索材料；⑨3 个最小销售包装样品；⑩其他与产品注册审评相关的材料。

申请首次进口保健食品注册，还应当提交下列材料：①产品生产国（地区）政府主管部门或者法律服务机构出具的注册申请人为上市保健食品境外生产厂商的资质证明文件；②产品生产国（地区）政府主管部门或者法律服务机构出具的保健食品上市销售一年以上的证明文件，或者产品境外销售及人群食用情况的安全性报告；③产品生产国（地区）或者国际组织与保健食品相关的技术法规或者标准；④产品在生产国（地区）上市的包装、标签、说明书实样。

（5）注册程序　①受理：国家市场监督管理总局行政受理机构负责受理保健食品注册和接收相关进口保健食品备案材料。②审评：国家市场监督管理总局保健食品审评机构负责组织保健食品审评，管理审评专家，并依法承担相关保健食品备案工作。技术审评按申请材料核查、现场核查、动态抽样、复核检验等程序开展，任一环节不符合要求，审评机构均可终止审评，提出不予注册的建议。③现场核查：国家市场监督管理总局审核查验机构负责保健食品注册现场核查工作。④作出准予注册决定：符合《保健食品注册与备案管理办法》，应向注册申请人发出保健食品注册证书。

（6）注册证书管理　①注册证书内容：注册证书应当载明产品名称、注册人名称和地址、注册号、颁发日期及有效期、保健功能、功效成分或者标志性成分及含量、产品规格、保质期、适宜人群、不适宜人群注意事项。②注册证书有效期：保健食品注册证书有效期为 5 年。③注册号格式：国产保健食品注册号格式为：国食健注 G+4 位年代号+4 位顺序号；进口保健食品注册号格式为：国食健注 J+4 位年代号+4 位顺序号。

2. 保健食品备案

（1）保健食品备案的含义　是指保健食品生产企业依照法定程序、条件和要求，将表明产品安全性、保健功能和质量可控性的材料提交市场监督管理部门进行存档、公开、备查的过程。

（2）保健食品备案材料接收部门　国家市场监督管理总局行政受理机构负责接收相关进口保健食品备案材料。省、自治区、直辖市市场监督管理部门负责接收相关保健食品备案材料。

（3）备案的对象　生产和进口下列保健食品应当依法备案：①使用的原料已经列入保健食品原料目录的保健食品；②首次进口的属于补充维生素、矿物质等营养物质的保健食品。

（4）备案材料　申请保健食品备案，应当提交以下材料：①保健食品备案登记表，以及备案人对提交材料真实性负责的法律责任承诺书；②备案人主体登记证明文件复印件；③产品技术要求材料；④具有合法资质的检验机构出具的符合产品技术要求的全项目检验报告；⑤产品配方材料，包括原料和辅料的名称及用量、生产工艺、质量标准，必要时还应当按照规定提供原料使用依据、使用部位的说明、检验合格证明、品种鉴定报告等；⑥产品生产工艺材料，包括生产工艺流程简图及说明，关键工艺控制点及说明；⑦安全性和保健功能评价材料，包括目录外原料及产品的安全性、保健功能试验评价材料，人群食用评价材料；功效成分或者标志性成分、卫生学、稳定性、菌种鉴定、菌种毒力等试验报告，以及涉及兴奋剂、违禁药物成分等的检测报告；⑧直接接触保健食品的包装材料种类、名称、相关标准等；⑨产品标签、说明书样稿；产品名称中的通用名与注册的药品名称不重名的检索材料；⑩其他表明产品安全性和保健功能的材料。

申请进口保健食品备案的，还应当提交对申请首次进口保健食品注册要求相同的材料。

（5）备案程序　市场监督管理部门收到备案材料后，备案材料符合要求的，当场备案。市场监督管理部门应当完成备案信息的存档备查工作，并发放备案号。对备案的保健食品，市场监督管理部门按照相关要求的格式制作备案凭证，并将备案信息表中登载的信息在其网站上公布。国产保健食品备案号格式为：食健备 G+4 位年代号+2 位省级行政区域代码+6 位顺编号；进口保健食品备案号格式为：食健备 J+4 位年代号+00+6 位顺序编号。

（二）保健食品标签和说明书的管理

保健食品的标签、说明书应当包括产品名称、原料、辅料、功效成分或者标志性成分及含量、适宜人群、不适宜人群、保健功能、食用量及食用方法、规格、储藏方法、保质期、注意事项等内容。

保健食品的标签、说明书主要内容不得涉及疾病预防、治疗功能，并声明"本品不能代替药物"。保健食品的名称由商标名、通用名和属性名组成。

商标名，是指保健食品使用依法注册的商标名称或者符合《中华人民共和国商标法》规定的未注册的商标名称，用以表明其产品是独有的、区别于其他同类产品的产品。通用名，是指表明产品主要原料等特性的名称。属性名，是指表明产品剂型或者食品分类属性等的名称。

保健食品名称不得含有下列内容：①虚假、夸大或者绝对化的词语；②明示或者暗示预防、治疗功能的词语；③庸俗或者带有封建迷信色彩的词语；④人体组织器官等词语；⑤除"®"之外的符号；⑥其他误导消费者的词语。

保健食品名称不得含有人名、地名、汉语拼音、字母及数字等。

（三）生产经营监督管理

1. 生产许可

《食品生产许可管理办法》规定，在中华人民共和国境内从事保健食品生产活动，应当依法取得生产许可。保健食品的生产许可由省、自治区、直辖市市场监督管理部门负责。申请保健食品的生产许可，除了应符合一般食品应当符合的条件外，生产工艺有原料提取、纯化等前处理工序的，还需要具备与生产的品种、数量相适应的原料前处理设备或者设施；除了应提交一般食品应当提交的材料外，还应当提交与所生产食品相适应的生产质量管理体系文件及相关注册和备案文件。在产品注册时经过现场核查的，可以不再进行现场核查。对符合条件的，作出准予生产许可的决定。生产许可证发证日期为许可决定作出的日期，有效期为 5 年。生产许可证应当载明产品注册批准文号或者备案登记号；接受委托生产保健食品的，还应当载明委托企业名称及住所等相关信息。申请延续食品生产许可的，应当提供生产质量管理体系运行情况的自查报告。注册或者备案的生产工艺发生变化的，应当先办理注册或者备案变更手续。

2. 经营许可

《食品经营许可管理办法》规定，在中华人民共和国境内经营保健食品，应当取得经营许可。经营许可证发证日期为许可决定作出的日期，有效期为 5 年。

3. 日常监督管理

食品安全法及其实施条例规定，保健食品生产企业应当按照市场监督管理部门审查通过的注册材料或者所提交的备案材料载明的产品配方、生产工艺等技术要求组织生产；应当按照 GMP 的要求建立与所生产食品相适应的生产质量管理体系，定期对该体系的运行情况进行自查，保证其有效运行，并向所在地县级人民政府市场监督管理部门提交自查报告；保健食品生产过程中的添加行为和按照注册或者备案的技术要求组织生产的情况，保健食品标签、说明书及宣传材料中有关功能宣传的情况是监督管理的重点；食品经营者销售实行注册管理的保健食品，应当查验产品注册证书，核对所载明内容与产品标签标注内容是否一致，并留存注册证书复印件。《食品生产经营日常监督检查管理办法》规定，市、县级市场监督管理部门应当记录、汇总、分析保健食品生产经营日常监督检查信息，完善日常监督检查措施。保健食品生产经营者及其从业人员应当配合市场监督管理部门实施生产经营日常监督检查，保障监督检查人员依法履行职责；生产经营者应当按照市场监督管理部门的要求提供食品生产经营相关数据信息。除了一般食品监督检查事项，如生产环境条件、进货查验结果、生产过程控制、产品检验结果、储存及交付控制、不合格品管理和食品召回、从业人员管理、食品安全事故处置等外，保健食品生产环节的监督检查还包括生产者资质、产品标签及说明书、委托加工、生产管理体系等。

第五节　转基因食品的卫生及管理

近年来，转基因生物和转基因食品一直备受关注，特别是转基因农作物的大面积种植、转基因食品的大量生产及其国际贸易，引起了世界各国的高度重视。

一、转基因食品的主要卫生问题

（一）转基因技术与转基因食品

转基因技术（transgene technology）又称基因工程技术（genetic engineering technology）、重组 DNA 技术（recombinant DNA technology），1973 年由美国斯坦福大学的 Cohen 和 Boyer 等创建。重组是指在体外将分离到的或合成的目的基因（object gene）通过与质粒、病毒等载体（vector）重组连接，然后将其导入不含该基因的受体细胞（host cell），使受体细胞产生新的基因产物或获得新的遗传特性。基因工程的基本过程为：①DNA 重组体的构建：从生物体基因组中分离筛选带有目的基因的 DNA 片段，在体外将目的基因连接到具有选择标记的载体分子上，形成重组 DNA 分子；②DNA 重组体导入：将重组 DNA 分子转移到适当的受体细胞中，并与细胞一起增殖；③转基因细胞的筛选与培养：从大量细胞繁殖体群体中筛选出获得了重组 DNA 繁殖的受体细胞克隆，并提取出已扩增的目的基因；④目的基因的表达和利用：将目的基因克隆到表达载体上，导入宿主细胞，使目的基因在新的遗传背景下实现功能表达，生产出所需要的产物。利用转基因技术可以有目的地实现动物、植物和微生物等物种之间的 DNA 重组和转移，使现有物种的性状在短时间内趋于完善，或为其创造出新的生物特性。简而言之，转基因技术是指将人工分离和修饰过的基因导入生物体基因组并使之定向表达，进而引起生物体性状变化的一系列手段。

转基因食品（genetically modified food，GMF）指利用转基因技术使基因组构成发生改变的动植物和微生物直接生产的食品或以其为原料加工制成的食品。20 多年来，在世界范围内，用来生产转基因食品的许多转基因作物早已被大面积种植并实现商品化了，转基因作物主要有大豆、玉米、油菜、木瓜等。应用转基因技术也获得了诸如牛、羊、猪、淡水鱼等转基因动物。

转基因食品分为三大类：①转基因动植物、微生物产品，如转基因大豆、转基因玉米；②转基因动植物、微生物直接加工品，如由转基因大豆制取的豆油；③以转基因动植物、微生物或以其直接加工品为原料生产的食品和食品添加剂，如用转基因大豆油加工的食品。转基因技术是生产转基因食品的核心技术，其次还包括转基因生物的种植、养殖或培植，以及转基因产品的加工、储藏和包装等一系列过程。转基因食品具备如下特征：①具有食品或食品添加剂的特征；②产品的基因组构成发生了改变，并存在外源 DNA；③食品的成分中存在外源 DNA 的表达产物及其生物活性；④具有基因工程所设计的性状和功能。与传统食品相比，转基因食品在增加作物产量、降低生产成本、增强作物抗虫害、抗病毒等方面的能力和提高农产品耐储性等方面存在优势。

对于转基因食品的发展历史来说，转基因食品的发展可以分为三代。第一代转基因食品是改变一些农艺性状，如增加农作物抗逆性，包括抗虫、抗病、抗旱、抗盐和耐贮性的转基因植物源食品，这一代转基因食品的直接健康获益者是田间操作的农民，因农药使用量减少而减少了对健康的损害。同时，减少了农作物农药使用量对于消费者也是有益的，因为农药残留和对环境的污染一直危害着消费者。第二代转基因食品是以改善食品的品质、增加食品的营养为主要特征。例如，联合国与世界银行的"金色大米"，即胡萝卜素转基因大米被运往非洲维生素 A 缺乏地区，以改变当地因维生素 A 缺乏而导致每年有 300 万名儿童失明的问题。再如，高油酸转基因大豆的试验成功，会改变人们对饱和油脂摄入过高的现状，对于人们预防心血管病非常有利。第三代转基因食品以研究增加食品中的功能因子和增强食品的免疫功能为目标。例如，胰岛素转基因番茄研究为提高糖尿病患者的生活质量带来了曙光。正在进行的多种转基因疫苗研究，也为特异性预防措施呈现出光明的前景。

生物的基因可以在人类、动物、植物和微生物四大系统间进行交换。通过转基因技术，人们几乎可以将任何生物的基因转入动物或者植物、细菌及真菌，并生产出各种产品，如酶、抗体、营养素、激素及各种药用物质，如疫苗和药物等。生物的性状都是由生物的基因通过编码的蛋白质来决定的，生物体包含了成千上万的基因，它们决定了生物体的各种功能与性状。生物的进化、遗传、变异、发展都是经基因变异、重组、交换来实现的。自然界充满了各种基因变异与交换，这使得今天的物种丰富多彩。

1983 年，世界上首次报道了转基因烟草和马铃薯的诞生；1986 年，美国首次批准转基因植物进行环境释放试验；1994 年，首批转基因植物获得批准进行商业化生产，如延熟番茄和抗除草剂棉花等；2001 年，问世的转基因动物有转基因猪、转基因羊、转基因鱼、基因工程棉花等，微生物转基因产品主要有转基因酵母和酶、改造的增产有益微生物。

自 1996 年转基因作物进行商业化种植以来，全球转基因作物种植面积持续增长。世界上很多国家都投入了大量的人力、物力、财力来扶持转基因食品的发展，美国、巴西、阿根廷、加拿大和印度是全世界种植转基因作物最多的国家。2019 年，全球转基因作物种植面积为 $1.904\times10^8\,hm^2$。1996—2019 年，转基因作物商业化种植 24 年间，种植面积增长了约 112 倍，累计种植面积达 $27\times10^8\,hm^2$，使生物技术成为世界上应用速度最快的作物技术。

全球四大转基因作物大豆、玉米、棉花和油菜在种植面积上均有不同程度的增长。以 2019 年的数据为例，转基因大豆是主要的转基因作物，有 9190 万 hm^2（种植面积占比 48%），其次是玉米（6090 万 hm^2）、棉花（2570 万 hm^2）和油菜（1010 万 hm^2）。根据单种作物的种植面积计算，2019 年全球 79% 的棉花、74% 的大豆、31% 的玉米和 27% 的油菜是生物技术转基因作物。除四大转基因作物（大豆、玉米、棉花和油菜）之外，已批准商品化的转基因作物有苜蓿（130 万 hm^2）、甜菜（47.3 万 hm^2）、甘蔗（2 万 hm^2）、木瓜（1.2 万 hm^2）、红花（3500 hm^2）、土豆（2 265 hm^2）、茄子（1931 hm^2），以及不到 1000 hm^2 的南瓜、苹果和菠萝。据估计，用这些转基因作物生产加工的食品全世界有近万种。此外，公共部门进行的转基因作物研究涉及水稻、香蕉、马铃薯、小麦、鹰嘴豆、木豆和芥菜，这些作物为发展中国家的食品生产者和消费者提供了更加多样化的选择。

目前转基因作物种植面积排名前五位的国家（美国、巴西、阿根廷、加拿大和印度）种植了全球 91% 的转基因作物。2019 年全球转基因作物种植面积在 10 万 hm^2 以上的国家转基因作物种植面积如表 6-1 所示。我国转基因生物研究始于 20 世纪 80 年代初期。据不完全统计，目前我国正在研究的转基因生物有 130 多种，基因种类超过 100 种。到目前为止，我国批准投入商业化种植的转基因作物只有两种，一是转基因抗虫棉花，二是转基因抗病毒番木瓜。除此之外，我国批准进口用作加工原料的转基因作物包括大豆、玉米、油菜、棉花、甜菜等。

表 6-1　2019 年全球生物技术/转基因作物种植面积

排名	国家	种植面积/$\times10^6\,hm^2$	转基因作物
1	美国	71.5	玉米、大豆、棉花、苜蓿、油菜、甜菜、马铃薯、木瓜、南瓜、苹果
2	巴西	52.8	大豆、玉米、棉花、甘蔗
3	阿根廷	24.0	大豆、玉米、棉花、苜蓿
4	加拿大	12.5	油菜、大豆、玉米、甜菜、苜蓿、马铃薯
5	印度	11.9	棉花
6	巴拉圭	4.1	大豆、玉米、棉花
7	中国	3.2	棉花、番木瓜
8	南非	2.7	玉米、大豆、棉花
9	巴基斯坦	2.5	棉花
10	玻利维亚	1.4	大豆

续表

排名	国家	种植面积/ $\times 10^6 hm^2$	转基因作物
11	乌拉圭	1.2	大豆、玉米
12	菲律宾	0.9	玉米
13	澳大利亚	0.6	棉花、油菜、红花
14	缅甸	0.3	棉花
15	苏丹	0.2	棉花
16	墨西哥	0.2	棉花
17	西班牙	0.1	玉米
18	哥伦比亚	0.1	玉米、棉花
19	越南	0.1	玉米

（二）转基因食品的主要食品安全问题

根据现有的科学知识推测，转基因食品可能对环境及人体健康造成危害。在生态环境方面的潜在危害主要是被转入基因的漂移所引起的基因污染。转基因植物有演变成农田杂草的可能性，如转基因高产作物一旦通过花粉导入方式将高产基因传给周围杂草，就可能会引发超级杂草的出现，对环境和物种带来难以评估的后果。转基因不育品种的不育基因在种植地大量传播，可能会引发种植地农业的灾难。还有对生物类群的影响，如毒蛋白能在花蜜中表达，可能引起蜜蜂等传粉昆虫和植物群落的崩溃，甚至可能危及人类及其他动物的生存环境和健康，如食用植物通过基因改良成为药用植物，通过异花受粉会使食用植物产生药性，从而污染人类的食物供应。

在人体健康方面的潜在危害主要表现在引发人体过敏、使细菌产生抗药性、改变食品的营养成分和毒性作用等方面。

1. 转基因食品可能引起人体过敏反应

转基因植物引入了外源性目的基因后，会产生新的蛋白质，使人类部分个体可能很难或无法适应而诱发过敏症状。

2. 抗生素标记基因可能使感染人类的细菌产生抗药性

抗生素标记基因在商业转基因植物中大量使用。人类食用了这些转基因食品后，在体内将抗药性基因传给致病性细菌，从而使病菌产生抗药性，使抗生素失效。

3. 转基因食品营养成分的改变

转基因食品中的外源性基因可能会改变食物的成分，包括营养成分构成和抗营养因子的变化，如抗除草剂转基因大豆中具有防癌功能的异黄酮成分较传统大豆减少了14%；转基因油菜中类胡萝卜素、维生素 E、叶绿素均发生了变化。这些变化会导致食品营养价值降低，人体营养结构失衡，影响人体的健康。

4. 转基因食品的毒性作用

目前的转基因技术不能完全有效地控制转基因后的结果，如果转入的基因发生突变则可能产生有毒物质，或者使食品中原有的毒素含量增加，产生毒性作用。

二、　转基因食品的安全性评价

世界各国普遍采用"实质等同性"（substantial equivalence）原则。其基本思想是：如果一种转基因食品与现存的传统同类食品相比较，其特性、化学成分、营养成分、所含毒素及人和动物食用和饲用情况是类似的，那么它们就具有实质等同性。就安全性而言，它们可能被等同对待，即认为转基因食品与传统食品一样安全。该原则由国际经济合作与发展组织（organization for economic co-operation and development，OECD）于 1993 年提出，并得到了普遍认可。

用"实质等同性"原则评价转基因食品可得到 3 种结论：①若转基因食品与传统对照食品或原料实质等同，则不需为该类食品进行更加深入的研究，就可作出安全性评价；②转基因食品与传统对照食品或原料十分相似，但某些性质有差异，则需要重点进行差异评估和研究；③转基因食品与传统对照食品或原料既不等同又不相似，必须进行深入的研究和安全性评价。

实质等同原则在 1996 年召开的联合国粮农组织和世界卫生组织（FAO/WHO）专家咨询会议上得到了支持与肯定，以后召开的多次国际技术会议都基本肯定了实质等同原则是目前转基因食品食用安全性和营养质量评价的最适宜战略。但同时也强调，只考虑变化的组分不是确定安全性的唯一基础，只有在所有需要比较的因素都考虑后，才能确定其安全性。也就是说，既要关注靶目标的安全性和营养质量问题，也要注意非预期效应①的潜在危害性和营养质量问题。总之，实质等同原则不能保证转基因食品的绝对安全，而应按照一个可以接受的安全标准将其与某种食物或食物的成分进行对比分析和比较，这可在一定程度上保证转基因食品与传统食品的安全性等同。

在食用安全性评价中，需要考虑的另一问题是人们对转基因食品的不同暴露程度问题。它关注的是食物消费类型是否对人群的健康造成危害，如消费人群是否主要为婴儿、成年人、老年人、孕妇以及免疫力低下人群，是否该食物占这一特殊人群总膳食摄入量相当大的比例，是否这一新食品在某一人群中的消费量大于另一人群，是否某一人群对这一新食品存在的潜在过敏原比其他人群更敏感等。

由于转基因工程技术的特殊性，目前公认的传统的食品安全评价技术不能完全适应对转基因食品食用安全性的评价需要，建立转基因食品的安全性评价技术与标准非常必要，尤其要考虑长期慢性毒性、致敏性、致癌性、神经毒性等问题。但目前的科学水平尚难以精确预测该技术使农作物发生的变化对人体健康的影响，尤其是长期效应，因此，转基因食品的安全性评价仍然是国际社会关注的焦点。

对转基因食品的食用安全性评价不仅是一个科学技术问题，而且直接关系到国际食品贸易的发展，因此，有关国际组织，如 FAO、WHO 都在努力协调解决有关转基因食品的食用安全性

---

①非预期效应：根据 FAO/WHO 的定义，转基因生物非预期效应是指由外源基因整合于基因组导致的非目标性的性状改变。这些性状包括与基因工程的设计目标无关的各种表型性状和遗传性状，如农艺性状、代谢产物（如营养成分、抗营养因子、毒性成分和致敏成分）、内源基因的转录产物及表达产物等。这些性状变异中的一部分基于目前对植物生物学、代谢途径等的认识水平可以预见，属于可预见性非预期效应；而大部分是超出人类目前认识水平的非预见性非预期效应。

评价问题，力求统一管理标准和技术措施，从而达到既保护消费者健康，又促进国际食品贸易发展的目的。

在评价转基因食品食用安全性时，一般要考虑以下 6 个方面的内容：①直接影响，如改变食品的营养、毒性、致敏性等；②食品性状改变情况；③对人体健康的间接影响，如新陈代谢方面；④基因技术导致食品中出现了新成分或改变了原有的成分，如基因突变；⑤导致胃肠道正常菌群出现变化；⑥其他健康方面的潜在副反应。

在对以上 6 个方面进行安全性评价时，评价的内容一般包括：①转基因食品（物种）的名称；②转基因食品的理化特性、用途与需要强调的特性；③可能的加工方式、终产品种类以及主要食物成分（包括营养成分和有害成分）；④基因修饰的目的与预期技术效果以及对预期特性的影响；⑤供体的名称、特性、食用史，载体物质的来源、特性、功能、食用史，基因插入的位点及特性；⑥引入基因所表达产物的名称、特性、功能及含量；⑦表达产物的已知或可疑致敏性和毒性，以及含有此种表达产物的食品的食用安全性依据；⑧可能产生的非期望效应（包括对代谢产物的评价）。

三、 转基因食品的检测

转基因食品的检测主要从两方面入手，一是核酸水平，即检测遗传物质中是否含有插入的外源基因；二是蛋白质水平，即通过插入的外源基因表达的蛋白质产物或其功能进行检测。

核酸水平的检测主要检测报告基因、启动子和终止子，是当前转基因产品检测的重要手段。核酸检测的主要方法分为两种：一种方法是分子杂交技术，如印迹法（Southern blot）；另一种方法是基于 PCR（定性 PCR、复合定性 PCR、PCR-ELISA、竞争性定量 PCR 及定时定量 PCR 等）的检测方法。

目前蛋白质水平的检测方法主要有 Western 印迹法（Western blot）、酶联免疫吸附法（enzyme-linked immune sorbent assay，ELISA）和免疫试纸条法（lateral flow strip）。该类检测方法主要以抗原与抗体间的免疫反应为基础，通过对外源蛋白的定性定量分析来进行转基因的检测。

其他新检测方法，如基因芯片检测、近红外光谱检测（NIR spectroscopy）、表面等离子共振技术（surface plasmon resonance，SPR）等在转基因食品的实际检测中也都有应用。

四、 转基因食品的管理

目前国际上对转基因食品的管理有两种模式，一种是以产品为基础的管理模式，另一种是以技术为基础的管理模式。前者以美国、加拿大等生产和出口大国为代表，指导思想为"如果没有证据表明转基因食品是不安全的，那么它就可能是安全的"，管理是针对生物技术产品，而不是生物技术本身，对转基因食品持认同态度。后者以欧盟为代表，指导思想是"如果没有证据表明转基因食品是安全的，那么它就可能是不安全的"，认为基因重组技术本身具有潜在的危险性，只要与基因重组相关的活动都应接受管理，对转基因食品持怀疑态度。

美国所有农业生物技术产品的上市，必须通过三个部门中的一个或者一个以上部门的批准。这三个部门是美国食品与药物管理局（FDA）、农业部（USDA）和环境保护局（EPA）。FDA 负责所有食品安全性的审批，并要求生产厂家保证上市食品的安全和质量，转基因食品上市前必须经过严格的检验和监督，并用商标注明；USDA 和 EPA 负责保证农药、除草剂和转基因实验农作物的安全，生物技术农作物的大田实验必须经 EPA 批准。

美国的转基因技术水平居世界领先地位，是转基因食品研究最为先进、应用最为广泛的国家，也是全球种植转基因作物面积最大的国家。2019 年美国转基因种植面积达到 7150 万 hm^2，占全球转基因作物种植面积的 37.5%。美国环保署（EPA）批准了孟山都公司的袋内庇护（RIB）抗虫和耐除草剂的转基因玉米，该产品于 2012 年开始销售。在有关转基因食品的伦理争论中，始终站在肯定和支持的立场上。

1992 年，美国 FDA 发布了关于转基因食品利用的安全和管理政策，政策规定：如果引入新基因产品的食品添加成分在结构和功能方面与现有食品组分非常类似，则无需在进入市场前进行审查；但如果与现有食品该组分存在显著差异，则必须获得批准方可投入市场。对于转基因产品的标识，美国执行自愿标识政策，因此没有强制性的标识法规。其主要原因是，美国 FDA 认为转基因产品和传统技术产品的安全性是同等的，没有必要对其进行特殊标识。美国 FDA 要求只对那些与现有的相应食品有重大差别的食品加贴标签。在标签中使用"来源于生物工程"和"经生物工程改造"等字样，不用转基因有机体（GMO）、非 GMO 和转基因（GM）等字样。

欧盟一直以来对转基因食品持非常慎重的态度，1997 年欧盟通过《新食品规程》决议，规定欧盟成员国对上市的转基因产品进行标识，标识的内容包括转基因食品的来源、过敏性、伦理学考虑、不同于传统食品的部分（成分、营养价值、效果）等。2001 年，欧盟又规定凡含有 0.9% 以上转基因 DNA 或蛋白质的农作物或食品在市场销售时，必须有标"GMO"字样的标签。2003 年，欧盟又出台了《转基因生物追溯性及标识办法以及含转基因生物物质的食品及饲料产品的追溯性管理条例》。2004 年，欧盟进一步提出食品中的任何成分、添加剂或食用香料含有超过 1% 的转基因原料需标识，并对标识内容进行了详细规定。

我国对转基因食品在管理上持谨慎态度，在研究上予以支持。我国于 1993 年 12 月由原国家科学技术委员会制定了《基因工程安全管理办法》，随后原农业部在此基础上制定了《农业生物基因工程安全管理实施办法》，并同时成立了农业生物工程安全委员会，以负责全国农业生物遗传工程的安全性审批。1996 年 7 月农业部颁布了《农业生物基因工程安全管理实施办法》，有关部门还据此制定了相应的规章制度，同时还积极参与了生物安全议定书的谈判和缔约工作。2002 年 3 月有以下 3 个法律法规正式实施，即《中华人民共和国农业转基因生物安全管理条例》《农业转基因生物安全评价管理办法》和《农业转基因生物标识管理办法》。《农业转基因生物标识管理办法》规定：凡是在中国境内销售列入农业转基因生物标识目录的农业转基因生物，必须遵守该办法。凡是列入标识管理目录并用于销售的农业转基因生物，应当进行标识；未标识和不按规定标识的，不得进口或销售。基因生物专用标识有三种：转基因××；转基因××加工品（制成品）；本产品为转基因××加工制成，但本产品中已不再含有转基因成分。

2015 年 10 月 1 日起正式施行的并于 2021 年修订的《食品安全法》规定，生产经营的转基因食品应当按照规定显著标示，并赋予了食品药品监管部门对转基因食品标示违法违规行为的行政处罚职能。2015 年 8 月，农业部在官网发布了《关于政协十二届全国委员会第三次会议第 4506（农业水利类 388 号）提案答复的函》，其中称，国际组织、发达国家和我国开展了大量转基因生物安全方面的科学研究，认为批准上市的转基因食品与传统食品同样安全。

第六节　辐照食品的卫生及管理

食品辐照保藏是 20 世纪 40 年代开始发展起来的新保藏技术，主要是将放射线用于食品灭菌、杀虫、抑制发芽等，以延长食品的保藏期限。另外，食品辐照也用于提高食品消化吸收利用率和改善食品品质等方面。受照射处理的食品称为辐照食品（irradiated food）。

目前，加工和实验用的辐照源有 ^{60}Co 和 ^{137}Cs 产生的 γ 射线及电子加速器产生的低于 10 兆电子伏（MeV）的电子束。食品辐照分为静式辐照和动式辐照两种，静式辐照是在辐照前将包装好的食品预先摆在辐照源所在地的周围，定量进行翻转，以保证辐照均匀的辐照方法；动式辐照是指用机械装置将食品输入辐射场内不断回转进行辐照的辐照方法。

由于辐照目的和食品类别的不同，辐照剂量各不相同。辐照所用剂量以被辐照物吸收的能量表示。国际原子能机构统一规定食品辐照灭菌剂量：在 5kGy 以下称辐照防腐（radurization），可杀死部分腐败菌，延长产品保存期；在 5～10kGy 称为辐照消毒（radicidation），以消除无芽孢致病菌；剂量达 10～50kGy 称辐照灭菌（radappertization），可以杀灭物料中的一切微生物。

我国于 1958 年开始研究辐照食品。20 世纪 70 年代初先后在河南、四川、上海、北京等地成立了辐照食品研究协作组进行多种食品辐照试验研究。自 1984 年开始，食品辐照技术逐步迈入产业化进程，以食品辐照为主的大型辐照中心陆续在郑州、南京、上海、深圳、北京等地建立起来。

一、辐照食品的安全问题

（一）食品辐照加工的特点

与传统的熏蒸、高温巴氏灭菌法或添加化学防腐剂等食品加工方法相比，食品辐照加工具有无化学物质污染、无残留、不破坏食品营养成分等优点，既可应用于杀菌、保鲜，又可应用于食品污染物残留的消除。

辐照加工技术具有以下优点。① 辐照保存技术在常温或低温下进行。整个处理过程中食品温升很小，有利于维持食品的质量，可以处理不宜进行加热、熏蒸、湿煮处理的食品，并且可以保持食品的香味和外观品质。较为典型的实例就是对马铃薯的辐照保存，经过辐照的马铃薯饱满不发皱，硬度好，且养分也没有明显的损失，还可以有效地抑制其发芽。②射线（如 γ 射线）的穿透力强，可以在包装及不解冻情况下辐照食品，杀灭深藏在食品内部的害虫、寄生虫和微生物；食品辐照保存技术可以起到杀菌的作用，以改进食品卫生质量，使食品可以长期保存，防止病虫害传播，便于长途运输、国际贸易及特殊用途的需要。③食品辐照是一个物理加工过程，不需要添加化学药物，没有药物残留，也未发现感生放射性[①]，不污染环境，是一种安全环保的食品加工方法。④与食品冷冻保藏等方法相比，辐照保藏方法能节约能源。⑤可以改进食品的工艺质量，例如，辐照后的牛肉更嫩滑，辐照可提高酒的陈酿度，辐照的大豆易被人体消化吸收等。⑥能消除食品污染物残留、使食品脱敏。例如，辐照对食品中存在的真菌毒

[①]感生放射性是指原本稳定的材料因为接受了特殊的辐射而产生的放射性，多数辐射不会诱导其他材料产生辐射。

素、农药、兽药及其他污染残留物均有很好的降解效果。

但辐照加工技术需要较大投资及专门设备来产生辐射线（辐射源）并提供安全防护措施，保证辐射线不泄露。此外，对不同产品及不同辐照目的要选择控制好合适的辐照剂量，才能获得最佳的经济效应和社会效益。

（二）辐照食品的主要安全问题

应用射线辐射对食品进行杀菌是否会通过食品对人类健康带来危害呢？近来，随着方便面调料包辐照标识问题的出现，以及媒体对国内 ^{60}Co 事故的曝光，辐照食品的安全性问题再次引起人们的关心和担忧。经过辐照处理的食品是否含有有害成分，是否会引起慢性疾病和致畸、致癌等问题成为了争议的焦点。关于辐照食品的安全性，有以下几方面的问题值得考虑。

1. 放射性污染问题

人们对辐照食品的疑虑很大程度上是担心其是否具有放射性，即辐照食品是否会被放射性元素污染或存在感生放射性。物质在经过射线照射后，可能诱发放射性，称为感生放射性。研究表明，射线必须达到一定的阈值才能诱发感生放射性。研究表明，16MeV 的能量所诱发的感生放射性可以忽略。而目前辐照食品常用的辐射源能量都在 10MeV 以下，故辐照食品不存在感生放射性问题。另外，作为辐照源的放射性物质被密封在双层的钢管内，射线只能透过钢管壁照射到食品上而非直接照射到食品上，故放射源不会对食品造成放射性污染。

2. 毒性和致突变性、致癌性

20 世纪 70 年代开始，国际原子能机构、世界卫生组织和国际粮农组织等多个国际组织就开始在全球范围内组织实验室对辐照食品的安全性进行论证。美国的科学界已对老鼠、狗等不同种类的动物进行了持续几代的研究，未发现任何辐照食品对这些动物造成健康危害。从目前的研究结果来看以及跟踪调查结果表明：应用规定剂量辐照的食品是安全的，辐照灭菌的方法是一种安全有效的方法，不存在毒理学、营养学和微生物学问题，甚至经高达 75kGy 辐照的食品也可放心食用。

3. 生物安全性问题

生物安全性问题指食品中的微生物长期接受辐照是否使食品存在安全隐患的问题，主要应关注辐照能否诱发微生物遗传变化。耐辐射性强的菌株可使辐照的效果大大降低，也可能加速致病性微生物的变异，使原有的致病性微生物致病力增强或产生新的毒素，从而威胁人类的身体健康。迄今为止，这些可能出现的生物安全性问题尚未得到证实。

4. 营养适应性问题

辐照食品中的营养素和微量营养素是否会被破坏或变性，是否会生成有害成分或致癌物等问题，引起了很多人的关注。研究表明，正常剂量的辐照对食品中营养成分的影响远小于烹调和普通食品保藏工艺对食品营养成分的影响；而且辐照食品只是作为日常膳食的一小部分，所以辐照处理对人体总体营养素摄入水平不会造成明显影响。

二、 辐照对常见食品营养成分的影响

1. 辐照对食品中碳水化合物的影响

固态的和液态的碳水化合物（糖类化合物）经辐照后都会发生变化。在大剂量辐照过程中，

糖类化合物发生的变化主要是有降解作用和有辐解产物的形成。经辐照后，糖类化合物可产生熔点降低和旋光性改变、糖苷键断裂等变化，辐解产物有 H_2、CO、CO_2、H_2O、CH_4、甲醛、乙醛、丙酮、丙醛、乙二醛、糖醛酸、糖聚合体、脱氧化合物等。如果有些辐解产物的浓度较高，会有一定的致癌风险。有研究表明，多糖如淀粉被辐照后，黏度会降低；若辐照剂量再高，则淀粉连凝胶都不能形成，淀粉颗粒会变得很脆易碎，增加了 α-淀粉酶的反应。在辐照加工过程中，因辐照剂量大多控制在 10kGy 以下，糖类的辐照降解和辐解产物的生成都是极其微量的。

2. 辐照对食品中蛋白质的影响

蛋白质分子经辐照后，蛋白质分子容易发生裂解并发生变性，但经过对辐照食品中蛋白质、氨基酸和酶解产物的分析研究表明，经适宜剂量照射的食品，蛋白质营养成分无明显变化，氨基酸组分恒定。有研究表明，经 72℃蛋白酶热钝化处理和真空包装的猪肉样品，在-20℃经 45 kGy 剂量辐照，辐照对猪肉的蛋白质虽有影响，但影响不大，氨基酸主要组分基本保持不变，即这一辐照工艺的高剂量辐照并不会导致猪肉损失其蛋白质营养值。另外，辐照肉类等食品会使肉类产生一种类似蘑菇的辐照味，它与辐照剂量呈正比。异臭主要是由含硫蛋白经辐照产生甲硫醇、硫化氢等所致。通过降低温度可以减少肉制品经辐照产生辐照味，也可以将辐照处理与盐腌、干制、熏制和添加抗氧化剂结合起来进行，以降低肉制品所需的辐照剂量，从而减少肉制品辐照味的产生。

3. 辐照对食品中脂类的影响

脂肪是食物成分中最不稳定的物质，对辐照十分敏感。有研究报道脂肪分子经辐照后会发生氧化、脱氢等作用，饱和脂肪一般是稳定的，不饱和脂肪则易被氧化，氧化程度和照射剂量呈正比。脂溶性维生素 A 对辐照和自动氧化过程比较敏感，一般将维生素 A 选为评判脂肪辐照程度的标准。此外，也可以用酸价和过氧化值的变化来评定。

4. 辐照对食品中维生素的影响

维生素对辐照很敏感，其损失量取决于辐照剂量、温度、氧气量和食物类型。一般说来，低温缺氧条件下，辐照可以减少维生素的损失；在低温密封状态下，辐照也能减少维生素的损失。有国内文献报道，维生素 B_1 溶液经 500Gy 剂量辐照后，大约损失 50%，而全蛋粉辐照同样剂量后其中的维生素 B_1 只损失了 5%。

三、 辐照食品的管理

1. 辐照食品的安全性评价

辐照食品的安全性即辐照食品的健全性，是包括毒理学上的安全性、微生物学上的安全性和营养学上的合格性在内的综合概念。在探究辐照食品的急性毒性、慢性毒性、致癌性、遗传毒性的同时，还必须了解食品原料中的微生物是否发生突变而增加了毒性以及是否破坏了营养成分。在 WHO 的建议下，联合国粮农组织（FAO）、国际原子能机构（International Atomic Energy Agency，IAEA）于 1970 年开始启动国际食品辐照项目（The International Food Irradiation Project，IFIP），先后共有 24 个国家参加，分工协作进行研究。1976 年，FAO、WHO、IAEA 在瑞士日内瓦召开国际辐照食品会议，对辐照食品的安全性进行了讨论与评价。辐照保藏食品工艺简单，在正常的辐照剂量下，食品在辐照过程中仅有轻微的升温，对食品营养成分影响小，称为"冷加工"。剂量过大的放射线照射食品所产生的变化，因食物的种类、品种及照射的条件不同，在食品中生成的有害成分和微生物变性所带来的危害也不同。采用剂量过大的放射线照射食品是否会破坏营养成分、生成有害或致癌物质等问题得到了进一步研究。1980 年，FAO/IAEA/WHO 食品辐照联合专家委员会（Joint Expert Committee on Food Irradiation）根据长期收集到的毒理学营养学和微生物学资料及辐射化学分析的结果确定：总平均剂量不超过 10kGy 辐照的任何食品，没有毒理学上的危险，不再需要做毒理实验。同时，食品在营养学方面和微生物学方面也都是安全的。1994 年，WHO 对辐照食品的安全性和营养适应性再次进行了评估；1997 年，WHO 对高剂量辐照食品所下的结论是：经 10kGy 以上辐照的食品的健全性也没有问题。1997 年 FAO 等认为，在正常的辐照剂量下进行辐照的食品是安全的。

2. 辐照食品的管理

辐照食品的管理包括辐照食品的卫生管理和标识管理。

1983 年，由国际食品法典委员会（CAC）制定的《辐照食品的规范通用标准（世界范围标准）》和《用于处理食品辐照设施的实施细则》成为各国制定适合国情标准和法规的参考依据。1997 年，我国制定或修订了辐照熟畜禽肉类、辐照花粉、辐照干果果脯类、辐照香辛料类、辐照新鲜水果蔬菜类、辐照猪肉、辐照冷冻包装畜禽肉类及辐照豆类、谷类及其制品等 GB 14891 系列卫生标准，并规定了食品的辐照吸收剂量、包装标示上的辐照食品字样和辐照食品标志的使用（新鲜水果、蔬菜类除外）等内容。

目前，很难在我国市场上看到有标识的辐照食品，很少有企业主动在经辐照处理的食品包装上加贴辐照食品标识（图 6-1）。我国辐照食品的消费者接受性问题依然是阻碍辐照商品标识的主要原因。

2001 年，我国制定和颁布了 17 个辐照食品加工工艺标准，如《豆类辐照杀虫工艺》（GB/T 18525.1—2001）、《谷类制品辐照杀虫工艺》（GB/T 18525.2—2001）、《红枣辐照杀虫工艺》（GB/T 18525.3—2001）、《枸杞干、葡萄干辐照杀虫工艺》（GB/T 18525.4—2001）、《空心莲辐照杀虫工艺》（GB/T 18525.7—2001）、《速溶茶辐照杀菌工艺》（GB/T 18526.1—2001）、《冷却包装分割猪肉辐照杀菌工艺》（GB/T 18526.7—2001）、《苹果辐照保鲜工

图 6-1 辐照食品标识

艺》（GB/T 18527.1—2001）、《大蒜辐照抑制发芽工艺》（GB/T 18527.2—2001）等。2003 年农业部又批准制定了 5 个包括水产品在内的饲料、茶叶等辐照工艺的行业标准。我国发布的有关辐照食品法规和标准还有：《辐射防护规定》（GB 8703—1988）、《γ 辐照装置的辐射防护与安全规范》（GB 10252—2009）、《γ 辐照装置食品加工实用剂量学导则》（GB 16334-1996）、《食品安全国家标准 食品辐照加工卫生规范》（GB 18524—2016）等。在上述标准中还对辐照食品的感官性状、卫生质量、农药残留以及平均辐照吸收剂量、剂量匀度、辐照加工食品的许可、市场销售、辐照加工设施的安全防护、操作人员的资格等都做了严格规定。

2014 年，国家卫生与计划生育委员会根据《食品安全法》及其实施条例的规定，在 GB 14891—1997 系列卫生标准的基础上组织拟订了《食品安全国家标准 辐照食品》，目前尚在征求意见环节当中。我国已批准的辐照食品卫生标准的情况，如表 6-2 所示。

表6-2   中国辐照食品卫生标准批准情况   单位：kGy

批准时间	数量	批准的辐照食品及剂量
1984 年 11 月	7 种	土豆（0.2）、洋葱（0.15）、大蒜（0.2）、大米（0.45）、蘑菇（1）、花生仁（0.4）、香肠（8）
1988 年 9 月	1 种	苹果（0.4）
1994 年 2 月	10 种	扒鸡（8）、花粉（8）、果脯（1）、生杏仁（1）、番茄（0.4）、猪肉（0.65）、荔枝（0.5）、蜜橘（0.1）、薯干酒（4）、熟肉制品（6）
1997 年 6 月	6 类	豆类、谷类及其制品：豆类不大于0.2，谷类不大于0.4~0.6； 干果果脯类（0.4~1.0）； 熟畜禽肉类（不大于8）； 冷冻包装畜禽肉类（不大于2.5）； 香辛料类（不大于10）； 新鲜水果、蔬菜类：马铃薯（0.1）、洋葱（0.1）、大蒜（0.1）、生姜（0.1）、番茄（0.2）、冬笋（0.1）、胡萝卜（0.1）、蘑菇（1.0）、刀豆（0.1）、花菜（0.1）、卷心菜（0.1）、菱白（0.1）、苹果（0.5）、荔枝（0.5）、葡萄（1.0）、猕猴桃（0.5）、草莓（1.5）

第七节　其他食品的卫生及管理

一、调味品

调味品（condiment）是在饮食、烹饪和食品加工中广泛应用的，用于调和滋味和气味并具有去腥、除膻、解腻、增香、增鲜等作用的产品。按照《调味品分类》（GB/T 20903—2007），调味品分为17类，包括食用盐、食糖、酱油、食醋、味精、芝麻油、酱类、豆豉、腐乳、鱼露、蚝油、虾油、橄榄油、调味料酒、香辛料和香辛料调味品、复合调味料、火锅调料等。

（一）食用盐

1. 概述

食用盐是以氯化钠为主要成分，用于食用的盐。我国《食品安全国家标准　食用盐》（GB 2721—2015）规定，食用盐中氯化钠含量（质量分数）应≥97%（以干基计）。食用盐可根据来源、加工方法及用途进行分类。①按来源分类：一般可分为海盐、湖盐、井矿盐；②按加工方法分类：可分为精制盐、粉碎洗涤盐、日晒盐；③按用途分类：可分为加碘盐和多品种盐，后者是指添加了营养强化剂、调味辅料或经特殊工艺加工制得的食用盐，包括营养强化盐、调味盐、低钠盐（在食用盐中添加适量的氯化钾或硫酸镁以降低氯化钠含量的产品）等。

2. 食用盐的卫生管理

（1）原料　井矿盐是生产精制盐的原料之一，生产中必须将硫酸钙、硫酸钠等杂质分离除去，含有过高硫酸钠的食用盐会有苦涩味，并影响食物在肠道吸收；此外，井矿盐中还含有钡盐，其具有肌肉毒，长期少量食用可引起慢性中毒。

（2）食品添加剂 为了防结块，食用盐生产过程中常在盐中加入微量的抗结剂，我国规定亚铁氰化钾（以亚铁氰根计）在盐和代盐制品中最大使用量为 0.01g/kg。亚铁氰化钾中的铁和氰化物之间结构稳定，在日常烹调温度下分解的可能性极小。此外，食用盐也是安全而有效的营养素强化载体，国内营养强化食用盐除了碘盐，还有强化铁、锌、钙、硒、核黄素等的盐。生产此类食用盐时，营养强化剂的使用应符合食品强化的原则及《食品安全国家标准 食品营养强化剂使用标准》（GB 14880—2012）和《食品安全国家标准 食用盐碘含量》（GB 26878—2011）的有关规定。

（3）生产加工过程 应符合《食品安全国家标准 食品生产通用卫生规范》（GB 14881—2013）规定，严禁利用井矿盐卤水晒制、熬制食用盐。

（4）包装与标识 食物接触材料及制品应符合相应的食品安全国家标准和有关规定，抗结剂在产品包装上应当标识。

（5）储存及运输 成品的储藏与运输条件应符合相关标准的规定。此外，企业应建立并实施产品追溯系统及撤回程序。

（二）酱油及酱

1. 概述

酱油是以富含蛋白质的豆类和富含淀粉的谷类及其制品为主要原料，在微生物酶的催化作用下分解熟成，并经浸滤提取的调味汁液。按生产工艺可分为酿造酱油和配制酱油（以酿造酱油为主体，与酸水解植物蛋白调味液、食品添加剂等配制而成）；按食用方法可分为烹调酱油和餐桌酱油，前者适用于烹调，后者适于直接食用，市售的老抽酱油即为烹调酱油，而生抽酱油则为餐桌酱油。此外，《调味品分类》（GB/T 20903—2007）中将铁强化酱油［即按照标准在酱油中加入一定量的乙二胺四乙酸铁钠（NaFeEDTA）制成的营养强化调味品］也纳入成为酱油的一个种类。酱通常是指以粮食为主要原料经发酵酿造而成的各种调味酱，以及以调味酱为主体基质添加各种配料（如蔬菜、肉类、禽类等）加工而成的酱类产品，包括豆酱、面酱、番茄酱、辣椒酱、芝麻酱、花生酱、虾酱以及芥末酱。

2. 酱油及酱的卫生管理

（1）原辅材料 用于酱油及酱类生产的粮食类原料必须干燥、无杂质、无污染，农药残留、重金属、黄曲霉毒素等有毒有害物质残留应符合《粮食安全国家标准粮食》（GB 2715—2016）的规定；调味类原料必须纯净、无潮解、无杂质、无异味，并应符合相应国家标准的要求；食品添加剂的品种和添加量应符合《食品安全国家标准 食品添加剂使用标准》（GB 2760—2014）的要求；生产用水应符合《生活饮用水卫生标准》（GB 5749—2022）的规定。生产配制酱油所使用的酸水解植物蛋白调味液应符合《酸水解植物蛋白调味液》（SB/T 10338—2000）的规定，3-氯-1,2-丙二醇（3-MCPD）应 ≤1mg/kg；不得使用非食用性原料生产的蛋白水解液和生产氨基酸的废液，以防止铅、砷及有害物质对产品的污染。我国《食品安全国家标准 酱油》（GB 2717—2018）规定，酱油中总砷含量（以 As 计）应 ≤0.5mg/L；铅含量（以 Pb 计）应 ≤1mg/L。

（2）发酵菌种 必须选用蛋白酶活力强、不产毒、不变异的优良菌种，并定期分离纯化，以保证菌株的性能。应用新菌种前，应按《新食品原料安全性审查管理办法》进行审批后方可使用。我国规定酱油和酿造酱（以粮食为主要原料）中黄曲霉毒素 B_1 含量均应 ≤5μg/kg。

（3）生产加工过程 应符合《食品安全国家标准 食品生产通用卫生规范》（GB 14881—2013）、《食品安全国家标准 酱油生产卫生规范》（GB 8953—2018）等规定。含蛋白质的原料必须经过蒸熟、冷却，应尽量缩短冷却和散凉时间；酿造过程应控制盐水的浓度、温度和拌曲水量；发酵制品应控制发酵时的温度和通风量，以防止杂菌污染；灭菌工艺应严格控制温度和时间，以保证产品的安全质量。灭菌后的产品必须符合《食品安全国家标准 酱油》（GB 2717—2018）、《食品安全国家标准 酿造酱》（GB 2718—2014）的规定。生产配制酱油时，配制酱油中酿造酱油的比例（以全氮计）不得少于50%。

（4）包装与标识 食品接触材料及制品应符合相应的标准和有关规定。定型包装的标识要求应符合有关规定。如酱油类产品在产品的包装标识上必须醒目标出"酿造酱油"或"配制酱油"，还应标明氨基酸态氮的含量、用于"佐餐和（或）烹调"等，散装产品亦应在大包装上标明上述内容。

（5）储存及运输 成品的储藏与运输条件应符合相关标准的规定，不得与有毒、有害、有异味、易挥发、易腐蚀的物品同处储存；运输时应避免日晒、雨淋。不得与有毒、有害、有异味或影响产品质量的物品混装运输。

此外，生产企业应建立并实施产品追溯系统及撤回程序。

（三）食醋

1. 概述

食醋是以粮食、果实、酒类等含有淀粉、糖类、酒精的原料，经微生物酿造而成的一种液体酸性调味品。按原料及加工工艺的不同可分为酿造食醋和配制食醋。酿造食醋是单独或混合使用各种含有淀粉、糖的物料或酒精，经微生物发酵酿制而成的液体调味品，如米醋、熏醋、陈醋、水果醋等。配制食醋是以酿造食醋为主体，与冰乙酸（食品级）、食品添加剂等混合配制而成的调味食醋。

2. 食醋的卫生管理

（1）原辅材料 粮食类原料必须符合《食品安全国家标准 粮食》（GB 2715—2016）的规定；发酵剂必须符合生产工艺要求，选用的菌种必须经常进行纯化和鉴定；食品添加剂和生产用水应符合相关标准的规定。

（2）生产加工过程 应符合《食品安全国家标准 食醋生产卫生规范》（GB 8954—2016）、《食品安全国家标准 食醋》（GB 2719—2018）等有关法规、标准的规定；灭菌后的食醋必须符合《食品安全国家标准 食醋》（GB 2719—2018）的规定；生产配制醋时，配制食醋中酿造食醋的比例（以乙酸计）不得少于50%，使用冰乙酸应符合《食品安全国家标准 食品添加剂冰乙酸（又名冰醋酸）》（GB 1886.10—2015）的要求。

（3）包装与标识 食物接触材料及制品应符合相应的卫生标准和有关规定，回收的包装容器应经严格检验后方能使用；定型包装的标识要求应符合有关规定，在产品的包装标识上必须醒目标出"酿造食醋"或"配制食醋"，散装产品亦应在大包装上标明上述内容。

（4）储存及运输 成品的储藏与运输条件应符合相关标准的规定。此外，生产企业应建立并实施产品追溯系统及撤回程序。

（四）食糖

1. 概述

食糖是以甘蔗、甜菜为原料生产的一大类甜味剂。食糖（白砂糖、绵白糖等）作为调味品，常被广泛应用在饮食、烹饪和食品加工过程中。按《食品安全国家标准　食糖》（GB 13104—2014），食糖分为原糖、白砂糖、绵白糖、赤砂糖、红糖、方糖、冰糖等种类。

2. 食糖的卫生管理

（1）原辅材料　制糖原料甘蔗、甜菜必须符合《食品安全国家标准　食品中农药最大残留限量》（GB 2763—2021）的规定，不得使用变质或发霉的原料，应避免有毒、有害物质的污染。生产用水、食品添加剂应符合相应标准的规定。

（2）生产加工过程　应符合《食品安全国家标准　食品生产通用卫生规范》（GB 14881—2013）的规定，硫漂所用的 SO_2 应符合相关的标准和有关规定。

（3）包装与标识　食糖必须采用二层包装袋（内包装为食品包装用塑料袋）包装后方可出厂，食物接触材料及制品应符合相应的标准和有关规定；标签按《食品安全国家标准　预包装食品标签通则》（GB 7718—2016）的规定执行。

（4）储存及运输　产品应储存在干燥、通风良好的场所，储存散装原糖的仓库应保持密封，不得与有毒、有害、有异味、易挥发、易腐蚀的物品同处储存或混装运输；运输时应避免日晒、雨淋。此外，生产企业应建立并实施产品追溯系统及撤回程序。

（五）蜂蜜

1. 概述

蜂蜜是蜜蜂采集植物的花蜜、分泌物或蜜露，与自身分泌物混合后，经充分酿造而成的天然甜味物质。蜂蜜在常温下呈透明或半透明黏稠状液体，在较低温度下可出现结晶，具有蜜源植物特有的色、香、味，无涩、麻、辛辣等异味，无死蜂、幼虫、蜡屑及其他杂质。蜂蜜的主要成分是葡萄糖和果糖（65%~81%），此外，还含有少量的蔗糖、糊精、矿物质、有机酸、芳香物质和维生素等。

2. 蜂蜜的卫生管理

（1）放蜂点应选择无污染的蜜源地区，蜜蜂采集植物的花蜜、分泌物或蜜露应安全无毒，蜂蜜不得来源于雷公藤、博落回、狼毒等有毒蜜源植物。

（2）污染物限量应符合《食品安全国家标准　食品中污染物限量》（GB 2762—2017）的规定；接触蜂蜜的容器、用具、管道、涂料以及包装材料，必须符合相应的标准和要求，严禁使用有毒、有害的容器（如镀锌铁皮制品、回收的塑料桶等）盛装蜂蜜产品，不得掺杂使假。

（3）兽药残留限量应符合相关标准的规定，蜜蜂病虫害的防治应使用国家允许的无污染的高效、低毒蜂药，严格遵循休药期的管理，避免违规使用抗生素，造成抗生素残留；农药残留限量应符合《食品安全国家标准　食品中农药最大残留限量》（GB 2763—2021）及相关规定。

（4）食品添加剂的品种和使用量应符合《食品安全国家标准　食品添加剂使用标准》（GB 2760—2014）的规定。

（5）蜂蜜应储存在干燥、通风良好的场所，不得与有毒、有害、有异味、易挥发、易腐蚀的物品同处储存；运输产品时应避免日晒、雨淋，不得与有毒、有害、有异味或影响产品质量的物品混装运输。此外，企业应建立并实施产品追溯系统及撤回程序。

二、　糕点、面包类食品

1. 概述

糕点（pastry）是以谷类、豆类、薯类、油脂、糖、蛋等的一种或几种为主要原料，添加或不添加其他原料，经调制、成型、熟制等工序制成的食品，以及熟制前或熟制后在产品表面或熟制后内部添加奶油、蛋白质、可可、果酱等的食品。糕点的种类很多，通常分为中式糕点和西式糕点两大类。中式糕点以生产工艺和最后熟制工序的不同分为烘烤制品、油炸制品、蒸煮制品、熟粉制品等几大类；西式糕点分为面包、蛋糕和点心三大类。面包（bread）是以小麦粉、酵母、水等为主要原料，添加或不添加其他原料，经搅拌、发酵、整形、醒发、熟制等工艺制成的食品，以及熟制前或熟制后在产品表面或内部添加奶油、蛋白质、可可、果酱等的食品。饼干（biscuits）是以谷类粉（和/或豆类、薯类粉）等为主要原料，添加或不添加糖、油脂及其他原料，经调粉（或调浆）、成型、烘烤（或煎烤）等工艺制成的食品，以及熟制前或熟制后在产品之间（或表面、或内部）添加奶油、蛋白质、可可、巧克力等的食品。市售糕点、面包、饼干均可直接食用，因此其卫生问题及管理显得尤为重要。糕点类食品的生产和卫生管理应按照《食品安全法》和相关的《食品安全国家标准　糕点、面包》（GB 7099—2015）、《食品安全国家标准　饼干》（GB 7100—2015）和《食品安全国家标准　糕点、面包卫生规范》（GB 8957—2016）等的要求进行。

2. 糕点、面包类食品的卫生管理

（1）原辅材料　生产糕点、面包类食品所用的所有原料均应符合相应的标准和规定。水禽蛋及高温复制冰蛋①不得作为糕点原料。开封或散装的易腐原料（奶油、黄油、蛋白质等）应在低温条件下保存。所用食品添加剂和生产用水应符合相关标准的规定。

（2）加工过程　粮食原料及其他粉状原辅料使用前必须过筛，且过筛装置中须增设磁铁装置，以除去金属类杂质；乳类原料须经巴氏消毒并冷藏，临用前从冰箱或冷库中取出；蛋类需经仔细的挑选，再经清洗消毒方可使用。打蛋前操作人员要洗手，消毒蛋壳和打蛋应避离糕点加工车间；若用冰蛋应在临用前从冰箱或冷库中取出，置水浴中融化后使用。

制作油炸类糕点时，煎炸油最高温度不得超过250℃。以肉为馅心的糕点、面包加工过程中，中心温度应达到90℃以上，一般糕点中心温度应达到85℃以上，以防止外焦内生。成品加工完毕，须彻底冷却再包装，以防止糕点发生霉变、氧化酸败等。冷却最适宜的温度是30～40℃，室内相对湿度为70%～80%。

（3）包装、储存、运输及销售　食物接触材料及制品应符合相应的食品安全国家标准和有关规定。产品标签及说明书应符合《食品安全国家标准　预包装食品标签通则》（GB 7718—2016）的规定。定型包装的标识要求应符合有关规定，在产品的单位包装上要标明"冷加工"或"热加工"。

成品库应有防潮、防霉、防鼠、防蝇、防虫、防污染措施。散装糕点须放在洁净木箱或塑料箱内储存，箱内须有衬纸，将糕点遮盖严密。运输产品时应避免日晒、雨淋，不得与有毒、有害、有异味或影响产品质量的物品混装运输。冷工艺产品要在低温条件下储存、运输和销售。销售场所须具有防蝇、防尘等设施，销售散装糕点的用具要保持清洁，销售人员不得用手直接接触糕点。

（4）从业人员　生产企业应有完善的卫生设施和健全的卫生制度。凡是患有传染性肝炎、活动性肺结核、肠道传染病（包括病原携带者）、化脓性或渗出性皮肤病、疥疮，及其他有碍食品卫生的疾病者，以及手有外伤者不得在糕点、面包加工车间工作。糕点加工人员应自觉遵

---

①高温复制冰蛋指次蛋经打蛋、过滤、冰冻制成的蛋制品。

守各项卫生制度，西点冷加工操作车间的操作人员必须戴口罩，以防咳嗽、打喷嚏等分泌物污染糕点。

（5）出厂前的检验 糕点、面包类食品在出厂前需进行卫生与质量的检验，内容包括感官、理化及微生物指标等。凡不符合标准的产品一律不得出厂。

（6）产品追溯与撤回 企业应建立并实施可追溯性系统，使具有潜在不安全性的产品得以处理。企业还应建立产品撤回程序，以保证完全、及时地撤回被确定为不安全批次的终产品。

三、糖　　果

1. 概述

糖果（candy）系指以白砂糖、淀粉糖浆（或其他食糖）、糖醇或允许使用的甜味剂为主要原料，经相关工艺制成的固态、半固态或液态甜味食品。根据《糖果分类》（GB/T 23823—2009），糖果分为硬质糖果（硬糖）、酥质糖果（酥糖）、焦香糖果（太妃糖）、凝胶糖果、乳脂糖果（乳糖）、胶基糖果、充气糖果、压片糖果、流质糖果、膜片糖果、花式糖果及其他糖果共12类。

2. 糖果的卫生管理

糖果的卫生管理主要包括如下几点。①生产糖果的所有原辅材料均应符合国家相关的标准和有关规定。②生产加工过程应符合《食品安全国家标准　食品生产通用卫生规范》（GB 14881—2013）的规定；在含乳糖果生产过程中，由于加工温度相对较低，时间较短，生产企业要严格控制微生物对产品的污染；生产糖果的过程中不得使用滑石粉做防黏剂，使用淀粉做防黏剂应先烘（炒）熟后才能使用，并用专门容器盛放。③食物接触材料及制品应符合相应的国家标准，使用前应经紫外线照射或臭氧熏制；食品包装用纸中，铅的含量（以 Pb 计）应≤5.0mg/kg，砷的含量（以 As 计）应≤1.0mg/kg，没有包装纸的糖果及巧克力应采用小包装；④产品应储存在干燥、通风良好的场所，不得与有毒、有害、有异味、易挥发、易腐蚀的物品同处储存；运输产品时应避免日晒、雨淋，不得与有毒、有害、有异味或影响产品质量的物品混装运输。此外，企业应建立产品追溯和撤回程序。

四、方便食品

方便食品（convenience food）在国外称为快速食品（instant food）或快餐食品（quick serve meal）、备餐食品（ready to eat foods），日本还称之为"即席食品"。美国将方便食品定义为"凡是以食品加工和经营代替全部或部分传统的厨房操作（如洗、切、烹调等）的食品，特别是能缩短厨房操作时间、节省精力的食品"。方便食品的出现反映了人们在繁忙的社会活动后，为减轻繁重家务劳动而出现的一种新的生活需求。因此，有人将方便食品定义为那些不需要或稍需加工或烹调就可以食用，并且包装完好、便于携带的预制或冷冻食品。由于方便食品具有食用方便、简单快速、便于携带、营养卫生、价格便宜等特点，颇受消费者欢迎。

（一）方便食品的种类及特点

方便食品种类繁多，目前已有12000余种，其分类方法也很多。通常可以根据食用和供应方式、原料和用途、加工工艺及包装容器等的不同来分类。

1. 方便食品的种类

（1）按食用和供应方式分类 ①即食食品：是指经过加工，部分或完全制作好的，只要稍加处理或不作处理即可食用的食品，如各种糕点、面包、馒头、油饼、麻花、汤圆、饺子、馄饨、各种袋装咸菜、各种袋装肉制品等，即食食品通常主料比较单一，并未考虑合理的膳食搭配。②快餐食品：是指商业网点出售的，由几种食品组合而成的，作为正餐食用的方便食品。这类食品通常由谷物、蛋白质类食物、蔬菜和饮料组成，营养搭配合理。特点是从点菜到就餐时间很短，可在快餐厅就餐，也可包装后带走。③速冻食品：将各种食物事先处理好，然后迅速冷冻，食用时经加热煮熟后就可食用的食品，如各种冷冻点心、冷冻饺子、冷冻面点等。④干的或粉状食品：如方便面、方便米粉、方便米饭、快餐燕麦、快餐玉米、方便饮料或调料、乳粉、豆乳粉等，通过加水泡或开水冲调可立即食用。

（2）按原料和用途分类 ①方便主食：包括方便面、方便米饭、方便米粉、包装速煮米、方便粥、速溶粉类等。②方便副食：包括各种汤料和菜肴。汤料有固体的和粉末的两种，配以不同口味，用塑料袋包装，食用时用水冲即可。方便菜肴也有多种，如香肠、肉品、土豆片和海味等。③方便调味品：方便调味品有粉状和液体状，如方便咖喱、粉末酱油、调味汁等。④方便小食品：方便小食品是指作零食或下酒用的各种小食品，如油炸锅巴、香酥片、小米薄酥脆等。⑤其他方便食品：是指除上述4种以外的方便食品，如果汁、饮料等。

2. 方便食品的特点

（1）食用简便迅速，携带方便 方便食品都有统一规格的包装，便于携带；进餐时加工简单，只需要复水、解冻或稍微加热就可食用，省时省力。

（2）营养丰富，卫生安全 方便食品在加工过程中要经过合理的配料和食物搭配，并经过严格的卫生检验、灭菌和包装，因此营养较丰富，安全可靠。

（3）成本低，价格便宜 方便食品采用大规模的工业化集中生产，能充分利用食物资源，实现综合利用，因此大大降低了生产成本和销售价格。

（二）方便食品的卫生管理

我国现行的方便食品相关标准有：《食品安全国家标准 方便面》（GB 17400—2015）、《食品安全国家标准 膨化食品》（GB 17401—2014）、《感官分析 方便面感官评价方法》（GB/T 25005—2010）、《食品安全管理体系 速冻方便食品生产企业要求》（GB/T 27302—2008）、《方便榨菜》（GH/T 1012—2007）、《绿色食品 方便主食品》（NY/T 1330—2021）等。在管理上应考虑以下几个方面。

1. 原辅料

生产方便食品的所有原辅料，如粮谷类、油脂、调味品等，均须符合相应的标准和有关规定的要求。油脂类原料涉及煎炸工艺的，应符合《食用植物油煎炸过程中的卫生标准》（GB 7102.1—2003）的规定。制作糕点类方便食品时，不得以水禽蛋和高温复制冰蛋作为原料。食品添加剂的品种和使用量应符合《食品安全国家标准 食品添加剂使用标准》（GB 2760—2014）的规定，出口产品应符合进口国要求。生产用水应符合《生活饮用水卫生标准》（GB 5749—2022）的规定。

2. 生产加工过程

方便食品的生产应遵循《食品安全国家标准 食品生产通用卫生规范》（GB 14881—2013）的相关规定。管理重点是生产工艺关键控制点，如在油炸类方便食品的生产过程中，炸油的周转率如能做到 8h 以上周转 1 次或每班周转 1 次，就可以减少煎炸油的劣化，从而减少有害物质的产生。

3. 包装与标识

各类方便食品的食物接触材料及制品应符合相应的标准和有关规定。产品标签及说明书应符合《食品安全国家标准 预包装食品标签通则》（GB 7718—2016）的规定，定型包装的标识要求应符合有关规定。

4. 储存及运输

成品库应有防潮、防霉、防鼠、防蝇、防虫、防污染措施，不得与有毒、有害、有异味、易挥发、易腐蚀的物品同处储存。运输产品时应避免日晒、雨淋，不得与有毒、有害、有异味或影响产品质量的物品混装运输。

此外，生产企业应建立产品追溯和撤回程序。

五、微波食品

微波是指波长在 1mm~1m（频率为 300MHz~300GHz）的电磁波。1940 年前后，Fleming、Ny-rop、Brown 等已研究证实高频电磁波对微生物具有致死作用。20 世纪 60—70 年代，研究者开始考虑将微波技术应用到实际的生产中。食品工业中所用的微波频率多为 915MHz 和 2450MHz，其中微波炉多采用 2450MHz，而食品加工中多用 915MHz，后者的微波穿透深度比前者大。

所谓微波食品，即为可用微波炉加热烹制的食品。由于微波加热的特性，并不是所有的食品都可用微波来加热，因此，微波食品在英文中常称为 "microwavable food" 或 "microwave ovenable food"（微波炉食品）。按照上述概念，在食品加工过程中使用微波技术加热制备的食品并不是微波食品。如牛乳可选用微波加热杀菌，面条可选用微波加热干燥，但用这种方法生产出来的食品并不就是微波食品，只不过在加工的过程中运用了微波加热技术。我们平时所见到的微波食品，大多数既可以用微波加热，也可以用传统方法加热。

作为一种新型的加热技术，它的出现给食品工业带来巨大的影响。微波加热技术在食品的灭酶、烫漂、解冻、干燥、冷冻干燥、焙烤和杀菌等方面得到广泛的应用。但 1991 年一位名叫 Norma Levitt 的患者死于输用了用微波炉加温的血液，鉴于微波加热可能存在的危险，人们开始怀疑微波食品的安全性。微波食品安全与否，在国内外都进行了一系列研究，在此从微波加热技术在食品工业中的应用和微波加热食品安全性方面进行阐述。

（一）微波技术在食品工业中的应用

微波加热不同于其他加热方法。一般的加热方式都是先加热物体的表面，然后热量由表面传到内部，而微波加热则可直接辐射加热物体的全部。

1. 微波加热技术

微波加热技术是靠电磁波将能量传播到被加热物体内部的加热技术，这种加热方法具有加热速度快、加热均匀性好、加热效率高、易于瞬时控制、安全性高、可保持食品营养成分等特点。

1960 年以前，微波技术的应用只限于在食品烹调和解冻方面。1960 年以后，微波技术尤其是微波加热和微波杀菌技术在食品工业中被广泛应用。

我国食品工业应用微波技术始于 20 世纪 70 年代初期。目前主要应用于食品的加热、干燥、杀菌、灭酶等，被广泛应用到禽、肉制品、水产品、乳及乳制品、水果和蔬菜、罐头、粮油制品、农作物等的杀菌、保鲜和消毒环节中。

（1）微波干燥与膨化　微波能够穿透物料，迅速使物料深层水分蒸发形成较高的内部蒸汽压力，迫使物料膨化，因此可用微波加热膨化干燥淀粉类食品。与传统的油炸干燥方法相比，微波加工的方便面能保持原有的色、香、味不变，减少营养成分及维生素的损失，食用卫生安全，复水性好，可延长保质期。采用微波膨化工艺还可以生产许多面食。例如，在面条制作过程中添加蛋白质、膨化剂、发泡剂和其他佐料，然后用微波膨化干燥即可生产出复水性好的速食面。

（2）微波烹调　用微波可以烹调鱼、肉、蔬菜、米饭、汤类和面食等，在节约时间的同时还有利于保存食品中的营养成分和风味。

（3）微波焙烤　微波可用于焙烤食品，如酵母发酵制品面包的烤制。微波焙烤最大的缺点是不利于表皮的形成和上色。和传统焙烤方法联合，可以使产品质量大为改善，缩短生产时间，延长产品的货架期。微波还可以快速灭活面粉中的α-淀粉酶，用该法烤制面包，其面芯不黏牙。

（4）微波解冻　深度冻结的物料需解冻后才能进一步加工，尤其是大块冷冻食品原料。在传统的加工方法中，冷冻食品物料的解冻过程费时费力。微波解冻是指将制品的温度由冻藏温度提高到一个较高的温度但仍低于冰点，而不是升到环境温度。其所需时间短，物料风味、鲜度、营养成分保持率高，无污水排放，工作环境整洁。适用于畜禽肉和水产品的解冻以及快速熔化巧克力、油脂等。

（5）微波灭酶　酶在食品工业中有很多积极作用，如通过酶解蛋白质可以增加制品的风味，提高制品的嫩度和消化率等。但有时酶会使制品的色泽变差，如蔬菜中的过氧化物酶使制品发生褐变，有些水解酶类在制品长期存放过程中其中的干物质会有损失或产生不良异味。酶作用后如果制品的品质下降，那么就必须尽可能使酶失活。钝化酶活力的常用办法是加热。但是传统沸水或蒸汽烫漂会使制品中的可溶性固形物和氨基酸大量损失，微波灭酶则不会出现此类不良后果。微波灭酶在谷类制品中的应用比在果蔬加工中更为广泛。

此外，微波加热还具有降低水分含量、大蒜脱臭等作用。

2. 微波杀菌技术

杀菌是食品加工的一个重要操作单元，目前使用最多的杀菌方法是热力杀菌，它是通过传导、对流等传热方法将热量传递给食品，使之温度逐渐升高达到预定杀菌温度并保持一定的杀菌时间从而达到杀菌的目的。微波杀菌技术不同于以往食品工业中所采用的高温杀菌、巴氏杀菌和高压杀菌等技术，是近年来新兴的一项辐射杀菌技术，在食品工业中的应用越来越多。微波辐射杀菌是一种理想的杀菌技术，相对热力杀菌来说，微波杀菌具有加热时间短、升温速度快、杀菌均匀、食品营养成分和风味物质破坏和损失少等特点。与化学杀菌方法相比，微波杀菌无化学物质残留，可使食品安全性提高。因此，微波杀菌已被广泛应用于食品工业中。

（1）液态食品　微波杀菌技术应用于液态食品，如啤酒、乳制品、酱油、黄酒、果蔬汁饮料、乳化蜂蜜、豆浆等。对牛乳采用微波高温瞬时杀菌工艺，即200℃、0.13s，可使乳的杂菌和大肠杆菌指标达到要求，营养成分保持不变，且经微波作用，脂肪球直径变小，有均质作用，能增加乳香味，提高产品的稳定性，有利于营养成分被人体吸收。饮料制品经常发生霉变和细菌含量超标现象，并且不允许高温加热杀菌，采用微波杀菌技术，具有温度低、速度快的特点，既能杀灭饮料中的各种细菌，又能防止其在贮藏过程中发生霉变。

（2）焙烤食品 用传统方法制作的蛋糕、面包和月饼等焙烤食品的保鲜期都很短，但研究表明，采用微波焙烤的蛋糕比传统方法制作的蛋糕保鲜期更长，而且香味更浓。

（3）畜禽肉和水产品 传统的畜禽肉和水产品杀菌一般采用高温或高压，杀菌时间长、能耗大、营养成分和风味物质损失大。而利用微波杀菌不仅时间短、效果好，还能较好地解决软包装畜禽肉和水产品的杀菌问题。

（4）果蔬制品 为了延长果蔬制品的贮藏期，通常采用热力杀菌的方法，但产品经过高温长时间热处理后，其风味和口感变差，特别是硬度和脆度降低。另外，传统果蔬加工中往往要用沸水热烫以杀死部分微生物和钝化酶，高温烫煮会使大量的可溶性营养物质流失。采用微波杀菌保鲜技术能有效解决这些问题，目前已有多种果蔬制品成功采用微波杀菌。

（二）微波加工对食品营养成分的影响

微波烹调与传统烹调方式比较，加热时间短，避免了食物过分受热。食品中不同成分在微波加热后发生的变化各不相同，以下就不同成分的变化进行阐述。

1. 对维生素的影响

在食品加工中，水果、蔬菜类产品中的维生素是要特别保护的成分。维生素 C 是水溶性维生素，极易被氧化，在食物烹调过程中，加热是维生素 C 含量减少的主要原因。与传统加热方法相比，微波加热可以更好地保存维生素 C。另有研究发现，适宜的微波辐射强度能较好地保留食品中的维生素 E。

微波加热尽管可以最大限度地保存维生素，但是由于维生素易发生热氧化降解，仍然会造成一定的损失，而这部分损失刚好又为产品增加了一定的风味，如维生素 B_1 热降解可产生香味独特的含硫杂环化合物，维生素 C 在不同的微波加热条件下可以产生极微、淡淡或较浓的煮熟谷物香或烤焦谷物香。

2. 对油脂的影响

微波加热油脂在实际的煎炸工艺应用中比传统的蒸汽加热快，对油脂的破坏作用也比传统加热要小。微波对油脂的加热是整体加热，而不像普通加热方法那样，先使其外缘受热，因此适当的微波处理不会影响油脂中脂肪酸的营养价值。但由于油脂对微波很敏感，较高强度和（或）较长时间微波加热可能加剧维生素 E 分子的降解，而且其产生的热效应可导致植物油中不饱和脂肪酸的氧化及饱和脂肪酸的降解同时发生，增加自由基和过氧化物的含量，使维生素 E 分子中苯环上的羟基与之结合生成酯，从而使维生素 E 失去其抗氧化功能。此外，由于微波加热可显著降低大豆脂肪氧化酶的活力，提取大豆油时，在碾磨之前先用微波进行预处理，有助于防止大豆中富含的不饱和脂肪酸被脂肪氧化酶氧化，最终提高大豆油的营养价值。

3. 对淀粉、糖类等碳水化合物的影响

低聚糖能吸收微波，蔗糖、葡萄糖都可以吸收微波而融化，并且大剂量的微波辐射可使它们脱水变焦糖从而失去营养价值。低聚糖在微波条件下快速升温，因此，在加工含糖量高的食品时，要当心其糖的焦糖化。淀粉是谷类食品的主要成分，谷类食品的品质与其淀粉的含量、种类及其存在状态密切相关。完全干燥的淀粉很少吸收微波，但是在正常情况下，淀粉都含有水，并且与许多其他食品成分共同存在，这样微波对淀粉的 α 度和结晶度都有一定作用，从而对食物结构产生影响。

4. 对蛋白质的影响

蛋白质的营养价值受其存在形式和结构的影响。相比其他加工方式，微波对蛋白质的影响较小。例如，微波对牛乳中的蛋白质含量影响不大，对酱油中的氨基酸也无破坏分解作用，而且适当的微波处理还能提高大豆蛋白的营养价值。

（三）微波引起的食品污染和健康危害

微波烹调常用包装及加热容器的材料包括塑料、纸板及合成材料等。除聚合成分外，塑料包含稳定剂、阻氧化剂、润滑剂、增塑剂及聚合过程剩余物等成分。有研究发现，聚二氯乙烯（PVDC）、聚氯乙烯（PVC）薄膜中的增塑剂邻苯二甲酸二壬酯（DOA）、乙酰柠檬酸三丁酯（ATBC）可在微波烹调过程中转移到绞肉中，转移率与加热时间、肉类的脂肪含量以及薄膜中增塑剂的初始浓度有关。

目前对微波辐射的危害性研究发现，微波对机体免疫功能的影响表现出明显的双向效应，适宜剂量的微波短期辐照对免疫功能起到正向调节作用，而过量微波长期慢性辐照可抑制机体的免疫功能。微波对免疫细胞、组织和器官的直接作用是微波影响免疫功能的主要方式，同时微波还可通过对神经内分泌系统的作用影响免疫功能。高强度微波对脑有损害作用，对低强度微波的脑损害作用存在争议；微波的致突变、致畸和致癌作用尚缺乏足够的证据，但不能忽视微波辐射对机体的损害作用，采取一些措施防止过量的电磁辐射是必要的。微波烹调过程中是否造成微波泄漏，其强度是否对人体造成损害是微波烹调能否被接受的又一重要问题。由于微波辐射泄漏的强度与距离的平方成反比，根据 1971 年美国首次制订的微波泄漏标准，泄漏允许值为微波炉门前 5cm 处 5mW/cm^2，据此微波炉门前 1m 处强度应低于 0.0125mW/cm^2，该值低于我国行业标准（300～300 000MHz，6h/d，0.05mW/cm^2；300～300000MHz，8h/d，0.038mW/cm^2）；并且微波炉门体均采用防护金属网屏蔽微波和双连锁安全门锁扣装置，保证炉门一旦打开，所有的电路都被自动切断，微波烹调过程更无需人员近距离操作，有效地保证了使用者的安全。

六、 无公害农产品、绿色食品和有机食品

随着工业化进程的加快，工业"三废"对农业生产环境的影响越来越大，许多有毒、有害物质在水体、土壤、空气中通过多种方式使农产品中有毒重金属的残留量超过食品安全标准的要求。同时，大量、不规范和滥用化肥、杀虫剂、除草剂、植物生长调节剂的情况使得农产品及其加工产品存在安全隐患。在这种背景下，农业部于 2001 年启动了"无公害食品行动计划"，2002 年发布了《无公害农产品管理办法》，全面加强农产品产地环境、生产过程、农业投入品和市场准入管理，初步形成了无公害农产品（non-pollution agricultural product）、绿色食品（green food）和有机食品（organic food）"三位一体、整体推进"的发展格局。

（一）无公害农产品

无公害农产品是指产地环境、生产过程和产品质量符合国家有关标准和规范的要求，经认证合格获得认证证书并被允许使用无公害农产品标志的、未经加工或者初加工的食用农产品。无公害农产品生产过程中允许限量、限品种、限时间地使用人工合成的安全的化学农药、兽药、渔药、肥料、饲料添加剂等。从保证消费者安全的角度，无公害食品应该作为对农产品安全质量的基本要求。

无公害农产品的标识（图 6-2）由原农业部和国家认证认可监督管理委员会联合制定并发布，是施加于获得全国统一无公害农产品认证的产品或产品包装上的证明性标记。无公害农产品标志图案为圆形，由麦穗、对勾和无公害农产品字样组成。

图 6-2　无公害农产品标志

无公害农产品认证管理机关为农业农村部农产品质量安全中心。根据《无公害农产品管理办法》，无公害农产品认证分为产地认定和产品认证，产地认定由省级农业行政主管部门组织实施，在经过无公害农产品产地认证的基础上，在该产地生产农产品的企业和个人，按要求组织材料，经过省级承办机构、农业农村部农产品质量安全中心专业分中心的严格审查、评审，符合无公害农产品的标准，同意颁发无公害农产品证书并许可加贴标志的农产品，才可以冠以"无公害农产品"称号。

按照《无公害农产品管理办法》的规定，农业农村部、国家市场监督管理总局、国家认证认可监督管理委员会和国务院有关部门根据职责分工依法组织对无公害农产品的生产、销售和无公害农产品标志使用等活动进行监督管理。包括中国无公害农产品标志查阅或者要求生产者、销售者提供有关材料，对无公害农产品产地认定工作进行监督，对无公害农产品认证机构的认证工作进行监督，对无公害农产品检测机构的检测工作进行检查，对使用无公害农产品标志的产品进行检查、检验和鉴定，必要时对无公害农产品经营场所进行检查。无公害农产品认证机构对获得认证的产品进行跟踪检查，受理有关的投诉、申诉等。

（二）绿色食品

绿色食品是遵循可持续发展原则，按照绿色食品标准生产，经过专门机构认定，许可使用绿色食品标志的无污染、安全、优质、营养类食品。绿色食品比一般食品更强调"无污染"或"无公害"的安全卫生特征，具备"安全"和"营养"的双重质量保证。

1. 等级和标识

（1）等级　中国绿色食品发展中心将绿色食品分为 AA 级和 A 级两个技术等级。

①AA 级绿色食品：指产地的环境质量符合《绿色食品产地环境质量》（NY/T 391—2021）的要求，生产过程中不使用化学合成的肥料、农药、兽药、饲料添加剂、食品添加剂和其他有害于环境和身体健康的物质，按有机生产方式生产，产品质量符合绿色食品产品标准，经专门机构认定，许可使用 AA 级绿色食品标志的产品；②A 级绿色食品：指产地环境质量符合《绿色食品产地环境质量》（NY/T 391—2021）的规定，生产过程中严格按照绿色食品生产资料使用准则和生产操作规程的要求，限量使用限定的化学合成生产资料，产品质量符合绿色食品产品标准，经专门机构认定，许可使用 A 级绿色食品标志的产品。AA 级绿色食品与 A 级绿色食品最主要的区别是在生产过程中不使用任何化学合成的物质。我国农业部于 1992 年经国务院批准成立中国绿色食品发展中心。从 1996 年开始，在绿色食品的申报审批过程中区分 AA 级和 A 级绿色食品。绿色食品标志认证一次有效许可使用期限为 3 年，期满后通过认证审核后方可继续使用绿色食品标志。

（2）标志　根据《食品安全国家标准　预包装食品标签通则》（GB 7718—2016）及原农业部发布的《绿色食品商标设计使用规范》及其他有关规定，绿色食品由统一的标志来标识。标志图形由三部分组成，即上方的太阳、下方的叶片和中心的蓓蕾。标志为圆形，意为保护、安全。AA级绿色食品标志与标准字体为绿色，底色为白色；A级绿色食品标志与标准字体为白色，底色为绿色（图6-3）。

绿底白标志为A级绿色食品　　　　　　白底绿标志为AA级绿色食品

图6-3　绿色食品标志

2. 生产加工的卫生要求

（1）原辅材料　全部或95%的农业原料应来自经认证的绿色食品产地，其产地条件符合《绿色食品产地环境质量》（NY/T 391—2021）的要求。非农业原料（矿物质、维生素等）必须符合相应的标准和有关的规定。生产用水应符合《生活饮用水卫生标准》（GB 5749—2022）的要求。食品添加剂严格按照《绿色食品　食品添加剂使用准则》（NY/T 392—2013）的规定执行，生产AA级绿色食品只允许使用天然食品添加剂。

（2）生产加工过程　生产企业应有良好的卫生设施、合理的生产工艺、完善的质量管理体系和食品安全制度。生产过程应严格按照绿色食品生产加工规程的要求操作。生产AA级绿色食品时，禁用石油馏出物进行提取、浓缩及辐照保鲜。清洗、消毒过程中使用的清洁剂和消毒液应无毒、无害。

（3）包装与储存　食物接触材料应安全、无污染，不准使用聚氯乙烯和膨化聚苯乙烯等包装材料，标识应符合《食品安全国家标准　预包装食品标签通则》（GB 7718—2016）、《绿色食品商标设计使用规范》及其他有关规定的要求。储库应远离污染源，库内须通风良好、定期消毒，并设有各种防止污染的设施和温控设施，避免将绿色食品与其他食品混放。储存AA级绿色食品时，禁用化学储藏保护剂。

3. 绿色食品的管理

按照《农业部"绿色食品"产品管理暂行办法》的规定，对"绿色食品"产品实行三级质量管理，省、部两级管理机构行使监督检查职能。

①生产企业在生产全过程中严格按照"绿色食品"标准执行，在生态环境、生产操作规程、食品品质、卫生标准等方面进行全面质量管理。

②省级绿色食品办公室对本辖区"绿色食品"企业进行质量监督检查。

③由农业农村部指定的部级环保及食品检测部门对"绿色食品"企业进行抽检和复检。

（三）有机食品

有机食品指来自于有机农业生产体系，根据有机农业生产的规范生产加工，并经独立的认证机构认证的农产品及其加工产品。与传统农业相比，有机农业是遵照一定的有机农业生产原则，在生产中不采用基因工程获得的生物及其产物，不使用化学合成的农药、化肥、生长调节剂、饲料添加剂等物质，遵循自然规律和生态学原理，协调种植业和养殖业的平衡，采用一系列可持续发展的农业技术以维持持续稳定的农业生产体系的一种农业生产方式。

有机食品与绿色食品、无公害食品比较，其安全、质量要求更高，AA级绿色食品在标准上与有机食品类似。从总体上讲，以上三类食品都具有无公害、无污染、安全、营养等特征，但三者在产地环境、生产资料和生产加工技术、标准体系和管理上又存在一定的差异。

中国有机产品的认证标志分为中国有机产品认证标志和中国有机转换产品认证标志两种（图6-4）。中国有机产品认证标志标有中文"中国有机产品"字样和相应的英文（ORGANIC）；图案主要由三部分组成，即外围的圆形、中间的种子图形及其周围的环形线条；图案以绿色为主色调。中国有机转换产品认证标志是指在有机产品转换期内生产的产品或者以转换期内生产的产品为原料的加工产品所使用的认证标志。该标志标有中文"中国有机转换产品"字样和相应的英文（CONVERSION TO ORGANIC）；图案和中国有机产品认证标志相同，区别是图案的颜色以棕色为主。

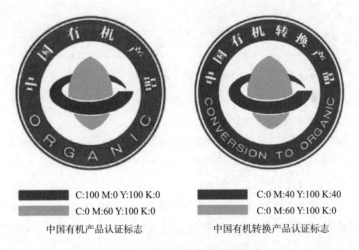

中国有机产品认证标志　　　　　中国有机转换产品认证标志

图6-4　中国有机食品认证标志

有机食品的管理应遵循国家相应的法律、法规和标准，如《食品安全法》《有机产品》《有机食品技术规范》《中华人民共和国认证认可条例》《有机产品认证管理办法》等。有机食品由农业农村部"中绿华夏有机食品认证中心"和环保总局"有机食品发展中心"两个部门认证管理，工作存在一定的交叉重叠。中绿华夏有机食品认证中心有机食品标志认证一次有效许可期限为1年。期满后可申请"保持认证"，通过检查、审核合格后方可继续使用有机食品标志。

思考题

1. 粮豆的主要卫生问题是什么？
2. 如何预防植物性食品的农药残留？
3. 蔬菜、水果的主要卫生问题有哪些？
4. 由新鲜肉到腐败肉分哪几个阶段？在此过程中，起主要作用的是什么？
5. 畜肉的主要卫生问题有哪些？
6. 肉品分哪几类？分别怎样对待？
7. 如何对肉类及其制品的生产经营过程进行管理？
8. 禽肉存在哪些主要的卫生问题？
9. 水产品存在哪些主要的卫生问题？
10. 水产品的保鲜有哪些卫生要求？
11. 生乳存在哪些卫生问题？
12. 乳的消毒方法有哪些？
13. 酒的卫生学问题有哪些？
14. 油脂精炼主要达到哪些目的？
15. 引起油脂酸败的原因有哪些？预防油脂酸败可采取哪些措施？
16. 罐头食品常用杀菌公式为 $(T_1-T_2-T_3)/t$，公式中的字母分别代表什么含义？
17. 对冷饮食品加工过程有哪些卫生要求？
18. 什么是保健食品？保健食品与普通食品、药品的区别与联系是什么？
19. 对保健食品的管理包括哪些方面？
20. 什么是转基因食品？转基因食品有哪些特征？
21. 转基因食品安全性评价的基本原则是什么？
22. 转基因食品安全性评价包括哪些内容？
23. 什么是辐照食品？辐照食品存在哪些安全问题？
24. 如何进行酱油类调味品的卫生管理？
25. 方便食品的卫生管理包括哪些方面？
26. 什么是无公害食品、绿色食品和有机食品？
27. A级绿色食品和AA级绿色食品有何区别？

 案例讨论

案例一

2008年9月，中国暴发三鹿牌婴幼儿乳粉受污染事件，导致食用了这种乳粉的婴幼儿出现肾结石，其原因是乳粉中含有三聚氰胺。9月16日，国家质量监督检验检疫总局通报全国婴幼儿乳粉三聚氰胺含量抽检结果：三鹿等22个厂家（品牌）69批次产品中检出三聚氰胺，被要求立即下架。

结合所学知识，请分析和判断：

(1) 三聚氰胺是什么？

(2) 为什么有的厂家会在乳粉中添加三聚氰胺？

(3) 生乳的卫生问题有哪些？

(4) 乳粉的国家标准有哪些指标？

案例二

1998 年春节期间，山西朔州地区发生特大毒酒事件，一批村民因饮酒而出现呕吐、胃部剧痛等中毒症状，不少人被送往医院后不治身亡。该事件造成 20 多人中毒致死、多人失明、200 多人被送进医院抢救。将酒样送到相关部门进行检验后发现酒中含有甲醇。

结合所学知识，请分析和判断：

(1) 按原料、生产工艺和产品特性分类，酒的种类有哪些？

(2) 酒的卫生问题有哪些？

(3) 上述案例中，甲醇为什么会出现在酒中？甲醇对健康有何危害？

(4) 如何预防此类事故的发生？

案例三

今年 60 岁的王阿姨患有中度高脂血症和脂肪肝，她不愿吃药，认为药品的毒副作用较大。某天，她在电视上看到这样一则广告："某省生物科技有限公司'×××牌×××胶囊'保健食品，是专门治疗高脂血症的保健食品，服用 3~7 日，症状开始减轻；服用 10~15 日，堵塞的脑血管开始畅通；服用 1~2 个月，动脉硬化等基本恢复正常"。该保健食品批准的保健功能为"调节血脂、提高缺氧耐受力"。从此王阿姨就开始服用该保健食品进行高脂血症和脂肪肝的治疗。

结合所学知识，请分析和判断：

(1) 你认为王阿姨的做法是否科学？

(2) 上述广告用语中有无违法行为？

(3) 保健食品与普通食品、药品的区别与联系是什么？

第七章
CHAPTER
7

食品安全监督管理

[学习目标]

1. 掌握食品安全监管的概念和主要内容。
2. 熟悉我国食品安全管理体制、食品安全法律法规体系。
3. 掌握我国食品安全监管的主要内容。
4. 熟悉我国食品安全风险监测的方法和内容。
5. 掌握我国食品安全事故应急处置原则和方法。

　　保障食品安全的措施主要包括三方面,一是强化食品生产经营者自身的守法意识,提高其食品安全知识水平,从源头上杜绝食品安全隐患;二是建立"从农田到餐桌"整个食物链的全程监管,防止各类"问题食品"进入市场流通和消费环节;三是提高消费者自身的食品安全意识及其正确烹调加工食物的能力。

　　为了防止、控制和消除食品污染及食品中有毒有害因素对人体的危害,预防和减少食品安全事故的发生,必须加强对食品供应链的各个环节,包括农业初级生产环节(食用农产品种植和养殖)、食品生产环节(生产和加工)、食品经营环节(销售和餐饮服务)、食品物流环节(储存和运输),以及包括食用农产品在内的食品、食品添加剂、食品相关产品、农业投入品的食品安全监督管理。而食品安全法律法规的建立与完善、食品安全监督管理部门依法对食品生产经营活动实施严格的监督管理、食品生产经营企业的主要负责人落实企业食品安全管理制度及对本企业的食品安全工作全面负责等法律规定是保证食品安全的关键。

第一节　概　　述

　　食品安全问题事关民生福祉、经济发展和社会和谐,已成为当今国际社会普遍关注的重大社会问题。随着经济全球化进程的加快和国际贸易的发展，食品已突破了国与国的界线，在全世界范围内流通，食品安全越来越成为各国政府和消费者共同关注的问题。食品安全监督管理是保证食品安全的重要手段，世界各国都将其纳入国家公共卫生事务管理的职能之中，通过立法授权政府相关的行政管理部门行使食品安全监督管理职能。

一、　食品安全监督管理的概念

食品安全监督管理包括食品安全监督和食品安全管理两部分含义。食品安全监督管理是食品安全执法监督和自身管理相结合的措施或手段，两者主体享有不同的权利，承担不同的义务。

（一）食品安全监督

食品安全监督（food safety supervision）是指各级政府的食品安全监督管理、质量监督、农业行政部门和法律授权的如铁道、交通等行政主管部门设立的食品安全监督机构为保护消费者的健康，在法律所授予的职权范围内，依据相关法律法规，对辖区内或者规定范围内的食品生产经营活动和食品生产经营者实施的强制性食品安全行政管理，督促检查食品生产经营者执行食品安全法律法规的情况，并对生产经营者的违法行为追究行政法律责任。

食品安全监督是国家行政监督的重要组成部分，具有强制性、规范性、权威性、技术性和普遍约束性的特点。监督者与被监督者是一种食品安全行政法律关系。《食品安全法》建立了包括追究行政责任、民事责任、刑事责任在内的法律责任体系，建立了线索共享、案件移送、联合督办、信息发布、办案协作等一系列工作机制，对违法行为加大了处罚力度，体现了严惩重处的原则，强化了食品安全刑事责任追究，对违法者增加了行政拘留处罚。对一年内累计 3 次因违法受到没收违法所得，没收用于违法生产经营的工具、设备、原料等物品，罚款及警告等行政处罚的食品生产经营者给予责令停产停业直至吊销许可证的处罚，并可以由公安机关对直接负责的主管人员和其他直接责任人员处以 5 日以上 15 日以下拘留。构成犯罪的，直接由公安部门立案侦查，追究刑事责任。因食品安全犯罪被判处有期徒刑以上刑罚的，终身不得从事食品生产经营管理工作，也不得担任食品生产经营企业食品安全管理人员。

（二）食品安全管理

食品安全管理（food safety management）主要是指食品生产经营企业的主管部门（如商务部门、行政部门以及食品行业协会）和食品生产经营企业按照《食品安全法》及相关法律法规的规定，对本系统、本行业、本企业的食品生产经营活动进行的管理。例如，商务部于 2006 年制定了《超市食品安全操作规范（试行）》，2011 年中国连锁经营协会根据商务部的部署制定了《超市食品安全操作规范》，加强对超市食品安全的管理；学校、托幼机构、养老机构、建筑工地等集中用餐单位的主管部门对其下属集中用餐单位进行食品安全管理；食品生产经营者通过建立健全本单位的食品安全管理制度强化自身的食品安全管理，均属于食品安全管理的范畴。

广义的食品安全管理也包括食品安全监督，即食品安全监管部门在实行食品安全监督时，也履行食品安全管理的职能，监督、帮助、促进相结合，既要对监督中发现的违法问题给予处罚，也要指导食品生产经营者在硬件和软件方面加以改进，促进其自身管理水平的提高，以保证食品安全。

二、　食品安全法律法规体系

针对近年来世界范围内出现的食品安全问题，世界卫生组织（WHO）、联合国粮农组织

（FAO）等国际食品安全管理机构提出"要建立有效的食品安全系统"，加强政府食品安全质量控制。人们认识到由于存在不完善的立法、多重管辖、执法标准不一致以及食品监督和监测领域的不完善，有效的食品安全监督管理可能会受到破坏。必须从立法、基础设施和执法机制方面选择食品管理系统的最佳方案，建立全面有效的食品安全监督管理系统，才能保障食品安全，并促进经济发展。完善的食品安全法律法规体系是食品安全监督管理的基础。

（一）食品安全法律法规体系的构成

食品安全法律法规是指以法律或政令形式颁布的，对全社会具有约束力的权威性规定。食品安全法律法规体系由食品安全法律、食品安全法规、食品安全规章、食品安全标准及其他规范性文件组成。目前我国已经初步形成了以《食品安全法》为核心，其他专门法律为支撑，并且与产品质量、检验检疫等法律法规相衔接的综合性食品安全法律法规体系。

1. 食品安全法律

法律（Laws）由全国人民代表大会审议通过、国家主席签发，其法律效力最高，也是制定相关法规、规章及其他规范性文件的依据。我国的法律体系分为3个层次。最高层次为宪法，是根本大法；第二层次是刑法、民法和三部诉讼法（刑事、民事、行政），系通用的（共性）法律；而其他法律（包括与食品安全相关的法律）均为第三层次法律。第三层次法律的制定必须以宪法为依据；涉及刑事案件的相关条文，要以刑法为依据；涉及民事纠纷的相关内容，必须以民法通则为准；所涉及的刑事案件、民事案件、行政诉讼案件内容，必须分别符合3部诉讼法的相关规定。

食品安全的法律在我国的食品安全法律法规体系中法律效力层次最高，由全国人民代表大会及其常务委员会制定。我国现行的主要的食品安全法律包括：《中华人民共和国食品安全法》（2021年修正）、《中华人民共和国农产品质量安全法》（2018年修正）、《中华人民共和国国境卫生检疫法》（2018年修正）、《中华人民共和国进出境动植物检疫法》（2009年修正）、《中华人民共和国标准化法》（2017年修正）等。上述法律是制定从属性的食品安全相关法规、规章及其他规范性文件的依据。

《食品安全法》是我国食品安全法律法规体系中最重要的法律。2015年4月24日，十二届全国人大常委会第十四次会议通过了在2009版《食品安全法》基础上修订的2015版《食品安全法》，自2015年10月1日起施行。后于2018年和2021年对该法进行了修正，现行《食品安全法（2021年修正）》包括总则、食品安全风险监测和评估、食品安全标准、食品生产经营、食品检验、食品进出口、食品安全事故处置、监督管理、法律责任、附则，共十章154条。

2. 食品安全法规

法规（Codes）是国务院或省、自治区、直辖市人民代表大会及其常务委员会根据全国或各行政区的情况和实际需要，在不与法律相抵触的前提下，按法定程序而制定的。其法律效力层级低于法律，高于规章。

食品安全法规包括行政法规和地方法规两类。行政法规由国务院制定，如《乳品质量安全监督管理条例》（2008）、《国务院关于加强食品等产品安全监督管理的特别规定》（2007）、《突发公共卫生事件应急条例》（2003）、《农业转基因生物安全管理条例》（2001）等。地方法规由地方（省、自治区、直辖市、省会城市和"计划单列市"）人民代表大会及其常务委员会制定，如《辽宁省畜禽产品质量安全管理条例》（2014）、《江苏省食品小作坊和食品摊贩管理条例》（2016）等。

3. 食品安全规章

规章（regulations）指国务院各部门根据法律和国务院的行政法规在本部门的权限内按照规定的程序所制定的规定、办法、实施细则、规则等规范性文件；或省、自治区、直辖市以及省、自治区人民政府所在地的市和经国务院批准的较大市的人民政府根据法律和行政法规，按照规定的程序制定的适用于本地区行政管理工作的规定、办法、实施细则、规则等规范性文件。食品安全规章是食品安全法律体系中的重要组成部分，其法律效力低于食品安全法律和食品安全法规。人民法院在审理食品安全行政诉讼案件过程中，规章起到参照作用。

食品安全的规章包括国务院相关行政部门制定的部门食品安全规章和地方人民政府制定的地方食品安全规章两类。部门食品安全规章如国家市场监督管理总局制定的《食品生产经营监督检查管理办法》（2021 年国家市场监督管理总局令第 49 号）、《食品生产许可管理办法》（2020 年国家市场监督管理总局令第 24 号）、《食品安全抽样检验管理办法》（2019 年国家市场监督管理总局令第 15 号）；海关总署公布的《中华人民共和国进出口食品安全管理办法》（2021 年海关总署第 249 号令）；农业农村部制定的《农产品质量安全信息化追溯管理办法（试行）》（2021 年）及配套制度、原农业部制定的《农业转基因生物安全评价管理办法》（2002 年农业部令第 8 号，2022 年农业农村部令第 2 号修订）等。地方食品安全规章如《福建省食品生产加工小作坊监督管理办法》《上海市食品安全信息追溯管理办法》《广州市临近保质期和超过保质期食品管理办法》等。

4. 食品安全标准

食品安全法律法规具有很强的技术性，大多要求有与其配套的相关食品安全标准（standards）。虽然食品安全标准不同于法律、法规和规章，属技术规范，但也是食品安全法律法规体系中不可缺少的重要部分，如《食品安全国家标准 食品中农药最大残留限量》（GB 2763—2021）、《食品安全国家标准 食品添加剂使用标准》（GB 2760—2014）等。《食品安全法》规定"食品安全标准是强制执行的标准"。食品安全标准是判定食品是否符合质量安全要求的重要技术依据，对于保证国民身体健康，维护社会稳定和谐，促进经济增长有重要意义。

为指导日趋发展的全球食品工业，保护人类健康，促进食品的公平国际贸易，FAO 和 WHO 联合成立了食品法典委员会（Codex Alimentarius Commission，CAC），其主要工作是向各成员国推荐有关食品标准、最大残留限量、卫生规范和指南等，这些文件通称为食品法典，内容包括所有加工、半加工食品或食品原料的标准，有关食品卫生、食品添加剂、农药残留、污染物、标签及说明、采样与分析方法等方面的通用条款及准则，还包括食品加工的卫生规范和其他指导性条款。

食品法典是推荐性的标准，它不对国际食品贸易构成直接的强制约束力，但由于它是在大量科学研究的基础上制定并经各成员国协商确定的，因此食品法典具有科学性、协调性和权威性，在国际食品贸易中有举足轻重的作用。CAC 已被 WTO 在其《实施卫生与植物卫生措施协定》（简称 WTO/SPS 协定）中认可为解决国际食品贸易争端的依据之一，故已成为公认的食品安全国际标准。

在我国食品安全标准的制定/修订过程中，应尽可能合理地采用或参考国际食品法典标准。另一方面，我国也应进一步加强法典标准制定的参与力度，尽最大可能使法典标准符合我国的利益和具体情况。在我国缺乏相关基础数据的情况下，应积极采纳 WHO/FAO 相关专家组织和权威机构的风险评估结果和科学数据，在参考食品法典标准的同时，建立适合本国的风险管理措施。我国有大量科学数据的领域，均应坚持应用风险分析的原则，自主地建立我国的食品安全标准，以确保我国人民的健康。

5. 其他规范性文件

法律、法规和规章以外的其他"规范性文件"（norms）是一类《中华人民共和国立法法》没有规定却在法律实践中对公民权利和义务产生重大影响的法律文件。

食品安全法律法规体系还包括一些既不属于法律、法规和规章，也不属于食品安全标准的规范性文件，而是地方各级人民政府各行政部门制定的有关食品安全的各种政策、规定、文件等，如 2017 年上海市第十四届人民代表大会第五次会议通过的《上海市食品安全条例》；上海市市场监督管理局制定的《上海市保健食品生产企业保健食品原料提取物管理指南》（沪市监特食〔2020〕127 号）、《上海市肉制品生产企业和加工小作坊监督检查工作方案》（沪市监食生〔2020〕0446 号）；广东省市场监督管理局制定的《广东省市场监督管理局餐饮服务食品安全风险分级管理办法（试行）》（粤市监规字〔2022〕1 号）、《广东省市场监督管理局关于网络食品监督的管理办法》（粤市监规字〔2022〕2 号）；山东省市场监督管理局制定的《关于进一步加强食品小作坊监督管理的规定》（鲁市监食生规字〔2019〕3 号）、《山东省餐饮服务食品安全监督量化分级和等级公示管理规定》（鲁市监督食规字〔2021〕14 号）。此类规范性文件也是依据《食品安全法》授权制定的、属于委任性的规范文件，也是食品安全法律法规体系中的一部分。

（二）食品安全法调整的法律关系

食品安全法调整的法律关系是指各级人民政府食品药品监管部门和其他授权部门在食品安全监督管理活动中与行政管理相对人产生的权利和义务关系，由食品安全法律关系的主体、客体和内容三个要素构成。食品安全法律关系，包括行政法律关系、民事法律关系和刑事法律关系。其中，行政法律关系主要体现为行政主体和食品生产经营者之间形成的许可、监督检查、处罚等法律关系；民事法律关系主要包括消费者和食品生产经营者之间形成的合同法律关系和侵权法律关系；刑事法律关系主要是根据我国刑法的规定，对食品生产经营者的犯罪行为予以惩处所形成的法律关系等。

1. 食品安全法律关系的主体

行政法律关系的主体即行政法律关系的当事人，它是指在行政法律关系中享有权利和承担义务的组织或个人，一般以国家行政机关和法律、法规授权的组织为执法主体，相关企业和公民等为行政管理相对人。根据《食品安全法》规定，食品安全法律关系中执法主体一方为各级食品安全监督管理部门、卫生行政部门、农业行政部门等；行政管理相对人一方为在中华人民共和国境内从事食品、食品添加剂、食品相关产品的生产经营者，以及对食品、食品添加剂和食品相关产品进行安全管理等活动的法人、公民和其他组织。管理相对人在食品生产经营活动中，如违反食品安全法律法规的行为，应承担食品安全行政法律责任，主体双方在食品安全法律关系中是一种监督与被监督的关系，即只需要监督主体单方面做出行政行为，而不需要征得生产经营者的同意，该法律关系即成立。

2. 食品安全法律关系的客体

行政法律关系的客体，是指行政法律关系主体的权利和义务所指向的标的或对象，包括物质、行为和精神等。出于食品安全法律关系的特殊性，其客体主要由物质和行为组成，包括一切食品、食品添加剂、食品接触材料、洗涤剂、消毒剂和用于食品生产经营的工具、设备及食品的生产经营场所、设施、有关环境，以及食品生产经营者为保证食品安全而做出的行为。

3. 食品安全法律关系的内容

行政法律关系的内容，是指行政法律关系主体在行政法律关系中所享有的权利和所承担的义务。食品安全法律关系的内容即为《食品安全法》规定的食品安全监督管理各部门在监督管理中与行政管理相对人所形成的权利和义务。它是食品安全监督行政权的体现。

（1）形成权　指食品安全监督管理各部门可依法做出产生、变更或终止某种法律关系的权利，即赋予行政管理相对人一定的法律身份的权利，主要形式包括核发食品生产、经营许可证及食品、食品添加剂和食品相关产品的审批等。

（2）管理权　指食品安全监督管理各部门在管辖范围内，依照所规定的职责，采取相应食品安全管理措施的权利，如经常性的监督检查等。

（3）命令权　指食品安全监督管理各部门有权命令行政管理相对人作为或者不作为，如要求食品生产经营者禁止生产经营《食品安全法》第四章第三十四条规定的食品、食品添加剂和食品相关产品等，相对人若不履行命令即构成违法。

（4）处罚权　指食品安全监督管理各部门对违反《食品安全法》的行政管理相对人依法实施行政处罚的权利，处罚种类包括罚款、没收违法所得、销毁违法产品、吊销许可证等。

食品安全监督管理各部门在享有食品安全监督行政权的同时，也必须履行该法规定的义务，如食品安全信息公布、营养知识宣传、卫生技术指导等。行政管理相对人的权利和义务在《食品安全法》中也有规定或体现，如相对人享有合法生产经营的权利，要求食品安全监督管理各部门对所采集的样品提供检验报告、对检验结果有异议可申请复检和行政诉讼等权利；同时也应承担《食品安全法》规定的必须履行的义务。

（三）食品安全法律规范

食品安全法律规范是指国家制定的规定食品安全监督管理行政部门和管理相对人的权利和义务，并由国家强制实施的一系列法律法规和标准的总称。食品安全法律规范的结构与其他法律规范基本相同，即都是由适用条件、行为模式和法律后果三部分构成。

1. 食品安全法律规范的分类

（1）按食品安全法律规范本身的性质，可将其分为授权性规范、义务性规范和禁令性规范。

①授权性规范：指授予主体某种权利的法律规范。它不规定主体作为或者不作为，而是授予主体自主选择。在法律条文中表述此类法律规范，常用"有权""可以"等文字表达。如《食品安全法》第四章第六十三条："食品生产经营者未依照本条规定召回或者停止经营的，县级以上人民政府食品安全监督管理部门可以责令其召回或者停止经营"。

②义务性规范：指规定主体必须做出某种行为的法律规范。法律条文在表述此类规范时，多用"必须""应当"等字样。如《食品安全法》第一章"总则"第四条："食品生产经营者应当依照法律、法规和食品安全标准从事生产经营活动，保证食品安全，诚信自律，对社会和公众负责，接受社会监督，承担社会责任。"

③禁令性规范：指规定主体不得做出某种行为的法律规范。法律条文在表述此类规范时，多用"禁止""不得"等字样。如《食品安全法》第四章第四十五条："患有国务院卫生行政部门规定的有碍食品安全疾病的人员，不得从事接触直接入口食品的工作。"

（2）按食品安全法律规范对主体的约束程度，可将其分为强制性规范和任意性规范。

①强制性规范：指主体必须严格按照规定作为或者不作为，不允许主体作任何选择的法律规范。此类法律规范多属于义务性规范和禁令性规范。

②任意性规范：指主体在不违反法律和道德的前提下，可按照自己的意志，选择作为或不作为的法律规范。任意性规范多属授权性规范。

（3）按食品安全法律规范内容的确定方式，可将其分为确定性规范、准用性规范和委任性规范。

①确定性规范：指直接明确地规定某一行为规则的法律规范。

②准用性规范：指没有直接规定规范的内容，只规定了援引、比照某法律条文的法律规范。准用性规范只需列入它所准用的规范内容，即成为确定性规范。

③委任性规范：指没有规定规范的内容，但指出了该规范的内容由某一专门单位加以规定的法律规范。准用性规范与委任性规范都属于没有直接规定某一行为规则具体内容的法律规范，但两者之间的区别是，前者准予援用的规范是已有明文规定的法律规范，后者则是尚无明文规定的非确定性规范。

2. 食品安全法律规范的效力

食品安全法律规范的效力范围即适用范围，由法律规范的空间效力、时间效力和对人的效力三个部分组成。

（1）空间效力　即食品安全法律规范适用的地域范围。法律规范的空间效力是由国家的立法体制决定的。在我国，由全国人民代表大会及其常委会制定的《食品安全法》等法律在中华人民共和国境内有效。

（2）时间效力　即食品安全法律规范何时生效、何时失效及对生效前发生的行为有无溯及力等。我国《食品安全法》第一百五十四条规定"本法自 2015 年 10 月 1 日起施行"，而对其生效前的行为没有溯及力。

（3）对人的效力　即食品安全法律规范在确定的时间和空间范围内适用于哪些公民、法人和其他组织。《食品安全法》对人的效力采用的是属地原则，即具体适用于在中华人民共和国境内从事食品、食品添加剂、食品相关产品的生产经营和储存运输，以及对食品、食品添加剂和食品相关产品进行安全管理等活动的一切单位和个人。

三、 食品安全监督管理体系

近年来，有关国际组织十分重视各国食品安全监督管理体系的建立和提高。2001 年 6 月，FAO 和 WHO 召开了"保证食品安全和质量、强化国家食品控制体系"会议，进一步修订了"建立有效的国家食品控制体系导则"，更加明确地强调：各国需建立国家食品安全体系，其框架包括立法（包括法规体系和食品安全标准）、管理（包括危险性评价与监督管理）、监测（包括食品污染与食源性疾病）与实验室建设等各项内容，目的是要在全球范围内更为有效地提高食品安全水平。

（一）国际食品安全监管模式

根据 WHO 的分类方法，目前世界上有三种食品安全监管模式：以欧盟、加拿大为代表的由一个独立部门进行统一管理的食品安全管理模式；以美国、日本为代表的多部门共同负责的食品安全管理模式；以及探索中的食品安全综合管理模式。在发生了众多的食品安全问题后，有些国家正在着手改革自己国家的食品安全管理体系，统一食品安全管理体系正在一些发达国家进行改革实践。

1. 欧盟食品安全监管体系

欧盟的食品安全监管分为欧盟和成员国两个层面。欧盟层面主要负责制定法令、政策和标准，并对成员国的执行情况进行监督，成员国各自负责本国范围内的食品安全监管。在欧盟层面负责食品安全的主要机构有欧盟卫生和食品安全总司（Directorate General for Health & Food Safety）、欧盟食品安全局（European Food Safety Authority，EFSA）。除此之外，消费者、卫生、农业和食品执行机构（Consumers，Health，Agriculture and Food Executive Agency，Chafea）和食品和兽医办公室（Food and Veterinary Office，FVO）也参与食品安全工作。在成员国层面，由一个或者多个部门负责食品安全的监管。

欧盟国家一直将食品安全问题作为政府工作的重点之一。2000年1月12日欧盟发布了《食品安全白皮书》，为新的食品政策制定了一系列计划：使立法适应形势要求，成为一套具有连续性和透明度的法规；加强从农场到餐桌的管理，增强科学建议体系的能力，从而确保能够高水平地保证人类健康和对消费者的保护。与此同时，欧盟委员会决定成立一个名为"欧洲食品权力机构"的组织，统一管理欧盟内所有有关食品安全的相关事务，负责与消费者就食品安全问题直接对话，并建立成员国间食品卫生和科研机构的合作网络。这一权力机构下属若干专家委员会，直接就食品安全问题对欧盟委员会提出决策性意见。自2006年1月1日起，欧盟有关食品安全的一系列法规全面生效，食品安全的监督管理成为一个统一、透明的整体。法规要求欧盟的每个成员国在2007年1月1日建立和实施对于食品和饲料的国家控制计划。一些国家如德国、丹麦和瑞典等均以欧盟食品安全指令为原则和指导，制定了本国的食品安全法规和部门具体执行指南，形成了层次分明的法规体系。

2. 美国食品安全监管体系

美国与食品安全有关的主要法令是1938年开始执行的《联邦食品、药品、化妆品法》。美国在《21世纪食品工业发展计划》中将食品安全放到了首位。美国建立的食品安全管理体系具备较完善的食品安全法律法规及强大的企业支持，它将政府职能与各企业食品安全体系紧密结合。担任此职责的机构主要有卫生与人类服务部（DHHS）下属的食品与药物管理局（FDA）、美国农业部（USDA）下属的食品安全与检验署（FSIS）和动植物卫生检验署（APHIS）及美国环境保护局（EPA）等部门。美国的食品安全监管体制由联邦政府、州和地方政府部门组成。联邦政府间的协调合作对食品安全职责具有相互补充和相互依赖的作用，加上相应的州和地方政府间的协调互动，构建了一个全面、有效的食品安全管理系统。多年来，由于食品安全管理系统的贯彻实施，美国食品的安全具有较高的公众信任度。

美国食品安全管理体系的特征是：执法、立法和司法三大机构权力分离，工作方式公开透明，并以科学的风险分析为决策依据，以及公众的广泛参与。这个体系具有很高的公众信任度，其基于以下指导原则：①只有对消费者有益无害的食品才可以在市场上销售；②以科学的风险分析为依据制定食品安全法规；③政府监管部门强制执法；④厂商、销售商、进口商及其相关人员均应遵守食品安全法规，否则将受到惩处；⑤食品安全法规制定过程对公众是透明的，公众可以参与。

3. 日本食品安全监管体系

日本的食品安全监管体系分为中央和地方两级。中央制定关于国家及都道府县等实施食品安全监督或指导的方针，主要负责风险分析、政策和标准制定以及监督管理、执法指导等事项。

承担食品安全监督管理职责的部门主要包括食品安全委员会、消费者厅、厚生劳动省和农林水产省。日本的食品安全法律体系包括国家法律和地方法规。国家法律主要包括以下内容：一是《食品安全基本法》，该法是日本食品安全方面的基本法律，主要规定了食品安全法律制度的基本理念、基本制度，食品安全委员会的职责、组成和运作方式等；二是《食品卫生法》，该法是食品生产经营者从事生产经营活动和监管部门从事监管活动的主要法律依据，在食品和食品添加剂、器具和容器包装、标识和广告、检验机构、监督检查和法律责任等方面作了详细规定；三是有关食品标识方面的法律，主要包括《赠品标识法》《农林物资规格化和质量标识标准法》，以及对营养成分标识作出规定的《健康促进法》，对加工食品中的添加剂、转基因声称和食品保质期标识作出规定的《食品标识基准》等；四是有关追溯制度方面的法律，主要包括《大米追溯法》《有关牛个体识别的信息管理及传达的特别措施法》；五是有关食用农产品和食品原料安全方面的法律，主要包括《农药取缔法》《肥料取缔法》《家畜传染病预防法》等。

欧盟和美国、日本等发达国家和地区的实践证明，要确保食品安全、食品企业有强大的竞争力及政府监管有力，关键在于遵循以下原则：①预防原则；②全过程控制和产品的溯源性原则，即从农田到餐桌的"无缝"立法，建立覆盖整个食品链的全程追溯系统；③责任主体限定原则，即确定食品生产者、加工者对食品安全负首要责任。

近年来，食品安全问题不断出现，食品安全面临的形势依然严峻，越来越多的国家从提高监管效能出发，完善法律法规体系，改革现有的管理体制，食品安全监管体制呈现出以下趋势：一是从多头监管向集中统一监管变革，在监管体制上趋向于统一、高效的管理构架；二是从过去重视食物链重点环节监管向加强食物链全过程监管的方向转变；三是从以政府部门监管为主向重视发挥社会力量监管的方向发展。

（二）我国食品安全监管体制

食品安全监管体制是国家对食品安全实施监督管理采取的组织形式和基本制度，它是国家有关食品安全的法律、法规和方针、政策得以贯彻落实的组织保障和制度保障。我国的食品安全监管体制有一个历史的发展过程。

我国食品安全的法制化管理始于20世纪50年代。1953年1月，国务院第167次会议批准在全国各省（自治区、直辖市）、市、区、县建立卫生防疫站，以改善以食物中毒状况为主的食品卫生工作。卫生防疫站的建立标志着我国食品卫生工作的正式起步。同年7月17日，为改善冷饮等引起的食物中毒现象，卫生部颁布了我国建国后第一部食品卫生部门规章，即《清凉饮食物管理暂行办法》。1953—1959年，卫生部又陆续颁布了对肉品、酱油、水产、蛋制品、饮料酒等食品的卫生管理规定，共计24部规章。1960年1月18日，国务院转发国家科学技术委员会、卫生部、轻工业部拟定的《食用合成染料管理暂行办法》，这是我国第一部食品添加剂管理办法。1965年8月17日，国务院颁布了《食品卫生管理试行条例》，1979年8月27日，国务院颁布了《中华人民共和国食品卫生管理条例》，使得我国的食品卫生管理工作更加规范。随着社会经济的发展，第五届全国人大常委会第二十五次会议于1982年通过了《中华人民共和国食品卫生法（试行）》，将食品卫生监督职责授予了各级卫生防疫站。该法的颁布实施标志着我国的食品卫生管理进入了法制管理时期，正式建立了国家食品卫生监督制度与许可制度，是我国食品卫生法规历史上迈出的重要一步。在这部法律试行10多年后，八届全国人民代表大会常务委员第十六次会议于1995年10月审议通过了正式的《中华人民共和国食品卫生法》。2009年，在《食品卫生法》的基础上，制定了《中华人民共和国食品安全法》。该法对我国食品安全监管体制格局做了重大调整和完善；国务院食品安全委员会的成立标志着我国食品安全高端协调机制开始建立；国家食品安全风险评估中心的成立构筑了我国食品安全科学治理的基础。2015 年 4 月 24 日，第十二届全国人民代表大会常务委员会第十四次会议通过了修订后的《食品安全法》，于 2015 年 10 月 1 日起实施，后又经历了 2018 年和 2021 年两次修订，修订后的《食品安全法》围绕建立最严格的食品安全监管制度这一总体要求，在完善统一权威的食品安全监管机构、加强食品的生产过程控制、强化企业主体责任、突出对特殊食品的严格监管、加大对违法行为的惩处力度等方面对原法做了修改完善。总体看来，我国的食品安全监管在向着机制健全化、决策科学化的方向发展。

我国的食品安全监督管理体制是依据《食品安全法》构建的，明确了各级政府和监管部门的监管职责，是一种统一协调与分工负责相结合、综合监管和具体监管相结合的食品安全监管体制，是进行食品安全监督管理必需的基本体制和框架。

目前我国的食品安全监督管理体制如下所述。

国务院设立了食品安全委员会，负责研究部署、统筹指导全国食品安全工作，以拟定国家食品安全战略，提出食品安全重大政策措施，分析解决食品安全重大问题，督促落实食品安全责任。国务院食品安全委员会办公室承担委员会的日常工作，组织制定国家食品安全规划，协调处理食品安全法律法规、标准制定和执行中的重大问题，督促检查国家食品安全重大决策部署落实情况，对省级人民政府和国务院有关部门履行的食品安全职责情况进行评议考核，指导重大食品安全事故处置工作。

国务院食品安全监督管理部门依照《食品安全法》和国务院规定的职责，对食品生产经营活动实施监督管理。

国务院卫生行政部门依照《食品安全法》和国务院规定的职责，组织开展食品安全风险监测和风险评估工作，会同国务院食品安全监督管理部门制定并公布食品安全国家标准。

国务院其他有关部门依照《食品安全法》和国务院规定的职责，承担有关食品安全工作。

县级以上地方人民政府对本行政区域的食品安全监督管理工作负责，统一领导、组织、协调本行政区域的食品安全监督管理工作以及食品安全突发事件应对工作，建立健全食品安全全程监督管理工作机制和信息共享机制。

县级以上地方人民政府依照本法和国务院的规定，确定本级食品安全监督管理、卫生行政部门和其他有关部门的职责。有关部门在各自职责范围内负责本行政区域的食品安全监督管理工作。

县级人民政府食品安全监督管理部门可以在乡镇或者特定区域设立派出机构。

县级以上地方人民政府实行食品安全监督管理责任制。上级人民政府负责对下一级人民政府的食品安全监督管理工作进行评议、考核。县级以上地方人民政府负责对本级食品安全监督管理部门和其他有关部门的食品安全监督管理工作进行评议、考核。

县级以上人民政府应当将食品安全工作纳入本级国民经济和社会发展规划，将食品安全工作经费列入本级政府财政预算，加强食品安全监督管理能力建设，为食品安全工作提供保障。

县级以上人民政府食品安全监督管理部门和其他有关部门应当加强沟通、密切配合，按照各自职责分工，依法行使职权，承担责任。

法律授权的特殊行业系统在规定的范围内行使食品安全管理，铁路、民航运营中食品安全的管理办法由国务院食品安全监督管理部门会同国务院有关部门依照《食品安全法》制定；军队专用食品和自供食品的食品安全管理办法由中央军事委员会依照《食品安全法》制定。

第二节　食品安全监督管理的原则和内容

《食品安全法》明确规定，在中华人民共和国境内从事食品生产和加工（食品生产），食品销售和餐饮服务（食品经营）；食品添加剂的生产经营；用于食品的包装材料、容器、洗涤剂、消毒剂和用于食品生产经营的工具、设备（食品相关产品）的生产经营；食品生产经营者使用食品添加剂、食品相关产品；食品的贮存和运输；以及对食品、食品添加剂、食品相关产品的安全管理等活动，都应纳入食品安全监督管理的范围。此外，供食用的源于农业的初级农产品（食用农产品）的质量安全管理，应遵守《中华人民共和国农产品质量安全法》的规定。但是，食用农产品的市场销售、有关质量安全标准的制定、有关安全信息的公布和《食品安全法》对农业投入品作出规定的，同样也应纳入食品安全监督管理的范围。

一、　食品安全监督管理的原则

《食品安全法》第三条规定："食品安全工作实行预防为主、风险管理、全程控制、社会共治，建立科学、严格的监督管理制度。"

1. 预防为主

预防性原则的含义是指在事实判定、证据论证、科学研究等方面尚未确定的情况下，为防止出现食品安全损害而采取的预防性措施。预防性原则旨在将工作重点由事后处理变为预防事故的发生，这是我国食品安全监管理念的重大转变。预防性原则不仅出现在立法行为和监管执法行为中，而且覆盖了整个食品生产经营环节，具体体现在食品生产经营许可制度、食品安全标准制度、食品安全强制检验制度和食品安全标签制度等方面。例如《食品安全法》第六十三条规定，"食品生产者发现其生产的食品不符合食品安全标准或者有证据证明可能危害人体健康的，应当立即停止生产，召回已经上市销售的食品，通知相关生产经营者和消费者，并记录召回和通知情况"。第一百二十四条规定，对"生产经营致病性微生物，农药残留、兽药残留、生物毒素、重金属等污染物质以及其他危害人体健康的物质含量超过食品安全标准限量的食品、食品添加剂"等行为，"县级以上人民政府食品安全监督管理部门没收违法所得和违法生产经营的食品、食品添加剂，并可以没收用于违法生产经营的工具、设备、原料等物品"；并根据违法生产经营的食品、食品添加剂货值金额处以罚款，情节严重的，可吊销许可证。

2. 风险管理

风险管理不同于风险评估，需考虑风险评估和其他法律因素，并要求与利益相关方磋商后权衡利弊，选择适当的政策和预防控制措施规避风险。我国现行《食品安全法》在多个条款中贯彻了食品安全风险管理的原则，如第一百零九条规定，"县级以上人民政府食品安全监督管理部门根据食品安全风险监测、风险评估结果和食品安全状况等，确定监督管理的重点、方式和频次，实施风险分级管理"。

3. 全程控制

食品安全风险存在于"从农田到餐桌"的全过程中。全程控制原则，就是对食品从源头的生产，到中间的经营销售，再到消费者的餐桌整个过程的控制监管。我国现行的《食品安全法》强化了食品安全全程控制原则，如总则第六条提出了"建立健全食品安全全程监督管理工作机制和信息共享机制"，并在其后各章的内容中体现了全程控制和全程追溯的原则与要求，如第四十二条规定"国家建立食品安全全程追溯制度"。

4. 社会共治

社会共治原则旨在强调食品从生产到最终由公民消费的整个过程中，食品生产经营者、流通者、消费者、政府及其监管部门、行业协会、新闻媒体、检验机构和认证机构等都是维护和保障食品安全的重要参与者。只有让其各自都承担起相应的责任，食品安全才能得到真正的保障。

二、　食品安全监督管理的内容

食品安全监督管理是由国家来实行的，是在食品生产经营者自身管理的基础上，通过各食品安全监管部门依法履行对食品安全监督管理的职责来实现的。食品安全监督管理包括具体监管和综合监管。经过多年的探索，在总结国内经验、借鉴国际有益做法的基础上，2015 年修订实施的《中华人民共和国食品安全法》确定了我国实行综合监管与具体监管相结合的食品安全监督管理体制。

（一）综合监管

综合监管具有宏观性、综合性，通过制订方案、确定目标、部门协调、检查指导、督察督办等途径，充分利用现有的监督资源和力量，形成齐抓共管的合力，推动食品安全监管工作的开展；通过各级政府设立的食品安全委员会统筹规划、部署、指导和协调食品安全工作，拟定食品安全战略，制订食品安全政策措施，分析解决食品安全问题，督促落实食品安全责任；通过建立食品安全协调会议、信息反馈、督查督办、联合执法、食品安全重大事故通报、事故调查处理、举报投诉等制度，理顺各级政府、各有关部门的关系，强化部门间的协作配合，建立具体监管和综合监管相结合的"统一领导、部门协调、互相支持、齐抓共管"的食品安全监管体制，形成统一、畅通、高效的食品安全监管机制。

综合监管包括组织协调，对具体监管工作的监督，以及除具体监管以外的与食品安全有关的工作，如监督管理计划的制订、食品安全信息的整合与发布、建立食品安全监管信息数据库、制定食品安全法律法规、制定和跟踪评价食品安全标准、统一规划食品安全监测网络体系、开展食品安全风险综合分析评估与预测、建立食品安全重大事故应急救援系统、建设食品安全信用体系、开展食品安全宣传教育和培训、建设农村食品安全监督网等。

《食品安全法》规定，县级以上地方人民政府对本行政区域的食品安全监督管理工作负责，统一领导、组织、协调本行政区域的食品安全监督管理工作及食品安全突发事件应对工作，建立健全食品安全全程监督管理工作机制和信息共享机制。县级以上人民政府食品安全监督管理部门和其他有关部门应当加强沟通、密切配合。县级以上地方人民政府组织本级食品安全监督管理、质量监督、农业行政等部门制定本行政区域的食品安全年度监督管理计划。上级人民政府负责对下一级人民政府的食品安全监督管理工作进行评议、考核。县级以上地方人民政府负责对本级食品安全监督管理部门和其他有关部门的食品安全监督管理工作进行评议、考核。县级以上人民政府食品安全监督管理等部门未及时发现食品安全系统性风险，未及时消除监督管理区域内食品安全隐患的，本级人民政府可以对其主要负责人进行责任约谈。地方人民政府未履行食品安全职责，未及时消除区域性重大食品安全隐患的，上级人民政府可以对其主要负责人进行责任约谈。县级以上人民政府应当将食品安全工作纳入本级国民经济和社会发展规划。国务院卫生行政部门会同其他相关部门组织制定并实施国家食品安全监测计划，省级卫生行政部门组织制定实施本行政区的食品安全风险监测方案。

（二）具体监管

具体监管是指食品安全监督管理等政府部门对食品从"农田到餐桌"全过程的食品安全行使监督管理的职能，如食品生产许可证和食品经营许可证的发放、食品安全的日常监管、查处生产不合格食品及其他质量安全违法行为；质量监督部门对食品相关产品的监督管理；出入境检验检疫机构对国境口岸进出口食品的监督管理；农业行政部门对食用农产品的监督管理等。

1. 重点监督管理内容

食品安全年度监督管理计划应当将下列事项作为监督管理的重点：

（1）专供婴幼儿和其他特定人群的主辅食品。

（2）保健食品生产过程中的添加行为和按照注册或者备案的技术要求组织生产的情况，保健食品标签、说明书以及宣传材料中有关功能宣传的情况。

（3）发生食品安全事故风险较高的食品生产经营者。

（4）食品安全风险监测结果表明可能存在食品安全隐患的事项。

2. 常规监督管理内容

县级以上人民政府食品安全监督管理部门有权采取下列措施，对生产经营者的情况进行监督检查：

（1）进入生产经营场所实施现场检查。

（2）对生产经营的食品、食品添加剂、食品相关产品进行抽样检验。

（3）查阅、复制有关合同、票据、账簿以及其他有关资料。

（4）查封、扣押有证据证明不符合食品安全标准或者有证据证明存在安全隐患以及用于违法生产经营的食品、食品添加剂、食品相关产品。

（5）查封违法从事生产经营活动的场所。

3. 食品生产经营许可

国家食品药品监督管理总局 2015 年发布的《食品生产许可管理办法》和《食品经营许可管理办法》规定了食品生产许可和经营许可的申请、受理、审查、决定及其管理等事项，并规定食品生产许可实行一企一证原则，即同一个食品生产者从事食品生产活动，应当取得一个食品生产许可证；食品经营许可应当实行一地一证原则，即食品经营者在一个经营场所从事食品经营活动，应当取得一个食品经营许可证。

4. 风险分级管理

国家食品药品监督管理总局 2016 年发布的《食品生产经营风险分级管理办法》提出，食品生产经营风险分级管理工作应当遵循风险分析、量化评价、动态管理、客观公正的原则，食品生产经营者风险等级从低到高分为 A 级风险、B 级风险、C 级风险、D 级风险四个等级。并规定由国家食品药品监督管理总局（现为国家市场监督管理总局）负责制定食品生产经营风险分级管理制度，指导和检查全国食品生产经营风险分级管理工作。省级食品安全监督管理部门负责制定本省食品生产经营风险分级管理工作规范，结合本行政区域内实际情况，组织实施本省食品生产经营风险分级管理工作，对本省食品生产经营风险分级管理工作进行指导和检查。

各市、县级食品安全监督管理部门负责开展本地区食品生产经营风险分级管理的具体工作。

5. 食品召回

国家建立食品召回制度。食品生产者发现其生产的食品不符合食品安全标准或者有证据证明可能危害人体健康的不安全食品，应当立即停止生产，召回已经上市销售的食品，通知相关生产经营者和消费者，并记录召回和通知情况。国家食品药品监督管理总局 2015 年发布了《食品召回管理办法》，根据食品安全风险的严重和紧急程度，食品召回分为三级。

（1）一级召回　食用后已经或者可能导致严重健康损害甚至死亡的，食品生产者应当在知悉食品安全风险后 24h 内启动召回；自公告发布之日起 10 个工作日内完成召回工作。

（2）二级召回　食用后已经或者可能导致一般健康损害，食品生产者应当在知悉食品安全风险后 48h 内启动召回；自公告发布之日起 20 个工作日内完成召回工作。

（3）三级召回　标签、标识存在虚假标注的食品，食品生产者应当在知悉食品安全风险后 72h 内启动召回；标签、标识存在瑕疵，食用后不会造成健康损害的食品，食品生产者应当改正，可以自愿召回。食品生产者应当自公告发布之日起 30 个工作日内完成召回工作。

情况复杂的，经县级以上地方食品安全监督管理部门同意，食品生产者可以适当延长召回时间并公布。

食品生产经营者应当对因停止生产经营、召回等原因退出市场的不安全食品采取补救、无害化处理、销毁等处置措施，防止其再次流入市场。

（三）食品生产经营者自身管理的内容

食品生产经营者做好食品安全的自身管理是保障食品安全的基础。随着社会主义市场经济体制的完善，食品安全自身管理显得更为迫切、重要。食品生产经营者需建立健全本单位的食品安全管理制度，强化自身管理。

《食品安全法》对食品生产经营的要求主要是依靠食品生产经营者通过自身管理来实施的，自身管理是《食品安全法》规定其应当履行的义务。自身管理包括从原料进厂到成品出厂、销售的综合管理。食品生产经营者除应具有先进的工艺、科学的配方、完善的卫生设施外，还必须具有健全的产品质量安全保证体系，以保证产品符合相关标准，保障消费者的食用安全。在市场经济条件下，食品生产经营者搞好自身管理是其生存和发展的基础。食品生产经营者的自身管理包括以下内容。

（1）食品生产经营者应当按照食品生产经营管理规范开展生产经营活动。

（2）食品生产经营者和专门从事食品运输的经营者不得在生产经营过程中采购、使用、储存、运输有关部门明令禁止的非食用物质；不得使用回收的食品添加剂加工食品或者食品添加剂。

（3）食品的生产经营应当符合食品安全标准，并符合《食品安全法》第三十三条规定的 11 个方面的要求。

（4）禁止生产经营《食品安全法》第三十四条规定的 13 种食品、食品添加剂和食品相关产品。

（5）从事食品生产、食品销售、餐饮服务，食品添加剂、食品相关产品的生产，专门从事食品半成品、提取物等的生产，以电话、会议、讲座等形式销售食品的，生产食品、食品添加剂的受托方，应当依法取得许可。

（6）食品生产加工小作坊和食品摊贩等从事食品生产经营活动，应当符合《食品安全法》

规定的与其生产经营规模、条件相适应的食品安全要求，保证所生产经营的食品卫生、无毒、无害。

（7）利用新的食品原料生产食品，或者生产食品添加剂新品种、食品相关产品新品种，应当经国务院卫生行政部门许可。

（8）生产经营的食品中不得添加药品。

（9）食品生产经营者应当建立食品安全追溯体系。

（10）食品、食品添加剂生产经营企业应当建立健全食品安全管理制度，如食品安全信息公示制度、从业人员健康管理制度、食品安全自查制度、进货查验记录制度、出厂检验记录制度、食品召回制度，对职工进行食品安全知识培训，加强食品检验工作。食品生产经营企业的法定代表人者主要负责人对本单位的食品安全全面负责，建立并落实本单位食品安全责任制。食品生产经营企业应当配备食品安全管理人员，食品生产企业法定代表人或者主要负责人可以授权食品安全管理人员承担食品安全管理职责。食品生产经营企业，特别是较大规模以上食品生产经营企业和肉制品、乳制品等食品生产经营企业应努力达到 GMP 要求，实施 HACCP 体系，提高食品安全管理水平。

（11）食用农产品生产者应当按照食品安全标准和国家有关规定使用农药、肥料、兽药、饲料和饲料添加剂等农业投入品，建立农业投入品使用记录制度。食用农产品批发市场应当配备检验设备和检验人员或者委托符合《食品安全法》规定的食品检验机构，对进入该批发市场销售的食用农产品进行抽样检验。食用农产品销售者应当建立食用农产品进货查验记录制度。进入市场销售的食用农产品在包装、保鲜、储存、运输中使用保鲜剂、防腐剂等食品添加剂和包装材料等食品相关产品，应当符合食品安全国家标准。

（12）食品经营者应当按照保证食品安全的要求储存食品，定期检查库存食品，及时清理变质或者超过保质期的食品。

（13）餐饮服务提供者应当制定并实施原料控制要求，定期维护食品加工、储存、陈列等设施、设备，定期清洗、校验保温设施及冷藏、冷冻设施，按照要求对餐具、饮具进行清洗消毒。

（14）集中交易市场的开办者、柜台出租者和展销会举办者，应当依法审查入场食品经营者的许可证，明确其食品安全管理责任，定期对其经营环境和条件进行检查。

（15）网络食品交易第三方平台提供者应当对入网食品经营者进行实名登记，明确其食品安全管理责任。

（16）食品、食品添加剂的标签、说明书和广告应符合相关规定，不得含有虚假内容，不得涉及疾病预防、治疗功能。专供婴幼儿和其他特定人群的主辅食品，标签还应当标明主要营养成分及其含量；转基因食品应当按照规定显著标示；食品添加剂标签上载明"食品添加剂"字样；进口的食品、食品添加剂应当有中文标签或中文说明书。

（17）销售实行注册管理的保健食品、特殊医学用途配方食品、婴幼儿配方乳粉的食品经营者，应当查验产品注册证书，核对所载明内容与产品标签标注内容是否一致，并留存注册证书复印件。

三、食品生产的安全监督管理

《食品安全法》第四十四条明确规定，"食品生产经营企业应当建立健全食品安全管理制度"。随着科技的飞速发展，传统的食品生产管理方法和模式已不能满足需要，为了适应食品工业的产业化发展，应建立和不断完善能够有效保证食品安全质量的管理体系，如良好操作规范（GMP）和卫生标准操作程序（SSOP）体系、危害分析和关键控制点（HACCP）体系、国际标准化组织产品质量管理体系（ISO 9001：2015）和食品安全管理体系（ISO 22000：2018）等。

GMP 体系属于一般性的食品质量保证体系，它规定了食品生产过程的各个环节实行全面质量控制的具体技术要求以及为保证产品质量所必须采取的监控措施。GMP 体系强调食品生产过程（包括生产环境）和储运过程的品质控制。SSOP 是为实现 GMP 目标必须遵守的基本卫生条件，是为了消除食品加工过程中的不良因素，以确保加工的食品符合卫生要求而制定的。HACCP 体系则是一个预防性的食品安全监控系统，是对可能发生在食品加工过程中的食品安全危害进行识别和评估而采取的一种预防性控制方法，可最大限度地减少产生食品安全危害的风险，同时可避免单纯依靠最终产品检验进行质量控制所产生的问题。原则上说，有效实施 HACCP 的前提是已建立了完善的 GMP 体系。ISO 体系是国际标准化组织（ISO）提出的质量管理与保证体系，它规定了质量体系中各个环节（要素）的标准化实施规程和合格评定实施规程，这些质量管理和质量认证的目的都是为了确保终产品的质量。

GMP 在对管理文件、质量记录等管理要求方面，与 ISO 9001 的要求是一致的。SSOP 相当于或可用作 ISO 9001 管理体系中有关清洗、消毒、卫生控制等方面的作业指导书。ISO 22000 采用了 ISO 9001 的体系结构。HACCP 控制食品安全危害、将不合格因素消灭在过程中体现的预防性与 ISO 9001 的过程控制、持续改进、纠正体现的预防性是一致的。ISO 9001 质量体系控制的范围较大，食品安全只是食品加工企业 ISO 9001 体系的质量目标之一，但由于它没有危害分析的过程控制方法，因此食品加工企业仅靠建立 ISO 9001 质量体系很难达到食品安全的预防性控制要求。而 HACCP 的主要目标是食品安全，实施 HACCP 可以弥补 ISO 9001 体系在食品安全预防性控制方面的缺陷。

ISO 9001 质量管理体系侧重于软件要求，即管理文件化，强调最大限度满足顾客的要求，对不合格产品强调的是纠正；GMP、SSOP、ISO 22000、HACCP 除要求管理文件化外，侧重于对硬件的要求，强调保证食品安全，强调将危害因素控制、消灭在过程中。

目前，ISO 9001、ISO 22000 标准是推荐性标准，企业自愿实施。GMP、SSOP、HACCP 多数是政府的强制性要求，企业必须达到。食品生产企业可综合利用 GMP、SSOP、HACCP、ISO 9001 和 ISO 22000 等管理体系和方法，充分发挥各种管理体系的优势，实施有效的食品安全质量管理，以达到有效保障终产品质量安全和消费者健康的目的。

（一）食品良好生产规范（Good Manufacture Practice，GMP）

GMP 是为保障食品安全、质量而制定的贯穿食品生产全过程一系列措施、方法和技术要求。GMP 是国际上普遍应用于食品生产过程的先进管理系统，它要求食品生产企业应具备良好的生产设备、合理的生产过程、完善的质量管理和严格的检测系统，以确保终产品的质量符合有关标准。

1. GMP 的由来与发展

GMP 的产生来源于药品的生产。在 1961 年经历了 20 世纪最大的药物灾难事件——"反应停"事件后，人们深刻认识到以成品抽样分析检验结果为依据的质量控制方法有一定缺陷，不能保证生产的药品都做到安全并符合质量要求。美国于 1962 年修改了《联邦食品、药品、化妆品法》，将药品质量管理和质量保证的概念制定成法定的要求。美国 FDA 根据修改法的规定，制定了世界上第一部药品 GMP，并于 1963 年通过美国国会将 GMP 颁布法令。1967 年，WHO 在其出版的《国际药典》附录中进行了收载。1969 年，WHO 向各成员国首次推荐了 GMP。1975 年，WHO 向各成员国公布了实施 GMP 的指导方针。

1969 年，美国 FDA 将 GMP 的观点引用到食品的生产法规中，制定了《食品制造、加工包装及贮存的良好生产规范》。1985 年，CAC 又制定了《食品卫生通用 GMP》。一些发达国家，如加拿大、澳大利亚、日本、英国等都相继借鉴了 GMP 的原则和管理模式，制定了某些类食品企业的 GMP（有的是强制性的法律条文，有的是指导性的卫生规范），经实施应用均取得了良好的效果。

我国食品企业 GMP 的相关工作起步于 20 世纪 80 年代中期，我国先后颁布了《食品企业通用卫生规范》《乳品厂卫生规范》等一批食品企业卫生规范。1998 年，我国首次颁布了国家标准《保健食品良好生产规范》（GB 17405—1998）和《膨化食品良好生产规范》（GB 17404—1998），2003 年又颁布了《乳制品企业良好生产规范》（GB 12693—2003）、《熟肉制品企业生产卫生规范》（GB 19303—2003）、《定型包装饮用水企业生产卫生规范》（GB 19304—2003）。2013 年发布修订后的《食品安全国家标准　食品生产通用卫生规范》（GB 14881—2013），于2014 年 6 月 1 日起正式实施。目前，我国还在逐步对各类"食品企业卫生规范"进行修订，以形成我国完整的 GMP 规范体系，并逐步与国际和发达国家的 GMP 接轨。目前，我国已有 30 多个食品 GMP 专用标准，包括包装饮用水生产、蛋与蛋制品生产、饮料生产、罐头食品生产、食用植物油及其制品生产、水产制品生产、糖果巧克力生产、蜜饯生产、酱油生产、航空食品生产、食品添加剂生产、速冻食品生产和经营、食品经营过程、禽屠宰加工等卫生规范等。

2. 实施 GMP 的三大目标

GMP 体系要求食品工厂在食品的生产、包装及储运等过程中相关人员配置、建筑、设施、设备等的设置以及卫生管理、制造过程的管理、产品质量的管理等均能符合良好生产规范，以确保食品安全卫生和品质稳定。实施 GMP 的目标要素在于将人为的差错控制到最低的限度，防止对食品的污染，保证产品的质量管理体系高效。

（1）将人为的差错控制到最低限度　在管理方面的措施是质量管理部门要从生产管理部门中独立出来，建立相互督促的检查制度，制定规范的实施细则和作业程序，各生产工序要严格复核等；在装备设施方面，各工作间要保持宽敞，消除妨碍生产的障碍，不同品种操作必须有一定的间距，严格分开。

（2）预防可能造成食品污染的因素　在管理方面的措施是制定操作室清扫和设备洗净的标准并严格实施，操作人员定期进行体检，限制非生产人员进入工作间等；设施方面则要求操作室专用化，对直接接触食品的机械设备、工具、宣传品等须选用不导致食品变化的材质制成，注意防止机械润滑油对食品的污染等。

（3）保证质量管理体系有效运行　在管理方面的措施是质量管理部门独立行使质量管理职责，定期进行机械设备工具的维修校正；设施方面则要求操作室和机械设备的合理配备，采用合理的工艺布局和先进的设备，为实施质量管理配备必要的实验检验设备工具等。

3. GMP 的基本内容

（1）选址及厂区环境要求　适宜的厂区周边环境可以避免外界污染因素对食品生产过程产生的不利影响。在选址时需要充分考虑来自外部环境的有毒有害因素对食品生产活动的影响，如工业废水、废气、农业投入品、粉尘、放射性物质、虫害等。如果工厂周围无法避免地存在类似影响食品安全的因素，应从硬件、软件方面考虑，采取有效的措施加以控制。厂区环境包括厂区周边环境和厂区内部环境，工厂应从基础设施（含厂区布局规划、厂房设施、路面、绿化、排水等）的设计建造到其建成后的维护、清洁等方面实施有效管理，确保厂区环境符合生产要求，厂房设施能有效防止外部环境的影响。

（2）厂房和车间　良好的厂房和车间的设计布局有利于人员、物料有序的流动，设备分布位置合理，减少发生交叉污染的风险。食品企业应从原材料入厂至成品出厂，从人流、物流、气流等因素综合考虑，统筹厂房和车间的设计布局，兼顾工艺、经济、安全等原则，满足食品卫生操作要求，预防和降低产品受污染的风险。

（3）设施与设备　正确选择设施与设备所用的材质以及合理配置安装设施与设备，有利于创造维护食品卫生与安全的生产环境，降低生产环境、设备及产品被直接污染或交叉污染的风险，从而预防和控制食品安全事故的发生。设施与设备涉及生产过程控制各个直接或间接的环节，其中，设施包括供、排水设施、清洁和消毒设施、废弃物存放设施、个人卫生设施、通风设施、照明设施、仓储设施、温控设施等；设备包括生产设备、监控设备，以及设备的保养和维修等。

（4）卫生管理　卫生管理是食品生产企业食品安全管理的核心内容。卫生管理从原料采购到出厂管理，贯穿于整个生产过程。卫生管理涵盖管理制度、厂房与设施、人员健康与卫生、虫害控制、废弃物、工作服等方面的管理。

（5）食品原料、食品添加剂和食品相关产品　有效管理食品原料、食品添加剂和食品相关产品等物料的采购和使用，确保物料合格是保证最终食品产品安全的先决条件。食品生产者应根据国家法规标准的要求采购原料，根据企业自身的监控重点采取适当措施保证物料合格。可现场查验物料供应企业是否具有生产合格物料的能力，包括硬件条件和管理；应查验供货者的许可证和物料合格证明文件，如产品生产许可证、动物检疫合格证明、进口卫生证书等，并对物料进行验收审核。不得将任何危害人体健康的非食用物质添加到食品中。此外，在食品的生产过程中使用的食品添加剂和食品相关产品应符合《食品安全国家标准　食品添加剂使用标准》（GB 2760—2014）、《食品安全国家标准　食品接触材料及制品用添加剂使用标准》（GB 9685—2016）等食品安全国家标准。

（6）生产过程的食品安全控制　生产过程中的食品安全控制措施是保障食品安全的重中之重。企业应高度重视生产加工、产品贮存和运输等食品生产过程中的潜在危害控制，根据企业的实际情况制定并实施生物性、化学性、物理性污染的控制措施，确保这些措施切实可行和有效，并应做好相应的记录。企业宜根据工艺流程进行危害因素调查和分析，确定生产过程中的食品安全关键控制环节（如杀菌环节、配料环节、异物检测探测环节等），并通过科学依据或行业经验，制定有效的控制措施。

（7）检验　检验是验证食品生产过程管理措施有效性、确保食品安全的重要手段。企业对各类样品可以自行进行检验，也可以委托具备相应资质的食品检验机构进行检验。企业开展自行检验应配备相应的检验设备、试剂、标准样品等，建立实验室管理制度，明确各检验项目的检验方法。检验人员应具备开展相应检验项目的资质，按规定的检验方法开展检验工作。为确保检验结果科学、准确，检验仪器设备精度必须符合要求。企业委托外部食品检验机构进行检验时，应选择获得相关资质的食品检验机构。企业应妥善保存检验记录，以备查询。

（8）贮存和运输　贮存不当易使食品腐败变质，丧失原有的营养物质，降低或失去应有的食用价值。科学合理的贮存环境和运输条件是避免食品污染和腐败变质、保障食品性质稳定的重要手段。企业应根据食品的特点、卫生和安全需要选择适宜的贮存和运输条件。贮存、运输食品的容器和设备应当安全无害，避免食品污染的风险。

（9）产品召回管理　食品召回可以消除缺陷产品造成危害的风险，保障消费者的身体健康和生命安全，体现了食品生产经营者是保障食品安全第一责任人的管理要求。食品生产者发现其生产的食品不符合食品安全标准或会对人身健康造成危害时，应立即停止生产，召回已经上市销售的食品；及时通知相关生产经营者停止生产经营，通知消费者停止消费，记录召回和通知的情况，如食品召回的批次、数量，通知的方式、范围等；及时对不安全食品采取补救、无害化处理、销毁等措施。为保证食品召回制度的实施，食品生产者应建立完善的记录和管理制度，准确记录并保存生产环节中的原辅料采购、生产加工、贮存、运输、销售等信息，保存消费者投诉、食源性疾病、食品污染事故记录，以及食品危害纠纷信息等档案。

（10）培训　食品安全的关键在于生产过程控制，而过程控制的关键在人。企业是食品安全的第一责任人，对食品生产管理者和生产操作者等从业人员的培训是企业确保食品安全最基本的保障措施。企业应按照工作岗位的需要对食品加工及管理人员进行有针对性的食品安全培训，培训的内容包括：现行的法规标准，食品加工过程中卫生控制的原理和技术要求，个人卫生习惯和企业卫生管理制度，操作过程的记录等，以提高员工执行企业卫生管理等制度的能力和意识。

（11）管理制度和人员　完备的管理制度是生产安全食品的重要保障。企业的食品安全管理制度应涵盖从原料采购到食品加工、包装、贮存、运输等全过程，具体包括：食品安全管理制度，设备保养和维修制度，卫生管理制度，从业人员健康管理制度，食品原料、食品添加剂和食品相关产品的采购、验收、运输和贮存管理制度，进货查验记录制度，食品原料仓库管理制度，防止化学污染的管理制度，防止异物污染的管理制度，食品出厂检验记录制度，食品召回制度，培训制度，记录和文件管理制度等。

不同种类食品的生产过程都有各自的特点和要求，因此 GMP 体系所规定的只是一个基本框架，企业应根据食品生产的具体情况，在此框架的基础上制订出适合本企业生产情况的详细条款。

（二）卫生标准操作程序（Sanitation Standard Operation Procedure，SSOP）

SSOP 是食品企业为了满足食品安全的要求，在卫生环境和加工过程等方面实施的具体规范。

SSOP 于 20 世纪 90 年代起源于美国。当时每年大约有 700 万人次患食源性疾病，并导致约 7000 人死亡，且大多数食源性疾病与肉禽产品有关。为了保障公众的健康，美国政府决定建立一套包括生产、加工、运输、销售所有环节在内的肉禽产品生产安全规范措施。

SSOP 计划至少包括 8 项内容：①用于接触食品或与食品接触物表面接触的水（冰）的安全；②与食品接触的表面（包括设备、手套、工作服）的卫生状况和清洁程度；③防止发生交叉污染；④手的清洗与消毒设施，厕所设施的维护与卫生保持；⑤防止食品、食品包装物、食品工具容器被污染物污染；⑥有毒化学物质的标记、储存和使用；⑦从业人员的健康与卫生控制；⑧虫害的预防与控制。

在食品生产加工企业建立了 SSOP 之后，还必须设定监控程序，实施检查、记录和纠正措施。企业设定监控程序时应描述如何对 SSOP 的实施进行监控，必须指定何人、何时及如何完成监控，对监控结果要检查，对检查结果不合格者还必须采取措施加以纠正。对以上所有的监控行动、检查结果和纠正措施都要记录。这些记录可说明企业不仅遵守了 SSOP，而且实施了适当的卫生控制。食品生产加工企业日常的卫生监控记录是重要的质量记录和管理资料，应使用统一的表格，并归档保存。

（三）危害分析与关键控制点体系（Hazard Analysis And Critical Control Point，HACCP）

1. HACCP 的基本概念及特点

危害分析与关键控制点的含义是对食品生产加工过程中可能造成食品污染的各种危害因素进行系统和全面的分析（即"危害分析"），从而确定能有效预防、减轻或消除危害的加工环节（称之为"关键控制点"），进而在关键控制点对危害因素进行控制，并对控制效果进行监控，当发生偏差时予以纠正，从而达到消除食品污染的目的。HACCP 管理方法是一个系统的方法，它覆盖食品从原料到餐桌的加工全过程，对食品生产加工过程中的各种因素进行连续、系统的分析，是迄今为止人们在实践中总结的最有效保障食品安全的管理方法。

HACCP 体系与传统监督管理方法的最大区别是将预防和控制重点前移，对食品原料和生产加工过程进行危害分析，找出能控制产品卫生质量的关键环节并采取有效措施加以控制，做到有的放矢，提高了监督、检查的针对性。

HACCP 体系中需要监控的所有指标都是通过简便、快速的检验方法可以完成的，如温度变化、湿度变化、pH 等。通过对这些指标的实时监控就可以反映终产品的卫生状况。与传统的产品出厂时进行微生物、理化等指标的检测相比，减少了检验所花费的时间和成本，体现了管理的时效性和经济性。

通过 HACCP 的建立与推广，可以在食品加工过程中更加合理地分配资源，避免食品原料和加工过程的资源浪费。食品产品卫生质量的提高减少了卫生监督的投入，也避免了大量不合格产品被销毁，减少了资源的浪费。

HACCP 是适用于各类食品企业的简便、易行的控制体系。HACCP 体系不是固定的、死板的系统。任何一个 HACCP 体系均能适应设备设计的革新、加工工艺或技术的发展变化，当生产线的某一部分发生变化时，HACCP 体系也应做相应调整，这反映了 HACCP 体系的灵活性。

按照国际食品法典委员会发布的《HACCP 体系及其应用准则》，HACCP 体系一般由七个基本原理和部分组成：①危害分析；②确定关键控制点；③确定关键限值；④建立对每个关键控制点的控制情况进行监控的措施；⑤建立当监控提示某个关键控制点失去控制时应采取的纠偏措施；⑥建立确认 HACCP 体系有效运行的验证程序；⑦建立有关以上内容及其应用的各项程序和记录的文件档案。

2. HACCP 体系的发展与应用

20 世纪 60 年代初，美国为了生产安全的太空食品，与美国国内的食品生产企业研究并首次建立起 HACCP 体系。在随后的 20 多年里，HACCP 的概念和方法不断得到深入研究和广泛应用。由于 HACCP 体系在保证食品安全方面的成功经验，美国、欧盟、日本等国家和国际组织在法规中均要求食品企业应建立 HACCP 体系。

CAC 一直非常关注 HACCP 的应用与推广工作，进行了多次 HACCP 研究与应用的专家咨询会议，先后起草了《全球 HACCP 宣传培训计划纲要》《HACCP 在发展中国家的推广和应用》

等多项文件。FAO 起草的《水产品质量保证》文件中规定应将 HACCP 作为水产品企业进行卫生管理的主要要求，并使用 HACCP 原则对企业进行评估。

美国 FDA 于 1995 年颁布了水产品 HACCP 法规，规定其他国家的水产品必须实施 HACCP 控制方可出口到美国。美国农业部 1996 年年底颁布了肉禽等食品的 HACCP 法规，要求大多数肉禽加工企业必须在 1999 年之前实施 HACCP 体系。2001 年年初，FDA 又颁布了果汁饮料的 HACCP 强制性管理办法，使 HACCP 体系的应用范围更加广泛。

加拿大、澳大利亚在 20 世纪 90 年代初期制定了实施 HACCP 的详细规划，现已普遍采用该技术。日本将 HACCP 原则写入了本国食品卫生法中，并自 20 世纪 90 年代后期采用推荐性方法进行了一些产品的认证。马来西亚已经有了本国食品企业 HACCP 认证的法规，韩国、新西兰等也都制定了实施 HACCP 的相应规划。

从 20 世纪 90 年代初，我国就已经进行了多次 HACCP 宣传、培训和试点工作，先后对乳制品、肉制品、饮料、水产品、酱油、益生菌类保健食品、凉果和餐饮业等各类企业开展了试点研究。2001 年，国家科技部将《食品企业 HACCP 实施指南研究》列入"十五"期间国家科技攻关计划进行专项资助，对畜禽肉类制品、水产品、乳制品、果蔬汁饮料、酱油类调味品等食品企业进行了 HACCP 应用性研究，并根据研究结果提出我国上述食品种类的 HACCP 实施指南和评价准则。2002 年 7 月，卫生部制定并颁布了《食品企业 HACCP 实施指南》。2004 年，参照 CAC《食品卫生通则》附录《HACCP 体系及其应用准则》，等同制定了国家标准《危害分析研究与关键控制点（HACCP）体系及其应用指南》（GB/T 19538—2004），其后相继颁布了乳制品、速冻食品、肉制品、调味品等 HACCP 的应用指南。2002 年，国家认证认可监督管理委员会发布实施了《食品生产企业危害分析与关键控制点管理体系（HACCP）认证管理规定》，进一步推动了国内食品行业的 HACCP 认证工作。《食品安全法》也明确规定，国家鼓励食品生产经营企业符合良好生产规范要求，实施 HACCP 体系，提高食品安全管理水平。

3. HACCP 体系的建立

在食品生产企业或餐饮业建立一套完整的 HACCP 体系通常需要经过以下 12 个步骤来完成。不同类型的食品企业根据其规模的大小、生产产品种类的不同，HACCP 体系的内容也会有所不同，但建立 HACCP 体系的原则和步骤是类似的。

（1）组建 HACCP 工作组　在食品企业建立 HACCP 系统，应首先建立企业的 HACCP 工作组。工作组应由生产管理、卫生管理、质量控制、设备维修、产品检验等部门的不同专业人员组成。为确保 HACCP 计划落在实处，HACCP 小组应由生产企业的最高管理者或最高管理者代表组织，并鼓励一线的生产操作人员参加。HACCP 小组的职责是制定 HACCP 计划，验证、修改 HACCP 计划，保证 HACCP 计划的实施，对企业员工进行 HACCP 知识的培训等。

（2）描述产品　对产品进行全面的描述有助于开展危害分析。对产品的描述应包括产品的所有关键特性，如成分、理化特性（包括水分活性，pH 等）、杀菌或抑菌处理方法（如热处理、冷冻、盐渍、烟熏等）、包装方式、贮存期限和贮存条件以及销售方式。产品如针对特殊消费人群或产品可能有特别的健康影响（如导致过敏等）时应着重说明。

（3）确定产品的预期用途　这一步骤的目的是明确产品的食用方式及食用人群，如产品是加热后食用还是即食食品，消费对象是普通人群还是抵抗力较差的儿童和老年人。还应考虑产品的食用条件，如是否能在大规模集体用餐时食用该食品等。

（4）制作产品加工流程图　产品的加工流程图是对产品生产过程清晰、简明和全面的说明。流程图应包括整个食品加工操作的所有步骤，在制定 HACCP 计划时，按照流程图的步骤进行危害分析。流程图由 HACCP 工作组绘制。

（5）现场确认流程图 HACCP 工作组应在现场对操作的所有阶段和全部加工时段，对照加工过程对流程图进行确认，必要时对流程图做适当修改。

（6）危害分析 列出每个步骤的所有潜在性危害，进行危害分析，并认定已有的控制措施。HACCP 工作组应自最初加工开始，对加工、销售直至最终消费的每个步骤，列出所有可能发生的危害并进行危害分析，以确定哪些危害对食品安全来说是至关重要的且必须进行控制的。进行危害分析时，应考虑危害发生的可能性及对健康影响的严重性；危害出现的性质和规模；有关微生物的存活或繁殖情况；毒素、化学物质或物理因素在食品中的出现或残留情况；以及导致以上情况出现的条件。HACCP 工作组还必须考虑针对所认定的危害已有的控制措施。控制一个具体的危害可能需要采取多个控制措施，而一个控制措施也可能用于控制多个危害。

（7）确定关键控制点（CCP） 在食品生产销售过程中，当某一点（环节）出现食品被污染或食品腐败变质时，若不加以控制或降低到安全水平，则将影响终产品（食品）的质量，从而危害人群健康。这一点（环节）为关键控制点，即能将危害预防、消除或降低到可接受水平的关键环节。一种危害可由几个关键控制点来控制，若干种危害也可由一个关键控制点来控制。分析某一环节是否为关键控制点还应考虑以下几个因素：该环节是否有影响终产品安全的危害存在；在该环节是否可采取控制措施以减小或消除危害；该环节此后的环节是否有有效的控制措施。

在食品生产加工过程中，有几类关键控制点一般需要纳入分析。①食品原料：将原料的危害控制在最低程度，可减轻生产加工过程中的质量控制负担。尤其当有以下情况时，可将食品原料作为关键控制点：食品原料来自严重污染环境/地区，如近海采集的水产品；食品原料生产供应商未通过 HACCP 认证；食品原料本身含有一定量的某些危害成分；食品加工过程中缺乏有效的消毒灭菌工艺。②生产加工工艺：应根据不同的食品及其生产加工工艺与方法，具体确定相应的关键控制点。如热加工能灭活多数致病微生物和造成食品变质的微生物等，所以热加工常是食品生产加工过程的关键控制点。在食品餐饮业和家庭中，热加工也常是重要的关键控制点；冷却对热加工后的食品和冷藏食品是关键控制点等。③生产加工环境：生产用水、车间空气、直接接触食品的设备和机器、食品接触材料及其制品等有时也可能成为某些食品生产加工过程中的关键控制点。

另外还应注意，不能对控制措施的施行情况进行监控的加工步骤，无论其措施如何有效，都不能将其确定为关键控制点。如果在某一步骤上对一个确定的危害进行控制对保证食品安全是必要的，然而在该步骤及其他步骤上都没有相应的控制措施，那么，对该步骤或其前后的步骤的生产或加工工艺必须进行修改，以便使其包括相应的控制措施。

（8）建立每个关键控制点的关键限值 对每个关键控制点必须制定关键限值（critical limits），即加工工艺参数。一旦发生偏离关键限值的情况，就会可能有不安全产品的出现。某些情况下，在一个具体步骤上可能会有多个关键限值。关键限值所使用的指标应可以快速被测量和观察，如温度、时间、湿度、pH、水分活性、有效氯以及感官指标，如外观和质地。

（9）建立监控程序 通过监控程序可以发现关键控制点是否失控，还能提供必要的信息，以及时调整生产过程，防止超出关键限值。当监控结果提示某个关键控制点有失去控制的趋势时，就必须对加工过程进行调整，调整必须在偏差发生以前进行。对监控数据进行的分析评价及纠正措施必须由 HACCP 工作组的专业人员进行。如果监控是非连续进行的，那么监控的频率必须充分确保关键控制点在控制之下。

因为在生产线上没有时间进行费时的分析化验，所以绝大多数关键控制点的监控程序需要快速完成。由于物理和化学测试简便易行，而且通常能用以指示食品微生物的控制情况，因此物理和化学测试常常优于对微生物学的检验。

（10）建立纠偏措施　在 HACCP 体系中，对每一个关键控制点都应当建立相应的纠偏措施，以便在监控出现偏差时实施。所采取的纠偏措施必须能够保证关键控制点能重新被控制。纠偏措施还包括发生偏差时对受影响食品的处理。出现偏差和受影响食品的处理方法必须记录在 HACCP 文件中保存。

（11）建立审核 HACCP 计划正常运转的验证程序　利用各种能检查 HACCP 计划是否按预定程序运行的方法、程序或实验对其进行审核，包括随机抽样和检验等。验证的频率应足以确认 HACCP 系统的有效运行，验证活动可以包括审核 HACCP 体系及其记录、审核偏差产品的处理、确认关键控制点的控制措施是否有效等。

（12）建立有效记录保存程序　必须建立有效记录保存程序以便于 HACCP 计划存档。存档的 HACCP 文件应能够提供有关关键控制点、预防/纠偏措施及产品处理等方面的各种记录文件。记录的填写应该清晰，以便于自查和验证。HACCP 的保存文件应包括以下内容：HACCP 小组成员名单及其职责说明；产品描述及其预期用途说明；标有关键控制点的完整的生产流程图；危害说明以及针对每一种危害所采取的预防措施；有关关键限值的细节；执行监控方法的说明；偏离临界值时所采取纠正措施的说明；HACCP 计划审核程序说明；记录保存程序说明等。

（四）2015 版 ISO 9001 标准

ISO 9001：2015《质量管理体系——要求》由国际标准化组织（International Organization for Standardization，ISO）制定，包括 10 部分内容，依次是：范围、规范性引用文件、术语和定义、组织环境、领导力、策划、支持、运行、绩效评价和改进。该标准规定组织（食品生产经营企业）应按该标准的要求建立质量管理体系、过程及其相互作用关系，加以实施和保持，并持续改进。组织可通过体系的有效应用，确保组织能稳定地实现产品、服务符合要求并达到顾客满意。该标准可用于内部和外部（第二方或第三方）评价组织是否有满足组织自身要求和顾客及法律法规要求的能力。该标准结构描述质量管理体系的范围时，对不适用的标准条款，应将质量管理体系的删减情况及其理由形成文件。删减应仅限于标准第 7.1.4 "监视和测量设备" 和 8 "运行" 章节，且不影响组织确保产品和服务满足要求和顾客满意的能力和责任。过程外包不是正当的删减理由。若删减内容影响组织提供满足顾客和法律法规要求的产品的能力或责任的要求，则不能声称符合该标准。

ISO 实施中的 8 大质量管理原则是一种系统和透明的管理方式，已得到确认。8 大质量管理原则包括：①以顾客为关注焦点；②领导作用；③全员参与；④过程方法；⑤管理的系统方法；⑥持续改进；⑦基于事实的决策方法；⑧与供方的互利关系。

ISO 9001 标准体系认证分为初次认证、年度监督审核和复评认证等，具体如下所述。

1. 初次认证

企业将填写好的《认证申请表》连同认证要求中有关材料报给认证机构；认证机构根据合同评审结果，按规范要求组成现场审核组进行现场审查；现场审核组依据标准、组织适用的法律法规和其他要求、组织的手册、程序等体系文件，对受审核组织贯彻执行标准的情况审核取证；认证机构向认证合格企业颁发体系认证书，在相关网站进行公告，并同时上报国家认证认可监督管理委员会网站。

2. 年度监督审核

年度监督审核每年一次，两次监督审核的时间间隔最多不得超过 12 个月。审核合格，继续保持认证注册资格，发给监督审核结果通知书等；现场审核严重不满足要求时，可以撤销、暂停认证组织的认证注册资格。

3. 复评认证

证书 3 年到期的企业，应重新填写《认证申请书》，签订再认证合同，进行再认证审核。除审核不分一二阶段外，其他认证程序同初次认证。

（五）2018 版 ISO 22000 标准

ISO 22000：2018《食品安全管理体系——在食物链中各类组织的要求》由 ISO 制定，包括 8 部分内容，依次是：范围、规范性引用文件、术语和定义、食品安全管理体系、管理职责、资源管理、安全产品的策划和实现、食品安全管理体系的验证确认和改进。它是描述食品安全管理体系要求的使用指导标准，又可作为认证和注册的审核标准，同时也是在整个食品供应链中实施 HACCP 的一种工具。该标准所有要求都是通用的，适用于食品链中各种规模、类型和复杂程度的所有组织，适用于农产品生产厂商、动物饲料生产厂商、食品生产厂商、批发商和零售商、也适用于与食品有关的设备供应厂商、物流供应商、包装材料供应厂商、农业化学品和食品添加剂供应厂商、涉及食品的服务供应商和餐厅。

该标准采用了 ISO 9001 标准体系结构，将 HACCP 原理作为方法应用于整个体系；明确了危害分析是安全食品策划和实现的核心，并指出预备步骤中的产品特性、预期用途、流程图、加工步骤、控制措施等预备信息应根据实际情况持续更新；同时将 HACCP 计划及其前提条件-前提方案动态、均衡地结合。该标准可以与其他管理标准相整合，如质量管理体系标准和环境管理体系标准等。

四、食品经营的安全监督管理

食品经营环节包括食品的采购、运输、验收、贮存、分装与包装、销售等过程。《食品安全法》第四章对食品生产经营过程的安全性要求作出了严格的规定。《食品安全国家标准　食品经营过程卫生规范》（GB 31621—2014）则详细规定了食品经营过程中的食品安全要求。

1. 采购

（1）采购食品应依据国家相关规定查验供货者的许可证和食品合格证明文件，并建立合格供应商档案。

（2）实行统一配送经营方式的食品经营企业，可以由企业总部统一查验供货者的许可证和食品合格证明文件，进行食品进货查验记录。

（3）采购散装食品所使用的容器和包装材料应符合国家相关法律法规及标准的要求。

2. 运输

（1）运输食品应使用专用运输工具，并具备防雨、防尘设施。运输工具应具备相应的冷藏、冷冻设施或预防机械性损伤的保护性设施等，并保持正常运行。运输工具和装卸食品的容器、工具和设备应保持清洁和定期消毒。

（2）食品运输工具不得运输有毒有害物质，防止食品污染。同一运输工具运输不同食品时，应做好分装、分离或分隔工作，防止交叉污染。

（3）运输过程中操作应轻拿轻放，避免食品受到机械性损伤。食品在运输过程中应保证食品安全所需的温度等特殊要求。应严格控制冷藏、冷冻食品装卸货时间，装卸货期间食品温度升高幅度不得超过3℃。

（4）散装食品应采用符合国家相关法律法规及标准的食品容器或包装材料进行密封包装后运输，以防止食品在运输过程中受到污染。

3. 验收

（1）应依据国家相关法律法规及标准，对食品进行符合性验证和感官抽查，对有温度控制要求的食品应进行运输温度测定。

（2）应查验食品合格证明文件，并留存相关证明。食品相关文件应属实且与食品有直接对应关系。具有特殊验收要求的食品，需按照相关规定执行。

（3）应如实记录食品的名称、规格、数量、生产日期、保质期、进货日期以及供货者的名称、地址及联系方式等信息。记录、票据等文件应真实，保存期限不得少于食品保质期满后6个月；没有明确保质期的，保存期限不得少于两年。

（4）食品验收合格后方可入库。不符合验收标准的食品不得接收，应单独存放，做好标记并尽快处理。

4. 贮存

（1）贮存场所应保持完好、环境整洁，与有毒、有害污染源有效分隔。贮存场所地面应做到硬化，平坦防滑并易于清洁、消毒，并有适当的措施防止积水。应有良好的通风、排气装置，保持空气清新无异味，避免日光直接照射。

（2）对温度、湿度有特殊要求的食品，应确保贮存设备、设施满足相应的食品安全要求，冷藏库或冷冻库外部具备便于监测和控制的设备仪器，并定期校准、维护，确保准确有效。贮存的物品应与墙壁、地面保持适当距离，防止虫害藏匿并利于空气流通。

（3）生食与熟食等容易交叉污染的食品应采取适当的分隔措施，固定存放位置并明确标识。贮存散装食品时，应在贮存位置标明食品的名称、生产日期、保质期、生产者名称及联系方式等内容。

（4）应遵循先进先出的原则，定期检查库存食品，及时处理变质或超过保质期的食品。

（5）贮存设备、工具、容器等应保持卫生清洁，并采取有效措施（如纱帘、纱网、防鼠板、防蝇灯、风幕等）防止鼠类昆虫等侵入；若发现有鼠类昆虫等痕迹时，应追查来源，消除隐患。

（6）采用物理、化学或生物制剂进行虫害消杀处理时，不应影响食品安全，不应污染食品接触表面、设备、工具、容器及包装材料；不慎污染时，应及时彻底清洁，消除污染。清洁剂、消毒剂、杀虫剂等物质应分别包装，明确标识，并与食品及包装材料分隔放置。

（7）应记录食品进库、出库时间和贮存温度及其变化。

5. 销售

（1）应具有与经营食品品种、规模相适应的销售场所。销售场所应布局合理，食品经营区域与非食品经营区域分开设置，生食区域与熟食区域分开，待加工食品区域与直接入口食品区域分开，经营水产品的区域应与其他食品经营区域分开，防止交叉污染。销售场所的建筑设施、温度湿度控制、虫害控制的要求应参照上述贮存中的相关规定执行。

（2）应具有与经营食品品种、规模相适应的销售设施和设备。与食品表面接触的设备、工具和容器，应使用安全、无毒、无异味、防吸收、耐腐蚀且可承受反复清洗和消毒的材料制作，易于清洁和保养。

（3）销售有温度控制要求的食品，应配备相应的冷藏、冷冻设备，并保持正常运转。肉、蛋、乳、速冻食品等容易腐败变质的食品应建立相应的温度控制等食品安全控制措施并确保措施的落实执行。

（4）应配备设计合理、防止渗漏、易于清洁的废弃物存放专用设施，必要时应在适当地点设置废弃物临时存放设施，废弃物存放设施和容器应标识清晰并及时处理。

（5）如需在裸露食品的正上方安装照明设施，应使用安全型照明设施或采取防护措施。

（6）销售散装食品，应在散装食品的容器、外包装上标明食品的名称、成分或者配料表、生产日期、保质期、生产经营者名称及联系方式等内容，确保消费者能够得到明确和易于理解的信息。散装食品标注的生产日期应与生产者在出厂时标注的生产日期一致。

（7）在经营过程中包装或分装的食品，不得更改原有的生产日期和延长保质期。包装或分装食品的包装材料和容器应无毒、无害、无异味，应符合国家相关法律法规及标准的要求。

（8）从事食品批发业务的经营企业销售食品，应如实记录批发食品的名称、规格、数量、生产日期或者生产批号、保质期、销售日期以及购货者名称、地址、联系方式等内容，并保存相关票据。记录和凭证保存期限不得少于食品保质期满后 6 个月；没有明确保质期的，保存期限不得少于两年。

6. 产品追溯和召回

（1）当发现经营的食品不符合食品安全标准时，应立即停止经营，并有效、准确地通知相关生产经营者和消费者，并记录停止经营和通知情况。

（2）应配合相关食品生产经营者和食品安全主管部门进行相关追溯和召回工作，避免或减轻危害。

（3）针对所发现的问题，食品经营者应查找各环节记录、分析问题原因并及时改进。

7. 卫生管理

（1）食品经营企业应根据食品的特点以及经营过程的卫生要求，建立对保证食品安全具有显著意义的关键控制环节的监控制度，确保监控的有效实施并做定期检查，发现问题及时纠正。

（2）食品经营企业应制订针对经营环境、食品经营人员、设备及设施等的卫生监控制度，确立内部监控的范围、对象和频率。记录并存档监控结果，定期对执行情况和效果进行检查，发现问题及时纠正。

（3）食品经营人员应符合国家相关规定对人员健康的要求，进入经营场所应保持个人卫生和衣帽整洁，防止污染食品。使用卫生间、接触可能污染食品的物品后，再次从事接触食品、食品工具、容器、食品设备、包装材料等与食品经营相关的活动前，应洗手消毒。在食品经营过程中，不应饮食、吸烟、随地吐痰、乱扔废弃物等。接触直接入口或不需清洗即可加工的散装食品时应戴口罩、手套和帽子，头发不应外露。

8. 培训

（1）食品经营企业应建立相关岗位的培训制度，对从业人员进行相应的食品安全知识培训。

（2）食品经营企业应通过培训促进各岗位从业人员遵守国家相关法律法规及标准，增强执行各项食品安全管理制度的意识和责任，提高相应的知识水平。

（3）食品经营企业应根据不同岗位的实际需求，制订和实施食品安全年度培训计划并进行考核，做好培训记录。当食品安全相关的法规及标准更新时，应及时开展培训。应定期审核和修订培训计划，评估培训效果，并进行常规检查，以确保培训计划的有效实施。

9. 管理制度和人员

（1）食品经营企业应配备食品安全专业技术人员、管理人员，并建立保障食品安全的管理制度。

（2）食品安全管理制度应与经营规模、设备设施水平和食品的种类特性相适应，应根据经营实际和实施经验不断完善食品安全管理制度。

（3）各岗位人员应熟悉食品安全的基本原则和操作规范，并有明确职责和权限报告经营过程中出现的食品安全问题。

（4）管理人员应具有必备的知识、技能和经验，能够判断潜在的危险，采取适当的预防和纠正措施，确保管理有效。

10. 记录和文件管理

（1）应对食品经营过程中采购、验收、贮存、销售等环节详细记录。记录内容应完整、真实、清晰、易于识别和检索，确保所有环节都可进行有效追溯。

（2）应如实记录发生召回的食品名称、批次、规格、数量、发生召回的原因及后续整改方案等内容。

（3）应对文件进行有效管理，确保各相关场所使用的文件均为有效版本。

（4）鼓励采用先进技术手段（如电子计算机信息系统）进行记录和文件管理。

五、 餐饮服务的安全监督管理

餐饮服务指通过即时制作加工、商业销售和服务性劳动等，向消费者提供食品和消费场所及设施的服务活动。餐饮业包括餐馆、小吃店、快餐店、食堂等。餐饮业是食品生产经营企业的重要组成部分，保证餐饮业的食品安全也是食品安全监督管理的一项重要工作。

我国卫生部于 2000 年发布了《餐饮业食品卫生管理办法》，2005 年发布了《餐饮业和集体用餐配送单位卫生规范》。2009 年《食品安全法》颁布后，卫生部于 2010 年修订发布了《餐饮服务食品安全监督管理办法》，对餐饮业卫生管理、食品采购、加工和贮存、外卖食品、食品安全事故处理和监督管理职责等作出了规定，《餐饮业食品卫生管理办法》同时废止。

国家食品药品监督管理局于 2011 年 8 月发布了《餐饮服务食品安全操作规范》，详细规定了各类餐饮服务提供者（包括餐馆、小吃店、快餐店、饮品店、食堂、集体用餐配送单位和中央厨房等）、各类餐饮操作工艺过程应遵循的食品安全相关操作规范，以及人员、场所、设施和设备等应达到的要求。

（一）餐饮业食品安全管理的基本要求

（1）餐饮服务提供者必须依法取得《食品经营许可证》，按照许可范围依法经营，并在就餐场所醒目位置悬挂或者摆放《食品经营许可证》。

（2）应建立健全食品安全管理制度，配备专职或兼职的食品安全管理人员。

（3）应建立并执行从业人员健康管理制度，建立从业人员健康档案。餐饮服务从业人员应每年进行健康检查，取得健康合格证明后方可从事餐饮服务工作。患有可能影响食品安全的疾病的人员，应及时调离接触直接入口食品的工作岗位。

（4）餐饮服务提供者应当组织从业人员参加食品安全培训，学习食品安全法律、法规、标准和食品安全知识，明确食品安全责任，并建立培训档案；应当加强对专（兼）职食品安全管理人员关于食品安全法律法规和相关食品安全管理知识的培训。

（5）餐饮服务企业和餐饮服务提供者应当建立食品、食品原料、食品添加剂和食品相关产品的采购查验、索证索票制度和采购记录制度；禁止采购、使用和经营《食品安全法》和其他相关法规禁止生产经营的食品。

（6）食品安全监督管理部门依法开展抽样检验时，被抽样检验的餐饮服务提供者应当配合抽样检验工作，如实提供被抽检样品的相关信息。

（二）各类餐饮业和餐具、饮具的食品安全管理

（1）餐饮服务提供者应当制定并实施原料控制要求，不得采购不符合食品安全标准的食品原料。倡导餐饮服务提供者公开加工过程，公示食品原料及其来源等信息。餐饮服务提供者在加工过程中应当检查待加工的食品及原料，不得加工或者使用《食品安全法》禁止生产经营的食品、食品添加剂和食品相关产品。

（2）餐饮服务提供者应当定期维护食品加工、贮存、陈列等设施、设备；定期清洗、校验保温设施及冷藏、冷冻设施。餐饮服务提供者应当按照要求对餐具、饮具进行清洗消毒，不得使用未经清洗消毒的餐具、饮具；餐饮服务提供者委托清洗消毒餐具、饮具的，应当委托符合条件的餐具、饮具集中消毒服务单位。

（3）学校、托幼机构、养老机构、建筑工地等集中用餐单位的食堂应当严格遵守法律、法规和食品安全标准；从供餐单位订餐的，应当从取得食品生产经营许可的企业订购，并按照要求对订购的食品进行查验。供餐单位应当严格遵守法律、法规和食品安全标准，当餐加工，确保食品安全。

学校、托幼机构、养老机构、建筑工地等集中用餐单位的主管部门应当加强对集中用餐单位的食品安全教育和日常管理，降低食品安全风险，及时消除食品安全隐患。

（4）餐具、饮具集中消毒服务单位应当具备相应的作业场所、清洗消毒设备或者设施，用水和使用的洗涤剂、消毒剂应当符合相关食品安全国家标准和其他国家标准、卫生规范。

餐具、饮具集中消毒服务单位应当对消毒餐具、饮具进行逐批检验，检验合格后方可出厂，并应当随附消毒合格证明。消毒后的餐具、饮具应当在独立包装上标注单位名称、地址、联系方式、消毒日期以及使用期限等内容。

（三）餐饮服务的卫生要求

（1）在制作加工过程中应当检查待加工的食品及食品原料，发现有腐败变质或者其他感官性状异常的，不得加工或使用。

（2）贮存食品原料的场所、设备应当保持清洁，禁止存放有毒、有害物品及个人生活物品，应当分类、分架、隔墙、离地存放食品原料，并定期检查、处理变质或超过保质期限的食品。

（3）应保持食品加工经营场所的内外环境整洁，消除老鼠、蟑螂、苍蝇和其他有害昆虫及其孳生条件。

（4）应定期维护食品加工、贮存、陈列、消毒、保洁、保温、冷藏、冷冻等设备设施，及时清理清洗，确保设备设施能正常运转和使用。

（5）操作人员应保持良好的个人卫生。

（6）需要熟制加工的食品，应当烧熟煮透；需要冷藏的熟制品，应当在冷却后及时冷藏；将食品、半成品与食品原料分开存放。

（7）制作凉菜应当做到专人负责和专室制作以及工具、消毒和冷藏专用的要求。

（8）用于餐饮加工操作的工具、设备必须无毒无害，应有明确的区分标志，并做到分开使用，定位存放，用后洗净，保持清洁；接触直接入口食品的工具、设备应当在使用前进行消毒。

（9）应当按照要求对餐具、饮具进行清洗、消毒，并在专用保洁设施内备用。不得使用未经清洗和消毒的餐具、饮具；购置、使用集中消毒企业供应的餐具、饮具，应当查验其经营资质，索取消毒合格凭证。

（10）应当保持运输食品原料的工具与设备设施的清洁，必要时应当消毒。运输保温、冷藏（冻）食品应当有必要的且与提供的食品品种、数量相适应的保温、冷藏（冻）设备设施。

六、　食用农产品的安全监督管理

农产品是指来源于农业的初级产品，即在农业活动中获得的植物、动物、微生物及其产品。我国于 2006 年 4 月颁布了《中华人民共和国农产品质量安全法》（以下简称《农产品质量安全法》），对农产品的生产、包装标识、销售等作出了规定。我国《食品安全法》规定：供食用的源于农业的初级产品（以下称食用农产品）的质量安全管理，遵守现行《农产品质量安全法》的规定，但《食品安全法》另有规定的，应当遵守《食品安全法》的有关规定。2015 年12 月，国家食品药品监督管理总局通过了《食用农产品市场销售质量安全监督管理办法》，自2016 年 3 月 1 日起开始施行。

（一）农产品的生产

国家引导、推广农产品标准化生产，鼓励和支持生产优质农产品，禁止生产、销售不符合国家规定的农产品质量安全标准的农产品，并推行科学的质量安全管理方法，推广先进安全的生产技术。

2005 年 11 月 12—13 日，国家标准化管理委员会召开良好农业规范系列国家标准审定会，《良好农业规范》（GB/T 20014）系列国家标准顺利通过了专家审定。从 2006 年 5 月 1 日开始，良好农业规范（GAP）认证在我国正式实施。如今，GAP 正逐渐得到我国相关部门的重视，并被推广实施。现在，我国农业标准化生产能力显著提升，农产品质量安全管理体系基本健全，良好的农业规范认证有效推行，基本可以实现食用农产品无公害生产。GAP 的基本内容包括以下几点。①对食品安全危害的管理要求：采用 HACCP 方法识别、评价和控制食品安全危害；②对农业可持续的环境保护要求：提出了环境保护的要求，通过要求生产者遵守环境保护的法规和标准，营造农产品生产过程的良性生态环境，协调农产品生产和环境保护的关系；③对员工职业健康、安全和福利的要求；④对动物福利的要求。

食用农产品生产者应当依照食品安全国家标准和国家有关规定使用农药、肥料、兽药、饲料和饲料添加剂等农业投入品，保证食用农产品安全。食用农产品的生产企业和农民专业合作经济组织应当建立食用农产品生产销售记录制度，并向购货者出具检验合格证明和产地证明等文件。农业部门和食品安全监管部门共同建立以食用农产品质量合格为核心内容的产地准出管理与市场准入管理衔接机制。

（二）农产品的市场销售

食用农产品市场销售，是指通过集中交易市场、商场、超市、便利店等销售食用农产品的活动。我国目前是由食品安全监督管理部门负责本行政区域内食用农产品市场销售质量安全的监督管理工作。现行的食用农产品质量安全分段监管不包括农业生产技术、动植物疫病防控和转基因生物安全的监督管理。

食用农产品的监督管理应推进产地准出与市场准入相衔接，保证市场销售的食用农产品可追溯。鼓励集中交易市场开办者和销售者建立食品安全追溯体系，利用信息化手段采集和记录所销售的食用农产品信息。

食品安全监督管理部门负责对农产品集中交易市场开办者、销售者和贮存服务提供者进行日常监督管理。

第三节　食品安全风险监测

食品安全风险监测（food safety risk surveillance）是食品安全监管的基础性工作，通过系统收集、分析和评价食品污染物数据，并对发现的问题及时开展风险预警和加强政府监管，能够在一定程度上保证我国食品安全形势的总体稳定和逐渐好转，对维护人民群众身体健康和生命安全起到重要的作用。

一、概　　述

（一）食品安全风险监测的定义

食品安全风险监测是指系统、持续地对食源性疾病、食品污染、食品中有害因素进行监测，并对监测数据及相关信息进行综合分析和及时通报的活动。具体而言，食品安全风险监测的工作主要包括收集、分析和研究判断食品安全风险信息，制订风险监测计划，采样和检验，上报、汇总和分析数据，发布、通报和监测结果跟踪评价5个步骤。监测计划的制订是整个风险监测工作的核心，其他活动均是围绕此活动开展的。

（二）食品安全风险监测的目的

食品安全风险监测在行政上作为一种国家制度，应使其在国家层面法律化、规范化和日常化。通过食品安全风险监测，能够了解我国食品中主要污染物及有害因素的污染水平和变化趋势，确定危害因素的分布和可能来源，掌握我国食品安全状况，及时发现食品安全隐患；评价食品生产经营企业的污染控制水平与食品安全标准的执行情况与效果，为食品安全风险评估、风险预警、标准制（修）订和采取有针对性的监管措施提供科学依据；同时，还能掌握我国食源性疾病的发病情况及流行趋势，提高食源性疾病的预警与控制能力。

二、 食品安全风险监测的方法和内容

（一）食品污染物及有害因素监测

食品污染物及有害因素监测在工作形式上主要分为常规监测、专项监测和应急监测三类。常规监测主要是为获得具有代表性和连续性的数据，通过监测食用范围较广、食用量较大的食品，反映出我国的整体污染状况、污染趋势并为食品安全风险评估、标准制（修）订提供代表性的监测数据，同时也可提示食品安全隐患；专项监测以发现风险、查找隐患为主要目的，可为食品安全监管提供线索，有一定的针对性；应急监测则是为应对和解决突发食品安全事件或某些特殊安全形势的需要，要求快速有效地掌握问题的原因和现状等，针对性更强。

食品污染物及有害因素监测主要包括对食品中化学污染物和有害因素监测、食品微生物及其致病因子监测、食品中放射性物质监测。

（二）食源性疾病监测

食源性疾病监测可分为主动监测和被动监测两类。主动监测是公共卫生人员定期到医院、疾病预防控制中心、药店、学校等责任报告单位主动收集特定疾病发生情况的监测方式。在主动监测过程中，一般采取直接采集信息的形式，即通过检查医学记录、实验室记录、访谈食源性疾病暴发调查中的个体或筛选高危人群等形式实现。主动监测主要包括哨点医院监测、实验室监测和流行病学调查三部分内容。通过主动监测可使某种食源性疾病的报告数显著增加、更为准确。

被动监测是由责任报告人（如医务人员、食源性疾病暴发或发生单位等）按照既定的报告规范和程序向卫生行政部门、疾病预防控制中心和食品药品监管部门等机构常规地报告疾病数据和信息，而报告接收单位被动接受报告的监测方式。被动监测容易出现实际病例数可能被低估或者报告延迟等缺点。

食源性疾病监测包括食源性疾病暴发监测、食源性疾病病例监测、食源性疾病专项监测（如单核细胞增生李斯特菌、阪崎肠杆菌感染病例监测等）、分子分型监测及溯源调查等。

三、 国内外食品安全风险监测工作

（一）国际组织及相关国家

国际组织和其他国家食品安全风险监测的形式、采用的手段和负责的部门各不相同。WHO、FAO 与联合国环境规划署（UNEP）于 1976 年共同设立了全球环境监测系统/食品污染物监测项目（GEMS/Food），全球范围内有 30 多个 WHO 合作组织和国家的技术机构参与此项目，100 多个国家的相关专家为其搜集和分析数据，用以支持相关的风险评估项目。GEMS/Food 是一个协调指导体系，主要是为各国污染物监测工作提供指导，以及收集、汇总、整理各国的监视数据。

欧盟为了促进欧洲各国参加到 GEMS/Food 体系，在 1991 年就建立了 GEMS/Food-Euro 体系，以更好地开展食品污染物监测工作。2004 年欧盟食品安全局（EFSA）成立后，部分监测工作移交 EFSA 负责。在 GEMS Food-Euro 的指导下，既有欧盟统一的监测方案，也有每个国家独立执行的监测方案。欧盟统一的监测内容包括植物性食品的农药残留、动物性食品的兽药残留，沙门菌、产志贺毒素大肠埃希氏菌和弯曲菌属监测网以及其他污染物的监测等。

美国 FDA 和农业部是美国食品污染物监测的主要负责机构，分工明确，职责清晰，虽然监测内容存在一定的交叉，但各自的监测自成体系。农业部主要监测国内及进口的禽、肉、蛋类产品，而 FDA 主要负责除农业部管辖的肉、禽、蛋等动物性食品之外的食品的监测。

（二）中国

1995 年正式实施的《食品卫生法》规定"县级以上地方人民政府卫生行政部门在管辖范围内行使食品卫生监督职责"，包括进行食品卫生监测、检验和技术指导等。

卫生行政部门开展的全国性风险监测工作可以追溯至 2000 年正式启动的"化学污染物监测"和"食源性致病菌监测"网。在监测环节及样品方面，以流通环节的产品为主，种植/养殖、餐饮和生产环节为辅。2009 年实施的《食品安全法》以及经过修订并于 2015 年 10 月 1 日起实施的《食品安全法》对食品安全风险监测均有明确的规定。我国卫生部、工业和信息化部、工商总局、质检总局、国家食品药品监督管理局于 2010 年 1 月联合发布的《食品安全风险监测管理规定》，对食品安全风险监测进行了法律界定，并详细规定了监测计划的制订与实施等具体内容。食品药品监督管理部门自 2013 年起，不仅参与制订和实施各年度国家食品安全风险监测计划，而且也开展了具有本部门特色的食品监督抽检工作。在监测环节及样品方面，以生产加工、流通和餐饮环节为主，农产品为辅。质量监督部门自 2013 年起也开始参与制订年度国家食品安全风险监测计划，并主要在生产环节和流通环节，针对存在食品安全风险的食品接触材料和进口食品开展监测。

为逐步建立食品安全风险监测网络，提升风险监测质量控制水平，提高食品安全风险监测能力，国家发展和改革委员会会同原卫生部编制出台了《食品安全风险监测能力（设备配置）建设方案》（以下简称《建设方案》）。《建设方案》明确了省、市（地）两级疾病预防控制机构食品安全风险监测的主要任务及设备配置参考目录，同时还要求，要在中央和地方的共同努力下，围绕显著提升食品安全水平的要求，以有效提升食品安全风险监测能力为出发点，以省、市（地）两级疾病预防控制机构为建设重点，逐步建立布局合理、全面覆盖、协调统一、运转高效的食品安全风险监测体系，切实保障人民群众食品安全。《建设方案》的出台，有效保证了食品安全风险监测工作的顺利进行。

现行《食品安全法》进一步明确了食品安全风险监测相关工作的要求，明确指出国家应建立食品安全风险监测制度，对食源性疾病、食品污染以及食品中的有害因素进行监测。在我国，由国家食品安全风险评估中心、中国疾病预防控制中心和国家市场监督管理总局负责全国食品安全风险监测工作（如食性疾病报告、流行病学调查、食品污染和有害因素监测等相关领域）的业务指导和培训。

国务院卫生行政部门会同国务院食品安全监督管理等部门，制定、实施国家食品安全风险监测计划。在执行过程中应针对国内外食品安全形势以及突发事件等对计划进行相应的调整，同时根据需要也开展某些项目的应急监测工作。国务院食品安全监督管理部门和其他有关部门获知有关食品安全风险信息后，应当立即核实并向国务院卫生行政部门通报。对有关部门通报的食品安全风险信息以及医疗机构报告的食源性疾病等有关疾病信息，国务院卫生行政部门应当会同国务院有关部门分析研究，认为必要的，及时调整国家食品安全风险监测计划。

省、自治区、直辖市人民政府卫生行政部门会同同级食品安全监督管理等部门，根据国家食品安全风险监测计划，结合本行政区域的具体情况，制定、调整本行政区域的食品安全风险监测方案，报国务院卫生行政部门备案并实施。

此外，承担食品安全风险监测工作的技术机构应当根据食品安全风险监测计划和监测方案开展监测工作，保证监测数据真实、准确，并按照食品安全风险监测计划和监测方案的要求报送监测数据和分析结果。

食品安全风险监测工作人员有权进入相关食用农产品种植养殖、食品生产经营场所采集样品、收集相关数据。采集样品应当按照市场价格支付费用。

食品安全风险监测结果表明可能存在食品安全隐患的，县级以上人民政府卫生行政部门应当及时将相关信息通报同级食品安全监督管理等部门，并报告本级人民政府和上级人民政府卫生行政部门。食品安全监督管理等部门应当组织开展进一步调查。

第四节　食品安全事故的应急处置

我国的食品安全事故应急处置工作是围绕"一案三制"的建设展开的。"一案"是指应急预案，"三制"是指应急处置的法制、体制和机制。我国与食品安全事故应急处置有关的法律法规有《食品安全法》及其实施条例、《农产品质量安全法》《中华人民共和国国境卫生检疫法》《中华人民共和国进出口商品检验法》《中华人民共和国突发事件应对法》《国家食品安全事故应急预案》《食品安全事故流行病学调查工作规范》《食品安全事故流行病学调查技术指南》等，形成了较为完善的食品安全事故应急处置体制和机制。

一、食品安全事故的定义及分级

食品安全事故，是指食源性疾病、食品污染等源于食品，对人体健康有危害或者可能有危害的事故。食品安全事故共分4级，即特别重大食品安全事故、重大食品安全事故、较大食品安全事故和一般食品安全事故（表7-1）。

表7-1　　　　　　　　　食品安全事故分级标准

级别	分级标准	响应级别
特别重大食品安全事故	（1）受污染食品流入2个以上省份（自治区、直辖市）或国（境）外（含港澳台地区），造成特别严重健康损害后果的；或经评估认为事故危害特别严重的； （2）国务院认定的其他特别重大食品安全事故	国务院启动I级响应
重大食品安全事故	（1）受污染食品流入2个以上地市，造成或经评估认为可能发生对社会公众健康产生严重损害的食源性疾病的； （2）发现在我国首次出现的新的污染物引起的食源性疾病，造成严重健康损害后果，并有扩散趋势的； （3）1起食物中毒事件中毒人数在100人以上并出现死亡病例；或出现10人以上死亡的； （4）省级以上人民政府认定的其他重大食品安全事故	省级人民政府启动II级响应

续表

级别	分级标准	响应级别
较大 食品安全事故	（1）受污染食品流入 2 个以上县（市），已造成严重健康损害后果的； （2）1 起食物中毒事件中毒人数在 100 人以上；或出现死亡病例的； （3）地市级以上人民政府认定的其他较大食品安全事故	市级人民政府启动Ⅲ级响应
一般 食品安全事故	（1）受污染食品已造成严重健康损害后果的； （2）1 起食物中毒事件中毒人数在 30 人以上 99 人以下，且未出现死亡病例的； （3）县级以上人民政府认定的其他一般食品安全事故	县级人民政府启动Ⅳ级响应

食品安全事故的处置实行分级管理。特别重大食品安全事故在国务院统一领导下，由国务院食品安全监督管理部门会同国务院相关部门调查处置。重大、较大和一般食品安全事故在本级人民政府领导下，分别由省、市、县级人民政府食品安全监督管理部门会同同级相关部门调查处置。

二、　食品安全事故的特点

1. 突发性和隐匿性

和所有的突发公共卫生事件一样，食品安全事故往往突然发生，出乎人们的意料。因为大多数食品安全事故在早期都具有隐匿性，以至于在开始阶段难以识别，经过一个渐进的过程后，才发生质的转变，显现出来。

2. 群发性和散发性

食品安全事故可能为群发性，也可能呈散发性。群发性食品安全事故涉及的范围广，带来的影响大。而随着食品贸易和流通的国际化及旅游业的发展，有些食品安全事故并没有表现出群发性，往往在不同的地区、不同的时间出现因食用同一种受污染的食品而引起发病的病例，或因受监测系统灵敏度或监测技术水平的制约，难以发现实际同源致病病例的关联性，而呈散发性。

3. 严重性和紧迫性

食品安全事故会给公众的健康和生命安全带来较大的影响，也会给政府的公信力、食品行业的发展、社会的稳定带来不良的影响，还会给正常的生活和工作秩序带来较大的影响，甚至引发社会的恐慌。而其发生常常又是紧迫的，需要迅速应急处置。

三、　监测与预警

县级以上地方人民政府应当开展食品安全事故的监测、预警工作，加强对食品安全相关信息的搜集、分析和研判，按照食品安全事故发生的紧急程度、发展态势和可能造成的危害及时发布预警信息。

（一）监测

国务院卫生行政部门应该会同国务院食品安全监督管理、质量监督、农业行政等部门制定、公布国家食品安全风险监测计划。

省、自治区、直辖市卫生行政部门应当将本地区食品安全风险监测方案报国务院卫生行政部门备案。国务院卫生行政部门应当将备案情况向国务院食品安全监督管理、质量监督、农业行政等部门通报。

国家食品安全风险监测计划应当将尚未制定食品安全标准的下列食品及相关有害因素作为重点监测对象：①风险程度高、流通范围广、消费量大的；②易对婴幼儿和其他特定人群造成健康影响的；③消费者反映问题较多的；④在境外引发食品安全事故的。

国务院卫生行政、食品安全监督管理、质量监督、农业行政等部门应当按照国家食品安全风险监测计划，在各自的职责范围内开展食品安全风险监测工作。

国务院卫生行政部门负责组织开展食源性疾病、食品污染、食品中有害因素的风险监测；国务院食品安全监督管理部门负责组织开展食品生产、销售、餐饮服务等环节有害因素的风险监测；国务院质量监督部门负责组织开展食品相关产品和进出口食品有害因素的风险监测；国务院农业行政部门负责组织开展食用农产品种植、养殖环节农药、兽药残留和其他污染物的风险监测；国务院粮食部门负责组织开展原粮中重金属和其他污染物的风险监测。

县级以上人民政府食品安全监督管理部门应当会同同级卫生行政等部门建立食品安全事故信息监测报告制度，建立覆盖规模以上食品生产经营者、网络食品交易第三方平台、医疗机构、疾病预防控制机构等的食品安全事故信息直报网络系统，对食品安全事故信息报告实施统一监督管理。

（二）预警

相关部门应当对各自承担的食品安全风险监测中发现的问题组织会商，采取有效措施，预防和控制食品安全风险。

省级人民政府卫生行政部门应当会同同级食品安全监督管理、质量监督、农业行政等部门建立食品安全风险监测数据通报、会商机制，汇总、分析风险监测数据，研判食品安全风险，形成食品安全风险监测月度、季度、半年、年度分析报告，并在 7 个工作日内报告省级人民政府和国务院卫生行政、食品安全监督管理、质量监督、农业行政等部门。发现可能存在较大食品安全风险的，应当在 2 个工作日内报告。

卫生行政部门在食品安全风险监测工作中发现可能存在食品安全隐患的，应当及时开展食品安全风险评估；发现存在食品生产经营违法行为的，应当通报食品安全监督管理等部门。

食品安全监督管理等部门在食品安全调查工作中发现需要进行食品安全风险评估的，应当及时通报卫生行政部门，卫生行政部门应当及时开展食品安全风险评估，并将评估结果通报食品安全监督管理等部门。

食品安全风险监测结果表明存在食品安全风险的，食品安全监督管理部门可以根据风险控制需要告知相关食品生产经营者。食品生产经营者应当立即采取措施进行风险排查，暂停生产、销售和使用，召回存在食品安全隐患的食品，并及时向所在地县级以上地方食品安全监督管理部门报告。

食用农产品质量安全风险监测和风险评估由县级以上人民政府农业行政部门会同同级卫生行政、食品安全监督管理等部门进行。

境外发生的食品安全事故或者其他公共卫生事件可能对我国境内食品安全情况造成影响，或者在进口食品、食品添加剂、食品相关产品中发现严重食品安全问题的，国家出入境检验检疫部门应当及时发布进口食品安全风险警示信息。

四、 应急及处置

（一）制定应急预案和演练

国务院组织制定国家食品安全事故应急预案。

县级以上地方人民政府应当根据有关法律、法规的规定和上级人民政府的食品安全事故应急预案及本行政区域的实际情况，制定本行政区域的食品安全事故应急预案，并报上一级人民政府备案。

食品安全事故应急预案应当对食品安全事故分级、事故处置组织指挥体系与职责、预防预警机制、处置程序、应急保障措施等作出规定。

食品生产经营企业应当制定食品安全事故处置方案，定期检查本企业各项食品安全防范措施的落实情况，及时消除事故隐患。

县级以上地方人民政府应当做好食品安全事故应急预案管理工作，并加强对食品生产经营企业应急处置管理工作的监督检查和指导，至少每3年进行1次应急演练。

县级以上地方人民政府应当将食品安全事故应急预案培训纳入领导干部培训、公务员培训、应急管理干部日常培训内容。

规模以上食品生产经营企业及有关单位应当有针对性地经常组织开展应急演练。

（二）应急处置、报告、通报

发生食品安全事故的单位应当对导致或者可能导致食品安全事故的食品及原料、工具、设备等，立即采取封存等控制措施，并在事件发生后2h内向所在地县级人民政府食品安全监督管理部门报告。

县级以上地方人民政府接到食品安全事故信息报告后，应当立即组织食品安全监督管理、卫生行政、农业行政、质量监督、公安等部门进行调查核实。对确属食品安全事故的，由食品安全监督管理部门会同卫生行政、农业行政、质量监督、公安等部门进行调查处理。

疾病预防控制机构及食品检验等技术机构发现食品安全事故信息，应当及时向县级以上人民政府食品安全监督管理部门报告。

医疗、疾病预防控制机构发现其收治的患者和处置的公共卫生突发事件可能与食品安全事故有关的，应当在2h内向所在地县级人民政府食品安全监督管理、卫生行政部门报告。

县级以上人民政府质量监督、农业行政等部门在日常监督管理中发现食品安全事故或者接到事故举报，应当立即向同级食品安全监督管理部门通报。

发生食品安全事故，接到报告的县级人民政府食品安全监督管理部门应当按照应急预案的规定向本级人民政府和上级人民政府食品安全监督管理部门报告。县级人民政府和上级人民政府食品安全监督管理部门应当按照应急预案的规定上报。

任何单位和个人不得对食品安全事故隐瞒、谎报、缓报，不得隐匿、伪造、毁灭有关证据。

县级以上人民政府卫生行政部门在调查处理传染病或者其他突发公共卫生事件中发现与食品安全相关的信息，应当及时通报同级食品安全监督管理部门。

（三）减轻社会危害的措施

食品安全事故信息有下列情形之一的，应当及时开展调查处理：①食品生产经营者提供的食品造成食物中毒的；②食品生产经营者在生产、加工、储存、运输、销售等过程中因人为或者其他因素导致食品污染，对公众造成人身伤害或者可能造成人身伤害的。

县级以上人民政府食品安全监督管理部门接到食品安全事故的报告后，应当立即会同同级卫生行政、质量监督、农业行政等部门进行调查处理，并采取下列措施，防止或者减轻社会危害：①开展应急救援工作，组织救治因食品安全事故导致人身伤害的人员；②封存可能导致食品安全事故的食品及其原料，并立即进行检验；对确认属于被污染的食品及其原料，责令食品生产经营者依照《食品安全法》第六十三条的规定召回或者停止经营；③封存被污染的食品相关产品，并责令进行清洗消毒；④做好信息发布工作，依法对食品安全事故及其处理情况进行发布，并对可能产生的危害加以解释、说明。

发生食品安全事故需要启动应急预案的，县级以上人民政府应当立即成立事故处置指挥机构，启动应急预案，依照应急预案的规定进行处置。

卫生行政部门应当立即组织疾病预防控制机构对事件现场进行卫生处理。

在进口食品、食品添加剂、食品相关产品中发现严重食品安全问题的，国家出入境检验检疫部门应当及时决定采取以下控制措施：①实施强化监管、扣留检验；②退运或者销毁处理；③有条件地限制进口；④暂停或者禁止进口；⑤启动进口食品应急处置预案。

对导致传染病传播的食品安全事故，应该按照《中华人民共和国传染病防治法》的有关规定处置。若怀疑是投毒事件，应及时封存可疑食品，并及时通知或将相关资料移送公安部门。

五、 溯源及流行病学调查和事故责任调查

《食品安全法》规定，国家建立食品安全全程追溯制度。食品生产经营者应当依照本法的规定，建立食品安全追溯体系，保证食品可追溯。国家鼓励食品生产经营者采用信息化手段采集、留存生产经营信息，建立食品安全追溯体系。国务院食品安全监督管理部门会同国务院农业行政等有关部门建立食品安全全程追溯协作机制。

发生食品安全事故后，可以利用食品安全追溯体系进行溯源，在食品供应链的各个环节追踪和回溯问题食品及其相关信息，找出发生食品安全事故的根本原因。

卫生行政部门应当立即组织疾病预防控制机构按照《食品安全事故流行病学调查工作规范》和《食品安全事故流行病学调查技术指南》对与食品安全事故有关的因素开展流行病学调查，有关部门应当予以协助。调查的任务是通过开展现场流行病学调查、食品卫生学调查和实验室检验工作，调查事故有关人群的健康损害情况、流行病学特征及其影响因素，调查与事故有关的食品及致病因子、污染原因，做出事故调查结论，提出预防和控制事故的建议，并向同级卫生行政部门和食品安全监督管理部门提交事故调查报告，为判定事故性质和事故发生原因提供科学依据。

县级以上疾病预防控制机构应当在 24h 内向同级卫生行政部门和食品安全监督管理部门提交初步流行病学调查报告，并在调查结束后 7 个工作日内提交最终调查报告。

发生食品安全事故，设区的市级以上人民政府食品安全监督管理部门应当立即会同有关部门进行事故责任调查，督促有关部门履行职责，向本级人民政府和上一级人民政府食品安全监

督管理部门提出事故责任调查处理报告。

涉及两个以上省、自治区、直辖市的重大食品安全事故由国务院食品安全监督管理部门依照前款规定组织事故责任调查。

1. 调查原则

调查食品安全事故，应当坚持实事求是、尊重科学的原则，及时、准确地查清事故性质和原因，认定事故责任，提出整改措施。

2. 主要任务

调查食品安全事故，除了查明事故单位的责任，还应当查明有关监督管理部门、食品检验机构、认证机构及其工作人员的责任。

3. 调查部门的权力

食品安全事故调查部门有权向有关单位和个人了解与事故有关的情况，并要求提供相关资料和样品。有关单位和个人应当予以配合，按照要求提供相关资料和样品，不得拒绝。

任何单位和个人不得阻挠、干涉食品安全事故的调查处理。

六、后 期 处 置

食品安全事故处置结束后，应按照《食品安全法》《国家食品安全事故应急预案》等的规定及分级处置的原则进行后期处置，省级人民政府负责组织Ⅱ级及以上食品安全事故的后期处置，市、县人民政府负责Ⅲ级及以下食品安全事故的后期处置。

1. 常规处置

监督食品生产经营场所、不安全食品的处理，整治食品生产经营过程。

2. 善后处置

事发地人民政府及有关部门要积极稳妥、深入细致地做好善后处置工作，消除事故影响，恢复正常秩序。完善相关政策，促进行业健康发展。

食品安全事故发生后，保险机构应当及时开展应急救援人员保险受理和受灾人员保险理赔工作。

造成食品安全事故的责任单位和责任人应当按照有关规定对受害人给予赔偿，承担受害人后续治疗及保障等相关费用。

做好人员安置、征用物质补偿、应急及医疗机构垫付费用的拨付、污染物的处理等工作。

3. 奖惩与责任追究

对在食品安全事故应急管理和处置工作中作出突出贡献的先进集体和个人，应当给予表彰和奖励。

对迟报、谎报、瞒报和漏报食品安全事故重要情况或者应急管理工作中有其他失职、渎职行为的，依法追究有关责任单位或责任人的责任；构成犯罪的，依法追究刑事责任。

4. 总结

食品安全事故调查终结后，食品安全监督管理部门应当按照规定将食品安全事故调查终结报告报本级人民政府和上级食品安全监督管理部门。

🔍 思考题

1. 什么是食品安全监督？什么是食品安全管理？两者有何关系？
2. 我国目前实行的是什么样的食品安全监督管理体制？
3. 我国食品安全监督管理的范围和对象包括哪些？
4. 简述我国食品安全法律体系的构成。
5. 食品生产经营企业应当建立哪些质量管理体系来保证食品安全？
6. 食品经营主要包括哪些过程？在食品安全方面各有哪些基本要求？
7. 如何对餐饮业进行食品安全监督管理？
8. 我国对食用农产品的安全是如何监督管理的？
9. 食品安全风险监测的方法和内容有哪些？
10. 什么是食品安全事故？如何分级？
11. 食品安全事故有哪些特点？
12. 如何应急处置食品安全事故？
13. 为了防止或者减轻社会危害，对食品安全事故应采取哪些措施？
14. 对食品安全事故的调查包括哪些方面？

▽ 案例讨论

2019 年 9 月 21 日，某省某市某镇某幼儿园发生幼儿食物中毒事件，至 9 月 23 日已有 254 人就诊，之后没有新增病例报告。后经医疗专家、医护人员诊断治疗，所有患者情况稳定，无重症及死亡病例，住院患者亦均陆续好转出院。根据病例临床症状、流行病调查结果和实验室检验结果，市疾控中心确认此次事件为一起由肠炎沙门菌引起的细菌性食物中毒事件，中毒餐次为 9 月 20 日该幼儿园饭堂制作的午点，中毒食物为午点的三明治。

结合所学知识，请分析和判断：

（1）这一起由肠炎沙门菌引起的食物中毒事件是否为食品安全事故？

（2）该起事故是否具有食品安全事故的特点？

（3）按照我国对食品安全事故的分级，这一疫情属于哪个级别的食品安全事故？应启动哪个级别的应急响应？

（4）医院收治首例类似病例，应该在多长时间内向哪个部门报告？

（5）按照我国食品安全事故应急处置体制机制，该事故应由哪个部门牵头处置？

（6）如果你是食品安全监管的工作人员，结合工作要求谈谈如何保持食品安全日常监督管理的有效性，以及如何让大众认识到食品安全的重要性。

第八章

CHAPTER

食品安全性评价

8

1. 熟悉食品安全性毒理学评价程序涉及的实验及结果判断。
2. 熟悉食品安全风险分析的框架及各部分的主要内容。
3. 掌握食品安全风险评估的主要内容。

　　食品安全关系到千家万户，人们都希望吃到安全放心的食品，然而食品的绝对安全是不存在的，食品中的危害因素不可能被完全消灭，即食品安全是相对的。因此，控制这些危害对健康不良作用的可能性及其强度，将风险控制在"可接受"的水平，即在可以接受的危险度下一般不会对健康造成损害。如果缺乏对风险的客观认识，轻则造成政府无从制定恰当的管理措施，重则造成消费者恐慌、社会不安定。因此，建立一套先进、科学的方法控制食品中的不安全因素已成为全世界许多政府和专业部门的共识，其中食品安全性的毒理学评价及风险评估的作用显得十分必要。通过食品安全风险分析有助于明确和判断危害及其所致的风险，为危害控制提供科学依据。

第一节　食品安全性毒理学评价

　　食品安全性毒理学评价（toxicological assessment on food safety）指对食品中含有的各种有毒有害物质，包括食品中天然存在的有毒有害物质，在食品生产、加工、保藏、运输和销售过程中使用的生物、化学物质和物理因素，以及在这些过程中产生和污染的有毒有害物质等对人体的安全性进行的毒理学评价。与其他化学或物理因素的毒理学评价类似，食品安全性毒理学评价主要也是通过动物、微生物或其他生物体外培养的细胞或组织器官等进行的毒理学试验，再将结果外推于人作出的对人体摄入安全性的推断。

《食品安全国家标准 食品安全性毒理学评价程序》（GB 15193.1—2014）规定了食品安全性毒理学评价的程序。该标准适用于评价食品生产、加工、保藏、运输和销售过程中所涉及的可能对健康造成危害的化学、生物和物理因素的安全性，检验对象包括食品及其原料、食品添加剂、新食品原料、辐照食品、食品相关产品（用于食品的包装材料、容器、洗涤剂、消毒剂和用于食品生产经营的工具、设备）及食品污染物。

一、 食品安全性毒理学评价对受试物的要求

食品安全性毒理学评价程序对受试物的要求：

（1）应明确受试物的名称、批号、含量、保存条件、原料来源、生产工艺、质量规格标准、性状、人体推荐（可能）摄入量等有关资料。

（2）对于单一成分的物质，应提供受试物（必要时包括其杂质）的物理、化学性质（包括化学结构、纯度、稳定性等）。对于混合物（包括配方产品），应提供受试物的组成，必要时应提供受试物各组成成分的物理、化学性质（包括化学名称、化学结构、纯度、稳定性、溶解度等）的相关资料。

（3）若受试物是配方产品，应是规格化产品，其组成成分、比例及纯度应与实际应用的相同。若受试物是酶制剂，应该使用加入其他复配成分以前的产品作为受试物。

二、 食品安全性毒理学评价试验内容

食品安全性毒理学评价试验的内容包括：①急性经口毒性试验；②遗传毒性试验；③28d经口毒性试验；④90d 经口毒性试验；⑤致畸试验；⑥生殖毒性试验；⑦毒物动力学试验；⑧慢性毒性试验；⑨致癌试验；⑩慢性毒性和致癌合并试验。

其中，遗传毒性试验包括 10 项试验，一般遵循原核细胞与真核细胞、体内试验与体外试验相结合的原则进行组合。

三、 不同受试物选择毒性试验的原则

对不同的受试物进行毒理学评价时，可根据具体情况选择试验。以下是针对不同受试物选择毒性试验的原则。

（1）凡属我国首创的物质，特别是化学结构提示有慢性毒性、遗传毒性或致癌性的物质或该受试物产量大、使用范围广、人体摄入量大的物质，应进行系统的毒性试验，包括急性经口毒性试验、遗传毒性试验、90d 经口毒性试验、致畸试验、生殖发育性试验、毒物动力学试验、慢性毒性试验和致癌试验（或慢性毒性和致癌合并试验）。

（2）凡属与已知物质（指经过安全性评价并允许使用者）的化学结构基本相同的衍生物或类似物或在部分国家和地区有安全食用历史的物质，则可先进行急性经口毒性试验、遗传毒性试验、90d 经口毒性试验和致畸试验，根据试验结果判断是否需进行毒物动力学试验、生殖毒性试验、慢性毒性试验和致癌试验等。

（3）凡属已知的或在多个国家有食用历史的物质，同时申请单位又有资料证明申报受试物的质量规格与国外产品一致的，则可先进行急性经口毒性试验、遗传毒性试验和 28d 经口毒性试验，根据试验结果判断是否进行进一步的毒性试验。

（4）食品添加剂、新食品原料、食品相关产品、农药残留及兽药残留的安全性毒理学评价

结论，应根据《食品安全国家标准　食品安全性毒理学评价程序》（GB 15193.1—2014）的要求，选择适宜的试验得出。

四、 食品安全性毒理学评价试验的目的和结果判定

（一）毒理学试验的目的

1. 急性毒性试验

了解受试物的毒性强度、性质和可能的靶器官，测定 LD_{50}，为进一步进行毒性试验的剂量选择和毒性观察指标的选择提供依据，并根据 LD_{50} 进行毒性分级。

2. 遗传毒性试验

了解受试物的遗传毒性以及筛查受试物的潜在致癌作用和细胞致突变性。

3. 28d 经口毒性试验

在急性毒性试验的基础上，进一步了解受试物毒作用性质、剂量–反应关系和可能的靶器官，得到 28d 经口未观察到有害作用水平的结论，可初步评价受试物的安全性，并为下一步较长期毒性和慢性毒性试验剂量、观察指标、毒性终点的选择提供依据。

4. 90d 经口毒性试验

观察受试物的不同剂量水平经较长期喂养后对实验动物的毒性作用性质、剂量–反应关系和靶器官，得到 90d 经口未观察到有害作用水平，为慢性毒性试验剂量选择和初步制定人群安全接触限量标准提供科学依据。

5. 致畸试验

了解受试物是否具有致畸作用和发育毒性，并得到致畸作用和发育毒性的未观察到有害作用水平（NOAEL）。

6. 生殖毒性试验和生殖发育试验

了解受试物对实验动物繁殖及对子代的发育毒性，如性腺功能、发情周期、交配行为、妊娠、分娩、哺乳和断乳以及子代的生长发育等的影响。得到受试物的未观察到有害作用水平，为初步制定人群安全接触限量标准提供科学依据。

7. 毒物动力学试验

了解受试物在体内吸收、分布和排泄速度等的相关信息；为选择慢性毒性试验的合适实验动物种、系提供依据；了解代谢产物的形成情况。

8. 慢性毒性试验和致癌试验

了解经长期接触受试物后出现的毒性作用以及致癌作用；确定未观察到有害作用的受试物水平，为受试物能否应用于食品的最终评价和制定健康指导值提供依据。

（二）各项毒理学试验结果的判定

1. 急性毒性试验

如 LD_{50} 小于人的推荐（可能）摄入量的 100 倍，则一般应放弃该受试物用于食品，不再继续进行其他毒理学试验。

2. 遗传毒性试验

①遗传毒性试验组合中两项或以上试验阳性，表示该受试物很可能具有遗传毒性和致癌作用，一般应放弃该受试物应用于食品。②如遗传毒性试验组合中的一项试验结果为阳性，则应再选两项备选试验（至少一项为体内试验）。如再选的试验结果均为阴性，则可继续进行下一

步的毒性试验；如其中有一项试验结果为阳性，则应该放弃该受试物应用于食品。③如三项试验均为阴性，则可继续进行下一步的毒性试验。

3. 28d 经口毒性试验

对只需要进行急性毒性、遗传毒性和 28d 经口毒性试验的受试物，若试验未发现有明显毒性作用，综合其他各项试验结果可作出初步评价；若试验中发现有明显毒性作用，尤其是存在剂量–反应关系时，则考虑进行进一步的毒性试验。

4. 90d 喂养毒性试验

根据试验所得的未观察到有害作用水平进行评价，原则是：①未观察到有害作用水平小于或等于人的推荐（可能）摄入量的 100 倍表示毒性较强，应放弃该受试物用于食品；②未观察到有害作用水平大于人的推荐（可能）摄入量的 100 倍而小于 300 倍者，应进行慢性毒性试验；③未观察到有害作用水平大于或等于人的推荐（可能）摄入量的 300 倍者则不必进行慢性毒性试验，可进行安全性评价。

5. 致畸试验

根据试验结果评价受试物是不是实验动物致畸物。若致畸试验结果为阳性则不再继续进行生殖毒性试验和生殖发育毒性试验。在致畸试验中观察到的其他发育毒性，应结合 28d 和（或）90d 经口毒性试验结果进行评价。

6. 生殖毒性试验和生殖发育毒性试验

根据试验所得到的未观察到有害作用剂量进行评价，原则是：①未观察到有害作用剂量小于或等于人的推荐（可能）摄入量的 100 倍表示毒性较强，应放弃受试物用于食品；②未观察到有害作用水平大于人的推荐（可能）摄入量的 100 倍而小于 300 倍者，应进行慢性毒性试验；③未观察到有害作用水平大于或等于 300 倍者则不必进行慢性毒性试验，可进行安全性评价。

7. 慢性毒性和致癌试验

（1）根据慢性毒性试验所得的未观察到有害作用水平进行评价的原则如下所述：①未观察到有害作用水平小于或等于人的推荐（可能）摄入量的 50 倍者，表示毒性较强，应放弃受试物用于食品；②未观察到有害作用水平大于人的推荐（可能）摄入量的 50 倍而小于 100 倍者，经安全性评价后，决定该受试物可否用于食品；③未观察到有害作用水平大于或等于人的推荐（可能）摄入量的 100 倍者，则可考虑允许用于食品。

（2）根据致癌试验所得的肿瘤发生率、潜伏期和多发性等指标进行致癌试验结果判定的原则如下所述（凡符合下列情况之一，可认为致癌试验结果阳性。若存在剂量–反应关系，则判断阳性更可靠）：①肿瘤只发生在试验组动物，对照组中无肿瘤发生；②试验组与对照组动物均发生肿瘤，但试验组发生率高；③试验组动物中多发性肿瘤明显，对照组中无多发性肿瘤，或只是少数动物有多发性肿瘤；④试验组与对照组动物肿瘤发生率虽无明显差异，但试验组动物的肿瘤出现时间较早。

8. 其他

若受试物掺入饲料的最大加入量（原则上最高不超过饲料的 10%）或液体受试物经浓缩后仍达不到未观察到有害作用水平为人推荐（可能）摄入量的规定倍数时，应综合其他毒性试验结果和实际食用或饮用量进行安全性评价。

五、　食品安全性毒理学评价时需要考虑的因素

进行食品安全性毒理学评价时需要考虑的因素如下所述。

1. 试验指标的统计学意义、生物学意义和毒理学意义

对实验中某些指标异常改变的，应根据试验组与对照组指标是否有统计学差异、有无剂量-反应关系、同类指标横向比较、不同性别的一致性及本实验室的历史性对照值范围等，综合考虑指标差异有无生物学意义，并进一步判断受试物是否具有毒理学意义。此外，如在受试物组发现某种在对照组没有发生的肿瘤，即使与对照组比较无统计学意义，仍要给予关注。

2. 人的推荐（可能）摄入量

剂量较大的受试物应考虑给予受试物量过大时，可能影响营养素摄入量及其生物利用率，从而导致某些毒理学表现，而非受试物的毒性作用所致。

3. 时间-毒性效应关系

对由受试物引起的实验动物的毒性效应进行分析评价时，要考虑在同一剂量水平下毒性效应随时间的变化情况。

4. 特殊人群和易感人群

对孕妇、乳母或儿童食用的食品，应特别注意其胚胎毒性或生殖发育毒性、神经毒性和免疫毒性等。

5. 人群资料

由于存在着动物与人之间的物种差异，在评价食品的安全性时，应尽可能收集人群接触受试物后的反应资料，如职业性接触和意外事故接触等。在确保安全的条件下，可以考虑遵照有关规定进行人体试食试验，并且志愿受试者的毒物动力学或代谢资料对于将动物试验结果推论到人具有很重要的意义。

6. 动物毒性试验和体外试验资料

本标准所列的各项动物毒性试验和体外试验系统是目前管理（法规）毒理学评价水平下所得到的最重要的资料，也是进行安全性评价的主要依据，在试验得到阳性结果，而且结果的判定涉及受试物能否应用于食品时，需要考虑结果的可重复性和剂量-反应关系。

7. 不确定系数

不确定系数即安全系数。将动物毒性试验结果外推到人时，鉴于动物与人的物种差异和个体之间的生物学差异，不确定系数通常为 100 倍，但可根据受试物的原料来源、理化性质、毒性大小、代谢特点、蓄积性、接触的人群范围、食品中的使用量和人的可能摄入量、使用范围及功能等因素来综合考虑其安全系数的大小。

8. 毒物动力学试验的资料

毒物动力学试验是对化学物质进行毒理学评价的一个重要方面，因为不同化学物质、剂量大小在毒物动力学或代谢方面的差别往往对毒性作用影响很大。在毒性试验中，原则上应尽量使用与人具有相同毒物动力学或代谢模式的动物种系来进行试验。研究受试物在实验动物和人体内吸收、分布、排泄和生物转化方面的差别，对于将动物试验结果外推到人和降低不确定性具有重要意义。

9. 综合评价

在进行综合评价时，应全面考虑受试物的理化性质、结构、毒性大小、代谢特点、蓄积

性、接触的人群范围、食品中的使用量与使用范围、人的推荐（可能）摄入量等因素，对于已在食品中应用了相当长时间的物质，对接触人群进行流行病学调查具有重大意义，但往往难以获得剂量–反应关系方面的可靠资料；对于新的受试物质，则只能依靠动物试验和其他试验研究资料来进行评价。然而，即使有了完整和详尽的动物试验资料和一部分人类接触的流行病学研究资料，由于人类存在种族和个体差异，也很难做出能保证每个人都安全的评价。所谓绝对的食品安全实际上是不存在的。以食用安全为前提，应在受试物可能对人体健康造成的危害以及其可能的有益作用之间进行权衡。安全性评价的最终结论不仅要考虑安全性毒理学试验的结果，还要考虑当时的科学水平、技术条件以及社会经济、文化等因素。因此，随着时间的推移、社会经济的发展、科学技术的进步，有必要对已通过评价的受试物进行重新评价。

第二节　食品安全风险分析

一、　风险分析概述

风险分析（risk analysis）是国际上公认的一种先进的食品安全管理理念。对食品安全实施风险分析既能体现管理的科学性，同时也能为制定食品安全监管措施提供合理的依据。通过风险分析，找出食品中风险最大的因素，然后对其进行重点监管，可以在很大程度上提高监管效率。

（一）风险分析的基本概念

1. 危害与风险

在食品安全领域中，美食与风险是相伴相随的一对矛盾体。例如，经过高温加工的香喷喷的面包及烤肉等，除了含有人体所需的各种营养物质以外，还可能含有丙烯酰胺、杂环胺等有毒有害物质；再如，宋代大文学家兼美食家苏轼的诗句"蒌蒿满地芦芽短，正是河豚欲上时"里提到的河豚鱼，鱼肉非常鲜美，但是内脏特别是卵巢和肝脏却含有剧毒，直到现在，因食用河豚导致食物中毒的现象时有发生；再例如，食盐能增加各种原味食物的鲜味，但是过多地摄入食盐会引发高血压或者促进癌症的发生。此外，在生活中，即使按照食物的正确摄取方法食用该食物，同样还是会存在损害健康的可能性，这种可能性也就是"风险"。

食品中危害物产生的对人类存在某种不良健康影响的可能性及其严重性被称为食品安全风险（risk）；这里的危害（hazard）是指食品中所含有的对健康有潜在不良影响的生物、化学、物理因素或食品存放状况。

需要注意的是，食品安全风险的高低与该食品存在的危害毒性大小，不是同一概念；食品安全风险的高低不仅取决于危害本身的毒性，还取决于人们与危害接触的可能性、接触剂量、吸收量、吸收速率与频率等多方面因素。

在现实生活中，吃了含有毒有害物质的食品也不一定会产生健康损害，例如媒体曾经报道过的含硝基呋喃的多宝鱼每天至少要食用300条以上，河北的红心鸭蛋每天至少要吃1000只以上，才可能对健康产生明显影响。但同时也要注意，世界上没有100%安全的食品，食品安全问题永远存在。政府、职能部门、企业和科学家仅能将风险降低到一定的水平。因此，"零风险"

食品的"零存在"现象，使得如何在食品安全行政领域中引入风险规避控制方法，在多大程度上允许风险存在，如何将风险最小化等问题已经成为食品安全行政领域中最需要解决的核心问题。

2. 风险分析

风险可以通过运用风险分析原理进行控制。在对风险进行分析时，通常要回答以下这些问题：如果采取（或不采取）某种做法可能发生什么样的危害？这种危害发生的可能性有多大？发生这种危害可能产生什么样的后果？

风险分析是一种以现有的信息确定特定的事件出现的可能性，及其可能产生后果程度大小的系统方法。具体做法是对风险进行评估后，进而根据风险程度来采取相应的风险管理措施去控制或降低风险，并且在风险评估和风险管理全过程中保证风险相关各方面保持良好的风险交流状态。简而言之，风险分析是对引起不良后果的事件进行风险评估、风险管理和风险交流的过程。

（二）食品安全风险分析的发展

风险分析的概念是最先出现在环境科学危害控制中的概念，直到 20 世纪 80 年代末才逐渐被引入到食品安全领域。1991 年，FAO/WHO 在意大利罗马召开的"食品标准、食物中的化学物质及食品贸易会议"上提出 CAC 在开展食品安全评价时，应该以科学原则为基础并遵循风险评估的建议，这一建议在同年第 19 次 CAC 会议中被采纳。1993 年，第 20 次 CAC 会议讨论了有关"CAC 及其各分委员会和各专家咨询机构实施风险评估的程序"议题，提出了在 CAC 框架下，各分委员会及其专家咨询机构应在各自的化学品安全评估中采纳风险分析方法。1995 年 3 月，FAO/WHO 在瑞士日内瓦的世界卫生组织总部召开了"风险分析在食品标准中的应用"FAO/WHO 联合专家咨询会议。此次会议确定了风险分析的一系列定义，并指出风险评估模型应包括四个组成部分：危害识别、危害特征描述、暴露评估和风险特征描述。1997 年 1 月，FAO/WHO 在意大利罗马 FAO 总部举行了第二次联合专家会议，讨论了"食品安全中风险管理的应用"问题。此次会议提出了风险管理的基本原理，建立了管理程序中的基本方法，确定了主要管理机构的活动和作用，构建了一个风险管理的总框架。1998 年 2 月，"风险交流在食品标准和安全性上的应用"FAO/WHO 专家联合咨询会议在意大利罗马 FAO 总部召开。会议讨论了开展风险交流的各种障碍并提出了克服这些障碍的建议，确定了风险交流的组成部分并提出了对相关指导原则的建议，确定了风险交流的策略，同时给 FAO、WHO、CAC 各成员国政府、其他国际组织、企业界和消费者提出建议，以促进个人和组织在风险评估和管理工作中的相互交流。经过三次会议，风险分析的定义、框架及三要素的应用原则和应用模式基本确立，奠定了一套完整的风险分析理论体系。随后，CAC 将风险分析准则纳入 CAC 标准制修订过程及 CAC 决策程序，并提出"号召成员国将风险分析纳入食品立法准则"。自此以后，风险分析作为食品安全领域的一种宏观管理模式在国际上不断得到应用、推广和发展。

风险分析在食品安全管理中的作用为分析食源性危害，确定食品安全保护水平，采取风险管理措施，使食品安全风险处于可接受水平。风险分析的根本目的是保护消费者的健康和促进食品贸易的公平。40 多年来，CAC 在风险分析及其应用研究方面取得了实质性进展。风险分析为食品安全监管者提供了制定有效决策所需的大量信息和依据，促进了公平的国际食品贸易，提高了国家食品安全水平，改善了公众健康状况。规范开展食品安全风险分析，建立以风险分析为基础的食品安全标准基础数据库，基于风险分析制定食品安全标准，推行科学的食品安全管理模式，已逐渐成为国际标准化组织和各发达国家食品安全标准工作的重点。

（三）我国食品安全风险分析的发展概况

我国已经将食品安全风险分析原则纳入国家食品安全法律法规体系，风险评估模式逐步与国际接轨。2009 年颁布的《食品安全法》明确规定了我国实行食品安全风险的评估制度。为有效实施食品安全风险分析，国家建立了相关机构，制定了多项制度和方法。2009 年 12 月，卫生部组建了国家食品安全风险评估专家委员会，承担国家食品安全风险评估工作；2011 年 11 月，成立了国家卫生和计划生育委员会直属单位"国家食品安全风险评估中心"；2012 年 9 月，成立了国家食品安全风险评估中心国际顾问专家委员会。2009 年，我国颁布了《食品安全风险分析工作原则》（GB/T 23811—2009）；2010 年 1 月，卫生部发布并实施了《食品安全风险评估管理规定（试行）》；随后相继发布实施了《食品安全风险监测管理规定（试行）》《食品安全风险评估工作指南》《食品安全风险交流工作技术指南》《食品中化学物健康风险技术分级指南》。在国家食品安全风险评估中心的组织协调下，我国建立了全国食品安全监测网，较系统和持续地收集食源性疾病、食品污染及食品中有害因素的监测数据及相关数据，并进行综合分析和及时通报；完成了食品中丙烯酰胺的风险评估、中国居民膳食反式脂肪酸摄入量及风险评估等多项食品安全风险评估工作；依据风险评估的原则全面整理、制修订食品安全标准。

2015 年修订的《食品安全法》进一步明确了风险评估、风险管理和风险交流的原则。其中关于风险管理，第三条规定："食品安全工作实行预防为主、风险管理、全程控制、社会共治，建立科学、严格的监督管理制度"；关于风险评估，第十七条规定："国家建立食品安全风险评估制度，运用科学方法，根据食品安全风险监测信息、科学数据以及有关信息，对食品、食品添加剂、食品相关产品中生物性、化学性和物理性危害因素进行风险评估。""国务院卫生行政部门负责组织食品安全风险评估工作，成立由医学、农业、食品、营养、生物、环境等方面的专家组成的食品安全风险评估专家委员会进行食品安全风险评估。食品安全风险评估结果由国务院卫生行政部门公布"；关于风险交流，第二十三条规定："县级以上人民政府食品安全监督管理部门和其他有关部门、食品安全风险评估专家委员会及其技术机构，应当按照科学、客观、及时、公开的原则，组织食品生产经营者、食品检验机构、认证机构、食品行业协会、消费者协会以及新闻媒体等，就食品安全风险评估信息和食品安全监督管理信息进行交流沟通"。目前，我国基本建立了食品安全风险分析体系，以有效地保障食品安全、公众身体健康和生命安全。

（四）风险分析框架和三要素

风险分析由风险评估、风险管理和风险信息交流三部分组成，即利用风险评估选择适合的风险管理措施以降低风险，同时通过风险信息交流达到社会各界的认同，或使得风险管理措施更加完善。

风险分析框架（图 8-1）表述了风险分析的过程，风险评估、风险管理和风险信息交流三部分在功能上相互独立，各有侧重，在必要时三者之间或相互之间保持信息互动。风险分析的框架需要这三个部分紧密地结合，然后整合起来实施，缺一不可，这是解决当前人们面临的食品安全问题的一个基本准则。

其中，风险评估（risk assessment）是食品安全风险分析的核心内容，以科学为基础；是对有害事件发生的可能性和不确定性进行的评估，是以毒理学安全性评价为基础，对食品中可能

图 8-1 风险分析框架

存在的危害进行危害识别、危害特征描述、暴露评估以及风险特征描述的过程。

风险管理（risk management）是以政策为基础，是指与各利益方磋商后，权衡各种政策方案，考虑风险评估结果和其他保护消费者健康、促进公平贸易有关的因素，并在必要时选择适宜的预防和控制方案的过程。

为确保风险管理政策能够将风险降低到最低限度，在风险分析的全过程中，相互交流起着十分重要的作用。风险信息交流（risk communication）是指在风险分析全过程中，风险评估者（食品安全科学工作者）、风险管理者（政府机构）、消费者和消费者组织、学术界和科研机构、产业界和其他利益相关方以及媒体之间对风险、风险相关因素和风险感知的信息和看法，对风险评估结果解释和风险管理决策依据进行互动式沟通的过程。

需要指出的是，在进行一个实际项目的风险分析时，并非以上三个部分的所有具体步骤都必须包括在内，但是某些步骤的省略必须建立在合理的前提之上，而且整个风险分析的总体框架结构应当是完整的。

二、 食品安全风险评估

食品安全风险评估以食品安全风险监测和监督管理信息、科学数据及其他有关信息为基础，遵循科学、透明和个案处理的原则进行。食品安全风险评估是指对食品、食品添加剂、食品相关产品中生物性、化学性和物理性危害对人体健康可能造成的不良影响进行的科学评估，由危害识别、危害特征描述、暴露评估、风险特征描述等四个步骤组成，其中危害识别采用的是定性方法，其余三步可以采用定性方法，但为了评估结果更加准确可靠，危害描述、暴露评估和风险描述最好采用定量方法。

（一）危害识别

危害识别（hazard identification）是确定某种食品中可能产生不良健康影响的生物、化学和物理因素。根据流行病学、动物试验、体外试验、结构-活性关系等科学数据和文献信息确定人体暴露于某种危害后是否会对健康造成不良影响、造成不良影响的可能性，以及可能处于风险之中的人群和范围。

危害识别是风险评估的定性阶段，是对人或环境能造成不良作用/反应的危险来源的识别，以及对不良作用/反应本质的定性描述。这一阶段的主要任务是根据已知的毒理学资料确定某种食源性因素是否对健康有不良影响，影响的性质和特点，以及这种影响在什么条件下可能表现出来。在很多情况下，危害识别不仅是作出有无危害及危害性质的判断，而且要对危害作用进行分级。

在对食品中外源化学物进行危害识别时，首先要收集现有的毒理学资料，并对这些资料的质量和可信度进行评价、权衡后决定取舍或有所侧重。尽管人体资料最有价值，但由于每个途径来源的信息资料均有其局限性，因此在进行危险性评价时最好收集多途径来源的资料，并进行综合分析。

1. 流行病学资料

评价人类的健康风险，最有说服力的证据来自设计良好的流行病学研究，它能提供人类暴露与疾病之间的确切联系。人体资料在反映食物有害因素对人体是否有害时，不确定因素较动物试验少，这些资料主要来自试验研究（如人体志愿者试食试验和干预试验）和观察性研究（如病例对照研究和队列研究），有时也要参考临床个案报道。人体志愿者试食试验尽管能控制暴露水平，能够提供暴露和效应之间的关系，但由于存在伦理道德、经济方面和实际条件的限制，有很多局限性。比较而言，观察性流行病学研究资料在危害识别中就显得特别重要。在分析具有阳性结果的流行病学资料时，应当充分考虑个体的易感性，包括遗传易感性、与年龄和性别相关的易感性以及营养状况与经济状况等。此外，由于大部分流行病学研究的统计学效率不足以发现低水平暴露的效应，因此对于人类低水平暴露化学物的流行病学研究来说，即使得到阴性危害统计结果，也不能轻易得出该食源性暴露无害的定论。

2. 动物试验

实际工作中人体资料往往难以获得，因此用于危害识别的绝大多数毒理学资料均来自动物试验。由于数据的准确性和可信度关系到危险性评价的质量，因此动物试验的开展必须按照国际认可的毒理学标准化试验方法进行，如按照 FAO/WHO 联合食品添加剂专家委员会（JECFA）、经济合作与发展组织（OECD）等国际组织制定的程序和方法进行，并且所有试验均应按照良好实验室规范和标准化的质量保证/质量控制方案实施。动物试验的毒理学终点是观察和检测到的毒性效应，包括致死、致突变、致癌、生殖/发育毒性、神经毒性、免疫毒性等。此外，动物试验还可以提供诸如毒作用机制、剂量–效应关系以及毒物代谢动力学等研究资料，而其中的毒作用机制资料还可以用作体外试验的补充。

3. 化学物结构–活性关系资料

通过了解某种食源性化学物的化学结构和存在的特殊官能团可以预测该物质潜在的特殊毒性作用和（或）其代谢产物。例如，环氧化物、氨基甲酸盐和具有亚硝胺基团的化学物可能具有致癌性；含有机磷酸酯基团的物质可能具有神经毒性。这种结构–活性关系比较容易理解和应用，如果能同时预测化学物的人体摄入量，将有助于确定需要进行多少项毒理学试验。

4. 体外毒理学研究

体外实验系统主要用于毒性筛选以及积累更全面的毒理学资料，也可用于局部、组织或靶器官的特异毒效应研究。一般来说，体外实验资料对于计算每日允许摄入量没有直接的意义，但体外实验对阐明危害的毒作用机制具有重要意义。体外实验体系需要遵循"良好细胞培养规范"，并且有必要充分确定所用的亚细胞、细胞、组织、器官系统的来源、质量和特征。

（二）危害特征描述

危害特征描述（hazard characterization）是指对食品中生物、化学和物理因素所产生的不良健康影响进行定性和（或）定量分析。在食品安全风险评估中，这一阶段的主要任务是对食品中某种食源性因素对健康的影响进行剂量-反应和剂量-效应关系及其各自伴随的不确定性的研究。可以利用动物试验、临床研究以及流行病学研究确定危害与各种不良健康作用之间的剂量-反应关系、作用机制等。如果可能，对于毒性作用有阈值的危害应建立人体安全摄入量水平，即健康指导值。

1. 剂量-反应的评估

剂量-反应关系的外推剂量一般取决于化学物质摄入量（即浓度、进食量与接触时间的乘积），效应是指最敏感和关键的不良健康状况变化，而剂量-反应关系的评估就是确定化学物的摄入量与不良健康效应的强度与频率，包括剂量-效应关系和剂量-反应关系。剂量-效应关系是指不同剂量的外源性化学物与其在个体或群体中所表现的量效应大小的关系；剂量-反应关系则指不同剂量的外源性化学物与其在群体中所引起的质效应发生率之间的关系。

由于食品中所研究的化学物质实际含量很低，而一般毒理学试验的剂量又必须很高，同一剂量时，药代谢动力学作用有所不同，而且剂量不同，代谢方式也不同；另外，化学物在高剂量或低剂量时的代谢特征也可能不同，因此在进行危害描述时，就需要根据动物试验的结论来对人类的影响进行估计。为了与人体的摄入水平相比，需要将动物实验的数据外推到很低的剂量，这种剂量-反应关系的换算通常存在质和量两方面的不确定性。因此，在将高剂量的不良效应外推到低剂量时，这些与剂量有关的变化所造成的潜在影响就成为毒理学家关注的焦点。

2. 健康指导值的建立

《食品安全国家标准 健康指导值》（GB 15193.18—2015）规定了食品及与食品有关的化学物质健康指导值的制定方法，该标准适用于能够引起有阈值的毒作用的受试物。健康指导值（health-based guidance values，HBGV）是指人类在一定时期内（终生或24h）摄入某种（或某些）物质，而不产生可检测到的对健康产生危害的安全限值，一般是由毒理学试验获得的数据外推到人，再计算人体的每日容许摄入量（ADI）。严格来说，对于食品添加剂、农药和兽药残留，为制定ADI；对于污染物，为制定暂定每周耐受摄入量（PTWI，针对蓄积性污染物如铅、镉、汞）或暂定每日耐受摄入量（PTDI，针对非蓄积性污染物如砷）；对于营养素，为制定每日推荐摄入量（RDI）。目前，国际上由食品添加剂联合专家委员会（JECFA）制定食品添加剂和兽药残留的ADI以及污染物的PTWI和PTDI，由农药残留专家联席会议（JMPR）制定农药残留的ADI。

对于毒性作用有阈值的危害，采用阈值法来计算ADI。方法是由动物毒理学试验获得的最低观察到有害作用剂量（lowest observed adverse effect level，LOAEL）或未观察到有害作用剂量（no observed adverse effect level，NOAEL）除以合适的安全系数就得到安全阈值水平，即每日允许摄入量（ADI）。ADI提供的信息是：如果按其ADI或低于ADI的量摄入某一种化学物，则对健康没有明显的风险。这是由于假定该化学物对人体与试验动物的有害作用存在着合理的阈剂量值。但试验动物与人体存在种属差别，其敏感性和遗传特性也存在差异，并且膳食习惯也不同，鉴于此，安全系数可以克服此类不确定性，弥补人群中的个体差异。通常动物长期毒性试验资料的安全系数为100。当然，理论上存在某些个体的敏感性程度超出安全系数的情况，因此，当一个化学物的科学数据有限时，原则上应采用更大的安全系数，如200。此外，有些国家的卫生机构按效应的强度和可逆性来调整ADI。即使如此，采用安全系数并不能够保证每个个体的绝对安全。因此，对于特殊人群如儿童、老人，可以考虑在他们摄入水平的基础上，采用一个特殊的转换系数对其进行保护。

3. 遗传毒性和非遗传毒性致癌物的评估

毒理学家对化学物的不良健康效应存在阈值的认识比较一致，但遗传毒性致癌物例外。少数几个分子甚至一个分子的突变就有可能诱发人体或动物患癌症，根据这一致癌理论，致癌物就没有安全剂量。近年来，已逐步能够区别各种致癌物，并确定有一类非遗传毒性致癌物，即其本身不能诱发突变，但是可作用于被其他致癌物或某些物理化学因素启动的细胞致癌过程的后期。遗传毒性致癌物是指能间接或直接地引起靶细胞遗传改变的化学物。大量的报告详细说明了遗传毒性和非遗传毒性致癌物均存在种属间致癌效应的差别。

许多国家的食品安全管理机构认定遗传毒性与非遗传毒性致癌物存在不同，即某些非遗传毒性致癌物存在剂量阈值，而遗传毒性致癌物不存在剂量阈值。由于目前对致癌机制的认识不足，致突变性试验筛选致癌物的方法尚不能应用于所有致癌物。原则上，非遗传毒性致癌物可以按阈值方法进行管理，如可观察的无作用剂量水平-安全系数法。要证明某一物质是否属于遗传毒性致癌物，往往需要提供致癌作用机制的科学资料。对于遗传毒性致癌物，常采用非阈值法。一般不能用 NOAEL-安全系数来制定允许摄入量，因为即使在最低摄入量时，仍然有致癌危险性。致癌物零阈值的概念在现实管理中是难以实行的，而可接受风险的概念成为人们的共识。因此，对遗传毒性致癌物的管理办法是：禁止商业化地使用该种化学物；制定一个极低至可忽略不计、对健康影响甚微或者社会能接受的化学物的风险水平。目前的模型大多数以统计学为基础，而不是以生物学为基础来进行评估的。也就是说，目前的模型仅利用试验性肿瘤的发生率与剂量的数据，几乎没有其他生物学资料。没有一个模型能利用试验验证，也不能对高剂量的毒性、细胞增殖与促癌或 DNA 修复等作用进行修正。由此认为当前在实践中使用的线性模型是对危险性的保守性估计，用线性模型作出的风险特征描述一般以"合理的上限"或"最坏估计量"等字眼表述。许多管理机构已经认识到它们无法预测人群接近真正的风险。非线性模型可以部分克服线性模型所固有的保守性，采用它的先决条件就是制定可接受的风险水平。选择可接受的危险性水平取决于每个国家危险性管理者的决策，美国 FDA 和环境保护局（EPA）选用百万分之一（10^{-6}）作为界限，这代表了科学界和管理者的共识。

4. 微生物危害描述中的注意事项

摄入含微生物或其毒素的食品可能会产生副作用，应提供有关副作用的严重性和持续时间的定量、定性描述。如果数据充分，即应进行剂量-反应评估。在危害特征描述中，有几个重要的方面需要考虑，不仅与微生物有关，也与作为宿主的人有关。

同微生物相关的有以下重要方面：微生物有无繁殖再生能力；微生物毒性和传染性会根据它与寄主和环境的相互作用而发生变化；基因物质的传递导致了抗药能力和毒性的传递；微生物可以通过间接传染或第三方传染而扩散；从接触病菌到临床症状的出现可能有很长的延迟时间；微生物可能在特定的寄主体内长期存活，造成不断的微生物生长繁殖和将传染扩散的危险；在特定情形下，即使是少量的某些微生物也可能造成严重的副作用；食品的属性有可能改变微生物的致病基因，如食品中有过高的脂肪含量。

同寄主相关的有以下重要方面：基因因素，如人体白细胞抗原（HIA）的类型；由于生理功能屏障的瓦解而导致更加严重的免疫力脆弱；特定寄主的特性，如年龄、怀孕、营养、健康和医疗状况；同时发生的其他感染；免疫力状况和病史；全体人群的特性，如全体人群的免疫力、医疗水平以及对微生物的抵抗力。

危害特征描述所期待得到的特点是建立起理想的剂量-反应关系。在建立剂量-反应关系时，应考虑到不同的方面，如感染或疾病。当不存在一个已知的剂量-反应关系时，风险评估工具（如专家的意见）可以用于判断描述危害特征所必要的各种因素。

（三）暴露评估

暴露评估（exposure assessment）是一项十分复杂的工作，涉及许多方面，因此制定一个比较科学的评估准则显得尤其重要。一般地，一个完整的暴露评估应该包含如下项目：某一危害因子（如化学危害物或其混合物）的基本特性；危害因子污染源；暴露途径及对环境的影响；测定或估计危害因子浓度；暴露人群情况；整体暴露情况分析。

1. 化学因子暴露评估

暴露评估又称摄入量评估，包括对实际的或预测的人体对危害因子的接触剂量的评估。化学因子暴露评估主要是根据膳食调查和各种食品中化学物质暴露水平调查的数据进行。包括暴露的强度、频率和时间，暴露途径（如经皮、经口或呼吸道），化学物摄入和摄取速率，跨过界面的量和吸收剂量（内剂量），也就是测定某一化学物进入机体的途径、范围和速率，通过计算，可以得到人体对于该种化学物质的暴露量。进行暴露评估需要有有关食品的消费量和这些食品中相关化学物质浓度两方面的资料，一般可以采用总膳食研究、个别食品的选择性研究和"双份饭"研究进行。因此，进行膳食调查和国家食品污染监测计划是准确进行暴露评估的基础。

（1）摄入量的评估　对于食品添加剂、农药和兽药残留以及污染物膳食摄入量的估计，需要有相应的食物消费量与这些食物中要评估的化学物浓度资料。食品添加剂、农药和兽药残留的膳食摄入量可根据规定的使用范围和使用量来估计。最简单的情况是，食品中某一添加剂含量保持恒定，原则上以最高使用量计算摄入量。但在许多情况下，食品中的量在食用前就发生了变化，如食品添加剂（如亚硝酸盐、抗坏血酸等）在食品储存过程中可能发生降解或与食品发生反应，农药残留在农产品原料加工过程中会降解或蓄积，食品中的兽药残留则受到动物体内代谢动力学、器官分布和停药期的影响。因此，食品中的实际水平可能远远低于最大允许使用量或残留量。因仅有部分农作物或家畜家禽使用农药和兽药，食品中有时甚至可以不含农药或兽药残留。食品添加剂的含量可以从生产制造商那里获得，而包括农药和兽药残留在内的食品污染物的摄入量则要通过敏感和可靠的分析方法对代表性食品进行分析获得。一般来说，膳食摄入量评估有3种方法：总膳食研究、单个食品的选择性研究和双膳食研究。总膳食研究将某一国家或地区的食物进行聚类，按当地菜谱进行烹调成为能够直接入口的样品，通过化学分析获得整个人群的膳食摄入量。单个食品的选择性研究，是针对某些特殊污染物在典型（或称为代表性）地区选择指示性食品（如猪肾中的镉、玉米和花生中的黄曲霉毒素等）进行研究。双膳食研究则对个体污染物摄入量的变异研究更加有效。WHO自1975年以来开展了全球环境监测系统/食品规划部分（GEMS/Food），制定了膳食中化学污染物和农药摄入量的研究准则。国家食品安全风险评估中心作为WHO食品污染物监测合作中心（中国），一直承担着GEMS/Food在中国的监测任务，进行中国总膳食研究和污染物监测，开展我国食品微生物食品安全国家标准的制定工作。

（2）内部暴露剂量和生物学有效剂量的评估　可以采用生物监测来评估机体中化学物的内暴露量，包括以下几点：生物组织或体液（血液、尿液、呼出气、头发、脂肪组织等）中化学物及其代谢物的浓度；人体由于暴露于化学物导致的生物效应（如烷基化血红蛋白）；结合于靶分子中化学物及其代谢产物的量。生物标志物（biomarker）不仅整合了所有来源的环境暴露信息，也反映了诸多因素（包括环境特征、生理处置的遗传学差别、年龄、性别、种族和生活方式等）。对于许多环境污染物，在暴露和生物效应之间的生物学过程尚不清楚，生物标志物可以提供线索。因此，生物标志物就成为生物监测的关键，而在暴露水平和生物标志物之间建立包括毒物代谢动力学在内的相关性有利于生物标志物的选择。通过改进生物标志物的灵敏度、特异性和对低剂量暴露早期有害效应的可预测性来保护易感人群。在过去十几年中，已经发展的生物标志物主要用来检测各种化学物和致癌物的暴露所致的 DNA 损伤，包括体液中母体化合物及其代谢产物或 DNA/蛋白质（如白蛋白和血红蛋白）加合物的接触指标，并发展了生物学效应标志物，如暴露个体的细胞遗传学改变。已建立生物标志物的有烟草和涉及膳食方面的化学物，如黄曲霉毒素、亚硝胺、多环芳烃、芳香胺和杂环胺等。在食品污染物的生物监测中，除了上面这些以 DNA 加合物为主要生物标志物来评估外，还有一些采用了机体负荷水平来评估，如有机氯农药"六六六"和"滴滴涕"、多氯联苯和二噁英等环境持久性污染物可以采用体脂中含量来评估。而有机磷农药等可以采用血液胆碱酯酶活力作为接触/效应性生物标志物。

2. 微生物因子暴露评估

对微生物因子来说，暴露评估基于食品被某种因子或其毒素污染的程度，以及有关的饮食信息。暴露评估应具体指明相关食品的单位量，例如，在大多数或者所有的急性病例中所占份额的大小。

暴露评估必须考虑的因素包括食品被致病因子污染的频率，以及随时间变化在食品中致病因子含量水平的变化。这些因素受以下方面的影响：致病因子的特性，食品的微生物生态，食品原料的最初污染（包括对产品的地区差异和季节性差异的考虑），卫生设施水平和加工进程控制，加工工艺，包装材料，食品的储存和销售，以及任何食用前的处理（如对食品的烹饪）。评估中必须考虑的另一因素是食用方式，这与以下方面有关：社会经济和文化背景，种族特点，季节性，年龄差异，地区差异，以及消费者的个人喜好。还需要考虑的其他因素包括：作为污染源的食品加工者的角色，对产品的直接接触量，突变的时间、温度条件的潜在影响。暴露评估考虑了在各种水平的不确定性下，微生物致病菌或微生物毒素的含量水平，以及在食用时它们出现的可能性。可以根据以下因素将食品定性地分类：食品原料会不会被污染，食品会不会支持致病菌的生长，对食品的处理会不会造成致病菌的潜伏存在，食品受不受加热工艺的限制，以及微生物的生存、繁殖、生长和死亡是否受加工包装、贮藏环境（包括贮藏环境的温度、相对湿度、气体成分）的影响。其他相关因素包括：pH，水分含量，水的活性，抗菌物质的存在，以及存在竞争关系的微生物区系。预测食品微生物学是暴露量评估的有用工具。

（四）风险特征描述

风险特征描述（risk characterization）是危害识别、危害特征描述和摄入量评估的综合评价，即对所摄入的危害物质对人群健康产生不良作用的可能性估计。它提供了对在特定人群中发生副作用的可能性和副作用的严重性的定量、定性评价，也包括对与这些评价相关的不确定性的描述。这些评价可以通过与独立的流行病例数据的比较来进行。

1. 化学因子风险描述

对于有阈值的化学危害物来说，其对人群构成的风险可以根据摄入量（即暴露量）与 ADI（或其他测量值）的比较作为风险描述，即：安全限值（MOS）= 摄入量/ADI。如果所评价的物质的摄入量比 ADI 小，可认为该物质对人体健康产生不良作用的可能性为零；若 MOS=1，认为该危害物对食品安全影响的风险是可以接受的；若 MOS>1，则认为该危害物对食品安全影响的风险超过了可以接受的限度，应当采取适当的风险管理措施。

对于无阈值的化学危害物，对人群的风险是摄入量和危害程度的综合结果，即食品安全风险=摄入量期 × 危害程度。

风险描述需要说明风险评估过程中每一步所涉及的不确定性。将动物试验的结果外推到人，可能产生两种类型的不确定性。①将动物试验结果外推到人时的不确定性。例如，喂养丁基羟基茴香醚（BHA）的大鼠发生前胃肿瘤和甜味素引发的小鼠神经毒性作用可能并不适用于人。②人体对某种化学物质的特异易感性未必能在试验动物身上发现。例如，人对谷氨酸盐的过敏反应。在实际工作中，这些不确定性可以通过专家判断和进行额外的试验，特别是人体试验加以克服。

2. 生物因子风险描述

与人体健康有关的生物性危害包括致病细菌、病毒、蠕虫、原生动物、藻类和它们产生的某些毒素。目前全球最显著的食品安全危害是致病性细菌。对微生物危害来说，暴露评估基于食品被致病性细菌污染的潜在程度，以及有关的饮食信息。暴露评估必须考虑的因素包括被致病性细菌污染的可能性、食品原料的最初污染程度、卫生设施水平和对加工过程的控制、加工工艺、包装材料、食品的储存和销售、食用方式以及食品中竞争微生物对致病菌生长的影响。微生物致病菌的含量水平是动态变化的。如果在食品加工中采用适当的温度-时间条件控制，致病菌的含量可维持在较低水平。但在特定条件下，如食品贮藏温度不合适或与其他食品存在交叉污染，其致病菌含量会明显增加。因此，暴露评估应该描述食品从生产到食用的整个途径，能够预测可能与食品的接触方式，尽可能反映出整个过程对食品的影响。

预测微生物学是暴露评估的一个有用的工具。通过建立数学模型来描述不同环境条件下微生物生长、存活及失活的变化，从而对致病菌在整个暴露过程中的变化进行预测，并最终估计出各个阶段及食品食用时致病菌的浓度水平。然后将这一结果输入到剂量-反应模式中，描述致病菌在消费时在食品中的分布及消费过程中的消费量。由于在食品"从农场到餐桌"的过程中，环境因素存在很大的变化，可将各种因素均合并在评估模型中进行分析，可以帮助评估者找到从生产到消费过程中影响风险的主要因素，从而能更有效地控制危险性环节。

就总体生物因素而言，目前尚未形成一套较为统一的科学的风险评估方法，因此，一般认为，食品中的生物危害应该完全消除或者降低到一个可直接接受的水平，CAC 认为 HACCP 体系是迄今为止控制食源性生物危害最为经济有效的手段。HACCP 体系可确定具体的危害，并制定控制这些危害的预防措施。在制定具体的 HACCP 计划时，必须确定所有潜在的危害，这就需要包括建立在风险概念基础之上的危害评估。这种危害评估将找出一系列显著性危害，并在 HACCP 计划中得以反映。

风险评估必须在透明的条件下使用详实的科学资料，同时，采用科学的方法对这些资料加以分析。但由于某些不可抗因素的存在，这些所需的科学信息并不是总能得到的，研究所得的结论一般都伴随着一定的不确定性。为了保证风险评估的有用性，应尽量将不确定性降到最低。

三、　风险管理

风险管理是根据风险评估的结果，同时考虑社会、经济等方面的有关因素，对各种管理措施的方案进行权衡，并在必要时选择并实施适当的管理措施（包括制定规则）的过程。食品安全风险管理的主要目标是通过选择和实施适当的政策、措施，尽可能有效地控制这些食品安全风险，从而保障公众健康。在制定风险管理措施时，管理者首先要了解风险评估过程所确定的风险特征。风险评估与风险管理在功能上要分开。风险评估是由科研机构来完成的，而风险管理则是由政府管理部门来实施的。这是 CAC 食品法典准则所倡导的，也是目前国际上发达国家和地区在食品安全风险分析方面一个重要的发展趋势。风险管理的措施包括制定最高限量，制定食品标签标准，实施公众教育计划，通过使用其他物质或者改善农业或食品加工生产规范以减少某些化学物质的使用等。在首先考虑保护人体健康的前提下，风险管理还应适当考虑其他因素，如经济费用、效益、技术可行性、对风险的认知程度等，必要时可进行费用-效益分析。

（一）风险管理的内容

风险管理的内容分为四个部分：风险评价、风险管理选择评估、执行管理决定及监控和审查。

1. 风险评价

风险评价的基本内容包括确认食品安全问题，描述风险概况，就风险评估和风险管理的优先性对危害进行排序，为进行风险评估制定风险评估政策，决定进行风险评估，以及对风险评估结果的审议。

2. 风险管理选择评估

风险管理选择评估包括确定现有的管理选项、选择最佳的管理方案（包括考虑一个合适的安全标准）以及最终的管理决定。

3. 执行管理决定

为了作出风险管理决定，风险评价过程的结果应当与现有风险管理选项的评价相结合。通过对各种方案的选择作出最终的管理决定后，必须按照管理决定实施。保护人体健康应当是首先考虑的因素，同时，可适当考虑其他因素（如经济费用、效益、技术可行性、对风险的认知程度等），可以进行费用-效益分析，及时启动风险预警机制。

4. 监控和审查

对实施措施的有效性进行评估以及在必要时对风险管理和（或）风险评估进行审查，以确保食品安全目标的实现。

所有可能受到风险管理决定影响的有关团体都应当有机会参与风险管理的过程。他们可能包括（但不应仅限于）消费者组织、食品工业和贸易的代表、教育和研究机构以及管理机构。他们可以以各种形式进行协商，包括参加公共会议、在公开文件中发表评论等。在风险管理政策制定的每个阶段，都应当吸收有关团体参加。

（二）风险管理原则

1. 风险管理应遵循结构化的方法

风险管理包括风险评价、风险管理选择评估、执行管理决定以及监控和审查。在某些情况下，并不是所有这些方面都必须包含在风险管理活动当中。

2. 在风险管理决策中应当首先考虑保护人体健康

对风险的可接受水平应主要根据对人体健康的考虑决定，同时应避免在风险可接受水平上的随意性的和不合理的差别。在某些风险管理情况下，尤其是决定将采取的措施时，应适当考虑其他因素（如经济费用、效益、技术可行性和社会习俗）。这些考虑不是随意的，应当清楚、明确。

3. 风险管理的决策和执行应当透明

风险管理应当包含风险管理过程（包括决策）所有方面的资料和系统文件，从而保证决策和执行的理由对所有有关团体是透明的。

4. 风险评估政策的决定应当作为风险管理一个特殊的组成部分

风险评估政策是为价值判断和政策选择制定准则，这些准则将在风险评估的特定决策点上应用，因此最好在风险评估之前，与风险评估人员共同制定。从某种意义上讲，决定风险评估政策往往是进行风险分析实际工作的第一步。

5. 风险管理应当通过保持风险管理和风险评估二者功能的分离，确保风险评估过程的科学完整性

风险管理的目的在于减少风险评估和风险管理之间的利益冲突，但是应当认识到，风险分析是一个循环反复的过程，风险管理人员和风险评估人员之间的相互信息传递在实际应用中是至关重要的。

6. 风险管理决策应当考虑风险评估结果的不确定性

如有可能，风险的估计应包括将不确定性定量并以易于理解的形式传递给风险管理人员，以便他们在决策时能充分评估不确定性的范围。如果对风险的估计很不确定，风险管理决策将更加保守。决策者不能以科学上的不确定性和变异性作为不针对某种食品风险性采取行动的借口。也就是说，如果开始出现某种潜在风险和无法逆转的情况，而又缺乏科学证据进行充分的科学评估时，风险管理人员在法律和政治上有理由采取预防措施，不必等待科学上的确证。事实上，决策者有责任采取必要措施保护消费者。

7. 在风险管理的各个阶段都应当与消费者和其他相关团体进行清楚的信息交流

在所有有关团体之间进行持续的相互交流是风险管理过程的一个组成部分。风险情况交流不仅仅是信息的传播，而更重要的功能是将对有效进行风险管理至关重要的信息和意见并入决策的过程。

8. 风险管理应当是一个考虑在风险管理决策的评价和审查中所有新产生资料的持续过程

风险管理决定做出后，为确定其在实现食品安全目标方面的有效性，应对决定的效果进行定期评价。为进行有效的审查，监控和其他活动是必需的。

四、　风险信息交流

风险信息交流是指在风险评估者、风险管理者、消费者和其他有关各方之间进行的有关风险及与风险相关各因素的信息和观点的交流过程。通过风险信息交流，可以使有关团体就食品及相关问题的知识、态度、评价、实践、理解进行信息交流，对所研究的特定问题提高认识和理解，增加选择和执行风险管理决定时的透明度，为理解和执行风险管理决定打下基础，从而改善风险分析过程的整体效果和效率。

（一）风险信息交流的内容

随着食品安全和食品中毒事件的频发和普发，公众越来越关心食品安全相关的风险信息，与消费者有效的风险信息交流显得日益重要、必要且迫切。风险信息交流要求适度的表达，并需要对准则、危害、风险、安全等要求和人们普遍关心的问题作出反应。风险信息交流给公众公开提供了普通民众和特定人群风险评估和食品危害识别的专家见解和科学结果。同时还提供

了个人和公共部门通过质量和安全系统预防、减少和最小化食品风险的信息。同时，风险信息交流为存在特定危害的高风险人群出于保护自身目的而采取何种妥善的应对措施提供了丰富的信息。

进行有效风险信息交流的内容包括：风险的性质、利益的性质、风险评估的不确定性和风险管理的选择。

1. 风险的性质

风险的性质包括危害的特征和重要性、风险大小和严重程度、情况的紧迫性、风险的变化趋势、危害暴露的可能性、暴露的分布、能够构成显著风险的暴露量、风险人群的性质和规模及最高风险人群。

2. 利益的性质

利益的性质包括与每种风险有关的实际或预期利益、受益者和受益方式、风险和利益的平衡点、利益的大小和重要性及受影响人群的全部利益。

3. 风险评估的不确定性

风险评估的不确定性包括评估风险的方法、每种不确定性的重要性、所得资料的缺点或不准确度、估计所依据的假设、假设中各因素变化对评估的敏感度影响及风险评估结论变化对风险管理的影响。

4. 风险管理的选择

风险管理的选择包括控制或管理风险的行动、减少个人风险的个人行动、选择特定风险管理措施的理由、特定措施的有效性、特定措施的利益、风险管理的费用和来源及执行风险管理措施后仍然存在的风险。

公众对风险和利益认知的不同应该予以理解，同样，国家和社会群体的不同造成的认知不同也应该理解。例如，英国和美国在转基因改良的食品原料上的认知存在明显的不同。另外，男性和女性对风险的认知也存在显著差异，一般说来，女性比男性更倾向于认知技术和食品相关危害的风险。社会舆论有助于提高公众对政府的信任，也就间接地提高了对风险相关法律框架的信任，如何在风险管理过程中不断增加透明度和提高公众的信任度，将成为有效提高公众参与风险管理的途径之一。

（二）风险交流的原则

1. 认识交流对象

在制作风险交流的信息资料时，应分析交流对象，了解他们的动机和观点。除了在总体上知道交流对象是谁外，更需要将他们分组对待，了解他们的具体情况，并保持互相交流。倾听有关各方的意见是风险交流的重要组成部分。

2. 科学家的参与

科学家作为风险评估者必须有能力解释风险评估的概念和过程。他们要能够根据科学数据解释评估的结论并评估所基于的假设和主观判断，以使风险管理者及其他有关各方清楚地了解其所处的风险。他们还必须能够清楚地表达出他们知道什么，不知道什么，并解释风险评估过程的不确定性。另一方面，风险管理者也必须能够解释风险管理决定是如何作出的。

3. 建立交流的专门技能

具有交流技能的人员能更好地向有关各方传达易于理解的有用信息，促进风险交流过程的顺利实施。风险管理者和科学家可能没有时间或技能去完成复杂的交流任务，如对各种交流对象（公众、企业、媒体等）的需求作出答复并撰写有效信息资料。因此，经过培训和实践的具有相关风险交流技能的人员应尽早地参与进来。

4. 确保信息来源可靠

来源可靠的信息比来源不可靠的信息更能影响公众对风险的看法。针对某一对象，根据危害的性质以及文化、社会和经济状况和其他因素的不同，信息来源的可靠程度也会有变化。如果多个来源的消息一致，则其可靠性增加。决定其可靠性的因素包括被承认的能力或技能、可信任度、公正性及无偏见性。研究表明，消费者的不信任感是由夸大、歪曲和明显出于既得利益的宣传而产生的。

5. 分担责任

国家、地区和地方政府机构都对风险交流负有根本的责任。公众希望政府在管理公众健康的风险方面起领导作用。此外，媒体和企业在风险交流的过程中也扮演着重要角色，尽管各方的作用不同，但都对交流的结果负有共同责任。所以，所有参与风险交流的各方都应该了解风险评估的基本原则和支持数据以及作出风险管理决定的政策依据。

6. 区分"科学"和"价值判断"

在考虑风险管理措施时，有必要将"事实"与"价值"分开。在实际中，及时报道所了解的事实以及在建议的或实施中的风险管理决定中包含的不确定性是十分有用的。风险交流者有责任说明所了解的事实，以及这种认识的局限性，而"价值判断"包含在"可接受的风险水平"这个概念中。为此，风险交流者应该能够对公众说明可接受的风险水平的理由。许多人将"安全的食品"理解为零风险的食品，但众所周知零风险通常是不可能达到的。在实际中，"安全的食品"通常意味着食品是"足够安全的"。解释清楚这一点是风险交流的一个重要功能。

7. 确保透明度

要使公众接受风险分析的过程和结果，这个过程必须透明公开。除因合法原因需要保密（如专利信息或数据）外，风险分析的透明度体现在过程的公开和可供各方审议两方面。在风险管理者、公众和有关各方之间进行有效的双向交流是风险管理的重要组成部分，也是确保透明度的关键。

8. 正确认识风险

正确认识风险的方法一般有两种：一是研究带来风险的工艺或加工过程，二是将所要讨论的风险与其他相似的更熟悉的风险相比较。一般来说，风险比较只在以下情况下使用：①两个（或所有）风险评估是同样合理的；②两个（或所有）风险评估都与特定对象有关；③在所有风险评估中，不确定性的程度是相似的；④有关物质、产品或活动本身都是直接可比的。

（三）风险交流的对象及其责任

1. 政府

政府在风险交流过程中扮演重要角色，它对风险交流负有根本的责任。当风险管理的职责放在使有关各方充分了解和交流信息的职责上时，政府的决策就有义务保证，参与风险分析的有关各方就能有效地进行信息交流。同时，风险管理者还有义务了解和回答公众关注的危害健康的风险问题。在交流过程中，政府应尽力采用一致的和透明的方法。进行交流的方法应根据不同问题和不同对象而有所不同。这在处理不同特定人群对某一风险有着不同看法时最为明显。这些认识上的差异可能取决于经济、社会和文化上的不同，应该得到承认和尊重，其所产生的结果（即有效地控制风险）才是最重要的。用不同方法产生相同结果是可以接受的。通常政府有责任进行公共健康教育，并向卫生界传达有关信息。在这些工作中，风险交流能够将重要的信息传递给特定对象，如孕妇和老年人。

2. 企业界

企业和政府一样有责任将风险信息传达给消费者。企业与政府间在制定标准或批准新技术、新成分或新标签等方面的信息交流能促进企业保证其生产的食品的质量安全。风险管理的一个目标是确定最低的、合理的和可接受的风险，这就要求对食品加工和处理过程中一些特定信息有一定了解，而企业对这些信息具有最好的认识，这对风险管理和风险评估者拟定有关文件和方案将发挥至关重要的作用。

3. 消费者和消费者组织

消费者和消费者组织参与到风险交流工作中是切实保护公众健康的必要因素。在风险分析过程的早期，公众或消费者组织的参与有助于确保消费者关注的问题得到重视和解决，并使公众更好地理解风险评估过程，而且这也能够进一步为由风险评估产生的风险管理决定提供支持。消费者和消费者组织有责任向风险管理者表达他们对健康风险的关注和观点。消费者组织应经常和企业政府一起工作，以确保消费者关注的风险信息得到很好的传播。

4. 学术界和研究机构

学术界和研究机构的人员拥有关于健康和食品安全的科学专业知识以及识别危害的能力，在风险分析过程中发挥重要作用。媒体或其他有关各方可能会请他们评论政府的决定。通常，他们在公众和媒体心目中具有很高的可信度，同时也可作为不受其他影响的信息来源。这些科研工作者通过研究消费者对风险的认识或如何与消费者进行交流，以及评估交流的有效性，帮助风险管理者寻求风险交流方法和策略的建议。

5. 媒体

媒体在风险交流中起关键作用。公众所得到的有关食品的健康风险信息大部分是通过媒体获得的。媒体不仅可以传播信息，也能制造或说明信息。媒体并不局限于从官方获得信息，它们的信息常常能反映公众和社会其他部门所关注的问题。这就使得风险管理者可以从媒体了解到以前未认识到的而公众又关注的问题，所以媒体能够并且确实地促进了风险交流工作。

（四）风险信息交流所遇到的障碍

在风险分析过程中，企业由于商业等方面的原因、政府机构由于某些原因，不愿意交流他们各自掌握的风险情况，造成信息获取方面的障碍，另外，消费者组织和发展中国家在风险分析过程中的参与程度不够。

由于经费缺乏，目前CAC对许多问题无法进行充分的讨论，工作的透明度和效率有所降低，另外，在制定有关标准时，考虑所谓非科学的"合理因素"造成了风险情况交流中的障碍。

公众对风险的理解、感受性不同，社会特征（包括语言、文化、宗教等因素）不同，公众对科学过程缺乏了解，加之信息来源的可信度不同和新闻报道的某些特点，均会造成进行风险信息交流时的障碍。

因此，为了进行有效的风险信息交流，有必要建立一个系统化的方法，包括搜集背景和其他必要的信息、准备和汇编有关风险的通知、进行传播发布、对风险信息交流的效果进行审查和评价。另外，对于不同类型的食品风险问题，应当采取不同的风险信息交流方式。

🔍 思考题

　　1. 食品安全毒理学评价试验的内容有哪些？

　　2. 进行食品安全性毒理学评价时需要考虑的因素有哪些？

　　3. 在食品安全风险分析中，"危害"与"风险"有何区别？

　　4. 风险分析的概念是什么？

　　5. 食品安全风险分析的核心内容是什么？

　　6. 食品安全风险评估的步骤有哪些？

　　7. 风险管理的内容有哪些？

　　8. 如果你是一位食品安全风险管理的工作人员，如何更好地与消费者进行食品安全风险信息的交流？

▼ 案例讨论

　　2011年年初，中国台湾地区暴发塑化剂污染食品事件，有关部门公布了300多家品牌旗下900多种食品塑化剂邻苯二甲酸酯类化合物（DEHP）含量超标。

　　2011年6月3日，我国国家食品药品监督管理局通知要求各地暂停生产销售含"邻苯二甲酸酯"的两种保健食品，对市场上正在销售的这两种产品，要立即下架。上述两种保健品分别含有"邻苯二甲酸二丁酯（DBP）"和"邻苯二甲酸二乙酯（DEP）"，均为卫生部2010年第16号公告中点名的违法食品添加剂。尽管其与中国台湾地区检出的塑化剂DEHP略有不同，但同属"塑化剂类"。这也是大陆地区首次在本土产品中查出塑化剂成分。

　　2012年11月19日，第三方商业检测机构检测出酒鬼酒中DBP含量为1.08mg/kg。有网络媒体发表了"致命危机：酒鬼酒塑化剂超标260%"的报道。受此事件影响，白酒板块当时全线大跌，11月19日市值一天蒸发329.9亿元，酒鬼酒临时停牌。

　　一时间，塑化剂成了当时人们最关注的词汇，对于白酒、保健品、饮料、塑料包装食品等食品安全性问题的争论充斥了新闻媒体，并在公众中造成了不同程度的恐慌。

　　结合所学知识，请分析和判断：

　　（1）摄入白酒等含塑化剂较多的食品有多大危害？

　　（2）是否含有塑化剂的食物就不能食用？

　　（3）应采取哪些措施降低风险？

　　（4）如果你是一名食品生产企业工作人员，如何看待在食品生产加工过程中出现的塑化剂污染？并结合社会主义核心价值观，谈谈如何在食品生产加工过程中保障食品安全。

参考文献

[1] 钱和，陆善路，胡斌. 食品安全控制与管理［M］. 北京：中国轻工业出版社，2020.

[2] 王颖，易华西. 食品安全与卫生［M］. 北京：中国轻工业出版社，2018.

[3] 于瑞莲，王琴，钱和. 食品安全监督管理学［M］. 北京：化学工业出版社，2021.

[4] 钟耀广. 食品安全学［M］. 3版. 北京：化学工业出版社，2021.

[5] 任筑山，陈君石. 中国的食品安全：过去、现在与未来［M］. 北京：中国科学技术出版社，2016.

[6] 旭日干，庞国芳. 中国食品安全现状、问题及对策战略研究［M］. 北京：科学出版社，2021.

[7] 钱和，庞月红，于瑞莲. 食品安全法律法规与标准［M］. 2版. 北京：化学工业出版社，2020.

[8] 胡锦光，孙娟娟. 食品安全监管与合规：理论、规范与案例［M］. 北京：中国海关出版社，2021.

[9] 黄升谋，余海忠. 食品安全学［M］. 武汉：华中科技大学出版社，2021.

[10] 孙秀兰. 食品安全学——应用与实践［M］. 北京：化学工业出版社，2021.

[11] 张小莺，殷文政. 食品安全学［M］. 2版. 北京：科学出版社，2021.

[12] 王际辉，叶淑红. 食品安全学［M］. 2版. 北京：中国轻工业出版社，2020.

[13] 王硕，王俊平. 食品安全学［M］. 北京：科学出版社，2021.

[14] 纵伟. 食品安全学［M］. 北京：化学工业出版社，2021.

[15] 丁晓雯，柳春红. 食品安全学［M］. 2版. 北京：中国农业大学出版社，2021.

[16] 孙长颢. 营养与食品卫生学［M］. 8版. 北京：人民卫生出版社，2017.

[17] 高永清，吴小南. 营养与食品卫生学（案例版）［M］. 2版. 北京：科学出版社，2017.

[18] 王茵，贾旭东. 现代食品毒理学［M］. 北京：化学工业出版社，2020.

[19] 陈君石，石阶平. 食品安全风险评估［M］. 北京：中国农业大学出版社，2018.

[20] 杨杏芬，吴永宁，贾旭东，等. 食品安全风险评估：毒理学原理、方法与应用［M］. 北京：化学工业出版社，2017.

[21] 黄昆仑. 转基因食品安全评价与检测技术［M］. 北京：科学出版社，2021.

[22] 傅莉萍. 食品物流管理［M］. 北京：中国农业大学出版社，2021.

[23] David McSwnae，著. 吴永宁，译. 食品安全与卫生基础［M］. 北京：化学工业出版社，2006.

[24] 夏延斌，钱和. 食品加工中的安全控制［M］. 2版. 北京：中国轻工业出版社，2017.

[25] 上海市食品生产经营人员食品安全培训推荐教材编委会组编. 食品安全就在您的手中［M］. 上海：上海科学技术出版社，2008.

[26] 郝利平，聂乾忠，周爱梅，等. 食品添加剂［M］. 3版. 北京：中国农业大学出版

社，2016.

　　[27] 钱和，于田，张添. 食品卫生学——原理与实践 [M].2 版. 北京：化学工业出版社，2015.

　　[28] 张有林. 食品科学概论 [M]. 北京：科学出版社，2021.

　　[29] 梁春穗，罗建波. 食品安全风险监测工作手册 [M]. 北京：中国标准出版社，2012.

　　[30] 雒晓芳. 现代食品营养与安全 [M]. 北京：化学工业出版社，2020.

　　[31] 陈君石. 中国的食源性疾病有多严重? [N]. 北京科技报，2015-04-20 (052) .

　　[32] 杨新泉，田红玉，陈兆波，等. 食品添加剂研究现状及发展趋势 [J]. 生物技术进展，2011，1 (5)：305-311.

　　[33] 陆姣，王晓莉，吴林海. 国内外食源性疾病防控的研究进展 [J]. 中华疾病控制杂志，2017，21 (2)：196-199.

　　[34] 念欲霞，郑玲玲. 食源性疾病监测问题分析及对策探讨 [J]. 中国医疗管理科学，2021，11 (01)：83-86.

　　[35] 2019 年全球生物技术/转基因作物商业化发展态势 [J]. 中国生物工程杂志.2021，41 (01)：114-119.

　　[36] 陆姣，王晓莉，吴林海. 国内外食源性疾病防控的研究进展 [J]. 中华疾病控制杂志.2017，21 (02)：196-199.

　　[37] 陈媛，赖鲸慧，张梦梅，等. 拟除虫菊酯类农药在农产品中的污染现状及减除技术研究进展 [J]. 食品科学.2021：1-12.

　　[38] Scott H. Sicherer, Hugh A. Sampson, 马仕坤，等. 食物过敏：流行病学、发病机制、诊断、预防与治疗手段综述及更新 [J]. 中华临床免疫和变态反应杂志.2018，12 (01)：85-98.

　　[39] Ronald Van Ree, Lars K. Poulsen, Gary Wk Wong, 等. 食物过敏的定义、流行性、诊断及治疗 [J]. 中华预防医学杂志.2015，49 (01)：87-92.

　　[40] 念欲霞，郑玲玲. 食源性疾病监测问题分析及对策探讨 [J]. 中国医疗管理科学.2021，11 (01)：83-86.

　　[41] 李丽，王怀忠. 我国辐照食品现状及发展策略 [J]. 中国辐射卫生.2015，24 (03)：220-221.

　　[42] 赵京. 中国儿童食物过敏现况 [J]. 中华临床免疫和变态反应杂志.2019，13 (04)：271-275.

　　[43] 庄众，郭云昌，杨淑香，等.2002—2017 年中国食源性农药中毒事件分析 [J]. 中国食品卫生杂志.2021，33 (03)：373-378.

　　[44] 赵薇，杨修军，张思文，等.2011—2019 年吉林省食品中蜡样芽孢杆菌污染状况分析 [J]. 中国食品卫生杂志.2020，32 (06)：660-663.

　　[45] 任翔，王瑾，汤晓召，等.2018 年云南省臭豆腐微生物污染监测结果分析 [J]. 食品安全质量检测学报.2021，12 (10)：4309-4314.

　　[46] 李琼琼，范一灵，宋明辉，等. 上海地区市售生鲜肉中单核细胞增生李斯特菌和沙门氏菌的污染监测分析 [J]. 食品安全质量检测学报.2020，11 (23)：9016-9020.

　　[47] 吴任之，胡欣洁，韩国全，等. 食源性金黄色葡萄球菌快速检测方法的研究进展

[J]．食品与发酵工业．2021，47（10）：291-296.

[48] 陈慧玲，康莉，廖仕成，等．一例鼠药中毒事件的应急检测 [J]．食品安全质量检测学报．2020，11（19）：6926-6935.

[49] 刘士俊．一起变质鲣鱼引起的组胺食物中毒事件调查 [J]．职业与健康．2021，37（11）：1556-1559.

[50] 张晶，王安娜，陶霞，等．一起副溶血性弧菌食物中毒分离株的特征分析 [J]．中国食品卫生杂志．2021，33（03）：256-259.

[51] 刘海涛，吕秋艳，赵香菊，等．一起金黄色葡萄球菌食物中毒事件的实验室溯源分析 [J]．中国卫生检验杂志．2020，30（22）：2793-2795.

[52] 岳立达，王超．一起克伦特罗引起的食源性疾病事件调查 [J]．中国公共卫生管理．2021，37（02）：214-216.

[53] 殷俊．一起误食野蘑菇中毒事件的调查分析 [J]．食品安全质量检测学报．2020，11（23）：9068-9072.

[54] 张扬，杨阳，任一，等．一起由金黄色葡萄球菌所致学校食物中毒调查分析 [J]．中国食品卫生杂志．2021，33（02）：238-242.

[55] 陈加贝，王虹玲，陈艳，等．舟山市一起肠炎沙门菌污染三明治引起食物中毒事件调查 [J]．中国食品卫生杂志．2020，32（06）：708-712.

[56] 刘鑫源，王瑞，罗勇军．我国毒蕈中毒的医学地理特点及诊治研究进展 [J]．人民军医．2019，62（04）：373-377.

[57] 陈同强，李灿，荆辉华，等．婴幼儿配方乳粉中 16 种多环芳烃含量测定 [J]．乳业科学与技术．2021，44（04）：24-28.

[58] 程莉，甘源，唐晓琴，等．油炸食品中多环芳烃污染状况分析及健康风险评估 [J]．中国卫生检验杂志．2021，31（15）：1909-1913.

[59] Bisht B，Bhatnagar P，Gururani P，et al. Food irradiation：Effect of ionizing and non-ionizing radiations on preservation of fruits and vegetables-a review [J]. Trends in Food Science & Technology. 2021，114.

[60] 李斌，杨秦，肖洪，等．辐照对食品品质的影响及辐照食品的研究进展 [J]．粮食与油脂．2019，32（04）：4-6.